U0051188

第4版 非知不□□幸福創業方程式

創業管理
理論與實務

李宗儒 編著

Entrepreneurial Management

推薦序

寫這篇序言的時候,正是新冠肺炎全球大爆發的期間,這是20世紀以來人類第一次遇到由冠狀病毒造成全世界大流行的特別期間,因為新冠肺炎的影響,全世界有將近一半的人口被「禁足」,全球超過15.7億兒童、青少年已經停課,約占全世界學生總數的91%,70多家航空公司國際航線停止飛行,許多人待在家裡利用遠距的方法上班上學,這是全球化大崩壞時代。

在這個時間我閱讀了由李宗儒教授編著的《創業管理理論與實務》,非常具有時代意義,李教授請我幫這本書寫個序,也讓我重新檢視從過去在友達光電這樣的跨國千億光電科技公司,到微熱山丘傳統的食品業,再到自行創立天來集團的所有實務經驗,與書上所提到的理論及研究互相驗證,也因為閱讀這本書讓我重新檢視在新冠肺炎期間我們集團公司受到疫情影響消費市場凍結,我們的餐廳如何運用書中「市場區隔」與「價值定位」重新設計商業模式再出發,本書不只是一個初學者或者是學校的教科書,對於我們這樣在市場歷練數十年的沙場老將也是一個很好的工具書。

過去多年來我都有在指導新創團隊,大部分的時間都是利用我們過去的營運經驗,特別是過去累積的許多失敗經驗,來輔導新創團隊走出正確的模式,未來加上李宗儒教授這本書,可以更有系統化地指導新創團隊去架構自己的創業模式。

過去三年我們成立了二代大學,專注在臺灣中小企業二代接班,對這些二代接班企業家,本書許多的章節可以讓他們更加熟悉企業如何優化自己的運作,我常說「接班就是再創業」,尤其臺灣正進入接班潮,各種舊的模式被解構的當下,「創新、轉型、升級、接班」成為臺灣中小企業必修的四大課程,書中的17項創業的關鍵因素或許就隱含著許多未來企業運營的答案。

閱讀這本書的時候,我特別喜歡書中的個案導讀,尤其很多的案例是我非常熟悉的,有許多是我產業界的朋友,我很訝異李宗儒教授對這些案例的深入了解,非常真實及詳盡,這是本書的一大特色,也代表作者對所有的案例投入非常多的時間去了解與訪談,這樣讀者就很容易理解商業模式和流程設計的來龍去脈。

本書另外一個特色就是非常具有邏輯,有完整的分析表格,對於個案或是理論,本書會協助讀者彙整出有多少模式、多少種關係,十分有系統,閱讀起來可以上下比較,非常方便,所以它也算是一本創業字典,建議第一次在讀這本書時可以

快速瀏覽，先建立一個公司如何「從0到1」的整體架構，然後再依據創業階段所需要的「核心技能」來細讀。

　　期待這本書能夠早日出版，尤其是在「後新冠肺炎時期」新的全球化時代（全球化2.0），全世界的產業鏈會被重新架構，所有人都在思考新的商業模式，傳統的全球分工模式勢必會被重新打破，對於個人或產業都是一個重新思考再創新的絕佳機會，本書完整的架構可以幫助創新與創業者提供一個很好的邏輯思考以及嶄新商業模式設計的絕佳參考。

陳來助 謹識

二代大學創校校長

天來集團創辦人

2020年5月

作者序

　　本書作者自美國拿到學位後，即在德州儀器（Texas Instruments, TI）總公司達拉斯（Dallas）廠服務，後來回台任教已有20多年。自2008年（97學年度第1學期）開始，每學期皆在中興大學開設校級通識「創業與創意」課程，課程中會安排創業企業家的演講以及校外企業參訪活動。

　　此外，由於本書作者經常擔任政府相關的計畫之審查委員，也曾擔任創業計畫的審查委員，因此更經常接觸到中小型企業的管理者與創業家，與這些創業家的互動中，從中感受到創業家在創業過程中的摸索與碰撞。而本書即在這樣的背景下，於民國103年出版了第一版，其中的內容以作者在「創業」的相關研究成果進行延伸，回顧作者過去在供應鏈管理、品牌、物流、電子商務、管理科學與高科技行銷之領域的經歷與成果。

　　本書在學界與業界之間廣受好評，於民國104年出版第二版，105年出版第三版，而在107年，本書更是被翻譯成英文版本由World Scientific Publishing Co. Pte. Ltd.出版，在電商平台Amazon上販售，讓國際上的人也能讀到本書的精華。

　　鑑於國人的創業風氣興盛，富含創業精神，國內中小型企業眾多，且中小型企業一直是國內經濟發展的堅實後盾。但創業路程艱辛，為回饋社會，本書將自己定位在可提供創業者一個幸福創業方程式的工具書，提供諸位在創業這條路上一個方向。同時作者本身也是一個教育者，希望此書也能激發出學生創意的想法及幫助學生在未來人生的規劃。本書根據「創業」研究及相關文獻、訪談，整理出與創業息息相關四個管理領域中，共17項創業的關鍵因素。這四個領域為：作業管理（產品設計、品質管理等）、行銷管理（競爭者分析、選址等）、人力資源管理（人才選定與選擇等）、財務管理（成本結構、融資等）。

　　近來由於新冠肺炎疫情嚴重，大幅度地影響全球的經濟，許多產業因受到影響而消失，同時也有許多過去前所未聞的產業逆勢崛起。未來全球經濟走向區域化看來是必然的結果，恐怕會與現在的經濟型態大相逕庭。在這樣的環境下，如何成功創業或改變企業營運？本書作者洞見了「創新」的重要，而創新並非空穴來風，必須源於有系統的創新發展工具，於是在本版（第四版）中，增加了全新的一個章節來闡述創新與創新工具，引導讀者能夠活化思考，以因應瞬息萬變的社會經濟環境。

　　本書是一本「靈活」、「實用」的創業書籍，其特色有三，第一為學術理論與實務案例並重的書籍，學術理論為武功的基礎，而實務案例為武功招式，兩者兼具就如同紮穩馬步又能靈活運用各種招式的習武之人，必能在創業的武林之路打響名號。第二為本書有科學根據地提供一套適合閱讀本書章節的順序，有別於傳統書籍由第一章閱讀到最後一章。這本書的每章節都是個別獨立，讀者可以依照作者所提供的邏輯順序來閱讀，也可以依照自己的經驗與需求找出適合閱讀此本書的順序，意思是讀者可以透過與創業者聊天或解析各企業個案之中，找出在創業過程中會遭遇的瓶頸之先後順序以及創業成功的關鍵因素之重要程度，依照自己的邏輯規畫閱讀此書的順序。第三為本書的企業個案訪談影片，閱讀創業書籍，不再只是看靜態的文字，本書藉由光碟中的臺灣企業創辦人或高階經理人的訪談影片，讓他們帶領讀者一同導讀其企業個案。因此，本書適宜做為大學教科用書、實務界、創業管理的工具書。

　　擁有熱情是創業的基本條件，創業者需要仔細思考自己是否擁有被他人潑過無數次冷水也澆不熄的熱情，且是否具備不可替代的專業知識。創業需要有長期經營的概念，它不可能一蹴可幾，千萬不要抄短線或走捷徑，這本書所提供的方向與知識，衷心期盼讀者在閱讀過後，能一步一腳印發展及經營自己的事業，並克服在創業階段中所遭遇的難關，最終邁向成功。

　　本書第四版的完成要感謝國立中興大學行銷系邱思婷同學幫忙校稿、打字、及製圖。當然，也要感謝我的內人惠雀及兩位小天使凱綦與昂軒在背後的支持，使我無後顧之憂，可專心於研究及教學上。同時也感謝國立中興大學行銷系，給我一個絕佳的平台來鑽研學術，也讓我有更多機會與業界、政府互動，這些經驗都是我的研究中不可或缺的助力。最後將這本書獻給我在天上的父母及所有關心過我的人。

李宗儒（濬紳）謹識

國立中興大學行銷學系

2020年5月

目次

Chapter 01　Let's Go如何使用本書

前言　　　　　　　　　　　　　　　　　　　　　　　1-2
本書架構　　　　　　　　　　　　　　　　　　　　　1-2

Chapter 02　創新發展策略工具：TRIZ

2-1　TRIZ理論　　　　　　　　　　　　　　　　　　2-2
2-2　TRIZ理論於行銷領域當中的應用　　　　　　　　2-8
2-3　個案分享－國光花市　　　　　　　　　　　　　2-12
2-4　個案分享－農場　　　　　　　　　　　　　　　2-23
2-5　結論　　　　　　　　　　　　　　　　　　　　2-34

Chapter 03　產品與服務創新

3-1　創新之意涵　　　　　　　　　　　　　　　　　3-2
3-2　產品之意涵　　　　　　　　　　　　　　　　　3-3
3-3　服務的意涵　　　　　　　　　　　　　　　　　3-14
3-4　創新產品或服務之設計方法　　　　　　　　　　3-18

Chapter 04　建立產品服務品質機制

4-1　建立產品服務品質機制的方式　　　　　　　　　4-2
4-2　建立產品服務品質機制在大型企業的實務應用　　4-11
4-3　個案分享－宏基蜜蜂生態農場於遊客導覽的標
　　　準作業流程　　　　　　　　　　　　　　　　4-12
4-4　結論　　　　　　　　　　　　　　　　　　　　4-15

Chapter 05　採購比價

5-1　採購的基本介紹　　　　　　　　　　　　　　　5-2
5-2　採購流程　　　　　　　　　　　　　　　　　　5-4
5-3　採購人員的專業　　　　　　　　　　　　　　　5-12
5-4　資訊科技與採購　　　　　　　　　　　　　　　5-13
5-5　結論　　　　　　　　　　　　　　　　　　　　5-14

Chapter 06　與供應商互動

6-1　與供應商互動　　　　　　　　　　　　　6-2

6-2　與供應商互動的實務應用　　　　　　　　6-15

6-3　選擇供應商之道－王品集團　　　　　　　6-21

6-4　結論　　　　　　　　　　　　　　　　　6-26

Chapter 07　市場區隔

7-1　市場區隔之介紹　　　　　　　　　　　　7-2

7-2　市場區隔的分類變數　　　　　　　　　　7-4

7-3　市場區隔的重要性　　　　　　　　　　　7-8

7-4　如何進行市場區隔　　　　　　　　　　　7-9

7-5　結論與個案討論　　　　　　　　　　　　7-13

Chapter 08　價值定位

8-1　價值、價值定位與價值鏈　　　　　　　　8-2

8-2　價值定位的實務應用　　　　　　　　　　8-8

8-3　個案分享－A牙醫診所的價值鏈管理　　　8-9

8-4　結論　　　　　　　　　　　　　　　　　8-17

Chapter 09　選址

9-1　選址理論　　　　　　　　　　　　　　　9-2

9-2　企業常見的選址方法　　　　　　　　　　9-8

9-3　連鎖商店選址方式之討論　　　　　　　　9-12

9-4　選址模式之個案說明—以三才靈芝農場為例　9-14

9-5　結論　　　　　　　　　　　　　　　　　9-15

Chapter 10　進入市場障礙與競爭者關係

10-1　名詞定義　　　　　　　　　　　　　　　10-2

10-2　個案　　　　　　　　　　　　　　　　　10-10

10-3　結論　　　　　　　　　　　　　　　　　10-12

Chapter 11　與顧客互動

11-1　與顧客互動　　　　　　　　　　　　　　　　11-2

11-2　如何進行顧客關係管理　　　　　　　　　　　11-7

11-3　新創企業如何與顧客進行互動—以尼克咖啡
　　　為例　　　　　　　　　　　　　　　　　　11-13

11-4　結論　　　　　　　　　　　　　　　　　　　11-15

Chapter 12　創業團隊人數擬定與選擇

12-1　創業團隊之名詞定義　　　　　　　　　　　　12-2

12-2　個案　　　　　　　　　　　　　　　　　　　12-9

12-3　結論　　　　　　　　　　　　　　　　　　　12-11

Chapter 13　人才需求

13-1　人才的重要性　　　　　　　　　　　　　　　13-2

13-2　人才管理的流程　　　　　　　　　　　　　　13-7

13-3　結論　　　　　　　　　　　　　　　　　　　13-14

Chapter 14　工作擬定與職權分配

14-1　工作分析（Job Analysis）　　　　　　　　　14-2

14-2　工作說明書與工作規範　　　　　　　　　　　14-10

14-3　工作設計　　　　　　　　　　　　　　　　　14-13

14-4　結論　　　　　　　　　　　　　　　　　　　14-15

Chapter 15　教育訓練與專家諮詢

15-1　員工訓練的意涵　　　　　　　　　　　　　　15-3

15-2　員工訓練的重要性　　　　　　　　　　　　　15-3

15-3　員工訓練的種類與方法　　　　　　　　　　　15-5

15-4　專家諮詢　　　　　　　　　　　　　　　　　15-12

15-5　結論　　　　　　　　　　　　　　　　　　　15-16

Chapter 16　創業團隊成員與所創業相關之過去經驗

16-1　名詞定義　　　　　　　　　　　　　　　　　16-2

16-2　結論　　　　　　　　　　　　　　　　　　　16-11

Chapter 17　創業團隊之人際網絡

17-1　名詞定義 17-3

17-2　結論 17-7

Chapter 18　收入與成本

18-1　創業成本 18-2

18-2　成本控管 18-6

18-3　定價的考量 18-9

18-4　定價策略對收入之影響 18-12

18-5　結論 18-14

Chapter 19　融資

19-1　中小企業與個人之資金來源 19-2

19-2　銀行融資須知 19-7

19-3　政府提供的輔導措施 19-14

19-4　結論 19-23

Chapter 20　內部創業

20-1　內部創業基本概念 20-2

20-2　臺灣中小企業如何進行內部創業 20-9

20-3　臺灣中小企業內部創業的步驟—尚鈦光電 20-12

20-4　結論 20-15

Chapter 21　網路創業

21-1　電子商務基本概念 21-3

21-2　網路創業重要關鍵 21-12

21-3　網路創業的步驟－真情食品館 21-16

21-4　網路行銷 21-19

21-5　結論 21-23

CONTENTS

Chapter 22　創業計畫書

22-1　創業計畫書的需求－創業需不需要撰寫創業營運
　　　計畫書　　　　　　　　　　　　　　　　　　22-2

22-2　創業計畫書撰寫的原則　　　　　　　　　　　22-3

22-3　創業計畫書內容架構　　　　　　　　　　　　22-4

22-4　創業計畫書撰寫及評估　　　　　　　　　　　22-8

22-5　個案討論　　　　　　　　　　　　　　　　22-13

Chapter 23　智慧財產權與專利權

23-1　何謂智慧財產權　　　　　　　　　　　　　　23-2

23-2　智慧財產權之立法目的　　　　　　　　　　　23-3

23-3　專利權　　　　　　　　　　　　　　　　　　23-8

23-4　結論　　　　　　　　　　　　　　　　　　23-13

Chapter 24　公司治理、企業社會責任與企業危機處理

24-1　公司治理　　　　　　　　　　　　　　　　　24-2

24-2　企業社會責任　　　　　　　　　　　　　　　24-3

24-3　企業危機處理　　　　　　　　　　　　　　　24-6

24-4　結論　　　　　　　　　　　　　　　　　　24-10

Appendix A　索引表　　　　　　　　　　　　　　A-1

Appendix B　參考文獻　　　　　　　　　　　　　B-1

Appendix C　學後評量　　　　　　　　　　　　　C-1

1

Let's Go如何使用本書

前言

　　著名的西方偉人阿爾伯特‧愛因斯坦（Albert Einstein），以方程式A=X+Y+Z比喻成功方式為「成功＝勤奮不懈+正確方法+少說廢話」，而東方偉人孟子則說「不以規矩，不能成方圓」，不論西方或東方的偉人都指出，運用「好工具」，是我們要將一件事情做好的要件。

　　本書有別於其他教您如何創業的書籍，特別適用於腦袋瓜中有三種困惑的您，這三種困惑分別為：

　● 第一種困惑：想要創業但還沒創業，還在思索可以選擇甚麼樣的創業模式。

　● 第二種困惑：在不同的創業情境中（例如：餐飲創業等），要按照甚麼工作及思考順序可以更有機會創業成功。

　● 第三種困惑：如果我要創業，那麼有甚麼因素是創業時需要重視的關鍵因素。

　　為了排除您的三種困惑，本書不只呈現學術理論於創業上的應用，也援引了眾多個案於書中，隨書附上的光碟，有臺灣近10位老闆現身說法，帶領讀者進行個案討論，讓本書是一本「靈活」、「實用」的創業書籍。

　　以下，分別從「本書架構的設計」、「如何使用本書這」依序說明，相信這本書，可以成為諸位在創業這條路上，對您極具幫助的工具。

本書架構

　　作者在2011年的國家科學委員會專題研究計畫中，以創業為主題進行研究，在2012年，創業此研究主題延伸成為指導研究生的碩士論文，並且撰寫成期刊文章，在波蘭的TIIM（Technology Innovation, and Industrial Management）國際學術研討會上發表，回臺後並接受新聞媒體的採訪，而本書將以作者在「創業」的相關研究成果進行延伸。

　　根據「創業」研究及相關文獻、訪談，整理出圖1-1中17項創業的關鍵因素。並依據研究的結果建構出推行時的順序，本書則依此關鍵因素及推行順序進行編撰。

圖1-1 創業的關鍵因素

「關於17項創業的關鍵因素」、「關於閱讀本書的順序」兩點詳述之：

一、整體規劃

圖1-1中創業的關鍵因素分別與四個領域息息相關，分別為：

1. 作業管理（產品設計、品質管理等）。

2. 行銷管理（競爭者分析、選址等）。

3. 人力資源管理（人才選定與選擇等）。

4. 財務管理（成本結構、融資等）。

本書「整體架構」之規劃，即是根據四大領域設計前四篇。第一篇：「作業管理」；第二篇「行銷管理」；第三篇「人力資源管理」；第四篇「財務管理」。在這四篇中，分別以創業的關鍵因素為每「章」探討的內容，舉例來說，第一篇「作業管理」包括四章，第三章：產品/服務之創新、第四章：建立產品/服務品質管理機制、第五章：採購比價、第六章：與供應商互動等內容。

此外，更進一步於書中第五篇規劃創業之「熱門議題」，分別介紹與探討「內部創業」、「網路創業」及「二次創業」等創業模式。最後安排一章討論「創業計劃

書」。一份完善的創業計畫書，不僅可以幫助創業者規劃更具體的創業計畫，也會是創業者在找尋合作夥伴、資金支援等重要的要件之一，因此本書專章來討論，在這個章節，您可以知道學界或業界認為創業計劃書應當包含哪些內容、項目，讀者可以根據這章的內容進行創業計畫書的撰寫，然而，倘若您希望能對「創業」之影響因素有更深入的了解，讓創業計劃書的內容能更加的深入，則建議您，本書的各章內容都會是你重要的知識來源。

二、章節設計

在說明本書整體的規劃之後，接著說明本書各章之內容安排。在每一章中，分別設計了「學理面」、「創業上之意涵」、「個案應用」三大方向進行說明。學理面的部分，將會對該章的主題進行文獻資料的蒐集，將定義等資料加以呈現，第二部分則是將學理面的內容轉換成應用於創業時的管理意涵，在第三部分則是呈現與該章主題有關的個案，讀者可以配合書附光碟，讓臺灣企業之高階主管帶領您一同瞭解個案的內容。

三、依創業模式安排學習順序

誠如前述，本書之篇排，承襲作者對創業之研究成果，將創業的17項關鍵因素再加上熱門議題編排成本書的五個部分、共計24章。不如往常的教課書從第一章讀到最後一章，讀者可依三種創業模式—「不分產業別的創業」、「餐飲業加盟的創業」、「餐飲業自行創業」，進行不同閱讀順序的安排。

在瞭解如何安排學習的順序之前，您必須先知道創業的階段，作者據其2012年，以詮釋結構模式（ISM）研究法建構出創業17項關鍵因素推行順序，設計出三種創業模式的創業階段（詳見圖1-3～1-5），各階段必須依序完成。

為了更方便說明如何安排學習，先以簡單的圖1-2介紹。倘若教師或讀者想參考的創業模式並不在本書所論及的三種創業模式之中，則請教師或讀者依照您的專業知識來決定影響該創業模式的因素之重要性，並請加以對照找出相對應的章節，進而安排出本書的閱讀順序。

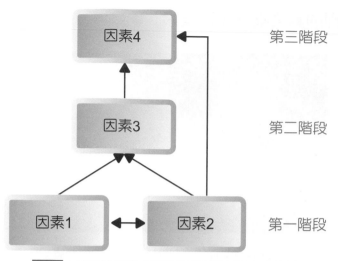

圖1-2 詮釋結構模式所建構出的推行順序之範例

　　圖1-2中，箭頭方向和階層，呈現出創業的順序及其是如何的發展，舉例來說：第一階段（最底層）：是必須先完成的，而因素1與因素2都位於第一階段，且是雙向箭頭，代表這兩個因素先推行哪一項皆可以，而因素1與因素2同樣都指向第二階段的因素3，代表必須先推行第一階段中的因素1與因素2，皆完成後才可以推行第二階段中的因素3，同樣的，第三階段（最高層）的因素4是被第二階段的因素3以及第一階段的因素2所指，因此代表代表必預先發展完第二階段的因素3及第一階段的因素2，才能發展因素4。

　　本書獨特之處就在於，瞭解完圖1-2的介紹後讀者可依您對不同創業模式的需求，根據圖1-3、1-4、1-5所設計的內容，安排您所需的閱讀順序。圖1-3～1-5中，符號的代表意義分別說明如下：

◯ □ 標記者：指該因素是處於「作業管理」的創業因素。

◯ ⌐¬ 標記者：是該因素屬於「行銷管理」的創業因素。

◯ □ 標記：是該因素屬於「人力資源」的創業因素。

◯ ■ 標記：是該因素屬於「財務管理」的創業因素。

（一）不分產業別的創業模式學習順序

在不分產業別的創業模式之下，17項創業之關鍵因素所推行的順序，請見圖1-3。方格之中的數字即代表本書各章的編號，舉例來說，在圖1-3中，在「第一階段」的方格中註記了「16.創業團隊成員與所創產業相關之過去經驗」，即代表「創業團隊成員與所創產業相關之過去經驗」在本書的第16章。

不分產業別的創業模式中，共分成三個階段，這三個階段必須依序進行。因此，讀者可以先閱讀完第一階段中的內容，而後再閱讀第二階段、第三階段中的各章內容。

第二階段中除了「6.與供應商互動」之外，因素之間的關係是環環相扣的，也就是說在此階段乃考量「7.市場區隔」來找出在產業市場中的「8.價值定位」，並找出與目標族群「11.與顧客互動」之方法，此外，我們從箭頭的指向中可以更進一步知道，第一階段中的「16.創業團隊成員與所創產業相關之過去經驗」，直接影響第二階段之「4.產品/服務品質機制建立」、「3.產品/服務創新」、「13.專業人才需求」，因此代表閱讀完16章後，則必須讀第4章、第3章、第13章，而第4章、第3章、第13章（彼此為雙向箭頭），因此先閱讀哪一章皆可行。

第三階段中包含「12.創業團隊人數擬定及選擇」、「14.職權劃分」、「15.專家諮詢及教育訓練」、「10.進入市場障礙分析及競爭者分析」、「9.選址」、「18.收入與成本結構」、「19.融資」、「5.採購」，而這些章皆是在第二階段中的是在第16章、第7章、第8章、第3章、第4章、第13章、第6章、第11章之箭頭所指向的，代表著必須先完成第二階段的章節，才能閱讀第三階段中的第12章、第14章、第15章、第10章、第9章、第18章、第19章與第5章。

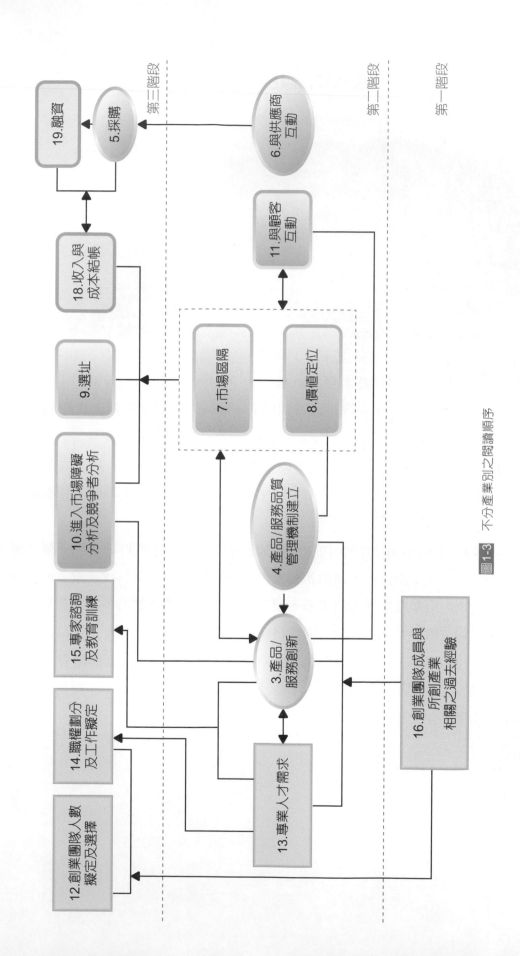

圖1-3　不分產業別之閱讀順序

第三階段

第二階段

第一階段

19.融資

5.採購

6.與供應商互動

18.收入與成本結帳

11.與顧客互動

9.選址

7.市場區隔

8.價值定位

10.進入市場障礙分析及競爭者分析

4.產品/服務品質管理機制建立

15.專家諮詢及教育訓練

14.職權劃分及工作擬定

3.產品/服務創新

12.創業團隊人數擬定及選擇

13.專業人才需求

16.創業團隊成員與所創產業相關之過去經驗

（二）餐飲業加盟的創業模式學習順序

餐飲業加盟的創業模式之下，17項創業之關鍵因素所推行的順序，請見圖1-4，方格之中的數字即代表本書各章的編號，舉例來說，在圖1-4中，「第一階段」的方格中註記了「17.創業團隊之人際關係」，即代表「創業團隊之人際關係」在本書的第17章。

圖1-4中顯示了餐飲業加盟的創業模式中，共分成四個階段，這四個階段必須依序進行。讀者可以先閱讀完第一階段的內容（見圖1-4，第17章的創業團隊之人際網），再依序閱讀各階段中的章節內容。

從圖1-4可以知道第二階段中的因素彼此相互影響（雙向的箭頭），讀者想先讀哪一章都可以。第三階段中，雖然第13章與第16章（雙向箭頭）代表讀者可以自行選擇先讀哪一章，但是從箭頭方向來看，建議讀者可以先讀15章的專家諮詢與教育訓練之後再讀第13章的專業人才需求，而後再讀第16章。

進入第四階段時，可以先讀第5章的採購比價。而後讀第19章的融資，或者可以先讀第4章的產品/服務品質機制建立，後讀第14章的職權劃分及工作擬定，接著再讀第12章的創業團隊人數擬定與選擇。

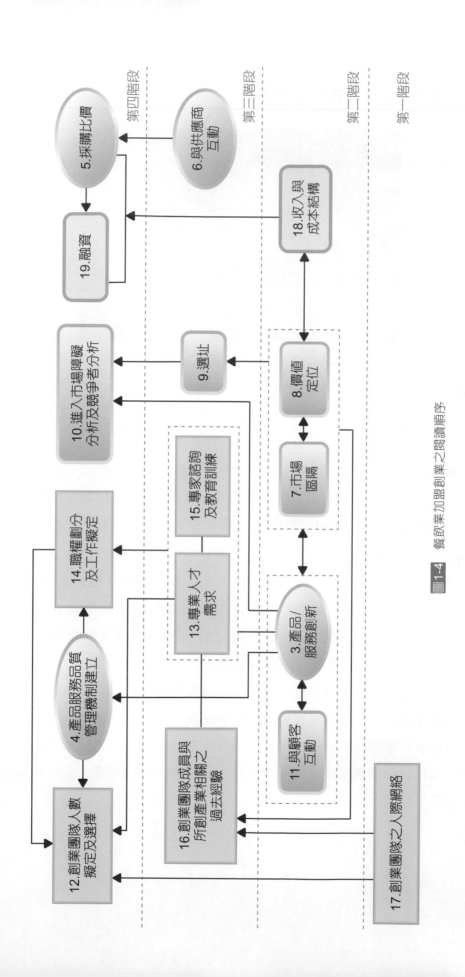

圖 1-4　餐飲業加盟創業之閱讀順序

(三) 餐飲業自行創業模式的學習順序

　　餐飲業自行創業的創業模式之下，17項創業之關鍵因素所推行的順序，請見圖1-5。方格之中的數字即代表本書各章的編號，舉例來說，圖1-5中，在「第一階段」的第一個方格中註記了「16.創業團隊成員與所創產業相關之過去經驗」，即代表「創業團隊成員與所創產業相關之過去經驗」在本書的第16章。

　　圖1-5顯示在餐飲業自行創業的創業模式中，共分成四個階段，這四個階段必須依序進行。讀者可以先閱讀完第一階段的內容（見圖1-5，第16章的創業團隊成員與所創產業相關之過去經驗、第4章的產品/服務品質管理機制建立），再依序閱讀各階段中的章節內容。

　　第二階段中，第7章的市場區隔與第11章的顧客互動（雙向箭頭），因此先讀哪一章都是可以的。第三階段中，則包含了「3.產品/服務創新」、「8.價值定位」、「18.收入與成本結構」、「5.採購比價」，而這四項彼此是由雙箭頭所組成，因此這四章的閱讀先後順序可以自行挑選。

　　第四階段，而從箭頭方向來看，第13與第15章直接受到第3與第8章的影響，因此建議應先學習完第3與第8章後再學習第12與第14章。第18章則是受到第17章的直接影響，因此建議應先學習完第17後再學習第18章。第四階段中的第11章也是直接受到第一階段中的第15章創業團隊成員與所創產業相關之過去經驗影響，因此建議應先學習第15章後學習第11章。

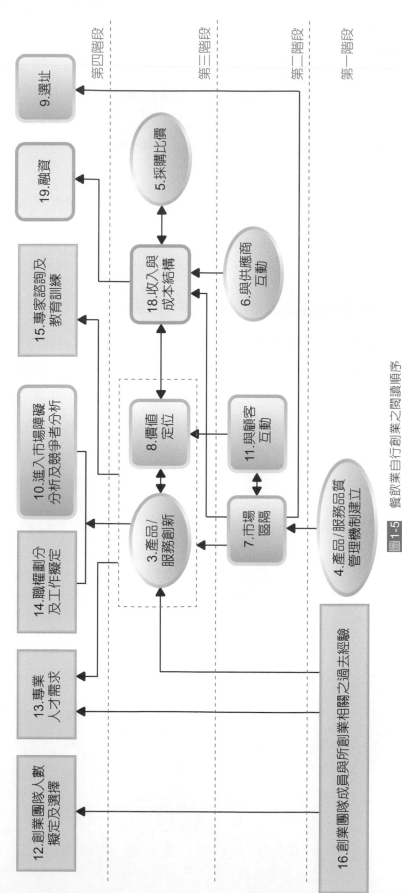

圖1-5 餐飲業自行創業之閱讀順序

第一階段
第二階段
第三階段
第四階段

9.選址

19.融資

15.專家諮詢及教育訓練

10.進入市場障礙分析及競爭者分析

14.職權劃分及工作擬定

13.專業人才需求

12.創業團隊人數擬定及選擇

5.採購比價

6.與供應商互動

18.收入與成本結構

8.價值定位

11.與顧客互動

7.市場區隔

4.產品/服務品質管理機制建立

3.產品/服務創新

16.創業團隊成員與所創業相關之過去經驗

四、本書特色

1. 學術理論於創業上的管理意涵，也就是將理論轉換成一套適用於創業時的管理策略。

2. 有別於傳統書籍由第一章開始讀到最後一章，而是基於研究成果，有科學根據的一套閱讀創業書籍的順序。

3. 讀創業書籍，不再只是看靜態的文字，藉由光碟，您可以讓臺灣企業家帶領您一同導讀個案。

五、想想看

　　思考以下問題，確保您可以安排符合需求的學習順序。

1. 請問何謂詮釋結構模式？此研究方法的特色是什麼？與本書的關聯性在哪？

2. 在「不分產業別」以及「餐飲業加盟創業」的創業模式中，最先應確立的是「財務管理」這項影響創業的因素嗎？為什麼？

3. 在「餐飲業自行創業」的創業模式中，除了應先做好「財務管理」這項創業的因素之外，還應當做好何項創業因素呢？為什麼？

2

創新發展策略工具：TRIZ

學習目標

- 如何發展創新策略？
- TRIZ的意涵為何？
- TRIZ如何應用在行銷領域？
- 個案運用TRIZ發展行銷策略之應用。

緒 論

在全球化的影響下，企業之間的競爭愈發激烈，彼此都運用策略以保持競爭力並增加在市場份額，而實踐證明，「創新」是實現這些目標的最佳手段（Zouaoua, Dalia, et al. 2010.）。從一個公司的初創期到發展期，總會遇到各方面的問題拔山倒樹而來，例如在初創期時應推出何種產品或服務內容？或是在發展期時如何在眾多競爭對手中脫穎而出？縱使是如日中天的大企業，創新也是發展永續經營必備的條件。若缺乏創新的精神，僅是模仿成功案例中的策略，則不易成功，由於每一間公司有其獨特的環境背景，即使面臨雷同的問題，使用同樣的解決辦法效果可能也不盡相同，可能很難找到最佳解答。

為了解決問題並達到創新的目標，我們會透過各種方式發想創新策略，一般來說，我們會從現有的經驗或案例作為參考，仿效其他人的策略方向，並針對自身狀況延伸出創新策略。這固然是一種創新策略發想的方式，但產生的策略會被侷限於現有的方向，便只能當創新的跟隨者，而非領先者。我們需要一些理論或方法協助我們有效率且有系統地發想創新策略，以跳躍性的思考跳脫現有框架，發想出多元的創新策略。

因此2-1節將介紹一種策略工具：TRIZ理論，TRIZ理論作為一種創新方法，使用TRIZ可透過系統性的思考方式來解決問題，最終產生出創新策略。2-2節則是介紹了TRIZ理論於行銷領域的意涵。2-3節與2-4節分別為兩個不同背景的個案，以及在這兩個個案中應用TRIZ理論所發展出的策略：2-3節中的個案為在臺中國光花市開設直營店的花器廠商，該廠商於花市這種專業傳統市場中面臨了眾多互補品及競爭品的競爭，且與原有通路之間也需要調整策略以因應這家直營店的經營；2-4節中的個案則是一間位於南投的農場，農場轉型為酒莊與民宿以後，販賣的商品與當地的信義鄉農會種類雷同，但知名度遠不及在當地深耕已久的信義鄉農會，且當地民宿林立，因此需要創新的策略，讓此農場可以在這個產業高度重疊的環境下殺出一條血路。

透過本章上述4節的介紹與應用範例，讀者可了解到如何運用TRIZ 40創新原則這個創新工具，以系統性的思考方法來找出創新行銷策略，解決眾多獨特的問題。

2-1　TRIZ理論

TRIZ（Teoriya Resheniya Izobretatelskikh Zadatch, TRIZ）為俄文的縮寫，其意思是指「創新問題之解決方法論」，乃Genrich Altshuller所提出，背景在於其任職於

前蘇聯海軍專利局擔任專利審核員期間，從其審核的經驗中察覺到創新過程中都是有其一定的原理原則，因此從數十萬件的專利中著手進行研究，將其歸納出一套系統性的TRIZ理論。

TRIZ理論包含許多內容，具體來說，TRIZ即是一種幫助思考的策略工具，使用TRIZ的結果就是產生創新策略。其中，Genrich Altshuller歸納出了40項創新原則（見表2-1），用作發明或解決問題可依循的方向與線索。表2-1為宋明弘（2009）於他的著作《TRIZ萃智：系統性創新理論與應用》對TRIZ理論之40項創新原則的序號、中文名稱與說明。

Yamashina等人（2002）使用品質機能展開（Quality Function Deployment）找出洗衣機客戶的需求並提出問題，使用TRIZ理論發展這些問題的技術創新策略，如用TRIZ 40項原則中的「35.參數變化」解決「洗衣機功能相互衝突」的問題。Yang等人（2011）引入了TRIZ理論來設計用於重新設計功能性能的創新解決方案，其中使用了TRIZ 40項原則中的「28.替換機械系統」以實現新產品設計的生態創新（Eco-innovation）。Lee等人（2017）在研究中探索TRIZ理論對開發綜合品牌評估系統的潛在貢獻，並透過TRIZ建立品牌策略，例如運用TRIZ 40項原則中的「24.中介物」發展出策略：蒐集市場資訊來調整品牌人格，解決品牌定位不夠明確的問題。

表2-1 TRIZ 40項創新原則及說明

原則編號	中文 / 英文名稱	說明
1	分割 Segmentation	1a：將物體分割成獨立的零件 1b：使物體易於組裝與拆卸 1c：增加物體可分割的程度
2	分離 Taking Out	2a：從一物體中去除不想要的零件或功能 2b：從一物體中保留想要的零件或功能
3	局部品質 Local Quality	3a：改變一個物體或系統的結構，從均質變成異質 3b：改變一個作用或外部環境（外部影響），從均質變成異質 3c：使一系統每一部份的功能都能達成最適使用狀態 3d：使一個物體或系統的每一部份都能執行不同或互補性的功能

原則編號	中文 / 英文名稱	說明
4	非對稱性 Asymmetry	4a：利用不對稱的形狀，取代對稱的形狀 4b：改變物體或系統的形狀，以適應外部的不對稱性 4c：如果物體是不對稱性的形狀，則增加不對稱的形狀
5	合併 Merging	5a：將相同或相關的物體、作業或功能實體進行連接或合併 5b：合併物體、作業或功能，使其在同一時間點一起作用
6	萬用 Universality	6a：集多種功能於一身，以消除對其他物品或系統的需求
7	套疊 Nested Doll	7a：一物體放置在另一物體內，該物體又被放置在第三物體內 7b：將多數的物體或系統放置在其他的物體或系統內 7c：一物體（動態性）通過另一物體的空隙（孔洞）
8	平衡力 Anti-weight	8a：結合能提供上升力量的物體，平衡物體的重量 8b：利用環境中產生的空氣動力、水動力、福利等，平衡物體的重量 8c：利用環境中可取得的相對力量，平衡系統中的有害作用（負面屬性）
9	預先反作用 Preliminary Anti-action	9a：如果一個作用包含有害與有用的效益，進行反作用的行動，以去除或降低有害的效果
10	預先作用 Preliminary Action	10a：預先導入有用的作用到物體或系統中（部分或全部） 10b：預先安置物體或系統，以期能在最方便的時間與位置展開作用
11	事先預防 Beforehand Cushioning	11a：採用事先預防的方式，以補救物體潛在的低可靠性
12	等位性 Equipotentiality	12a：重新設計工作環境，以消除（減少）、舉起或放下物體的操作，或由工作環境執行該操作
13	逆轉 Inverse / The Other Way Round	13a：改用相反的作用取代原作用 13b：使活動的部分（或外在的環境）固定；使固定的部分活動 13c：將物體、系統或程序反轉
14	球體化 / 曲度 Spheroidality – Curvature	14a：使用曲線取代直線，曲面取代平面，球形取代立方體 14b：使用滾輪、球、螺旋 14c：從直線運動到旋轉運動（反之亦然） 14d：利用離心力

原則編號	中文 / 英文名稱	說明
15	動態性 Dynamics	15a：在不同的條件下，物體或系統的特徵要能（自動）改變以達到最佳的效果 15b：分割物體，使其成為可以相互移動的零件 15c：如果物體或系統是不活動的，使其能活動 15d：增加自由度的程度
16	不足 / 過多作用 Partial or Excessive Actions	16a：如果很難完成100%的理想效果，則使用少一點（不足）或多一點（過多）的作法來簡化問題
17	移至新的空間 Another Dimension	17a：轉變一維的運動（物體或系統）成為二維的運動（物體或系統）；轉變二維的運動（物體或系統）成為三維的運動（物體或系統） 17b：使用多層的結構取代單層 17c：傾斜物體或用另一側面放置 17d：使用物體的另外一面
18	機械振動 Mechanical Vibration	18a：使物體振動或振盪 18b：增加振動的頻率 18c：使用共振頻率 18d：使用壓力振動器取代機械振動 18e：結合超音波與電磁場的振盪
19	週期性動作 Periodic Action	19a：以週期的動作或脈衝取代連續性的動作 19b：如果已經是週期性動作，改變週期的大小或頻率，以適應外在的需求
20	連續有用動作 Continuity of Useful Action	20a：物體或系統的所有部分應以最大負載或最佳效率操作 20b：去除閒置或非生產性的活動或工作
21	快速作用 Skipping	21a：用高速度執行一項作用，以消除有害的作用
22	轉有害變有利 Blessing in Disguise / Turn Lemons into Lemonade	22a：轉變有害的物體或作用，以獲得正面的效果 22b：增加另一個有害的物體或作用，去中和或去除有害的效應

原則編號	中文 / 英文名稱	說明
23	回饋 Feedback	23a：導入回饋以改善製程或作用 23b：如果已使用回饋機制，改變其級數或影響，使其能適用作業條件的變化
24	中介物 Intermediary	24a：兩個物體、系統或作用之間使用中介物 24b：使用暫時性的中介物，當其功能完成後能自動消失，或很容易移除
25	自助 Self-service	25a：一個物體或系統執行有用的功能來服務自己 25b：使用廢棄（或損失）的資源、能源或物質
26	複製 Copying	26a：使用簡化或便宜的複製品取代不可重複利用、昂貴或易碎、易腐敗的物品或系統 26b：利用光學的複製（影像）取代一個物體或程序
27	拋棄式 Cheap Short-living Objects	27a：使用多個便宜或壽命短的物品，取代昂貴的物品或系統
28	替換機械系統 Mechanics Substitution	28a：使用另一種感測的方法（聲音、光、視覺、聽覺、嗅覺、味覺、觸覺等）取代現行的方法 28b：使用電場、磁場或電磁場，與物體或系統交互作用 28c：更換場域 (1)移動場取代靜止場 (2)結構化取代非結構化 (3)變化場取代固定場 28d：使用結合（鐵磁性）的粒子、物體或系統的場
29	氣壓或液壓 Pneumatics and Hydraulics	29a：使用氣體或液體取代固體的零件或系統
30	彈性膜 / 薄膜 Flexible Shells and Thin Films	30a：使用彈性殼和薄膜取代固態的結構 30b：使用彈性殼和薄膜將物體或系統與外在有潛在危險性的環境隔絕
31	多孔材料 Porous Materials	31a：使物體成為多孔性，或加入多孔的元素 31b：如果物體已經是多孔性，則在孔隙中加入有用的物質或功能
32	改變顏色 Color Changes	32a：改變物體或其環境的顏色 32b：改變物體或其環境的透明度 32c：使用顏色添加物或發光的元素，以改善事物的能見度 32d：在不同的輻射熱下，改變物體的發光性質

原則編號	中文 / 英文名稱	說明
33	同質性 Homogeneity	33a：產生交互作用的物體，應使用同一種材料（或具有相同性質的材料）
34	拋棄再生 Discarding and Recovering	34a：已執行或完成功能的物體或零件，能自動消失（溶解、揮發、拋棄） 34b：將動作中已消耗或退化的零件，恢復其功能或形狀（再生）
35	參數變化 Parameter Changes	35a：改變物理狀態（固態、液態、氣態） 35b：改變濃度或密度 35c：改變彈性（伸縮性、彎曲性）的程度 35d：改變溫度 35e：改變壓力 35f：改變長度、體積 35g：改變其他參數
36	相轉變 Phase Transitions	36a：在相改變（狀態改變）的過程中（例如：體積改變、熱釋放或吸收），利用其發生的現象
37	熱膨脹 Thermal Expansion	37a：利用材料的熱脹冷縮去完成有用的效應 37b：使用膨脹係數不同多種材料，去完成有用的效應
38	強氧化 Strong Oxidants	38a：使用和氧量高的氣體取代正常空氣 38b：使用純氧取代含氧高的氣體 38c：使用離子輻射 38d：使用氧離子 38e：使用臭氧
39	鈍性環境 Inert Atmosphere	39a：以鈍性環境取代正常環境 39b：加入中性物質或鈍性添加物至物體或系統中
40	複合材料 Composite Material	40a：使用複合材料取代均質材料

資料來源：宋明弘（2009）、許閔智（2009）

　　TRIZ為高度結構的創新性思考方法，架構完整，依循其創意發展邏輯與步驟，可以為問題找出解決方案（張旭華、呂鑌洧，2009；Domb, 1998）。其步驟如下：

(1) 分析背景與環境

(2) 列出問題

(3) 選擇合適的創新原則

(4) 發想創新解決問題策略

　　而TRIZ的執行步驟將於本章2-3節與2-4節的個案中有具體的演示。

2-2　TRIZ理論於行銷領域當中的應用

　　然而，TRIZ源於工業創新，40項原則應如何應用在行銷領域當中？ The TRIZ Journal（Gennady Retseptor, 2005）發表了一篇文章，整理出TRIZ 40項原則在行銷領域之意涵，其中每一項原則又衍伸出數項辦法，為此創新方法提供了更詳細的解釋，完整的行銷領域之意涵請參見https://triz-journal.com/40-inventive-principles-marketing-sales-advertising/。而本節在表2-2整理了40項創新原則中最常用的幾項行銷領域之意涵作為說明，例如1.分割，在行銷領域的常用意涵就有「市場區隔」與「客製化」兩項。

表2-2　TRIZ 40項創新原則於行銷領域之意涵

原則編號	中文名稱	行銷領域之意涵
1	分割	1. 市場區隔 2. 客製化
2	分離	1. 產品差異化 2. 群聚分析（Cluster Analysis） 3. 外包 4. 匿名問卷或電話訪談
3	局部品質	1. 區域行銷（例如：各地的菜單都有當地專屬的餐點） 2. 設置在不同區域的物流中心 3. 針對VIP顧客提供額外的優惠、獎金和服務 4. 針對每個細分市場制定差異化戰略 5. 在廣告中強調產品或服務之優勢
4	非對稱性	1. 買方市場與賣方市場 2. 男性和女性產品或服務方向 3. 客戶至上主義

原則編號	中文名稱	行銷領域之意涵
5	合併	1. 商業協同（Business Synergism）：夥伴關係、合併、聯盟 2. 行銷組合、折扣組合（買一送一）
6	萬用 / 普遍性	1. 產品或服務的多樣性，滿足顧客多樣的需求期望 2. 具有多功能的產品 3. 採用國際化的標準品質
7	套疊	1. 利基市場 2. 驚喜紅利（Surprise Selling Benefit）
8	平衡力	1. 與其他品牌合作 2. 與該行業的領導者作為衡量標準
9	預先反作用	1. 使用專利、許可證、商標或版權等來保護所有權 2. 對客戶進行知覺調查（Perception Surveys） 3. 試用品、產品試銷
10	預先作用	1. 在設計產品或服務之前進行初步市場調查 2. 建立存貨管理系統，並於存貨數達到再訂購點後下訂單，以縮短週期時間
11	事先預防	1. 庫存過剩 2. 合約中的意外條款（Contingency Clauses） 3. 疑難排解手冊 / 常見問題解答
12	等位性	1. 免付費服務電話 2. 將廣告文案轉換為當地語言
13	逆轉	1. 尋找流失的顧客 2. 讓顧客決定價格 3. 管理投訴處理系統，主動鼓勵客戶投訴 4. 依照訂單製造商品，而不是作為存貨
14	球體化 / 曲度	1. Rounded Price（以0作為結尾的定價策略） 2. 循環性的顧客問卷
15	動態性	1. 動態定價、季節性價格 2. 大量客製化
16	不足 / 過多作用	1. 討價還價（議價）/ 折扣 2. 價格尾數為9的策略 3. 提供額外服務
17	移至新的空間	1. 多層次傳銷（Multilevel Marketing） 2. 在發票的背面印上折扣券

原則編號	中文名稱	行銷領域之意涵
18	機械振動	1. 發展與顧客溝通的多種管道 2. 對投訴的顧客，加強其在使用產品或服務的正面印象 3. 在價格談判期間逐步探索買方的界限
19	週期性動作	1. 定期廣告（用來獲得顧客對於企業的穩定性） 2. 批量生產 3. 使用電視或廣播的休息時間進行廣告宣傳
20	連續有用動作	1. 長期的行銷或商業聯盟 2. 顧客維繫和培養忠誠度 3. 維持企業形象，並強化顧客對於企業的印象和優勢
21	快速作用	1. 談判期間及時做出決策、快速完成合約協議 2. 快速完成虧損流程（例如：折扣、拋售）
22	轉有害變有利	1. 將客戶投訴作為改進的機會、積極處理客訴問題（最忠誠的客戶是不滿意的客戶，投訴得到妥善處理的客戶比從未投訴的客戶更忠誠） 2. 限制產品或服務的供應，以創造稀少性的價值
23	回饋	1. 產品保固或服務保證 2. 傾聽顧客的心聲 3. 客戶投訴和建議系統
24	中介物	1. 批發商 2. 零售商 3. 進口／出口代理商 4. 顧問 5. 第三方的認證機構
25	自助	1. 自我標竿（Self-benchmarking） 2. 自我競爭（Self-competing） 3. 顧客口碑行銷
26	複製	1. 行銷策略的模仿 2. 視訊會議 3. 商標 4. 經營權
27	便宜短暫的物體	1. 抽樣，而非人口普查 2. 優惠券、促銷優惠券 3. 二手商品

原則編號	中文名稱	行銷領域之意涵
28	替換機械系統	1. 電子交易、溝通、拍賣、標籤（Electronic Trade, Communication, Auction, Tagging） 2. 電話行銷（Telemarketing） 3. 電腦化訪談（Computerized Interview）
29	氣壓或液壓	1. 合約的談判空間 2. 調查期間的抽樣擴展（Sampling Expansion）
30	彈性膜／薄膜	1. 商業機密（相對於組織基礎知識） 2. 談判時應「如履薄冰」，小心為上以防出錯
31	多孔材料	1. 對顧客處理的層級（單位），過濾進出組織的資訊
32	改變顏色	1. 企業或品牌色彩（HTC：綠色，85度C：紅色） 2. 用不同顏色的包裝來區隔產品之功能，防止意外使用 3. 透明化的包裝讓產品進行自我行銷
33	同質性	1. 同一品牌的產品系列（例如：「Dove多芬」有沐浴乳、洗髮乳、潤髮乳等） 2. 顧客群集（Customer Clusters） 3. 焦點團體
34	拋棄再生	1. 分包商 2. 產品保固期與維修
35	參數變化	1. 線上購物 2. 促銷活動中的特別折扣
36	階段變化	1. 產品或服務的生命週期 2. BCG矩陣（金牛、落水狗、問題兒童、明星）
37	熱膨脹	根據產品的熱門程度（銷售和獲利能力），來改變行銷投入（暢銷：擴大；滯銷：縮小）。
38	強氧化／促進 交互作用	1. 聘請願意傾聽和了解客戶的心聲的員工 2. 克服不滿意顧客的抱怨
39	鈍性環境	1. 匿名調查或訪談 2. 使用中立、平淡的口吻進行訪談 3. 使用中立的第三方團體進行談判
40	複合材料	1. 在行銷或銷售團隊之中，由不同個性和類型的成員組合而成 2. 行銷策略由高度風險和低度風險結合而成

資料來源：Gennady Retseptor （2005）. 40 Inventive Principles in Marketing, Sales and Advertising. THE TRIZ JOURNAL.

https://triz-journal.com/40-inventive-principles-marketing-sales-advertising/

行銷人員運用TRIZ 40項創新原則發展創新策略時，首先要做的便是分析問題，透過分析企業自身的條件與環境狀況，條列出問題後，針對各個問題挑選合適的創新原則，嘗試由TRIZ 40項創新原則的行銷領域之意涵，發展解決策略。接下來，本章將透過「眾多普通競爭對手」的花器廠商與「單一強力競爭對手」的農場這兩個個案，說明TRIZ 40項創新原則的應用。

2-3 個案分享—國光花市

個案一：「在國光花市中，競爭對手林立群集的花器廠商如何突破重圍，發展創新策略？」

A先生是石製花器的製造商，雖然規模僅是個人工作室，但在全臺各地皆有合作的零售商，產品類型主要為南田石花器，其他還有黑膽石、龜甲石所製成的花器與藝品等產品。

近年來在因緣際會下，取得在臺中的大里國光花市中開設攤位的機會，這間直營店便交給A先生的太太來經營，是一種新嘗試的家族企業經營方式，每周末A先生與A太太都會一同檢視銷售狀況，並討論推出產品的策略，因此，不斷推陳出新的產品在傳統的花市中吸引了不少注意力。但這間直營店同時也面臨了許多問題，首先是產品價格水平與環境相差太大，A先生的產品屬於藝品類，價格比一般花器要來得高，這讓許多花市裡的消費者不太習慣。

其次，在同一個花市中也有販售類似產品的競爭者，該競爭者販售的品類雖比較少，但價格相對較低。最後是顧客關係的維持，花市大多商家都是採議價的方式，因此與顧客之間的關係會很大程度地影響到經營。這間花器廠商面臨到的種種問題，大致可以整理成9大項：

(1) 替代品的塑膠花器、陶瓷花器可以量產，在價格上必然有優勢，許多消費者不熟悉石製花器，無法認知到產品的價值。

(2) 消費者不容易記得品牌。

(3) 購物不夠便利，如身上帶不夠錢，或是很難把大型的產品帶回家等。

(4) 缺乏建立與消費者之間關係的管道。

(5) 原先A先生的目標客群爲中高收入的消費者，但這類消費者在花市中占比太少，需開拓新市場。

(6) 未來競爭者加入，可能會發生盜用設計的問題。

(7) 隨著消費者熟悉產品，不再有新奇感之後銷售量呈現下降的趨勢。

(8) 直營店空間太小，缺乏儲備空間。

(9) 營運成本太高，包含管理、運輸、新產品開發等。

　　針對這9項問題，分別運用TRIZ的40項創新原則，以及表2-2中整理出的TRIZ於行銷領域之意涵來發展策略（表2-3至2-11）：

(1) 替代品的塑膠花器、陶瓷花器可以量產，在價格上必然有優勢，許多消費者不熟悉石製花器，無法認知到產品的價值。

問題敘述：來到花市的消費者大多是花市的常客，在購買盆器時都習慣選擇在花市中較爲常見的塑膠花器或陶瓷花器，而較少人熟悉在藝品店常見的石製花器，普遍不了解石製花器的價值。由於塑膠花器、陶瓷花器可以開模量產，在價格上，僅能手工製作的石製花器處於劣勢，因此許多消費者認爲石製花器的價格太高，一樣是要買花器，爲何塑膠的只要200元，相同大小的石製花器卻要2,000元？

針對上述問題，透過TRIZ 40項創新原則所發展出的創新策略請見下表2-3。

表2-3　個案一：問題1的解決策略

原則編號	中文名稱	行銷領域之意涵	策略編號與說明
1	分割	客製化	A1.1利用家族企業溝通便利的特性，提供消費者客製化的選項，消費者可以對現有的產品提出額外的要求（例如加大口徑），或讓消費者自備原料，經過討論與報價後再進行客製化的加工，以增加產品的價值。
3	局部品質	在廣告中強調產品或服務之優勢	A1.2在廣告或銷售人員的話術中強調產品終身維修免費，並且提供保養指南，以服務增加產品價值。
4	非對稱性	買方市場與賣方市場	A1.3為了保留原料獨有的美感，每一個產品都保留了石頭原來的外型與紋路，僅做最低限度的加工，打造獨一無二的工藝品。

原則編號	中文名稱	行銷領域之意涵	策略編號與說明
4	非對稱性	客戶至上主義	A1.4面對客戶抱怨，客服人員或銷售人員要避免反駁，並將內容記錄下來以了解抱怨真正的原因，以服務提升產品價值。
5	合併	商業協同（Business Synergism）：夥伴關係、合併、聯盟	A1.5異業結合，與花市中其他互補產品合作，例如與多肉植物廠商合作，推出產品組合，提升產品的價值。
6	萬用/普遍性	具有多功能的產品	A1.6在店內展示產品的多功能應用，例如花器也可作為水族箱、石敢當等。
7	套疊	利基市場	A1.7研發獨特的天然石製花器發展利基市場。
12	等位性	將廣告文案轉換為當地語言	A1.8爭取外國媒體報導，再將報導作為宣傳的內容，取信於消費者，增加品牌價值。
15	動態性	大量客製化	A1.9提供產品彩繪DIY服務，客製化增加產品的價值。
16	不足/過多作用	提供額外服務	A1.10針對消費者購買的產品，給予插花或擺設的建議。
24	中介物	第三方的認證機構	A1.11參加設計或藝術類比賽，例如紅點設計大獎，增加產品價值。

(2) 消費者不容易記得品牌。

問題敘述：由於A先生長期的經營模式為代工，且臺灣的工藝品產業不流行生產者品牌，大多是零售商的品牌較為人所知，因此產品上並不會出現生產者的品牌名稱或LOGO。大多數消費者無法判別工藝品的生產者來源，因此有時會出現消費購買到其他廠商的劣質產品，卻將不滿意歸因於A先生的情形。

針對上述問題，透過TRIZ 40項創新原則所發展出的創新策略請見下表2-4。

表2-4　個案一：問題2的解決策略

原則編號	中文名稱	行銷領域之意涵	策略編號與說明
2	分離	外包	A2.1由於每個產品的大小不一，現行並沒有設計包裝，僅用報紙包覆產品避免碰撞。委託專業設計公司設計產品包裝箱、包裝盒，設計成能夠調整以適合各種尺寸的包裝，並在包裝上印上LOGO。

原則編號	中文名稱	行銷領域之意涵	策略編號與說明
8	平衡力	與其他品牌合作	A2.2與非營利機構合作，例如與國立臺灣工藝研究發展中心合作，協助策展等活動，增加曝光品牌的機會。
26	複製	商標	A2.3在產品的包裝上印上商標，幫助客戶認識品牌。
32	改變顏色	企業或品牌色彩（HTC：綠色，85度C：紅色）	A2.4以主力產品的南田石的灰色作為品牌色彩，應用在招牌、名片及LOGO上，加強消費者的品牌記憶。
33	同質性	同一品牌的產品系列（例如：「Dove多芬」有沐浴乳、洗髮乳、潤髮乳等）	A2.5以原料為產品系列命名，例如「南田」、「黑膽」，即為用南田石或黑膽石製成的花器，幫助消費者記憶品牌。
33	同質性	顧客群集（Customer Clusters）	A2.6作為贊助商加入花藝教室，提供花器給學員使用，提升知名度。

(3) 購物不夠便利，如身上帶不夠錢，或是很難把大型的產品帶回家等。

問題敘述：在花市直營店中展售的商品大小差異很大，消費者若購買了大型的產品可能會有搬運的困難，且重量通常也很難由A太太一個人來搬運。此外，現在花市直營店中的交易方式僅能用現金付費，許多購買高額產品消費者還需要到超商領錢才能結帳，造成消費者的抱怨。

針對上述問題，透過TRIZ 40項創新原則所發展出的創新策略請見下表2-5。

表2-5　個案一：問題3的解決策略

原則編號	中文名稱	行銷領域之意涵	策略編號與說明
3	局部品質	設置在不同區域的物流中心	A3.1除了臺中的花市以外，A先生在北中南各地皆有合作的藝品店作為零售店。可與這些零售店合作，在出貨給零售商時順便將已賣出的商品寄過去，由較近的零售店提供送貨服務。若外縣市的觀光客到零售店消費，即可享有宅配到府的服務。
28	替換機械系統	電子交易、溝通、拍賣、標籤（Electronic Trade, Communication, Auction, Tagging）	A3.2提供多元支付方式，例如信用卡、行動支付等，提升消費的便利性。

原則編號	中文名稱	行銷領域之意涵	策略編號與說明
35	參數變化	線上購物	A3.3提供透過Line下訂單的服務,消費者可在官方Line帳號上瀏覽產品,並直接購買,提升客戶購買產品時的便利性。

(4) 缺乏建立與消費者之間關係的管道。

問題敘述:消費者僅能享有購買產品當下的服務,很難對該店家印象深刻。且針對已購買產品的消費者,缺乏與其聯繫的手段,也很難使其產生回購的意願,造成回購率偏低的情形。

針對上述問題,透過TRIZ 40項創新原則所發展出的創新策略請見下表2-6。

表2-6　個案一:問題4的解決策略

原則編號	中文名稱	行銷領域之意涵	策略編號與說明
3	局部品質	針對VIP顧客提供額外的優惠、獎金和服務	A4.1建立會員制度,消費滿額或多次消費後可享折扣。
9	預先反作用	對客戶進行知覺調查(Perception Surveys)	A4.2銷售人員以話術測試消費者對該類工藝品的知識水平,選擇消費者易懂的說明方式。
11	事先預防	疑難排解手冊／常見問題解答	A4.3開設官方Line帳號,並在首頁放置常見問題Q&A,避免客戶抱怨。
12	等位性	免付費服務電話	A4.4開設官方Line帳號,提供客戶詢問服務,提升客戶滿意度。
13	逆轉	讓顧客決定價格	A4.5無固定標價,根據客人強不強勢給予議價空間,藉此建立與客戶的關係。
13	逆轉	管理投訴處理系統,主動鼓勵客戶投訴	A4.6在消費者購買產品的三日後,透過官方Line帳號主動詢問有無問題,提升客戶滿意度。
14	球體化／曲度	Rounded Price(以0作為結尾的定價策略)	A4.7給予客戶捨去尾數的折扣方式,刺激銷售。
16	不足／過多作用	討價還價(議價)／折扣	A4.8對於熟客給予折扣或購物禮,加強消費者的向心力。
17	移至新的空間	在發票的背面印上折扣券	A4.9建立集點卡系統,消費滿額集點可享折扣,刺激持續的消費。

原則編號	中文名稱	行銷領域之意涵	策略編號與說明
18	機械振動	發展與顧客溝通的多種管道	A4.10開設LINE官方帳號作為客服，建立推廣的途徑並建立與客戶的關係。
18	機械振動	在價格談判期間逐步探索買方的界限	A4.11在價格談判中讓消費者先出價，展現善意，建立與客戶的關係。
20	連續有用動作	顧客維繫和培養忠誠度	A4.12建立會員制度，並在逢年過節寄送問候小卡，建立與客戶的關係。
23	回饋	產品保固或服務保證	A4.13提供產品終身保固的服務，提升客戶滿意度。
23	回饋	客戶投訴和建議系統	A4.14開設官方Line帳號，提供客戶詢問服務，提升客戶滿意度。
27	便宜短暫的物體	優惠券、促銷優惠券	A4.15建立集點卡系統，消費滿額集點可享折扣，刺激持續的消費。
29	氣壓或液壓	合約的談判空間	A4.16提供7天的產品鑑賞期，若有瑕疵均可退換，增加客戶的信任度。
34	拋棄再生	產品保固期與維修	A4.17提供產品終身保固的服務，提升客戶滿意度。
38	強氧化／促進	聘請願意傾聽和了解客戶心聲的員工	A4.18客服必須達成100%回覆率，傾聽消費者的聲音。
39	鈍性環境	使用中立、平淡的口吻進行訪談	A4.19與消費者溝通時避免情緒化的言論，提升客戶滿意度。
40	複合材料	在行銷或銷售團隊之中，由不同個性和類型的成員組合而成	A4.20銷售人員由強勢與弱勢組成互補的組合，以應對各種類型的消費者。

(5) 原先主要的目標客群為中高收入的消費者，但這類消費者在花市中占比太少，需開拓新市場。

問題敘述：石製花器由於其獨特且製作難度大的特性，目標客群基本上是中高收入的消費者，例如注重氣派門面的工廠老闆，或是追求雅致的退休教授。這類人較願意花錢追求美感，但他們在花市中占比不大，花市中大多數仍是園藝經驗豐富，且對花市相當熟悉的消費者，這些消費者都有固定的消費習慣，因此很難在短時間就吸引到他們。

針對上述問題，透過TRIZ 40項創新原則所發展出的創新策略請見下表2-7。

表2-7　個案一：問題5的解決策略

原則編號	中文名稱	行銷領域之意涵	策略編號與說明
3	局部品質	針對每個細分市場制定差異化戰略	A5.1配合花市的物價水平，針對平時較不常花費於工藝品的主婦或年輕人，細分出輕型用戶市場，推出低單價的新產品，例如迷你花器、杯墊等。
4	非對稱性	男性和女性產品或服務方向	A5.2細分市場，針對女性開發療癒小物，如迷你多肉盆栽；針對男性開發招財產品，如聚寶盆。
5	合併	行銷組合、折扣組合（買一送一）	A5.3當消費者購買較高價的產品時，以廢料再利用製成的低價產品做為贈品，以刺激銷售。例如製造花器必須挖空材料的中心，而挖掉的這塊石材也可再加工為杯墊等產品。
20	連續有用動作	維持企業形象，並強化顧客對於企業的印象和優勢	A5.4將品牌故事拍成微電影，並投放廣告至社群網路上。
24	中介物	批發商	A5.5與觀光景點的藝品店合作，增加通路。
24	中介物	進口／出口代理商	A5.6參加國際展覽，如禮品展等，尋求代理商合作。
26	複製	行銷策略的模仿	A5.7仿效藝品拓展至國際市場的成功案例，例如法藍瓷參加國際展覽獲獎。
27	便宜短暫的物體	二手商品	A5.8提供產品出租的服務，消費者可用較低廉的價格，租用花器一段時間，同時也創造重複消費的機會。

(6) 未來競爭者加入，可能會發生盜用設計的問題。

問題敘述：目前臺灣生產高品質石製花器且具規模的廠商僅有數間，A先生的工作室就是其中之一，但未來可能會有競爭者加入搶占市場，並有花器的外型或功能設計被盜用的危險。

針對上述問題，透過TRIZ 40項創新原則所發展出的創新策略請見下表2-8。

表2-8　個案一：問題6的解決策略

原則編號	中文名稱	行銷領域之意涵	策略編號與說明
9	預先反作用	使用專利、許可證、商標或版權等來保護所有權	A6.1申請產品專利，例如獨特的排水孔設計，以保護品牌權益。

原則編號	中文名稱	行銷領域之意涵	策略編號與說明
20	連續有用動作	維持企業形象，並強化顧客對於企業的印象和優勢	A6.2以「創始人」自居，強打正統的品牌形象，讓消費者講到花器就馬上想起這個品牌。
23	回饋	產品保固或服務保證	A6.3消費者可以到直營店進行石製花器的維修，若直營店發現送來維修的產品並非自家出產，當下就以正版的產品做為樣本，吸引消費者購買品質較好的正版花器。

(7) 隨著消費者熟悉產品，不再有新奇感之後銷售量呈現下降的趨勢。

問題敘述：在加入花市初期，由於對花市的消費者來說，石製花器是全新概念的產品，以前沒看過用石頭來裝花草，因此許多消費者是出於嘗試與好奇的心態購買。但在消費者熟悉產品後，由於石製花器具有的能長期使用的性質，不必定期更換，因此消費者即使滿意石製花器的品質，卻缺乏實質的再度購買行為，造成銷售量下降。

針對上述問題，透過TRIZ 40項創新原則所發展出的創新策略請見下表2-9。

表2-9　個案一：問題7的解決策略

原則編號	中文名稱	行銷領域之意涵	策略編號與說明
10	預先作用	在設計產品或服務之前進行初步市場調查	A7.1在直營店試賣少量的手工製新產品，測試銷量後再大量生產。
17	移至新的空間	多層次傳銷（Multilevel Marketing）	A7.2建立生產到零售的一條龍經銷體系，利用家族企業的特性，將市場狀況快速反應給生產端。
19	週期性動作	定期廣告（用來獲得顧客對於企業的穩定性）	A7.3刺激持續的消費，例如每月底的出清折扣活動，將滯銷的產品集成特價清單，發送給過去曾消費的消費者。

(8) 直營店空間太小，缺乏儲備空間。

問題敘述：花市中攤位的位置僅9平米左右，一共設置了兩個四層架與兩個梯形展示櫃，沒有額外的空間做倉儲之用。

針對上述問題，透過TRIZ 40項創新原則所發展出的創新策略請見下表2-10。

表2-10　個案一：問題8的解決策略

原則編號	中文名稱	行銷領域之意涵	策略編號與說明
10	預先作用	建立存貨管理系統，並於存貨數達到再訂購點後下訂單，以縮短週期時間	A8.1建立存貨管理系統，於商品量低於最低存貨量時再下訂單。
11	事先預防	庫存過剩	A8.2調整直營店中的產品放置方法，在展示架的最下層放置預備產品，因為客人幾乎不會主動蹲下來看，增加儲備空間。
13	逆轉	依照訂單製造商品，而不是作為存貨	A8.3開放消費者預購，依照訂單決定生產數量，避免存貨過多。

(9) 營運成本太高，包含管理、運輸、新產品開發等。

問題敘述：A先生一手包辦產品的研發、生產、運輸、原料採購等管理，由於過去僅有一人之力。在開設了花市中的直營店後，雖主要是由A太太來營運，但這家直營店的經營也不免造成成本上升的情形。

針對上述問題，透過TRIZ 40項創新原則所發展出的創新策略請見下表2-11。

表2-11　個案一：問題9的解決策略

原則編號	中文名稱	行銷領域之意涵	策略編號與說明
19	週期性動作	批量生產	A9.1大量生產以降低成本。
20	連續有用動作	長期的行銷或商業聯盟	A9.2長期與固定的通路商合作，建立與通路商之間穩定的關係。
21	快速作用	快速完成虧損流程（例如：折扣、拋售）	A9.3利用家族企業反應快速的特性，針對商品滯銷進行下架的動作並減少生產。
22	轉有害變有利	限制產品或服務的供應，以創造稀少性的價值	A9.4在直營店展售最新的產品，進行市場測試後再決定生產的策略。
24	中介物	零售商	A9.5尋求新型態的零售通路合作，例如與百貨公司的藝品專櫃合作，採用寄賣的方式探索新的市場。
25	自助	自我標竿（Self-benchmarking）	A9.6設定直營店的營業額目標，並定期審視銷售狀況，進行策略上的調整。

原則編號	中文名稱	行銷領域之意涵	策略編號與說明
30	彈性膜／薄膜	談判時應「如履薄冰」，小心為上以防出錯	A9.7謹慎選擇合作通路商，避免商業糾紛。例如要求合作的通路商提出過去會計報表、存貨狀況等資料，作為判斷此通路商營運狀況的參考。
31	多孔材料	對顧客處理的層級（單位），過濾進出組織的資訊	A9.8利用家族企業反應快速的特性，將客戶資訊回報上游製造端，協助新產品開發。
36	階段變化	產品或服務的生命週期	A9.9根據直營店的銷售狀況，判斷產品的生命週期，幫助規劃新產品開發流程。
37	熱膨脹	根據產品的熱門程度（銷售和獲利能力），來改變行銷投入（暢銷：擴大；滯銷：縮小）。	A9.10透過直營店判斷產品的銷售量，幫助規劃生產的產品組合，暢銷產品維持現狀或擴大生產，而滯銷的產品則必須改善或停產。

　　個案一小結：在了解花器廠商A先生的背景與環境後，本章針對列出的9大問題，分別運用了TRIZ 40項創新原則發展解決策略，每一項原則至少解決一個問題並整理於表2-12中，例如第一欄「原則編號」中的「4」為TRIZ 40項創新原則中的「非對稱性」，此一橫列中即表示個案一運用「非對稱性」發展出了3個策略：A1.3、A1.4（請見表2-3）與A5.2（請見表2-7），分別解決了問題中的「(1)替代品的塑膠花器、陶瓷花器可以量產，在價格上必然有優勢，許多消費者不熟悉石製花器，無法認知到產品的價值」與「(5)原先A先生的目標客群為中高收入的消費者，但這類消費者在花市中占比太少，需開拓新市場」。在個案一中，40項創新原則在9個問題共計發展出67條解決策略。TRIZ 40項原則解決的問題與發展策略的數量如下表：

表2-12　個案一：運用TRIZ解決問題之編號與策略發展之數量

原則編號	TRIZ 40項創新原則	解決問題之編號	發展出的策略之編號	策略數量
1	分割	1	A1.1	1
2	分離	2	A2.1	1
3	局部品質	1、3、4、5	A1.2、A3.1、A4.1、A5.1	4
4	非對稱性	1、5	A1.3、A1.4、A5.2	3

原則編號	TRIZ 40項創新原則	解決問題之編號	發展出的策略之編號	策略數量
5	合併	1、5	A1.5、A5.3	2
6	萬用／普遍性	1	A1.6	1
7	套疊	1	A1.7	1
8	平衡力	2	A2.2	1
9	預先反作用	4、6	A4.2、A6.1	2
10	預先作用	7、8	A7.1、A8.1	2
11	事先預防	4、8	A4.3、A8.2	2
12	等位性	1、4	A1.8、A4.4	2
13	逆轉	4、8	A4.5、A4.6、A8.3	3
14	球體化／曲度	4	A4.7	1
15	動態性	1	A1.9	1
16	不足／過多作用	1、4	A1.10、A4.8	2
17	移至新的空間	4、7	A4.9、A7.2	2
18	機械振動	4	A4.10、A4.11	2
19	週期性動作	9	A7.3、A9.1	2
20	連續有用動作	4、5、6、9	A4.12、A5.4、A6.2、A9.2	4
21	快速作用	9	A9.3	1
22	轉有害變有利	9	A9.4	1
23	回饋	4、6	A4.13、A4.14、A6.3	3
24	中介物	1、5、9	A1.11、A5.5、A5.6、A9.5	4
25	自助	9	A9.6	1
26	複製	2、5	A2.3、A5.7	2
27	便宜短暫的物體	4、5	A4.15、A5.8	2
28	替換機械系統	3	A3.2	1
29	氣壓或液壓	4	A4.16	1
30	彈性膜／薄膜	9	A9.7	1
31	多孔材料	9	A9.8	1
32	改變顏色	2	A2.4	1
33	同質性	2	A2.5、A2.6	2

原則編號	TRIZ 40項創新原則	解決問題之編號	發展出的策略之編號	策略數量
34	拋棄再生	4	A4.17	1
35	參數變化	3	A3.3	1
36	階段變化	9	A9.9	1
37	熱膨脹	9	A9.10	1
38	強氧化／促進	4	A4.18	1
39	鈍性環境	4	A4.19	1
40	複合材料	4	A4.20	1
			合計	67

*發展出的策略之編號及其內容請見表2-3至2-11。

2-4　個案分享─農場

個案二：「面臨一枝獨秀的強勁對手的農場如何脫穎而出，發展創新策略？」

在南投的山區有一座農場，過去以農產品外銷為主要經濟來源，但國際貿易盛行的時代來臨，農場不免也面臨了低價競爭，因此第二代的農場主人B先生，毅然決然走上轉型之路，發展自有品牌，積極研發創新產品，除了與百貨公司等高價位零售通路合作之外，更將農場轉型為加工廠、酒莊、民宿的一條龍產業，主要的經營項目分為兩部分：販賣農產品的酒莊與提供食宿服務的民宿。

酒莊與民宿位址皆於南投的山區，同時建築風格為低調奢華風，木製建築帶有日式風格，滿足中高收入的客群對隱密與舒適的需求。酒莊營業項目主要為當地農特產之加工品的販賣，例如梅酒、蜜餞等，然而此類產品在南投有一個強勁的競爭對手，那就是信義鄉農會，農會不僅與眾多農民、產銷班關係良好，更是從生產到行銷整個供應鏈一手包辦，以有趣的風格研發了不少膾炙人口的產品，例如將逗趣插畫作為包裝的小米酒。而在民宿的部分，由於位置並非交通要地，對一般遊客來說並不方便，又因為缺乏服務業的經驗，造成創新與改善問題進行得相當困難。這間農場面臨到的種種問題，大致可以整理成9大項：

(1) 強勢的競爭對手：信義鄉農會。

(2) 顧客關係管理不夠完善，因此出現回購率偏低的現象，缺乏穩定的客源。

(3) 品牌知名度低，消費者普遍不知道這個品牌，也不清楚這個產品的特色，且缺乏行銷手段。

(4) 當地民宿各有特色，競爭者眾多。

(5) 新產品開發的方向不夠準確，經常推出市場接受度不高的新產品。

(6) 消費者對產品或服務的滿意度不夠高，不足以讓他們自主以口碑的方式推薦給親友。

(7) 業績不甚理想，尤其在旅遊淡季時銷售額下滑。

(8) 營運成本高昂，包含管理酒莊、民宿與零售通路的成本。

(9) 委託零售通路的服務品質不穩定，導致消費者對品牌產生負面的印象。

　　針對這9項問題，分別運用TRIZ的40項創新原則來發展策略（表2-13至2-21）：

(1) 強勢的競爭對手：信義鄉農會。

　　問題敘述：競爭對手為信義鄉農會，其規模大且具知名度，在當地是觀光客遊憩或購買農特產品的第一首選，而酒莊大部分的產品與信義鄉雷同，都是以南投的特產梅子製成的產品，缺乏使消費者選擇B先生的農場的理由。

　　針對上述問題，透過TRIZ 40項創新原則所發展出的創新策略請見下表2-13。

表2-13　個案二：問題1的解決策略

原則編號	中文名稱	行銷領域之意涵	策略編號與說明
1	分割	市場區隔	B1.1強調酒莊位址的隱密與舒適，吸引市場區隔中的中高收入目標客群。
2	分離	產品差異化	B1.2以現有的產品為基礎，研發創新產品，例如調整配方，將梅汁加入果肉、纖維，健康功能再升級。
3	局部品質	區域行銷（例如：各地的菜單都有當地專屬的餐點）	B1.3以當地特產梅子作為原料，提供梅子特色餐點，讓消費者感到特別並願意分享到社群媒體上。
4	非對稱性	買方市場與賣方市場	B1.4賣方市場：酒莊特色產品推出難以仿效的特色產品，而民宿則以量少但高品質的服務與環境作為利基點吸引消費者。

原則編號	中文名稱	行銷領域之意涵	策略編號與說明
6	萬用／普遍性	具有多功能的產品	B1.5使用有機、經過認證的原料，主打美味又顧及健康的產品。
6	萬用／普遍性	採用國際化的標準品質	B1.6酒、食品取得國際食品認證，如SQF等，吸引要求產品品質的消費者。
8	平衡力	以該行業的領導者作為衡量標準	B1.7用國際知名酒品的製程與品質來與酒莊的產品做比較，傳達產品的價值。
13	逆轉	依照訂單製造商品，而不是作為存貨	B1.8飢餓行銷吸引消費者的注意：推出季節限定的預購產品，以訂單決定生產數量。
16	不足／過多作用	價格尾數為9的策略	B1.9較低單價的產品採畸零定價，讓消費者產生節省的感覺。
22	轉有害變有利	限制產品或服務的供應，以創造稀少性的價值	B1.10推出新產品時採取酒莊內專賣的模式，讓有興趣的消費者只能到酒莊來購買，創造稀少性的價值。
24	中介物	第三方的認證機構	B1.11取得國際認證，例如ISO，以第三方的認證機構為品質背書。
25	自助	顧客口碑行銷	B1.12強調食材安全健康，並且用口碑行銷，讓客戶分享他們的心得，增加產品或服務的價值。
28	替換機械系統	電子交易、溝通、拍賣、標籤（Electronic Trade, Communication, Auction, Tagging）	B1.13提供多元支付方式，例如信用卡、行動支付等，增加消費者取得產品或服務的便利性。
32	改變顏色	透明化的包裝讓產品進行自我行銷	B1.14推出獨特的產品：由於當地的特產是梅子，因此在透明酒瓶內裝進梅花枝，除了美觀以外也讓產品進行自我行銷。

(2) 顧客關係管理不夠完善，因此出現回購率偏低的現象，缺乏穩定的客源。

　　問題敘述：酒莊的消費者購買產品後多為贈禮，因此無法當下觀察到消費者對產品的想法，而民宿的消費者對服務有不滿意的地方也很少會直接反應，因此造成回購率偏低，缺乏穩定的客源的問題。

　　針對上述問題，透過TRIZ 40項創新原則所發展出的創新策略請見下表2-14。

表2-11　個案二：問題分析解決策略

原則編號	中文名稱	行銷領域之意涵	策略編號與說明
3	局部品質	針對VIP顧客提供額外的優惠、獎金和服務	B2.1針對VIP顧客，在消費後贈送中高收入客群會有興趣的伴手禮，例如精緻的梅花酒等。
9	預先反作用	對客戶進行知覺調查（Perception Surveys）	B2.2針對具代表性的VIP客戶，在推出新產品或服務前先邀請他們進行前測，也作為回饋。
13	逆轉	尋找流失的顧客	B2.3逢年過節寄送問候卡片給過去的顧客，找回過去的顧客，邀請他們再回來消費。
14	球體化／曲度	循環性的顧客問卷	B2.4寄送年度問卷給VIP客戶填寫，調查消費者的想法。
16	不足／過多作用	提供額外服務	B2.5授予酒莊的消費者品酒、品咖啡的知識。
17	移至新的空間	在發票的背面印上折扣券	B2.6在滿意度問卷的最後附上折價券，吸引客戶再度消費。
18	機械振動	對投訴的顧客，加強其在使用產品或服務的正面印象	B2.7針對在滿意度問卷中抱怨的客戶，致電過去了解情況，並致上歉意。
22	轉有害變有利	將客戶投訴做為改進的機會、積極處理客訴問題（最忠誠的客戶是不滿意的客戶，投訴得到妥善處理的客戶比從未投訴的客戶更忠誠）	B2.8蒐集滿意度問卷中的客戶抱怨，將缺點改善後的成果展示在網路上。
23	回饋	傾聽顧客的心聲	B2.9將消費者的想法納入產品開發的參考，例如推出消費者所需要的健身機能梅子飲料。
23	回饋	客戶投訴和建議系統	B2.10針對民宿的客戶，寄送匿名的線上問卷給已經消費過的消費者填寫，調查其對服務、環境等方面的滿意度與意見。
28	替換機械系統	電腦化訪談（Computerized Interview）	B2.11提供線上問卷給購買了產品後回家享用的消費者填寫。

原則編號	中文名稱	行銷領域之意涵	策略編號與說明
32	改變顏色	用不同顏色的包裝來區隔產品之功能，防止意外使用	B2.12對於酒類產品，以包裝顏色區分度數或釀法，防止意外使用並減少消費者抱怨。
38	強氧化／促進	聘請願意傾聽和了解客戶心聲的員工	B2.13酒莊雇用能與消費者聊天、談論專業知識的店員，與消費者交流。
38	交互作用	克服不滿意顧客的抱怨	B2.14對於抱怨的消費者，盡量採取安撫的態度，承諾改善。
39	鈍性環境	匿名調查或訪談	B2.15在民宿中放置意見箱，消費者可自由填寫匿名的意見投入。

(3) 品牌知名度低，消費者普遍不知道這個品牌，也不清楚這個產品的特色，且缺乏行銷手段。

問題敘述：農場位於靜僻的山區，一般人很少有機會路過看到；其次，酒莊與民宿設定的目標客群為追求高品質服務與產品的消費者，營造「低調奢華」的形象，因此知名度不如親民且面向大眾的地方農會。

針對上述問題，透過TRIZ 40項創新原則所發展出的創新策略請見下表2-15。

表2-15　個案二：問題3的解決策略

原則編號	中文名稱	行銷領域之意涵	策略編號與說明
5	合併	商業協同（Business Synergism）：夥伴關係、合併、聯盟	B3.1與南投縣政府接洽，爭取加入當地旅遊地圖，與其他觀光景點組成產業鏈，吸引觀光客。
9	預先反作用	使用專利、許可證、商標或版權等來保護所有權	B3.2為旗下品牌、產品及包裝註冊版權，保護品牌權益的同時也加強消費者對品牌的認識。
9	預先反作用	試用品、產品試銷	B3.3在酒莊提供產品試吃、試喝的服務，吸引他們購買產品。
12	等位性	免付費服務電話	B3.4提供免付費電話，消費者可來電訂購產品，以及進行訂房或取消的動作。
12	等位性	將廣告文案轉換為當地語言	B3.5網站可選多國語言，拓展國際市場。

原則編號	中文名稱	行銷領域之意涵	策略編號與說明
17	移至新的空間	多層次傳銷（Multilevel Marketing）	B3.6在目標客群多的高級百貨公司駐點，讓消費者對品牌有更多的認識。
19	週期性動作	定期廣告（用來獲得顧客對於企業的穩定性）	B3.7投放廣告於商業雜誌中，增加目標客群接觸到該資訊的機會。
19	週期性動作	使用電視或廣播的休息時間進行廣告宣傳	B3.8投放廣告於播放政論節目的電視台，增加目標客群接觸到該資訊的機會。
20	連續有用動作	維持企業形象，並強化顧客對於企業的印象和優勢	B3.9在酒莊內設置品牌故事展示區，讓消費者可以認識到酒莊的歷史、產品的特色等。
24	中介物	顧問	B3.10以提供贊助的方式，邀請學界中的老師、教授作為顧問，以推廣至中高收入的客群。
26	複製	經營權	B3.11在高檔百貨公司專櫃展店，瞄準目標客群並增加消費者取得產品或服務的便利性。
32	改變顏色	企業或品牌色彩（HTC：綠色，85度C：紅色）	B3.12選用與品牌名相關的顏色，大量應用在產品的包裝、宣傳海報上，加強消費者對品牌的記憶。
35	參數變化	線上購物	B3.13開設網站，消費者可透過網站查詢產品資訊，也可線上訂房，並提供客戶詢問的服務。

(4) 當地民宿各有特色，競爭者眾多。

問題敘述：當地為觀光勝地，民宿與飯店林立且各有特色，競爭者在價格與服務取得的容易度上都佔有優勢。反觀農場所開設的民宿位址較為偏僻，且採預約制，因此消費的門檻較高，對一般消費者來說較不友善，很難在眾多民宿中脫穎而出。

針對上述問題，透過TRIZ 40項創新原則所發展出的創新策略請見下表2-16。

表2-16　個案二：問題4的解決策略

原則編號	中文名稱	行銷領域之意涵	策略編號與說明
6	萬用／普遍性	產品或服務的多樣性，滿足顧客多樣的需求期望	B4.1民宿不只有住宿的功能，也提供餐點與活動，拉長顧客的停留時間。
7	套疊	利基市場	B4.2民宿具有遺世獨立、世外桃源的氛圍，具有隱密性與服務品質，因此餐點與服務都須提前預約。
7	套疊	驚喜紅利（Surprise Selling Benefit）	B4.3不定期於民宿舉辦音樂會，供住宿者參與欣賞，打造高生活品質的品牌形象。

(5) 新產品開發的方向不夠準確，經常推出市場接受度不高的新產品。

問題敘述：為了創新前進，不斷開發新產品，固然為農場帶來機會，但並非所有產品都會熱賣，而失敗的產品往往就成為農場巨大的負擔。

針對上述問題，透過TRIZ 40項創新原則所發展出的創新策略請見下表2-17。

表2-17　個案二：問題5的解決策略

原則編號	中文名稱	行銷領域之意涵	策略編號與說明
10	預先作用	在設計產品或服務之前進行初步市場調查	B5.1當新產品推出時，邀請VIP客戶體驗，並詢問其滿意度及意見。
27	便宜短暫的物體	抽樣，而非人口普查	B5.2新產品開發時進行問卷調查，避免推出失敗的產品。
33	同質性	焦點團體	B5.3邀請焦點團體體驗一日遊程並進行調查，針對調查結果進行服務的改善或新產品研發。
36	階段變化	BCG矩陣（金牛、落水狗、問題兒童、明星）	B5.4停產落水狗（Outsider），若產品經試賣後發現銷售狀況不理想，應及時認賠殺出，避免更多不必要的支出。
40	複合材料	行銷策略由高度風險和低度風險結合而成	B5.5以低風險熱銷產品的收益，支持高風險新產品或服務的開發。

(6) 口碑行銷推行困難。

問題敘述：由於酒莊的產品與民宿的服務皆為中高價位，消費者產生較高的期待，產品或服務卻沒有特別令人驚豔的內容，這樣的落差使消費者產生失望，因此不足以讓他們自主以口碑的方式推薦給親友。

針對上述問題，透過TRIZ 40項創新原則所發展出的創新策略請見下表2-18。

表2-18　個案二：問題6的解決策略

原則編號	中文名稱	行銷領域之意涵	策略編號與說明
10	預先作用	建立存貨管理系統，並於存貨數達到再訂購點後下訂單，以縮短週期時間	B6.1餐點採預約制，控制來客時間及數量，以維持餐點與服務的品質，同時以稀少性增加產品與服務的價值。
11	事先預防	合約中的意外條款（Contingency Clauses）	B6.2為民宿的消費者提供保險，保障消費者的權利。
29	氣壓或液壓	合約的談判空間	B6.3與在社群中具影響力的消費者簽訂合約，將這些消費者變為代言人，進行較接近口碑行銷的宣傳方式。

(7) 業績不甚理想，尤其在旅遊淡季時銷售額下滑。

問題敘述：民宿在旅遊淡季時乏人問津，酒莊產品也連帶受到影響，造成營業額不穩定的情形。

針對上述問題，透過TRIZ 40項創新原則所發展出的創新策略請見下表2-19。

表2-19　個案二：問題7的解決策略

原則編號	中文名稱	行銷領域之意涵	策略編號與說明
15	動態性	動態定價、季節性價格	B7.1在旅遊的淡季推出折扣方案，刺激銷量。
25	自助	自我標竿（Self-benchmarking）	B7.2設定每一段期間的目標，例如新產品應有多少種類或品項數目，若達標便給予獎勵以激勵員工。
25	自助	自我競爭（Self-competing）	B7.3各通路之間比賽業績，表現優良者有額外獎勵，激勵通路夥伴。
35	參數變化	促銷活動中的特別折扣	B7.4在節慶時推出特惠活動，刺激消費。

(8) 營運成本高昂，包含管理酒莊、民宿與零售通路的的成本。

問題敘述：農場同時須管理酒莊、民宿及其他零售通路，並且研發新產品也是成本的一環。

針對上述問題，透過TRIZ 40項創新原則所發展出的創新策略請見下表2-20。

表2-20　個案二：問題8的解決策略

原則編號	中文名稱	行銷領域之意涵	策略編號與說明
21	快速作用	談判期間及時做出決策、快速完成合約協議	B8.1設定決策期限，例如消費者反應的問題必須在一周內完全改善，減少不必要的管理支出。
26	複製	商標	B8.2註冊品牌、產品及包裝的商標，避免未來可能被盜用產品設計。
30	彈性膜／薄膜	商業機密（相對於組織基礎知識）	B8.3將產品的配方或製程視為商業機密，避免仿冒品問題。
37	熱膨脹	根據產品的熱門程度（銷售和獲利能力），來改變行銷投入（暢銷：擴大；滯銷：縮小）。	B8.4採用82法則，確保最關鍵的20%產品能夠維持80%的獲利，而其餘的20%獲利則來自80%價值較低的產品，以降低管理成本。

(9) 委託零售通路的服務品質不穩定，導致消費者對品牌產生負面的印象。

問題敘述：農場旗下的零售通路眾多，且並非連鎖加盟的形式，因此服務缺乏一致性，若零售通路的服務品質不佳，會連帶影響到整個品牌。

針對上述問題，透過TRIZ 40項創新原則所發展出的創新策略請見下表2-21。

表2-21　個案二：問題9的解決策略

原則編號	中文名稱	行銷領域之意涵	策略編號與說明
24	中介物	零售商	B9.1與零售通路合作時，派遣自家員工到通路做教育訓練，確保服務品質的一致性。
31	多孔材料	對顧客處理的層級（單位），過濾進出組織的資訊	B9.2要求零售通路中的銷售員將對產品原料或製程有興趣的消費者介紹到農場去參觀。
34	拋棄再生	產品保固期與維修	B9.3提供教育課程，使零售通路中的銷售員能提供品質一致的產品維修服務。

　　個案二小結：在了解農場的背景與環境後，本章針對列出的9大問題，分別運用了TRIZ 40項創新原則發展出解決策略，每一項原則至少解決一個問題並整理於表2-22中，例如第一欄「原則編號」中的「3」為TRIZ 40項創新原則中的「局部品質」，此一橫列中即表示個案二運用「局部品質」發展出了2個策略：B1.3（請見表2-13）與B2.1（請見表2-14），分別解決了問題中的「(1) 強勢的競爭對手：信義鄉農會」與「(2) 顧客關係管理不夠完善，因此出現回購率偏低的現象，缺乏穩定的客源」。在個案二中，40項創新原則在9個問題共計發展出64條解決策略，這40項原則解決的問題與發展策略的數量如下表2-22：

表2-22　個案二：運用TRIZ解決問題之編號與策略發展之數量

原則編號	TRIZ 40項創新原則	解決問題之編號	發展出的策略之編號	策略數量
1	分割	1	B1.1	1
2	分離	1	B1.2	1
3	局部品質	1、2	B1.3、B2.1	2
4	非對稱性	1	B1.4	1
5	合併	3	B3.1	1
6	萬用／普遍性	1、4	B1.5、B1.6、B4.1	3
7	套疊	4	B4.2、B4.3	2
8	平衡力	1	B1.7	1
9	預先反作用	2、3	B2.2、B3.2、B3.3	3
10	預先作用	5、6	B5.1、B6.1	2
11	事先預防	6	B6.2	1
12	等位性	3	B3.4、B3.5	2
13	逆轉	1、2	B1.8、B2.3	2
14	球體化／曲度	2	B2.4	1
15	動態性	7	B7.1	1
16	不足／過多作用	1、2	B1.9、B2.5	2
17	移至新的空間	2、3	B2.6、B3.6	2
18	機械振動	2	B2.7	1
19	週期性動作	3	B3.7、B3.8	2

原則編號	TRIZ 40項創新原則	解決問題之編號	發展出的策略之編號	策略數量
20	連續有用動作	3	B3.9	1
21	快速作用	8	B8.1	1
22	轉有害變有利	1、2	B1.10、B2.8	2
23	回饋	2	B2.9、B2.10	2
24	中介物	1、3、9	B1.11、B3.10、B9.1	3
25	自助	1、7	B1.12、B7.2、B7.3	3
26	複製	3、8	B3.11、B8.2	2
27	便宜短暫的物體	5	B5.2	1
28	替換機械系統	1、2	B1.13、B2.11	2
29	氣壓或液壓	6	B6.3	1
30	彈性膜／薄膜	8	B8.3	1
31	多孔材料	9	B9.2	1
32	改變顏色	1、2、3	B1.14、B2.12、B3.12	3
33	同質性	5	B5.3	1
34	拋棄再生	9	B9.3	1
35	參數變化	3、7	B3.13、B7.4	2
36	階段變化	5	B5.4	1
37	熱膨脹	8	B8.4	1
38	強氧化／促進	2	B2.13、B2.14	2
39	鈍性環境	2	B2.15	1
40	複合材料	5	B5.5	1
			合計	64

*發展出的策略之編號及其內容請見表2-13至2-21。

2-5　結論

　　無論是新創的小企業或是力求改革的大企業，勢必會面臨創新策略的擬定，因此創新的重要性是與日俱進的。若創新策略擬定時僅透過傳統的方式，也就是用延伸的方式拓展現有的策略，即使能發展出策略，仍舊跳不出現有思維的窠臼，在策略的質與量上恐怕無法達成徹底的創新。而創新並非全靠天外飛來一筆，而是有理論與方法可以依循的，TRIZ 40項創新原則就是一種很好的創新策略發想工具。

　　本章透過TRIZ理論與其於行銷領域的延伸解釋，並且以兩種不同背景的個案實際說明了應用TRIZ理論發展出的創新解決辦法，從個案一的9大問題，共發展出65條策略；個案二同樣也有9大問題，共發展出64條策略，龐大的策略數量使TRIZ這項創新工具的效果可見一斑，若只是用發散式的思維來發展策略，是無法如此完整且數量龐大的。希望同學可以學會如何運用這項創新工具，在未來能以有系統的方式解決問題。

問題與討論

1. 請問您認為TRIZ理論之意涵為何？

2. 請問TRIZ理論研究方法的特色為何？

3. TRIZ理論除了在行銷領域以外，您認為還可以應用於什麼地方？

NOTES

產品與服務創新

學習目標

- 創新之意涵為何？
- 產品與服務之意涵為何？
- 產品與服務創新之方式為何？
- 產品與服務之個案應用。

緒 論

產品（product）不只是具體的商品，無形的服務（service）也包含在商品之中，因此，舉凡實體商品、服務、經驗、世界、人物、地點、權益、理念、創意構想等等都是產品的一部分，而在新產品的開發流程，會經歷過哪些程序才能將產品商業化，都是本章第3-1節中所要呈現給各位讀者的內容。而在第3-2節中則是呈現與服務有關的議題，以及服務品質模型之介紹，而後也會引入個案來呈現出不同企業藉由科技技術來提升服務品質的案例。

最後，在第3-3節的部分，則是介紹了KANO模型與TRIZ理論這兩項研究方法，本書選擇介紹這兩項研究方法給讀者的原因就在於，應用KANO模型可以分析出產品屬性與目標顧客滿意度之間的關係，而應用TRIZ理論，則可以提供讀者一套系統性、可以為問題找出解決方案的理論架構（Domb, 1998），也可以幫助研發人員、創意構思者發展出更多更具可行性的結果（Ruchti and Livotov, 2001；Su et al., 2008），因此，相信這兩種研究方法，可以成為想創立新事業的您，在進行創新產品與服務之開發時，一套科學的分析方法。

3-1 創新之意涵

創新（innovation）具有「變革」（change）的意思，可以說是新的概念、想法應用於產品或服務之上（黃哲彬、洪湘婷，2005）。Robbins and Coulter（2002）認為創新是將新想法（idea）轉化成有用的產品、服務之過程，而Certo（2003）則認為創新是融合了技術創新與管理創新，將新的想法融合於產品、流程、組織政策等等之中。此外，黃哲彬、洪湘婷（2005）指出創新是一種價值信念，藉由資訊科技等技術，將創意加以具體化，進而創造出特殊的產品、技術、服務等。綜合上述，本書歸納出創新的三個特徵，分別為：

1. 創新是一種理念、想法。
2. 創新必須經過技術，將該創新轉化成產品、服務、流程等等。
3. 不論是無形的服務、流程、政策，或是有形的產品、設備等等，都是創新可以應用的層面。

而從Michael Porter（1991）提出的產業五力分析中可知，企業在市場中的競爭優勢，不僅受到企業自身能力的影響，也會受到上游、下游、競爭者、潛在競爭者的影響，因此，企業在提出創新想法，其來源不僅只來自於組織內部的討論，也可能來自組織外部，倘若企業的創新想法，是來自於組織內部成員的討論而成，那麼便稱之為封閉式創新（Closed Innovation），而企業會因為組織內部人員之流動、公司外部夥伴的刺激、上下游廠商數量等因素的影響，進而促使企業由原本的封閉式創新轉而向開放式創新（Open Innovation）發展。

由於市場環境是瞬息萬變的，企業必須按照局勢的不同，即時修正策略與企業的布局，進而讓組織本身更有能力存活於市場之中，因此，企業不能與外部資源隔絕，而是要能與外界保持互動，進而為公司的產品提供更多附加價值（李沿儒，張振滄，2012），而開放式創新（Open Innovation），即是主張企業可善用外部資源來創造更高的價值（Chesbrough, 2007）。

3-2 產品之意涵

一、產品的意義

Kotler and Armstrong（2004）指出，產品是可以滿足消費者慾望或需要，而在市場上可供購買與使用的商品（thing），而以廣義的角度來說，實體商品、服務、經驗、世界、人物、地點、權益、理念、創意構想等也都在產品的範圍之中。而在產品的涵蓋層面廣泛之下，以下將就產品的層面、分類、開發流程等進行說明介紹。

(一) 產品的層面

Kotler et al.（1999）指出產品依其形式與意涵可以區分成五個層次，分別為核心產品（Core benefit product）、基本產品（Basic product）、期望產品（Expected product）、延伸產品（Augmented product）、潛在產品（Potential product），若以圖形表示請見圖3-1，並分述如以下五點：

1：核心產品
2：基本產品
3：期望產品
4：延伸產品
5：潛在產品

圖3-1 產品的層面

1. 核心產品

核心產品指的是消費者購買與使用該產品最根本的核心利益，舉例來說，消費者購買手機時，則其核心產品的部分就是指這支手機具有通話的功能，或是消費者購買旅行套票，則其核心產品的部分就是一套安全的旅程。

2. 基本產品

指的是將核心利益轉變成一具有特定型態的產品，同樣以手機為例，手機的基本產品就在於具有高通話品質、美感的設計。

3. 期望產品

期望產品則是指當消費者購買該產品時，可能會期待額外獲得的利益，舉例來說，消費者購買手機時，倘若具有美麗的包裝、提供產品保固就是手機的期望產品。

4. 延伸產品

延伸產品則是產品可以有其差異化的地方，舉例來說，行銷人員可以提供贈品、諮詢服務等方式，吸引消費者購買特定的手機款式。

5. 潛在產品

潛在產品則是指能夠滿足消費者未來、額外需求的產品，舉例來說，倘若手機與太陽能發電進行結合，讓消費者不僅能依靠電源充電，而也能依靠太陽光便能進行充電的功能，進而提升消費者想要使用具有長效電池手機的需求。

從上述內容可以知道，「核心產品」、「基本產品」是滿足消費者對於該產品或服務的基本要件，而能創造出附加價值的部分，則是在與「期望產品」、「延伸產品」及「潛在商品」。因此，應用在建立新事業上，則是建議創業者在進行產品與服

務之設計時，「核心產品」、「基本產品」之設計是滿足消費者需求的基本要件，倘若希望帶給消費者更多的附加價值，則可以在「期望產品」、「延伸產品」及「潛在商品」上多下工夫。

此外，產品也可被區分為軟性與硬性的商品價值（王飛龍等，2008）。以NIKE、addidas來說，其硬性的商品就在於運動鞋的材質、設計、鞋材用料等配備，然而，藉由運動明星的代言、運動賽事的贊助、舉辦活動等方式下，讓運動鞋額外增加了年輕、有造型、活力感的軟性產品價值。

 個案導讀1

創新的全美語教學課程與服務

隨著國人生育率降低，「少子化」不僅造成偏遠地區之中小學校逐漸消失，許多學校也開始面臨合併學校或是廢校的情況。在中小學面臨此等重大危機的情況下，補教業是否能夠避免少子化的衝擊？

補教業應與學生的人數增減具有直接相關性。然而，在少子化的情形下，補教業的數量不但沒有減少，反而逐年增加。依據「教育部委請高雄市政府教育局建置直轄市及各縣市短期補習班資訊系統」統計，自2008年起至2020年間，全國已立案之補習班總數從12,219家增加至17,330家；文理類從6,718家增加至11,187家；外語類從3,487家增加至3,750家；技藝類自2,014家增加至2,393家，如表3-1。從補教業每年有許多補習班設立的情形下，補教業真的蓬勃翻展？少子化真的對補教業無造成影響？補教業要如何因應少子化所帶來的影響？各補習班要如何經營才能突破困境，從逆勢中成長？

表3-1 2008年至2020年全國補習班統計 （單位：家）

年度	全國補習班	文理補習班	外語補習班	技藝補習班
2008	12,219	6,718	3,487	2,014
2009	13,224	7,382	3,680	2,162
2010	14,278	8,092	3,858	2,328
2011	15,036	8,610	3,989	2,437
2012	15,755	9,127	4,106	2,522
2013	16,437	9,575	4,247	2,615

年度	全國補習班	文理補習班	外語補習班	技藝補習班
2014	17,191	10,093	4,384	2,714
2015	17,886	10,569	4,479	2,818
2016	18,492	11,037	4,557	2,898
2017	18,498	11,043	4,557	2,898
2018	17,510	11,048	3,918	2,544
2019	17,303	11,145	3,760	2,398
2020	17,330	11,187	3,750	2,393

資料來源：整理自「教育部委託高雄市政府教育局設計之直轄市及各縣市短期補習班資訊管理系統 http://bsb.edu.tw」2020/3/14」

　　為使補習班從逆勢中成長，個案主角A君決定從產品的層面建立與一般坊間補習班不同的課程與服務內容。在課程設計方面，A君了解美語的學習需要透過「母語環境」才能事半功倍，因此他設計「全美語教學課程」，學生們一進入補習班便開始說英文，自然培養英文邏輯，使學生們在全美語環境中提升英文口說與聽力能力。在服務方面，A君邀請他在大學時認識從英語系國家來的外籍生，至補習班為學生解決日常生活中遇到的美語問題，提供學生國際觀與世界觀的英文服務。

個案導讀2

B烘培公司

　　從李宗儒（2015）之資料指出，B烘培公司目前製作糕餅的技術和新穎的包裝皆屬高可行性，透過運用產品（月餅）創意的造型、口味及包裝款式比其他競爭者更吸引顧客，在市場上討論度也相當高。

　　經營者不單銷售月餅，將月餅發展成月餅禮盒，並用創意打造月餅本身和月餅禮盒包裝的兩個部分，分別為：(1)運用創意的造型及口味來打造月餅、(2)運用趣味之包裝款式創造「iYou創意禮盒」：

1. 運用創意的造型及口味來打造月餅

　　經營者創意發想將柚子和月餅結合，將月餅捏製成柚子形狀，連柚子的枝葉都做得維妙維肖，讓許多消費者覺得新鮮且愛不釋手。月餅裡面的餡料也從舊式的蛋黃餡料改成柚子餡、豆沙、抹茶，使月餅成為低熱量的月餅聖品，符合顧客想吃月餅又怕胖的需求。

2. 運用趣味之包裝款式創造「iYou創意禮盒」

經營者在包裝上的設計，創新出兩種趣味方式的包裝款式供消費者選擇，分別為：(a)仿效美國蘋果電腦公司（APPLE Inc.）手機品牌的「手機外盒」之包裝、(b)提供客製化包裝之趣味包裝。兩種趣味包裝款式介紹如下：

(a) 仿效美國蘋果電腦公司（APPLE Inc.）手機品牌的「手機外盒」之包裝，也就是仿效其手機（iPhone）及平板電腦（iPad）的外盒包裝設計，包含標誌和命名兩個地方替消費者增添了許多趣味性，標誌是仿效其蘋果缺一個口之標識，經營者將之改成「柚子缺一口」的標誌；命名則是仿效手機名稱iPHONE為「iYou」，並皆呈現在外包裝盒上，讓消費者感到趣味性十足也替禮盒創造了話題性。

(b) 提供客製化包裝之服務，也就是月餅禮盒包裝可以換成顧客喜愛的照片或自製圖片，也可以放上QR Code（Quick Response Code），讓收禮者可以透過手機軟體讀取QR Code，獲得送禮者想要傳達的資訊，大幅提升了月餅禮盒的附加價值且成為創新的款式。

在這個個案中，亦可以看到B烘培公司在滿足消費者最基本的要求（也就是「核心產品」、「基本產品」）的部分，就在於提供運用創意的造型、口味、及健康的月餅，而在創造出附加價值的部份（即「期望產品」、「延伸產品」及「潛在商品」）則是運用趣味之包裝款式，創造產品的話題性及提升產品的附加價值。

經營者主要以創造「趣味性」為目的來研發新產品，在運用趣味之包裝款式創造「iYou創意禮盒」時，但由於與市場已推出的「iPhone手機」包裝造型雷同，因此對於法規規範限制的問題需要注意。

（二）產品的分類

產品可以依照「購買用途」加以分類（請見圖3-2），倘若購買的該產品是用來供家庭、個人使用，則為消費品（consumer goods），而若購買該產品的用途是為了加工製造之使用，則為工業品（industrial goods）。而再進行細部劃分，則消費品可以區分成便利品、選購品、特殊品，而在工業品的部分，則也能再細分為資本設備、原料與零組件、消耗品與服務，其架構圖請見圖3-2，其意義分別以下兩點所述：

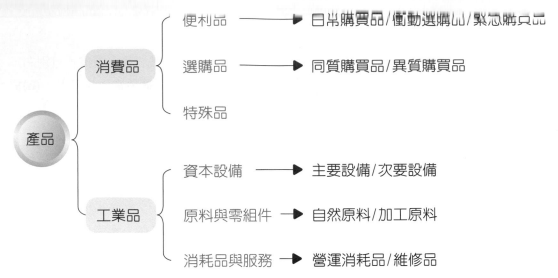

資料來源：修改自林建煌（2011）

圖3-2 產品的分類

1. 消費品

(1) 便利品

便利品的特色就在於消費者在挑選該產品的時候並不會太深入的思考，也不太會進行相關資料的蒐集便會進行購買，便利品也可進一步細分為日常購買品、緊急購買品、衝動購買品。在「日常購買品（staples）」的部分則是指消費者會定期性的進行購買，例如衛生紙、牙膏等日常生活用品。而在「緊急購買品（emergency goods）」的部分，是消費者必須在特定情況發生時進行的購買行為，例如遇到午後雷陣雨，消費者便會到超商購買雨傘、雨衣。而在「衝動購買品（impulse goods）」的部分，則是消費者因為外在因素的刺激（例如折價、限時優惠、限量等），或是不在原本購買計畫下進行的購買。

(2) 選購品

選購品則是指消費者在進行產品購買前，會先進行資料的蒐集、思考，而後才會進行購買，當該選購品在各通路販售的品質相差不遠而價格相近時，稱為同質購買品，反之則為異質購買品。

(3) 特殊品

特殊品通常具有較高的品牌忠誠度，也就是說該產品對消費者來說具有特殊的意義，例如消費者對於LV的皮夾，CHANEL的香水等。

2. 工業品

(1) 資本設備

在資本設備的部分，指的是可以供企業使用一年以上的物品，例如建築大樓、廠房的主要設備，以及可以輕易搬移的電腦、影印機等的次要設備。

(2) 原料與零組件

原料與零組件可以分成自然性原料以及加工原料，在自然性原料的部分包含了蔬菜、水果、木頭、礦物等自然資源的原料，而加工原料則是指螺絲、水泥、電線等原料。

(3) 消耗品與服務

此處所指的產品是指會因為企業的營運而所耗用掉的產品，在營運消耗品的部分，包含了例如機器運作需要的潤滑油、文具、影印墨水夾等，此外維修品上則包含了清潔用品、維修電腦費用等。

新創事業者，必須了解產品的分類目的在於：您必須根據您的目標顧客之特性，進而聚焦於該項產品類別之研發上。舉例來說，倘若您所新創的事業之目標顧客是末端消費者，那麼您所研發的產品類別應是「消費品」而不是工業品，進而您可以更細部的調查目標顧客選購該商品的消費特性為何，倘若其購買決策不需太深入的思考、是週期性的購買行為，那麼您便可以聚焦於「日常購買品」的方向去設計。

(三) 新產品的開發流程與擴散

Kotler et al.（1999）指出產品的開發流程有七個步驟，分別以以下七點描述之：

1. 創意誕生（idea generation）

創意的產生可以來自企業內部也可以來自於企業外部。來自企業內部的創意包含了企業可以藉由各部門的通力合作，進行創意的提出。而企業外部包含了企業可以藉由與政府的溝通、與同業的學習、與學校的跨界合作等方式來獲得創意的來源。

2. 創意篩選（screening of ideas）

當創意被提出之後，便會經過企業內部的評估與挑選，企業可以依據其專業判斷，或是聘請專家、學者來評估該創意的可行性、市場吸引力等條件，進而篩選出具有市場潛力的創意。

3. 概念開發與測試（concept development and test）

當創意被篩選出來，便要進入將該創意更加以具體化，包含了用虛擬動畫、圖片等方式來呈現出產品屬性、利益，並加以具體的描述，並藉由討論的方式來確立出該新產品需要修正的部分為何。

4. 事業分析（business analysis）

指企業可以成立專案小組或事業單位來進行該新產品的市場調查、成本分析、需求分析、技術要求等等的評估衡量。

5. **發展產品（product development）**

   經過事業分析後，企業在評估該新產品具有一定利潤的情況下便可以進行產品製程的動作，此外也會對於該新產品經過一定的品質門檻、檢測安全性等測試。

6. **市場測試（market tests）**

   企業可以將實際的產品請目標顧客進行試用，根據使用者的意見再進行該產品的修正，其方式包含藉由焦點群體法、觀察法等行銷研究的方式進行調查，以測試出該創意產品是否有甚麼地方需要進行改善，而在經過反覆的測試後，該具體化的新產品才能進行後續的上市動作。

7. **商業化（commercialization）**

   經過上述一連串的過程，企業評估新產品具有市場利潤的情況下，並經過目標顧客的意見修正等等步驟後，便可以將該新產品量化生產，拿到市場上進行販售。

   創業者在計劃發展新產品或服務時，也應有這樣的概念，也就是說，發展新產品與服務之前，首先會有創意的誕生，而這個創意來源，可能來自於創業者自己的想法，也可能來自於周遭夥伴、報章雜誌等的啓發，接著則是試驗此創意是否可以被履行，進而篩選出可行的方案爲何，而後進入新產品的測試，而測試的對象可能來自於創業者周遭的親友，也有可能來自於目標顧客族群的意見，而在準備推出新產品到市面上時，則應當先評估市場的潛力、獲利率等等的條件，而後將產品進行量產、商業化。

   在產品從新上市到下市的階段中，產品會從少數人使用到多數人使用，再減爲少數人使用的現象，稱之爲新產品擴散程序（diffusion process），圖3-3即是呈現新產品上市後，隨著時間而被社會大眾購買、使用的過程，而在此擴散程序中，也將購買、使用該新產品的消費者區分爲五種類型（Mahajan et al., 1990），分述如下：

1. **創新採用者（innovators）**

   指的是當新產品一上市時，便會積極試用、購買該產品的消費者，此類型的消費者約佔市場中的2.5%。

2. **早期採用者（early adopters）**

   在新產品上市後，次於「創新採用者」購買與使用產品的消費者類型，被稱爲早期採用者，這批消費者約佔市場中的13.5%。

3. **早期大眾（early majority）**

   當該產品已經上是一陣子，趨於穩定之後，大約佔市場的34%的消費者會購買該產品，並稱之這類型的消費者爲早期大眾。

4. 晚期大眾（late majority）

此類型的消費者，通常會等到該產品已經被廣泛使用，也具有許多該產品的相關評論後，才會選擇購買該產品，約佔市場的34%。

5. 落後者（laggards）

當該新產品已經上市許久，多數人已經轉向採取試用其他新產品，以及多數人已經擁有該產品的情況下，該產品的銷售量降低，而只剩少數約佔市場16%的消費者採用此產品。

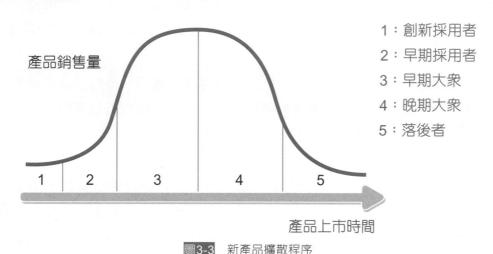

1：創新採用者
2：早期採用者
3：早期大眾
4：晚期大眾
5：落後者

圖3-3　新產品擴散程序

（四）產品生命週期

產品生命週期理論（product life cycle, PLC）所指的是「產業」的動態變化（Klepper, 1996），其意義就在於隨著時間的改變，整個產業的銷售量與利潤的變化（請見圖3-4）。

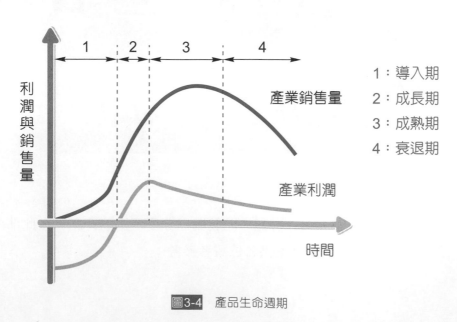

1：導入期
2：成長期
3：成熟期
4：衰退期

圖3-4　產品生命週期

關於產品生命週期中的四個階段，分別以以下四點描述之：

1. 導入期

在導入期之階段中，因為是創新產品的問世，因此利潤值仍呈現負值的階段，而銷售量呈現緩慢的成長（Klepper, 1996），此時市場上的業者並不多，而產品價位也通常採取高價策略。

2. 成長期

此時越來越多的業者投入到該產業之中，使得產品銷售量呈現快速的成長，而利潤也由負轉正，而企業也逐漸調降價格，以便更多大眾可以購買與使用該產品。

3. 成熟期

在眾多業者的投入競爭下，產品銷售量呈現趨緩的趨勢，使得銷售量達到最高值後逐漸往下，而利潤也開始下降的階段。此時企業多採取低價策略來吸引更多消費者的購買與使用，開始進入紅海的市場之中。

4. 衰退期

在紅海市場中，越來越多企業因為利潤不佳、消費者購買量降低之因素而退出市場，因此在銷售量以及利潤都呈現下降的趨勢。此時企業除了進行價格戰之外，也應採取額外的策略（例如導入新一代的產品，或是降低對該產品資源的投入）。

二、小結與個案討論

上述介紹了許多產品的定義、分類、開發流程等學理上的介紹，在此部分則是提供糖話、建準電機、R公司三個個案供各位讀者參考：

個案導讀3

boncha boncha會說話的「糖話」故事

喜糖，難道只能一陳不變的模樣嗎？Emily創造了「糖話」，它的誕生，在希望提供獨一無二的婚禮小禮物的想法下，開始提供各式各樣喜糖的服務。而為什麼叫做boncha boncha？其原因就在於結合了法文的糖果（bon bon）以及英文的說話（chat），結合而成一個具有輕快節奏的boncha boncha的品牌名稱，其含意就在於會說話的糖果。除了輕快的品牌名稱之外，「糖話」也履行了創業者的理念：提供獨一無二的婚禮小禮物，而在一定品質的製糖技術下，消費者可以藉由寄送照片、圖片，請糖話製作出屬於該位消費者的糖果。

糖話boncha boncha官方網站

個案導讀4

螞蟻搬得動的毫米科技風扇：建準電機

從經濟部技術處（2009）之資料指出，在2007年，建準電機股份有限公司推出一款長與寬皆為8公厘、高度為3公厘的毫米科技風扇，而這項新產品在越加輕薄輕巧的科技產品中扮演了重要的角色。

這項創新產品的成功，來自於建準30年在研發馬達的經驗以及「建準發明創新中心」的設立，在這個創新中心之中，提供將近400位跨國工程師團隊進行跨國視訊會議，對於品保、模發、製發、採購等進行討論、溝通與檢討，而藉由這種方式，建準在2007年底已在全球10餘國家獲得近千件的專利許可，並且獲得美國麻省理工學院MIT Technology Review之報導，該報導中指出建準電機在電腦領域中的實力強度為全球第48名，是全球唯一上榜的專業散熱馬達風扇廠商。

建準電機2019年更是發展出新產品「綠境風雙流新風機」，詳細請見影片：SUNON建準 綠境風雙流新風機（Flow2one Plus）

R公司

　　從李宗儒（2015）之資料指出，R公司生產的產品為「醬油」，而原本的產品為大罐裝的醬油，其銷售量在市場上之佔有率足以使其獲利，但是面臨時代的改變，臺灣外食族人口驟增，使得(1)在家中用餐的次數減少後，家庭購買大罐裝醬油的需求則日漸減少，而且(2)餐廳因為臺灣消費的水準提高，預期消費者會講求用餐使用醬料時需具備美觀及方便性，所以會對小包裝醬油產生需求。

　　因此，原營業者的二代接班此公司後，面臨新時代消費者的需求改變，可能將威脅到企業生存，所以開始致力於推出能順應這時代的產品，以餐廳和外食族用餐需求為思考方向，便以創新思維改造了大罐裝醬油為小包裝醬油、調理包，符合餐廳和外食族群的需求，因此能順利的在市場上生存。

　　這三個個案都有其特殊之處，在個案「糖話」是應用印刷技術於製糖之中，讓消費者可以提供照片或標語進行製作客製化糖果，同樣做到了滿足消費者在食品中的延伸產品（獨一無二的糖果）之需求。而在個案「建準電機」，所要展現的是組織可以設置團體討論的機制，讓組織內員工有時間、空間進行腦力激盪，進而為組織創造出更具競爭力的創新產品。在個案「R公司」中，則是因為消費市場的改變，而發展出其他多角化的新產品，以迎合的市場需求。

3-3　服務的意涵

一、服務的意義

　　關於服務的定義，學者Kotler（1991）認為服務是由一方向另一方提供無形、具有利益的活動，而美國行銷協會（1999）則是認為服務是經由直接銷售，或是附帶於銷售產品時而連帶提供的活動或附加利益，Gronroos（1990）認為服務是一系列的活動，具有無形的特性，並發生在雙方的互動之中，而Lovelock and Wright（2006）則認為服務是由一方提供即時性的活動給另一方的經濟行為。綜合上述學者對於服務的意見，可知道服務是雙方達成，可以提升產品的附加價值，為一活動、乃經濟行為。

　　因此，本書認為「服務」可以被定義為在雙方達成的經濟行為，可以為產品增加附加價值的活動。此外，諸如星巴克、迪士尼樂園皆將提供的服務定義為提供消

費者體驗，而這也可以看到「服務」已逐漸從以往的交易轉向了提供消費者體驗的關係，而名詞體驗經濟（experience economy）也就是這樣誕生的（Fitzsimmons and James, 2011）。

(一) 服務的特性

Parasuraman et al.（1985）認為「服務」具有四種特性，分別如以下所述：

1. 無形性（intangibility）
服務的提供並不能如同產品一樣實體化的呈現，因此具有無形性的特性。

2. 易逝性（perishability）
由於服務必須即時的提供，而不能像產品一樣有存貨，因此具有消逝的特性。

3. 異質性（heterogeneity）
服務的提供很難以標準化，也就是同一位消費者在接受同樣服務的時候，很有機會因為服務人員的不同而感受到不同的服務。

4. 不可分割性（inseparability）
服務的提供不能跟產品一樣可以被切割成不同的部分，而是一連串的過程，因此具有不被分割的特性。關於服務的不可分割上，學者Rajamma et al.（2007）則進一步指出服務只有在「正在傳遞」或「已經傳遞」才能被評價。

(二) 服務品質模型

在服務品質衡量相關的文獻中，以Parasuraman、Zeithmal和Berry三位學者所提出的服務品質模型（service quality model）除了具有代表性之外，也被廣泛的應用（劉明德，2010；孫陸宏，夏翊倫，2009；Gonzlez et al., 2008; Jos et al., 2002），因此在服務這個部分，將以此三位學者提出的服務品質模型跟各位讀者說明之。

關於服務品質的定義，Parasuramanet al.（1985, 1988）認為消費者是服務品質好壞與高低最重要且唯一的決定者，而「服務品質」就是依據消費者對服務的期望，以及實際體驗服務之後所產生的落差，倘若期望的服務水準高於實際體驗到的服務水準，則代表服務品質低，反之則為高。Parasuraman、Zeithmal和Berry三位學者在其1985年的文章中提出了服務品質模型（service quality model）之五項服務缺口，該服務品質模型請見圖3-5。在該圖中，可以知道服務品質是由服務提供者以及顧客這兩個角色組成，服務提供者可以分成(1)企業的管理者；以及(2)與顧客接觸的服務人

員，企業的管理者可以透過市場調查等方式對顧客期望產生認知（圖3-5中的a），並將其轉換成服務品質規格（圖3-5中的b），使得與顧客接觸的服務人員可以依此標準傳遞服務給消費者（圖3-5中的c），而服務傳遞給消費者後會形成消費者知覺的服務品質（圖3-5中的d），而服務品質規格也會成為企業跟顧客的溝通內容之一（圖3-5中的e），而企業管理者將其設定的服務水準，藉由店頭宣傳、廣告等方式傳達給顧客，而其傳達給顧客的服務水準也會影響到消費者知覺到的服務品質（圖3-5中的f）以及期望的服務（圖3-5中的g），而消費者對服務的期望，除了來自於企業對顧客的溝通內容之外，也會來自於消費者的口碑、個人需要以及過去的經驗之影響。

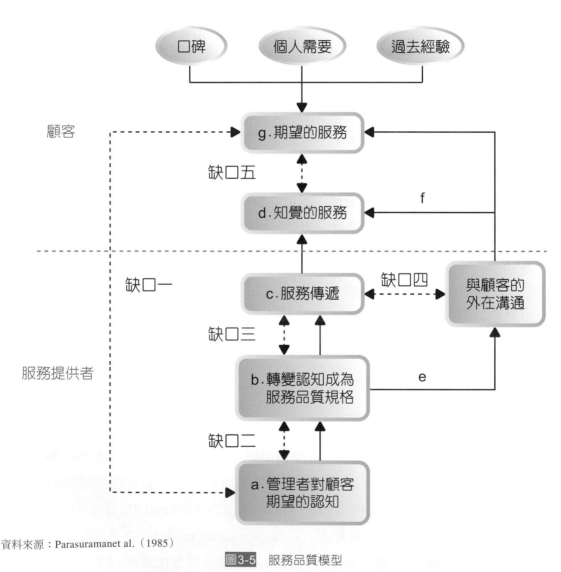

資料來源：Parasuramanet al.（1985）

圖3-5 服務品質模型

Parasuramanet al.（1985）提出的服務品質模型之概念在於企業服務傳遞給消費者的過程中會產生所謂的「服務缺口（Gap）」，而服務缺口共計有五種，分別描述如下：

1. **缺口一**：顧客期望和管理者認知的差距（Consumer Expectation–Management Perception Gap）

   因為服務提供者可能無法了解顧客心中所期望得到的服務或是認知需求，所以，服務提供者所提供的服務無法滿足顧客，因而產生差距。而為了改善缺口一的情況出現，可以採取：了解顧客的期望、增加管理者與顧客互動機會、進行滿意度調查與意見諮詢（Parasuramanet al., 1990）。

2. **缺口二**：管理者認知與服務品質規格的差距（Management Perception–Service Quality Specification）

   服務提供者可能會因為資源條件的支持程度或市場現況不確定的情況下，使得服務提供者無法提供顧客真正需要的服務規格或品質，產生了認知與服務的品質規格間的落差。而為了改善缺口二的情況出現，管理者可以藉由建立服務品質標準、確認承諾項目為何、設立顧客為導向的服務標準、建立可執行的服務品質指標、以硬體設施取代人員服務等方式來改善之（Parasuramanet al., 1990）。

3. **缺口三**：服務品質規格與服務傳遞的差距（Service Quality Specification – Service Delivery Gap）

   管理者訂定符合顧客需求的服務標準與規格後，但卻因服務提供者（例如員工）不能提供達到標準的服務給顧客時，而影響到顧客對服務品質的認知。而改善缺口三的方式，包含了提高員工士氣與忠誠度、導入適當的科技技術設備以提高員工績效表現、教導員工互動技巧與設定工作之先後順序、確定內場員工可以支援前場員工、衡量員工績效並且配合報酬獎勵措施（Parasuramanet al., 1990）。

4. **缺口四**：服務傳遞與外部溝通的差距（Service Delivery – External Communication Gap）

   顧客可能受到過於誇大的媒體廣告或口碑所影響，而提高顧客對服務承受的期望，然而，顧客若接受實際服務時感覺無法達到預設的期望，則會造成顧客對服務品質的認知下降。而改善缺口四的方式，包含了確保企業對顧客的承諾、廣告文案應先由內部人員提供意見與想法、應以員工實際表現狀況來設計廣告、讓顧客知道哪些服務是公司可能提供的，而那些是不可能提供的、確認並妥善說明服務的表現會有不可控制因素之影響、提供消費者不同的服務水準與價位（Parasuraanet al., 1990）。

5. **缺口五**：顧客期望與顧客認知的差距（Expected Service – Perceived Service Gap）

當顧客消費後對服務的認知高於消費前對服務的期望，則會對服務品質感到滿意；反之，當顧客消費後對服務的認知低於消費前對服務的期望，則會對服務品質產生較低的評價。其中消費前對服務的期望又受到口碑、個人需求和過去經驗的影響。其中期望的服務水準又受到消費者本身需求、過去經驗及口碑傳聞的影響，同時也受到前四個缺口的影響，因此可以說缺口五是缺口一至缺口四的函數。

二、小結與個案討論

服務雖然具有無形性、易逝性、異質性以及不可分割性之特性，但企業除了藉由設立標準作業流程之外，也可以藉由導入科技技術於服務之中來提升顧客對服務之滿意度。在此部分，將會介紹一個個案。而在個案6中，則是摩斯漢堡同樣也是藉由APP軟體，在提供便利消費者點購餐點的同時，不僅降低了消費者等待的時間之外，也減輕了摩斯實體店面中，現場顧客點餐等候的問題。

個案導讀6

摩斯漢堡改善排隊問題以及增加點餐便利性的「MOS order」

摩斯漢堡有別於麥當勞、肯德基等速食業者的地方就在於餐點的現做，然而現做餐點卻也容易導致消費者等待的問題。因此，摩斯漢堡設計了一款名為「MOS order」的App軟體，有下載此App的消費者，便可以輕易地使用智慧型手機下單，並在約定的時間內到店取餐，如此一來便可以縮短消費者在摩斯店中等待餐點的時間，也能改善摩斯漢堡的排隊問題。

摩斯漢堡也在2019年提供信用卡支付服務，詳細請見影片：MOS信用卡支付服務上線囉

3-4　創新產品或服務之設計方法

本書在此部分，跟讀者介紹KANO模型與TRIZ理論這兩個研究方法，KANO模型這項研究方法的特色在於，可以將產品或服務之屬性加以分類，進而讓管理者、新創事業者，在發展創新產品與服務時，可以知道哪些屬性是一定要具備的、哪些則

不是。而TRIZ理論這個研究方法的特色就在於，它是一套具有系統化解決問題的方法，而這對於管理者、新創事業者來說，在開發新產品與服務時，很有可能需要一套可以改善問題的方法，而TRIZ理論將會是個不錯的方法之一。

一、KANO模型之意涵

Chang（2008）；Hansmark and Albinsson（2004）；Herrmann et al.（2000）皆指出，許多文獻已經驗證產品與服務之品質可以改善顧客滿意度，進而使企業獲得具有優勢的競爭力，因此，倘若能夠了解消費者所重視的產品與服務之品質要素為何，便能加以聚焦並改善。藉由KANO模型區隔品質屬性來做為品質改善相關的決策參考，以提供能滿足甚至超越消費者期望品質之產品或服務，進一步增加顧客長期忠誠度（Kondo, 2001）。而本書在此部分介紹KANO模型，乃在於藉由KANO模型之分析結果，提供您在設計新產品或服務時的策略參考依據。

Kano、Seraku、Takahashi與Tsuji四位學者，在1984年時發展出一套二維度的KANO品質模型（如圖3-6所示），從該圖中可知，兩軸代表的分別代表品質要素充足程度以及顧客滿意與否，而變數在這個坐標平面上，則存在數學上的線性與非線性關係。

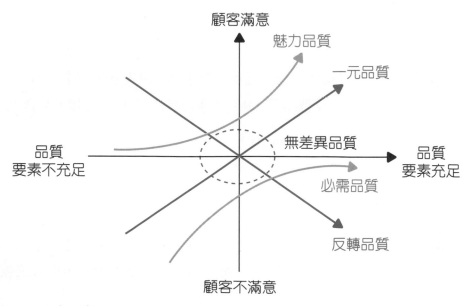

資料來源: Kano et al.（1984）

圖3-6　KANO品質模式

　　KANO品質模型主要以問卷之方式進行研究，設計包含正反向的相同題型問項，而衡量尺度上，每一問項皆需透過五個選項來回答，分別為：(1)非常滿意；(2)理所當然；(3)毫無感覺；(4)能忍受及(5)非常不滿意，而根據消費者回答之結果，將正向題的問項與反向題的問項加以比對，使得每一問項皆可以歸類到所屬的品質性質之中，即可以得到「KANO品質歸納模式」之結果（請見表3-2），舉例來說，倘若問卷受訪者，在正向題中回答「非常滿意」，而在相對應的負向題中回答「理所當然」，那麼，根據「KANO品質歸納模式」之對照結果可知其被歸類在魅力品質（A）。

表3-2　KANO品質歸納模式

問卷問項		負向題				
		非常滿意	理所當然	沒感覺	能忍受	非常不滿意
正向題	非常滿意	M	A	A	A	O
	理所當然	R	M	I	I	M
	沒感覺	R	I	I	I	M
	能忍受	R	I	I	M	M
	非常不滿意	R	R	R	R	M

註：A代表魅力品質；M代表必需品質；R代表反轉品質；O代表一元品質；I代表無差異品質。
資料來源：修改自Kano et al.（1984）

　　在KANO模型中的品質屬性共分成五種，分別為：共有一元品質（O）、必需品質（M）、魅力品質（A）、反轉品質（R）及無差異品質（I）五類，其含義在於：

1. 一元品質（One-dimensional Quality）

指品質要素與顧客滿意度會呈現正向關係。簡而言之，即產品或服務達成消費者需求及期望，則其會感到滿足感，若否，則消費者會感到不滿足。

2. 必需品質（Must-be Quality）

指當品質要素充足時，消費者的滿意度並不會上升，而當品質要素不充足時，顧客則會不滿意。舉例來說員工按時拿到薪水滿意度並不會上升，但若沒按時拿到薪水，員工則會不滿意。

3. 魅力品質（Attractive Quality）

指當品質要素不充足時，顧客並不會感到不滿意，但當品質要素越充足時，顧客

會感到更滿意。舉例來說，若顧客購買產品附贈對顧客有用的贈品時，則顧客會更滿意，但若顧客購買產品沒有附贈品，顧客也不會不滿意。

4. **反轉品質（Reverse Quality）**

指當品質要素充足時，顧客會感到越不滿意，但當品質要素越不充足時，顧客會越滿意。舉例來說，產品損壞率越高，則顧客越不滿意，但當產品損壞率越低時，顧客則越滿意。

5. **無差異品質（Indifferent Quality）**

指品質要素充足或不充足時，都不影響顧客的滿意度。舉例來說，購買便利品時，不論是否有提供人員說明產品資訊，皆不會提升或降低顧客滿意度。

藉由KANO模型之分析結果，將可以知道哪些因素對於目標顧客之滿意度高低的影響情況，進而提供決策者進行相關策略的擬定依據。

二、TRIZ理論

本書於第二章中說明了TRIZ 40項創新原則於行銷領域的意涵與應用，而本節中則是會針對TRIZ理論做更完整的說明。

TRIZ（Teoriya Resheniya Izobretatelskikh Zadatch,TRIZ）為俄文的縮寫，其意思是指「創新問題之解決方法論」，乃Altshuller所提出，其背景在於其任職於前蘇聯海軍專利局擔任專利審核員期間，從其審核的經驗中察覺到創新過程中都是有其一定的原理原則，因此從數十萬件的專利中著手進行研究，將其歸納出一套系統性的TRIZ理論，而這套理論的邏輯就在於：當提出一個創新設計以改善某一特性時，將同時會產生另一個惡化特性，並將此現象稱為矛盾（Contradictions），而Altshuller在其研究中整理歸納出39項工程參數（請見表3-3），這39項工程參數既是改善參數，也是惡化參數，而一個創新設計至少會有一組改善參數、與惡化參數同時產生，而這種情況正似作用力與反作用力的概念，因此設計出39*39的矩陣，該矩陣即被稱作「矛盾矩陣」（請見表3-4）（張旭華與呂鎮洧，2009）。

除了建立了矛盾矩陣，Altshuller也從眾多專利中歸納出了40項創新原則（40 fundamental inventive principles），而矛盾矩陣與40項創新原則的搭配方式為：首先從矛盾矩陣中找出欲改善的參數，接著再看惡化參數，兩參數彼此對應到的方格中之數字，即是對應到的創新原則之編號，即是代表可以藉由該項創新原則以發展出策略來改善問題（張旭華與呂鎮洧，2009）。

表3-3　39項工程參數

編號	工程參數	編號	工程參數	編號	工程參數	編號	工程參數
1	移動件重量	11	張力、壓力	21	動力	31	有害側效應
2	固定件重量	12	形狀	22	能源浪費	32	製造性
3	移動件長度	13	物體穩定性	23	物質浪費	33	使用方便性
4	固定件長度	14	強度	24	資訊喪失	34	可修理性
5	移動件面積	15	移動物件耐久性	25	時間浪費	35	適合性
6	固定件面積	16	固定物件耐久性	26	物料數量	36	裝置複雜性
7	移動件體積	17	溫度	27	可靠度	37	控制複雜性
8	固定件體積	18	亮度	28	量測精確度	38	自動化程度
9	速度	19	移動件消耗能量	29	製造精確度	39	生產性
10	力量	20	固定件消耗能量	30	物體上有害因素		

資料來源：張旭華與呂鑌洧（2009）

表3-4　矛盾矩陣（節錄）[A]

改善參數 ＼ 惡化參數	1.移動件重量	2.固定件重量	3.移動件長度	…	38.自動化程度	39.生產性
1.移動件重量		…	15,8,29,34	…	26,35,18,19	35,3,24,37
2.固定件重量	…		…	…	2,26,35	1,28,15,35
3.移動件長度	8,15,29,34	…		…	17,24,26,16	14,4,28,29
…	…	…	…	…	…	…
38.自動化程度	28,26,18,35	28,26,35,10	14,13,17,28	…		5,12,35,26
39.生產性	35,26,24,37	28,27,15,3	18,4,28,38	…	5,12,35,26	

備註：A.完整的矛盾矩陣請參閱此網址http://ppt.cc/j0ic。B代表當決定改善參數為「3.移動件長度」、惡化參數為「1.移動件重量」時，則對應出的創新原則為原則8、原則15、原則29、原則34。

資料來源：張旭華與呂鑌洧（2009）

在此舉例說明之，假設今日面對的問題是如何提升消費者對筆電的偏好，而提出了減輕筆電重量的創新設計，而這個創新設計所導致的好的作用力（改善參數）就是增加了消費者方便攜帶，而惡的作用力（惡化參數）就是筆電生產時的技術，因此，減輕筆電重量為改善參數2：固定件重量，而惡化參數就是參數39：生產性，對應到矛盾矩陣（表3-4），從中找其相對應的創新原則為原則1.區隔、28替代機械、15動態、35改變參數。因此，我們可以擬定改善此問題的策略為採用原則1.區隔，以「性別」、「年齡」、「職業」做為區隔變數，將重量輕的筆電之目標族群設定為「女性」、「成年」、「上班族」去進行行銷規劃。

本書在此章與第二章提供TRIZ理論供各位讀者認識，其原因就在於在創新產品或服務的開發中，難免會遭遇到問題需要改善，而TRIZ理論就是一套系統性、可以為問題找出解決方案的理論架構（Domb,1998），也可以幫助研發人員、創意構思者發展出更多更具可行性的結果（Ruchti and Livotov, 2001；Su et al., 2008）。

三、KANO理論與TRIZ理論之小結

藉由KANO模型之分析結果，可以知道哪些因素對於目標顧客之滿意度高低的影響情況，進而提供決策者、創立新事業的您進行相關策略的擬定依據，而TRIZ理論可以為問題找出解決方案之外，也可以幫助想要創立新事業的您發展出更多更具可行性的結果。

一、問題與討論

1. 請問您，您認為企業是否應當發展網路行銷？為什麼？（提示：請從新產品擴散程序（diffusion process）之角度來回答。）

2. 服務具有無形性（intangibility）、易逝性（perishability）、異質性（heterogeneity）、不可分割性（inseparability）這四項特性，試問您認為企業可以採取甚麼措施來克服這四項特性呢？

3. 請問您KANO模型之意涵為何？此種研究方法的特色為何？

4

建立產品服務品質機制

學習目標

- 了解標準作業流程的建立之道。

- 了解標準作業流程的應用之道。

- 了解全面品質管理的執行模式。

- 建立產品服務品質機制之個案研析。

緒 論

　　本章主要在闡述新創事業者在創業過程中如何建立產品服務品質機制，當我們在新創事業時，會有自己的一套方法，來提供產品和服務給顧客，使顧客可以感受到企業想要傳達的理念和價值，進而持續地購買企業的產品和服務，但是，企業在提供產品和服務的過程中，可能會發生人為失誤，造成顧客所感受到的產品和服務與預期不同，使顧客對企業的滿意度有所差異，進而影響顧客對企業的想法。

　　因此，創業者如何在提供產品和服務的過程中，確保產品和服務的品質一致，使每一位顧客都能夠購買到相同品質的產品或體驗到相同品質的服務，是新創事業者在創業時很重要的一門課題。所以新創事業者可以透過標準作業流程（Standard Operation Procedure, SOP）和全面品質管理（Total Quality Management, TQM）來減少在提供產品和服務的過程中，發生人為失誤的機率，降低不良率和成本，建立高品質的管理系統，使顧客感受到企業所提供的價值，增加顧客滿意度，進而持續提升顧客對企業的忠誠度，建立良好的顧客關係，使企業能夠永續經營。

　　本章共分成三節，4-1節先介紹標準作業流程以及全面品質管理，在4-1節中，本書會穿插一些市場上的案例，藉此讓讀者能對標準作業流程和全面品質管理有更深刻的了解，4-2節則是透過連鎖美語補習班標準作業流程建立產品服務品質機制之道，最後在4-3節透過訪問中小型企業的宏基蜜蜂，來實際了解觀光休閒農場建立標準作業流程的模式和步驟為何。

4-1　建立產品服務品質機制的方式

　　本節共分成兩個部分，第一部分首先介紹標準作業流程、第二部分介紹全面品質管理，透過此節，我們可以了解到產業建立產品服務品質機制的方式，讓創業者能夠在維持相同品質的情況下，提供顧客產品與服務。

一、標準作業流程的定義和應用

　　標準作業流程（Standard Operation Procedure, SOP）在各個產業中已行之已久，並成為品質確保和提升的基礎與準則，透過SOP可以降低人為失誤，將重複性質的工作程序化，減少時間的浪費，降低成本，因此，以下將分成兩個部分，首先定義何謂標準作業流程，再介紹標準作業流程的應用。

（一）何謂標準作業流程

　　黃如足、梅士杰（2003）將標準作業流程定義為：對於經常性或重複性的工作，例如各種檢驗、操作、作業等，為使程序一致化，將其執行方式以詳細描寫之一種書面文件，其目的在於減少人為失誤，降低不良率，建立高品質（黃如足、梅士杰，2003）。而李宗儒、黃靜瑜（2011）認為標準作業流程是一個有步驟與順序的系統，其詳細地描述如何執行特定工作與任務。

　　建立標準作業流程可以產生正確的方向，讓事情更快速明確的完成，透過按部就班的程序完成事情也能提升學習者的興趣，而當老闆不能在現場指導時，更能成為員工自我訓練的教材，因此，當我們在新創一個事業時，除了應考慮創業團隊與所創產業相關過去的相關經驗外，應該要參考產業中的成功企業在推廣產品和服務過程時所使用的標準作業流程，進而根據創業者本身的創業理念，建立與其他競爭對手不同之標準作業流程，即進行差異化規劃，除此之外，透過標準作業流程，企業可以得到以下利益（黃如足、梅士杰，2003）：

1. 化繁為簡降低成本

　　將需要經常性或重複性操作的工作程序一致化，減少時間的浪費，降低成本。

2. 員工快速上手

　　程序經過一致化，可使剛進入產業的從業人員有一清楚明白的工作說明書，使剛進入產業的從業人員快速上手，能即時解決一般性的問題，提高新人對於標準作業流程的正確觀念。

3. 服務品質一致

　　不論是有形產品或無形服務，皆能確保所提供之服務品質的一致性。

 個案導讀1

F果園

　　從李宗儒（2015）之資料指出，「F果園」位於嘉義縣典型農業鄉村，其農作物以蕃茄、美濃瓜、洋香瓜……為主。

　　對於農產品而言，天候的影響因素極為重要。當天候不穩定時，作物的品質難穩定，因此經營者為了提升作物的品質，建立標準化作業流程來改善在種植作物的過程中所遇到的問題。

（二）標準作業流程的應用

由於標準作業程序具有降低人爲失誤，提升服務品質的優點，SOP廣泛應用在許多領域，在生活中，於林柏壽等（2008）的研究中，爲落實防災工作，政府單位針對重大土石災區之水土保持進行研究，並研擬重大土石災區之現場救災標準作業流程，以促進防災工作有效率地執行；除此之外，徐國鈞（2002）爲改善臺灣地區發展都市號誌控制系統時之實務性困難，因此交通部建立我國都市交通號誌控制系統之標準作業流程，以利相關單位得以在都市交通號誌控制系統之建置、更新及擴充工程參考施行之，促使交通號誌控制系統得以發揮其效，改善我國都市交通運作狀況；在產業方面，李宗儒（濬紳）與黃靜瑜（2011）將SOP應用於休閒農場體驗活動中，其將休閒農場體驗活動分爲「事前準備」、「迎賓與開場」、「帶領遊客前往活動地點」、「活動解說」、「活動示範」、「自由活動」及「活動結束」七項作業（如圖4-1），藉由建構SOP使休閒農場體驗活動可運行更爲順暢，並進而提升農場整體營業績效。

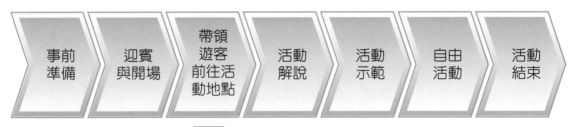

圖4-1 休閒農場體驗活動七項作業

從上述的實例中，我們可以清楚地知道，標準作業流程在不同領域的應用，由於本書主要是協助創業者在創業初期就能夠建立良好的標準作業流程，因此著重於產業上的應用，因此，以下將針對休閒農場和零售商店爲例，來說明休閒農場和零售商店的標準作業流程在產業中的應用實例。

1. 標準作業流程在休閒農場體驗活動之應用

以下首先將介紹休閒農業體驗活動之定義與活動類型，再介紹休閒農場體驗活動的標準作業流程。

（1）休閒農業體驗活動之定義與本案例中的活動類型

所謂休閒農業體驗活動，依「休閒農業輔導辦法」（2011）的定義，即讓民眾深入與當地的人文風土連結，並親身參與農作活動，從中學習並體會其辛勞與樂趣，以在雙方的互動中創造一個愉快且難忘的消費經驗。而體驗活動的類型

包羅萬象，包含體驗農村文化活動或各項民俗活動，甚至親身參與享受各種田園樂等，Fiore（2007）從農業資源的觀點來區分，可依據農業生產資源、農民生活特色、農村生態環境等角度將體驗活動分類成以下三種類型：A.產業體驗、B.鄉土文化和C.戶外休閒，由於休閒農場經營狀況不同及種類繁多，因此在本案例中，將以李宗儒、黃靜瑜（2011）建構休閒農場體驗活動標準作業流程一文中之「產業體驗之採摘耕種類」爲例說明。

(2) 休閒農場體驗活動的標準作業流程之案例

　　休閒農場體驗活動（李宗儒、黃靜瑜，2011）可分爲：1.「事前準備」、2.「迎賓與開場」、3.「帶領遊客前往活動地點」、4.「活動解說」、5.「活動示範」、6.「自由活動」及7.「活動結束」七項作業，以下將以「產業體驗之採摘耕種類」爲例說明如下：

---

1. 事前準備：（準備時間約10分鐘）

(1) 活動解說人員須有整潔的服裝儀容。

(2) 將活動所需工具先行準備在活動場地，例如工作手套、水桶、剪刀等。

(3) 針對活動場地需有相應的情境佈置或道具陳設，例如作物圖片、解說牌、標本等。

2. 迎賓與開場：（約10分鐘）

(1) 活動帶領人員須至遊客下車地點或接待處等候。

(2) 需進行自我介紹、環境介紹及預告整體活動時間，讓遊客對活動環境及時間有初步了解。

(3) 針對遊客組成或身分進行了解，在互動的過程才能更加順利。

(4) 可配合農場特色準備迎賓禮物或迎賓活動，例如準備茶水、小點心或濕紙巾等。

3. 帶領遊客前往活動地點：（約5分鐘）

4. 活動解說：（約5分鐘）

(1) 以幽默風趣的口吻針對作物的長相、特性、生長環境、週期、經濟價值等進行基本介紹，並導入正確的管理維護觀念。

(2) 隨時了解遊客的理解程度，可避免自由活動時的錯誤行爲，並鼓勵遊客提出問題進行互動。

(3) 每位活動解說人員所提及的重點需相同，例如採摘的方式、技巧等。

---

5. **活動示範**：（約5分鐘）

由專業的示範者進行活動示範。如請專職的農夫示範如何正確的插秧、專門照護花卉的工作人員進行正確的採摘示範等。

6. **自由活動**：（約1小時）

(1) 主動關懷每個參與的遊客，並協助解決活動過程面臨的問題，使遊客能輕而易舉的參與活動。

(2) 隨時關注遊客活動情況，並與遊客聊天、分享等進行互動，讓遊客在參與活動之餘，也能感受農場的熱情與貼心。例如活動中可分享臺灣俚語、農家生活故事等。

(3) 遊客組成中若有青少年同行，可設計親子互動的活動讓遊客自行進行親子教育，例如引導家長分享舊時農村生活故事、以親子為單位進行耕種活動等。

(4) 團體中以家族為主，且沒有未成年的幼童隨行，因此活動範圍可以較為廣闊，活動設計的體力負荷程度亦可達到身體發熱或有點流汗的狀況。

7. **完美結束**：（約10分鐘）

(1) 詢問遊客下個行程，可代為安排；或已知遊客下個行程，須視遊客體力狀況稍事休息，以免活動過於密集緊湊無法達到放鬆身心之目的；但若遊客下個行程仍須等待，可為遊客的時間規劃做出建議。

(2) 製作簡短問卷或口頭詢問進行遊客滿意度調查。

(3) 需為遊客採摘的作物進行妥善的包裝，以利遊客攜帶。

(4) 可配合農場資源安排特別的送客活動，例如列隊揮手致意、送遊客至大門口或停車場、在特色景觀前安排合照等。

(3) 休閒農場透過創意發想使標準作業流程差異化

從上述的標準作業流程的訂定中我們可以了解到休閒農場體驗活動的SOP，可以達到服務品質穩定，並讓活動運行更為順暢，但對於休閒農業體驗這樣充滿生命力與人情味的活動，如果能在標準作業流程之外增添一些創意，對遊客來說更能感受到不一樣的活動體驗，而這些創意更是讓休閒農場做出與眾不同之市場區隔的最佳利器。例如針對產業體驗之採摘耕種活動，且適用族群為「家族同遊（不含未成年孩童）」的SOP而言，可開發適合遊客在家中也能在陽台簡易種植的商品，例如將種子、栽培土、盆子、小鏟子、有機肥料等包裝成商

品組合，讓消費者體驗完農場活動後，還能將大自然的感動也帶回家中，並可結合農場教學的居家堆肥DIY，同時宣導有機種植及環保的觀念。

2. 標準作業流程在實體通路零售商店人員管理之應用

實體零售商店即消費者進行購物時，必須親自出門到店裡詢問價格、蒐集產品資訊、觸摸產品，甚至購買產品的商店，例如百貨公司、超級市場、量販店、傳統市場。本案例中將會以零售商店中的實體通路來介紹實體零售商店人員管理之標準作業流程：

(1) 零售商店人員管理之標準作業流程

李平貴（2010）針對實體零售商店「人員管理」之相關標準作業流程進行研究，歸納為六項構面，分別敘述如下：

A. 迎賓前準備：即等待顧客期間所需進行之作業，包含整理商品、準備及整理售貨用具及恭候顧客時的站姿等。

B. 迎賓：即顧客進店時所需之接待作業，包含迎賓問候等。

C. 介紹產品：即指店員將產品或服務介紹予顧客之相關作業，包含顧客瀏覽時之招呼用語、針對不同商品之特色進行介紹、體驗產品及當顧客猶豫不決時的誘導等。

D. 商品成交及結帳：即顧客確定要購買商品並進行結帳付款，店員所需進行之相關作業，包含算帳迅速精確、包裝前檢查商品等。

E. 送賓：即顧客離店時，店員所需進行之相關作業，包含道別及其他送客服務等。服務失誤及補償：即顧客感到不滿意時，店員應進行之補償措施，包含口頭用語、贈品及提供其他服務等。

根據上述，想要經營實體商店的創業者，可以參考上述的標準作業流程，來進行人員管理，並結合自身不同的創意和經營理念，來帶給顧客不一樣的產品和服務。

二、全面品質管理

Feigunbaum（1983）提出全面品質管理（Total Quality Management, TQM）的概念，他認為，全面品質管理為策略性的企業工具，要求組織中的每一個人應該對品質有相當的認識，並強調組織所有部門追求品質的必要性。透過全面品質管理，提供顧客良好的產品和服務，以下將分成(1)全面品質管理的定義和特徵；(2)TQM的執行模式部分介紹。

(一) 全面品質管理的定義和特徵

　　Cohen and Brand（1993）認為全面品質管理是一種簡單但富革命性的工作執行方法，因此，以下將全面品質管理分成「全面」、「品質」、「管理」三個部分個別定義之：

1. **全面（Total）**：意指包含工作的每一方面，從界定顧客的需求到評估顧客的滿意度皆包含在其中。

2. **品質（Quality）**：是指產品和服務符合和超過顧客的期望。

3. **管理（Management）**：則是指發展並維持組織經常、恆久改善品質的能力。

　　Goetsch and Davis（1994）指出全面品質管理是一種經營管理方法，以顧客為導向，堅持品質，善用科學方法、長期品質承諾，永續改善過程，教育訓練，自主管理，長期一致的目標，全員參與、權能自主。

　　綜上所述，本書將全面品質管理定義為一套以不斷改善組織為基礎的哲學，在追求持續改善的規範下，整合基本的管理技術，為現有需要改進之處努力，運用品管手法、訓練、及參與活動，持續性地在現有作業流程下，進行成本降低與品質改善的手法。換言之，TQM是基於組織的全員參與所從事對於流程、產品、服務及文化的改變，及企業員工乃至於社會均能獲益，透過顧客滿意度之提升以達到長期性成效的一種管理方式，其本質在於善用全員參與以達到顧客滿意的最終目的。

　　因此，根據TQM的精神與定義，Denhardt（1991）認為，TQM的特徵在於，試圖建立一個「卓越文化（culture of excellence）」，並具有下列七項重點：

1. 高階層的領導與支持。

2. 策略計劃與執行是為了長期的成功。

3. 焦點在於顧客。

4. 對訓練的承諾與組織認同。

5. 授權員工與團隊工作（Teamwork）。

6. 重視過程與結果的衡量分析。

7. 品質保證（Quality assurance）。

(二) TQM的執行模式

　　Tenner and DeToro（1992）將TQM的執行模式分成三個部分：目標（見圖4-2中的A）、原則（見圖4-2中的B）、要素（見圖4-2中的C），而目標、原則與要素之內

容，又可再細分，其中目標的內容為「持續性改良」（見圖4-2中的A-1）；原則的內容為「以顧客為尊（B-1）」、「過程改善（B-2）」、「全員投入（B-3）」；支援要素的內容為「領導（C-1）」、「教育訓練（C-2）」、「衡量（C-3）」、「溝通（C-4）」、「支援結構（C-5）」、「報酬與認同（C-6）」。

　　TQM執行的過程中，以「要素」支援「原則」，推動「以顧客為尊」、「過程改善」、「全員投入」三項原則達成持續改善的「目標」，實現組織品質文化的塑造與高品質產品的產出。茲將TQM的執行模式分述如下（見圖4-2），以便對TQM之意涵能有一系統性的理解。

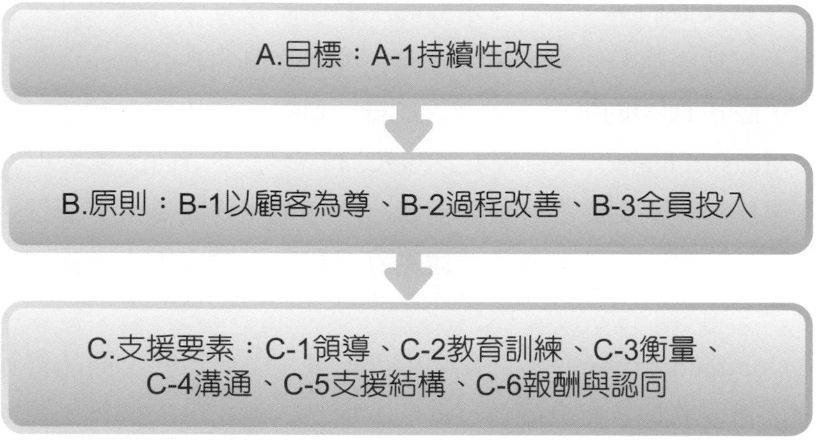

A.目標：A-1持續性改良

B.原則：B-1以顧客為尊、B-2過程改善、B-3全員投入

C.支援要素：C-1領導、C-2教育訓練、C-3衡量、C-4溝通、C-5支援結構、C-6報酬與認同

資料來源：Tenner and DeToro（1992）

圖4-2　TQM執行模式

1. 品質執行原則

　　圖4-2中，TQM執行原則有三，分別是(1)以顧客為尊；(2)過程改善；(3)全員投入，在執行TQM時，必須透過上述三個原則來達成持續改善品質的目標，分述如下：

(1) 以顧客為尊（Customer focus）（見圖4-2中的B-1）：「品質」，即滿足每位顧客的需求與期望，而顧客分為內部顧客與外部顧客。唯有在任何時間內不斷地符合每一顧客的需求，才能達成良好的品質目標。

(2) 過程改善（Process improvement）（見圖4-2中的B-2）：持續性的改善主要是指工作的每一步驟都是相關聯的。持續性注重每一步驟的改善，以降低產出的變異性，提高過程的信賴度。

(3) 全員投入（Total involvement）（見圖4-2中的B-3）：全員的投入始於高階人員及組織中所有員工的投入，所有的員工被賦予新的、彈性的工作結構，以解決問題，改進過程，滿足顧客。

2. 支援要素

圖4-2中，TQM支援要素有六，分別是(1)領導；(2)教育與訓練；(3)衡量；(4)溝通；(5)支援結構和(6)報酬與認同，在執行TQM時，必須透過上述支援要素來協助TQM原則的實行，以達成持續改善品質的目標。

(1) 領導（Leadership）（見圖4-2中的C-1）：高階主管人員必須教導與領導所有的員工建立全面品質管理觀念與體系。領導者必須了解全面品質管理是一個過程及其所組成的原則與要素，並給予充份的支持與認同，塑造願景與發展的方向。

(2) 教育與訓練（Education and training）（見圖4-2中的C-2）：品質建立在員工之技能，以及他們對「品質要求」的了解。而教育與訓練提供所有的員工所需的資訊，包括組織的任務、未來方向、策略及他們為改善品質及解決問題所需的技巧，故在TQM的推行上，教育訓練一直扮演著重要的角色。

(3) 衡量（Measurement）（見圖4-2中的C-3）：建立全面品質管理的過程，首要的工作是將所蒐集到的顧客資料回饋給所有相關的關係人。而透過顧客資料的蒐集可提供目標、績效的評估並激勵每個員工從顧客需求中注意問題的產生並尋求解決之道。

(4) 溝通（Communication）（見圖4-2中的C-4）：成功的全面品質管理需要良好的溝通，需要管理者充分的傳授資訊、提供指導給每一個員工及回答每一個人品質問題。而塑造良好的溝通環境，亦有助於所有員工對品質活動的了解與承諾。

(5) 支援結構（Supportive structure）（見圖4-2中的C-5）：高階管理者需要能執行品質策略並帶來必要變遷的支援力量。一個小型支援幕僚團隊可幫助高階管理人員了解品質概念，並與組織中其他部門的品質管理者連結，而成為高階管理者於品質運動上的支助與資源，此支援結構即跨功能的工作小組。

(6) 報酬與認同（Reward and recognition）（見圖4-2中的C-6）：小組或個人成功地實施全面品質管理時需要給予適時的認同與鼓勵，才能使成員了解什麼是預期的結果。認同成功的品質參與，將可提供給組織中的其他成員一個角色學習的模式。

以「豐群企業管理顧問公司」為例，該公司扮演顧問的角色，找出顧客所經營之公司所遇到之問題，協助企業撰寫與政府合作計畫案，為維護撰寫企畫案之品質，豐群企業管理顧問公司面對顧客時會將顧客分成兩類，分述如下：

Case1：顧客之公司符合政府計畫之要求

當顧客之公司規模與各項條件符合與政府提案要求時，豐群企業管理顧問公司則會協助顧客所經營之公司撰寫提案計畫書，使顧客所經營之公司能順利通過與政府合作之計畫案，並且和政府合作取得資源來解決企業問題，除此之外，在計畫案通過後協助顧客所經營之公司執行通過之計畫案，讓顧客所經營之公司成功踏出與政府合作的第一步，奠定良好的企業形象。

Case2：顧客之公司不符合政府計畫之要求

當顧客之公司規模與各項條件不符合向政府提案要求時，豐群企業管理顧問公司此時會協助顧客改善其公司體制與條件，讓顧客經營之公司持續地改善以達成政府提案計畫所規定之標準與規範（例如：資本額、員工人數），使顧客所經營之公司未來有機會再次提案，帶領顧客所經營之公司一起成長，協助顧客經營之公司能順利通過與政府合作之計畫案。

4-2　建立產品服務品質機制在大型企業的實務應用

接下來，本書將介紹連鎖美語補習班標準作業流程，透過案例，來讓創業者了解在補教業中建立產品服務品質機制之道。

個案導讀2

連鎖美語補習班標準作業流程

標準作業流程已在各產業實施，藉此提升服務品質。而美語補教業標準作業流程運用於新生入學時。某連鎖美語補教業透過英文能力檢測系統了解新生的英文能力，有效了解學生在學習上的優勢與劣勢，進而提供學生專屬之英文學習對策。

標準作業流程包含填寫基本資料、透過網路進行英文檢測、完成各項檢測關卡、列印檢測報告、至某美語補習班分校進行口說檢測、補習班提出學習建議等，如圖4-3。

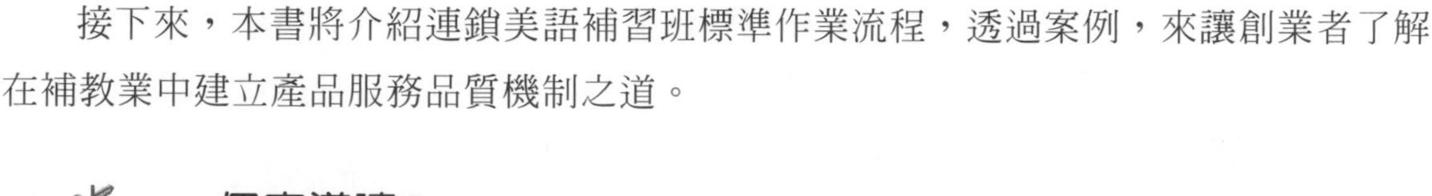

填寫基本資料並送出　▸　開始進行網路英文檢測　▸　依序完成英文檢測關卡　▸　列印檢測報告　▸　至補習班分校進行口說檢測　▸　補習班提出學習建議

圖4-3　美語補習班新生英文檢測標準作業流程

4-3 個案分享－宏基蜜蜂生態農場於遊客導覽的標準作業流程

近年來國民對於休閒的意識逐漸升高，休閒農業提供忙碌的現代人一個放鬆的活動場所，除了舒緩民眾的工作、生活壓力之外，亦兼具有文化傳承的功能，而在休閒農業中，體驗活動占有重要成份。

然而休閒農場在讓遊客體驗園區時，是透過何種方式來維持園區內的遊覽品質呢？在本章的個案中，將會以宏基蜜蜂生態農場（http://www.hgbees.com.tw/ accessed on 2019/11/01）爲例，來說明生態農場的標準作業流程爲何？以下將分成：(1)宏基蜜蜂生態農場簡介和(2)宏基蜜蜂生態農場的標準作業流程來說明生態農場維持園區內的遊覽品質之道。

一、宏基蜜蜂生態農場簡介

宏基蜜蜂生態農場是一家位於南投埔里巷弄中的生態農場，場主自小在鄉間長大，對大自然另有一番鍾愛，尤嚮往叢林幽徑、山川秀麗及原野中所蘊育之可愛生物。早年由於家學淵源（場主之父亦飼養野蜂及義大利蜂），因此使場主沉醉於蜜蜂生態之研究，役畢即從事蜜蜂養殖，透過場主對蜜蜂的熱愛來經營農場，讓更多人可以從場主口中聽到更多和蜜蜂相關的故事。

二、宏基蜜蜂生態農場於遊客導覽的標準作業流程

根據訪問宏基蜜蜂生態農場場主的結果得知，宏基蜜蜂生態農場主要可分成：(1)情境體驗區（包含蜂巢情境廣場、百萬蜜蜂隧道和自然湧泉）、(2)蜜蜂生態教學、(3)蜜蜂生態解說館、(4)蜜蜂DIY（包含蜜蜂彩繪DIY和蜂蜜小品DIY）四大體驗活動，並將宏基蜜蜂生態農場的標準作業流程分成以下六個步驟進行說明：

---

1. **事前準備：** （準備時間約10分鐘）

   (1) 活動解說人員須有整潔的服裝儀容。

   (2) 將活動所需工具先行準備在活動場地，例如蜂巢箱、彩繪工具（水杯、色彩、蠟筆、顏料）等。

   (3) 針對活動場地需有相應的情境佈置或道具陳設，例如蜂巢箱、蜜蜂故事圖片、標本等。

---

2. **迎賓與開場**：（約10分鐘）

(1) 活動帶領人員須至遊客下車地點或接待處，等候遊客進入園區。

(2) 由於園區內不收入場門票費，因此由工作人員透過解說，介紹園區，讓消費者自由選擇自己想要體驗的活動，並在介紹活動時說明何種活動需要付費，何種活動不需付費。

(3) 由於園區空間和設施有限，因此帶領團體時，會先將團體分成2~3個小組，分頭進行生態解說、穿越蜜蜂隧道、情境體驗等活動，充分運用時間與空間來增加活動的效率，若是針對散客，則由顧客自由參觀，選擇自己想要體驗的活動。

(4) 在遊客了解活動方式及種類後，工作人員需進行自我介紹、環境介紹及預告整體活動時間，讓遊客對每個活動環境及時間有初步了解。

(5) 工作人員必須針對遊客組成或身分進行了解，在互動的過程才能更加順利，例如針對小朋友進行解說時，可能要用更淺顯易懂的方式來進行說明。

(6) 可配合農場特色準備迎賓禮物或迎賓活動，例如準備蜂蜜水、小點心或濕紙巾等。

3. **工作人員帶領遊客前往四大體驗活動地點**：（約5分鐘）

(1) 情境體驗區（包含蜂巢情境廣場、百萬蜜蜂隧道和自然湧泉）

(2) 蜜蜂生態教學

(3) 蜜蜂生態解說館

(4) 蜜蜂DIY（包含蜜蜂彩繪DIY和蜂蜜小品DIY）

4. **活動解說**：（約5分鐘）

(1) 在情境體驗區中，說明蜂巢情境廣場、百萬蜜蜂隧道和自然湧泉設置的意義，並透過體驗區的介紹，使遊客能夠感受體驗區的情境以及場主的經營理念。

(2) 在蜜蜂生態教學中，說明蜂蜜採收過程、花粉採收過程、蜂王乳採收過程和蜂膠如何採集。

(3) 在蜜蜂生態解說館中，由工作人員解說蜜蜂的一生、蜂農如何生產蜜蜂產品和蜜蜂的生活等知識，針對遊客的類型，變換不同敘事的口吻，針對蜜蜂的特性、生長環境、成長過程、經濟價值等進行基本介紹，並說明蜜蜂對大自然的重要性。

(4) 在蜜蜂彩繪DIY區，總共有三種不同類型的蜜蜂公仔，消費者可以選擇自己喜歡的蜜蜂公仔進行製作，而工作人員會解說各項彩繪工具的使用方式，以及製作蜜蜂公仔的材料，來說明如何製作蜜蜂公仔。

(5) 在體驗各項活動的過程中，負責的工作人員要隨時了解遊客的理解程度，可避免自由活動時的錯誤行為，並鼓勵遊客提出問題進行互動，例如在參觀蜜蜂的蜂巢時，工作人員會提醒參觀的遊客注意不要拍打玻璃，以免嚇到蜜蜂。

(6) 每位活動解說人員所提及的重點需相同，例如蜂巢採摘的方式、採蜜技巧等。

5. **活動示範與自由活動：**（約1小時）

由專業的示範者進行活動示範，四項活動的活動示範與自由活動內容說明如下：

(1) 在情境體驗區中，隨時關注遊客活動情況，並與遊客聊天、分享等進行互動，讓遊客在體驗環境之餘，也能感受農場的熱情與貼心，並提供一個美麗而自然的情境，讓遊客自由體驗意境。

(2) 在蜜蜂生態教學中，場主會示範如何從蜂巢中取出蜂蜜，並且讓遊客現場進行試吃，並示範蜂膠的採集方式。

(3) 在蜜蜂生態解說館中，待工作人員解說完畢後，由遊客自由參觀蜜蜂生態解說館中的蜜蜂知識，並有工作人員隨行進行輔助介紹。

(4) 在蜜蜂彩繪DIY區，待工作人員解說完畢後，遊客開始依照解說步驟製作公仔，並由工作人員在一旁輔助協助製作，創造出具有遊客自身風格的公仔。

6. **完美結束：**（約10分鐘）

(1) 結束體驗活動後，由工作人員引導遊客到產品展示部門進行產品選購或試吃，來了解由蜜蜂所帶來的一系列產品為何，同時稍事休息，並詢問遊客下個行程，為遊客的時間規劃做出建議。

(2) 透過口頭詢問進行調查遊客滿意度。

(3) 需為遊客製作的DIY產品和在園區內採購的產品進行妥善的包裝，以利遊客攜帶。

(4) 送遊客至大門口或停車場、在特色景觀前安排合照等。

經由本個案可以了解到生態農場維持服務品質的標準作業流程為何？提供給未來想要針對觀光休閒產業進行創業的新創事業者一個參考，結合自己的創業理念以及想要的經營模式，創造出具有自身風格的經營特色並建立良好產品及服務品質。

1. 宏基蜜蜂生態農場官方網站http://www.hgbees.com.tw/
2. 實地訪問

4-4 結論

本章於一開始介紹標準作業流程和全面品質管理，並說明建立產品服務品質的方式，來讓新創事業者可以在創業初期根據自身的需求找到方法來控制產品和服務的品質，除此之外，了解標準作業流程在休閒農業與零售業的應用方式，使新創事業者可以了解不同產業建立產品服務品質之道，並且從全面品質管理的概念中明白「品質」的建立與改善是要由全體員工一起執行的。

在現實生活中，隨著企業規模的不同，建立產品服務品質的方式也不同，本章中提供一家中小企業（宏基蜜蜂）為例：說明企業建立產品服務品質之道。

在宏基蜜蜂的個案中，說明休閒農場於遊客導覽時的SOP，讓新創創業者了解在面對大量顧客湧入園區時維持品質之道。

希望透過本章這些個案，讓新創事業者可以參考不同情境與環境下應用標準作業流程與全面品質管理建立產品服務品質之道，使新創創業者能夠在創業初期及早找到一套自己的方法建立產品服務品質，來讓新事業能夠快速地上軌道。

一、問題與討論

1. 在本章中，論及的建立產品服務品質之方式有哪些？

2. 建立標準作業流程的利益為何？

3. 請說明零售業的定義與零售商店的業種與業態為何？

4. 全面品質管理的定義和特徵為何？

5. 全面品質管理執行的模式與原則為何？

二、個案討論

1. 請說明宏基蜜蜂生態農場如何規劃園區來達成園內遊覽的品質？

2. 請說明宏基蜜蜂生態農場於遊客導覽之標準作業流程？

5

採購比價

學習目標

- 了解採購的定義、物料分類和採購的目的。
- 了解採購的流程。
- 了解採購人員的專業。
- 了解資訊科技與採購。

緒 論

吳俊誼（2011）指出在全球化的競爭環境中，採購是企業在設計、製造上非常重要的一個環節，不僅僅要考慮到品質、價格、交期、以及數量，也必須維持與供應商長遠的合作關係，以做到最有彈性的調整，所以採購的績效必定會直接影響到新產品的品質，本章將針對採購的基本認知、流程、採購人員的專業與資訊科技和採購的結合作介紹。

5-1 採購的基本介紹

採購對企業而言是一門大學問，俗話曾說「採購好商品等於賣出一半」。本節將首先針對採購做初步的介紹，包括採購的定義、物料分類和採購的目的。

一、採購的定義

Sunil and Peter（2010）定義採購（Purchasing）是企業從供應商獲得原物料、零組件、產品、服務或其他資源，以用來執行本身作業的過程；採購是購買物品和服務所需要的整套商業過程。Heinritz and Farrel（1981）以採購任務的觀點來視察採購的定義，認為採購者不僅僅取得原物料，也必須對其他相關方面負起責任，其中包括了：供應來源的掌握、採購作業的策略、採購研究、確保準時交貨以及催察、進料數量和品質的檢驗。

嶋津司（2001）進一步指出所謂的採購管理之目的為透過公司各部門與交易對象密切的聯繫，使生產計畫能順利的進行，可從適當的交易對象手中，以適當的價格購買適當品質、交貨期限及數量的資財。Das and Narasimhan（2000）研究顯示公司的採購能力是可以被操作、發展及有效衡量的，且認為採購能力是用來建構、發展以及管理與其他製造商及企業在聯盟時的供應基礎。

在企業要實現銷售的目標前，必須充分了解市場需求，並根據企業本身的經營能力，採取適當的採購策略，即有系統的應用採購和供應商管理的技術與方法，來備齊所需的資材。適當的採購時機與數量，可以避免停工待料的情況發生、同時也可能減少存貨，甚至是減少資金的屯積。

二、物料分類

　　Sunil and Peter（2010）將採購的物料分為兩種：直接物料和間接物料；直接物料（Direct Material）是用於製成品的零件，例如：記憶體、硬碟、CD驅動程式對個人電腦的製造商來說是直接物料；間接物料（Indirect Material）是用來支援公司營運的用品，例如：個人電腦對汽車製造商來說就是間接物料。詳細的直接物料和間接物料的差異可見表5-1。

表5-1　直接物料與間接物料的差異

	直接物料	間接物料
使用（Use）	生產	維護、維修和支援營運
會計（Accounting）	銷貨成本	銷售、一般及行政費用
對生產的影響	任何延遲將會延遲生產	直接影響較少
相關交易價值的處理成本	低	高
交易次數	少	多

資料來源：SunilandPeter（2010）

　　Sunil and Peter（2010）同時還依據物料的價值和成本、關鍵性兩個構面進行區分，區分成四類，如圖5-1。大部分的間接物料包含在一般項目中，採購目標為降低取得與交易的成本；直接物料則可進一步被分為「大宗採購」、「關鍵性」和「策略性」項目；在大宗採購中供應商想要有相同的銷售價格，因此會區分出各個供應商所提供的服務為基準的區隔購買，並且影響總成本；「關鍵性項目」主要來源則是非低價而可以確保取得的物料，採購人員必須在買方與供應商間擔任協調生產規劃的角色；「策略性項目」則是指買賣雙方長期合作的物料，供應商必須依據長期關係的成本和價值來評量。

圖5-1　物料依據物料的價值和成本、關鍵性分類

三、採購目的

周惠文（2011）、許振邦（2011）、Leenders and Fearon（1993）及Sunil and Peter（2010）綜合指出企業爲求適切的採購，在過程中必須掌握之要點如下：選擇適當的交易對象、確保物料的品質、掌握適當的數量、設定適當的交貨期限、履行適當的價格等才能達到事半功倍的效果。

Leenders and Fearon（1993）更精確地指出採購功能的目標爲：

1. 提供企業運作所需的原物料、供應與服務。

2. 維持最小存貨。

3. 維持品質標準。

4. 找尋或發展出適合的供應商。

5. 將購入的物品標準化。

6. 盡可能以最低的價格購買所需的商品和服務。

7. 提升組織的競爭定位。

8. 與其他部門發展出和諧、具生產力的合作關係。

9. 以最低的行政成本達成採購的目標。

Wisner and Tan（2000）認爲供應鏈管理的短期目標是要提升生產力以及降低存貨，而長期的策略性目標就是要提升顧客的滿意度、市場佔有率、以及虛擬組織內所有成員的獲利。

5-2　採購流程

一般企業多將採購建立起一套標準的流程。Fawcett, Ellram and Ogden（2007）將採購流程分成四個主要階段，如圖5-2；流程開始於辨識與溝通需求，接著選擇供應商，後發出一個訂單和管理交易，最後是績效衡量和發展適當的關係；且依照組織採購的項目不同，實際的流程中會有不同的步驟，因此每個企業在執行下列的採購流程步驟時，會有不同程度的複雜度和形式。

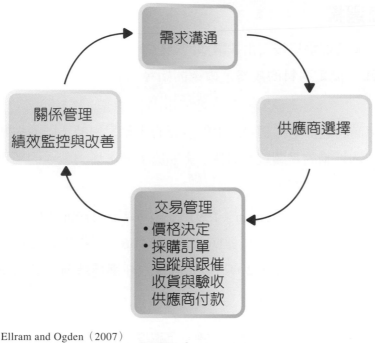

資料來源：Fawcett, Ellram and Ogden（2007）

圖5-2　採購流程

一、需求溝通

採購的起點就是發現需求，在採購前應先確認需要那些材料、需要多少數量、哪時候買、由誰負責買等基本的問題，採購需求的來源有很多種，周惠文（2011）將企業原物料需求的申請來源分為四種：自動補貨系統、倉庫盤點、跨部門小組和部門請購，詳述如下：

1. 自動補貨系統：根據預定之參數，如安全庫存量、需求預測、交貨所需時間、系統自動計算出應補貨時間點及應補貨數量。

2. 倉庫盤點：定期盤點存貨時，一旦發現低於安全庫存量，便須補貨。

3. 跨部門小組：研發新產品時在產品設計及雛型建構，提供原物料需求資訊。

4. 部門請購：由需要物料的部門填寫請購單請購。

Leenders and Fearon（1993）指出採購的需求來源可能有些來自於生產線、有些來自於行政部門、有些來自於銷售部門或是研發部門等，通常請購單（Purchase Requisition）上會以不同的識別碼來判斷其來源。許振邦（2011）指出，此階段的工作重點有四：決定採購策略、預測需求數量、預測市場趨勢及運用分析工具來對價值、存貨、自製或外購以及租賃或購買進行分析。

二、供應商選擇

當請購部門填妥採購單後交由採購部門執行採購時，採購人員需與使用單位確認需求物料的細節、擬定物料的規格，爾後開始尋找有潛力的供應商，經評估後作選擇。

因此，供應商的選擇是採購過程中很重要的步驟，根據不同的採購項目而有不同的評選標準，若欲採購的是關鍵零組件、金額龐大或影響力較大的項目，則相對投入於選擇供應商的資源就會較多。

Weber and Current and Benton（1991）在1967年到1990年間針對有關於供應商選擇標準的74篇文獻作整理，再依據Dickson（1966）所提出的23項供應商選擇標準做爲藍本進行分類整理，如表5-2，其中最重要的評選標準前五名爲價格、交期、品質、生產設備與產能、地理位置。

表5-2　供應商的選擇標準

供應商選擇標準	文獻討論次數	百分比
價格（Price）	61	80
交期（Delivery）	44	58
品質（Quality）	40	53
生產設備與產能（Production Facilities & Capacity）	23	30
地理位置（Geographic Location）	16	21
技術能力（Technical Capability）	15	20
組織與管理（Management & Organization）	10	13
在產業界的商譽與地位（Reputation and Position）	8	11
財務狀況（Financial Position）	7	9
過去績效（Performance History）	7	9
維修服務（Repair Service）	7	9
態度（Attitude）	6	8
包裝能力（Packing Ability）	3	4
作業控制（Operation Controls）	3	4
訓練目標（Training Aids）	2	3
程序的服從（Procedural Compliance）	2	3

供應商選擇標準	文獻討論次數	百分比
勞工關係記錄（Labor Relations Record）	2	3
溝通系統（Communication System）	2	3
相互妥協（Reciprocal Arrangement）	2	3
印象（Impression）	2	3
企業經營企圖（Desire for Business）	1	1
過去經營的合計（Amount of Past Business）	1	1
擔保與請求權（Warranties & Claim）	0	0

資料來源：Weber, Current and Benton（1991）

　　消費者的選擇即是對市場上供應商提供的產品進行選擇，一個供應商的本質是能提供好的產品，要提供好的產品必須有良好的技術、機器設備、穩定的工作人員、管理人員等作為背後的支撐，才能建立起一個良好的管理制度，出產好的產品。企業也應就自己產品的特性與需求建立起一套評選的標準，才能選出最適合自己的供應商。Vonderembse and Tracey（1999）指出，企業面臨21世紀的挑戰，應該拓展更為寬廣的供應體系，明確地定義選擇及評量供應商的標準，能夠促進公司的製造績效。

　　許振邦（2011）指出，過去採購人員與供應商存在著敵對關係，彼此以「零和」方式來相互競爭，不易建立互信關係，但今後為求資源整合並用，彼此則須建立策略聯盟，以追求雙贏，提升企業的競爭優勢。因此，在發展供應商關係時，供應商選擇標準的重要性是不容忽視的。

三、交易管理

　　交易管理的過程中包含五個步驟：價格決定、採購訂單、追蹤與跟催、收貨與驗收和供應商付款，詳述如下。

(一) 價格決定

　　Fawcett, Ellram and Ogden（2007）指出價格的決定是最常被用來衡量採購人員績效的指標，「最佳」的價格可以透過這三種方式取得：定價購買（Buying at List Price）、競價（Competitive Bidding）與議價（Negotiation），介紹如下：

1. **定價購買（Buying at List Price）**：適合用在數量少或價格低的物料上，不值得花太多的時間和努力去換取更低的價格。

2. **競價（Competitive Bidding）**：市場力量讓供應商提供較低的價格，當物料價格較高時，值得企業花費心思來辦理一個招標案時，競價是取得一公平價格的有效方法。

3. **議價（Negotiation）**：適用於採購金額大、具有高度不確定性或需要長期關係的物料，除了價格的決議外，同時還建立了對雙方互利的協議。

　　Sunil and Peter（2010）整理了Thompson（2005）對價格決定提出的建議，其指出對於自身的價值要有清楚的概念，並且盡可能精準評估供應商的價值，精準的評估談判的利潤空間才能增加成功的機會；另外，企業必須平均或公平的分配談判價差所產生的利潤，或依照需求來分配利潤，要想建構雙贏的結果，雙方必須指定一個以上的議題，如此一來即使雙方的偏好不同，也有擴大獲利大餅的機會。

(二) 採購訂單

　　在採購部門選定供應商且雙方達成初步協議後，接下來就要準備採購訂單（Purchase Order），採購單上會載明採購單號、物料規格、數量、品質需求、價格、交貨日期、交貨方式以及交貨地點等詳細的資訊，因其具有法律效力、對買賣雙方的權利義務都必須予以說明，所以在填寫時務必小心、正確的填寫。

　　Fawcett, Ellram and Ogden（2007）指出為簡化採購流程，企業也可能發出總括訂單（Blanket Order），所謂的總括訂單是協議在某段時間內（通常是1-2年）的整體條件，一次涵蓋全部的採購量，在契約期間定期的交付採購品。如此一來可以省去每次發出採購單的繁複流程，現在已受到許多企業採用。

(三) 追蹤與跟催

　　下單後，若採購人員想要掌握訂單的進度，就必須定期追蹤訂單。Leenders and Fearon（1993）指出追蹤訂單是為了確保供應商能如期交貨，並且準時送達貨品，假使過程中有任何問題發生，採購部門能及早了解並做出應變。Fawcett, Ellram and Ogden（2007）指出，若有問題發生時，採購管理者可視訂單的重要性，以及購買者與供應商的關係，採取下列行動：

1. 增加追蹤工作的頻率。

2. 指派公司人員與供應商一起工作。

3. 使用高成本的緊急運輸方式。

4. 安排替代的供應商來交貨。

5. 更改企業的生產排程。

　　跟催則是對供應商施加壓力，甚至有時候會以取消訂單或停止後續合作作為一種手段，以期供應商能依約準時出貨。

(四) 收貨與驗收

　　為求客觀性，當貨品送抵企業後，收貨和驗收的流程會由不同的組織單位來執行，主要目的是要確認購買的物料是否符合請購單上的品項，若數量不正確、品質不佳等都有可能無法通過驗收。Leenders and Fearon（1993）也指出接收貨品的主要目的有下列五項：

1. 確定之前訂購的物品確實送達。

2. 確認貨品的外觀良好。

3. 確認貨品的數量正確。

4. 轉交貨品。

5. 簽署文件並將文件送交至正確部門。

　　Fawcett, Ellram and Ogden（2007）指出供應商認證可以簡化收貨流程，認證計畫強調可改善供應商製造高品質產品的能力，一旦供應商獲得認證，可以省略檢驗的步驟，這類供應商又稱為「免檢入庫（Dock-to-Stock）」供應商，只有在發生問題時才會執行檢驗，其優點為品質更好、週期時間縮短。

(五) 供應商付款

　　許振邦（2011）指出，此階段的工作重點為：

1. 審核請款文件是否完整。

2. 核對訂單、包裝明細及發票。

3. 如有不符之處應立即通知採購人員。

4. 遵循公司付款與折扣規定執行付款。

　　Fawcett, Ellram and Ogden（2007）指出準時付款能幫助企業與供應商建立良好的關係，有效率的帳單結算程序對財務部門而言也有幫助，因為付款條件中通常包含即時付款的折扣，例如：2/10, net 30即表示某筆款項須在30天內以全額付清，但若在10天內付清時，供應商會給予2%的折讓。

四、關係管理

在交易完成後，企業必須對供應商和採購人員進行績效監控與改善的作業，詳述如下。

(一) 對供應商的績效監控與改善

企業平時應關注供應商的績效並定期更新採購部門的資料，以便未來做決策時能有資料參考。Fawcett, Ellram and Ogden（2007）指出，有四種資訊該被追蹤，如下：

1. 所有訂單目前的狀態。
2. 所有供應商在評量標準上的表現。
3. 每一種零件或是商品的資訊。
4. 所有合約以及關係的相關資訊。

周惠文（2011）指出透過長期連續的評估程序，剔除競爭力較弱的供應商，稱之為「供應商群之最佳化策略」，優點為企業可向最優良的供應商採購、降低採購風險、降低供應商維護成本、製造成本以及將過於複雜之採購策略簡化，提升實施的可能性，但其缺點為對供應商過分依賴、缺乏競爭、供應商數目過少，一旦採購需求變化恐無法配合；其也歸納出三種評估供應商績效的方式：類別法、加權法和成本法，如下：

1. **類別法**：將評估項目列舉並評分，最後加總各項得分而成。
2. **加權法**：依各項類別不同的重要程度給予不同權重。
3. **成本法**：績效指標＝（採購成本＋非績效成本）÷採購成本。

在績效評估改善這一環，資料庫的設計和維護就要十分的謹慎，建立起完整的交易紀錄，在需要之時才能夠提供給決策者即時、正確的資訊，以求做出最適當的選擇。

(二) 對採購部門的績效監控與改善

許振邦（2011）指出對於採購人員評定的要素包括個人的技能知識、組織結構的適當性、工作的職責與範圍、部門的計劃、政策、流程等，這些都會影響部門的績效，其評估的重點如下：

1. 透過評估了解績效改進與否。
2. 提供改進的誘因。

3. 確定改進所需的資源。

4. 確定一個流程所提供的附加價值是否足夠。

　　Leenders and Fearon（1993）指出擁有最高的價值衡量能力，且最常被大公司的採購所使用的五個主要衡量採購的方式：(1)議價所導致的成本節省；(2)利用數量結合來發揮的採購槓桿效益；(3)過去的交貨績效；(4)監督交貨績效；(5)供應商品質的可信度及強調持續發展。

個案導讀

連鎖美語班產品採購流程

　　連鎖補教業在臺灣通常有超過百家的連鎖加盟店，在製作補習班所需商品（如：制服、講義等）時，連鎖補教業之經營總部需掌握適當的交易對象、確保商品品質、設定交貨期限，以及履行適當的價格，才能為各分校以最低的成本取得最優質的商品。因此，連鎖補教業的總部必須建立一套標準的採購流程，例如：連鎖補習班各分校將依各分校之需求，進行教職員及學生之夏、冬季制服的製作。

　　在進行採購前，連鎖補習班總部先諮詢各分校訂製制服之意願，獲得大多數分校的支持後，邀請供應商提供制服樣式、布料與價格等進行議價。在評估多家廠商提供的價格、品質、機器設備、產品交貨日期、過去的經營紀錄及議價後，決定製作制服之供應商。總部在與供應商簽定合約後，參考事先調查之件數，決定制服訂製的數量。透過全國營運會議時，為各分校經營者說明製作制服的採購流程以及製作之數量。連鎖補習班制服採購流程步驟，如圖5-3。

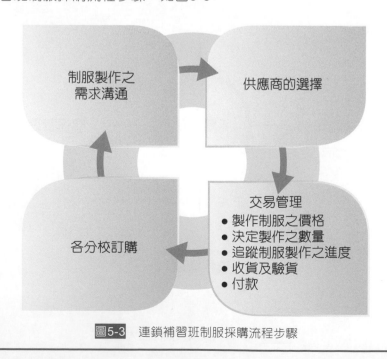

圖5-3 連鎖補習班制服採購流程步驟

5-3　採購人員的專業

　　採購人員是企業和供應商溝通的橋樑，也是企業面對供應商的第一線，其主要管理採購的相關作業為，當採購流程步驟都能確實的執行時，企業就能選擇最適合企業本身的選項，因此採購的專業人士從中扮演了重要的角色。同時，採購牽涉的範圍十分大，要負責分析了解市場趨勢、尋找物料供應來源、與供應商洽談、請求報價、議價、成本分析等等，因此須具備許多專業的能力，才能擬定商品採購計畫、存貨盤點、協助銷售端了解消費者動態及競爭對手促銷措施和經營策略等。

　　Fawcett, Ellram and Ogden（2007）歸納出採購人員須具備四大的能力，如圖5-4所示。

1. **知識管理**：對商品的專業知識、對供應商產能的了解、對上游流程的認知。
2. **關係管理**：和供應商建立良好的關係。
3. **流程管理**：持續改進採購流程、管理與其他部門合作的流程、協助供應商改善自己的流程。
4. **技術管理**：了解最新的技術並有效地利用在採購流程上。

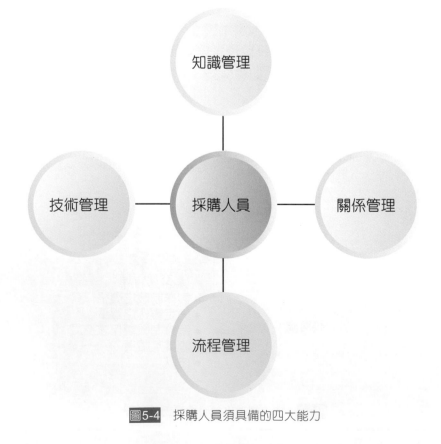

圖5-4　採購人員須具備的四大能力

侯姵如（2007）指出除具備專業能力外，採購人員更需遵循較高的道德標準，依法辦理相關的採購業務，致力於公平、公正、公開的採購程序，除了提升採購的效率外，也須確保採購的品質，才能讓採購制度健全的發展；採購人員應遵守之法令規範義務簡述如下：(1)利益迴避義務；(2)業務保密義務；(3)拒絕請託關說；(4)拒絕受贈財物；(5)拒絕飲宴應酬。

許振邦（2011）指出採購人員所應具備的條件，並不是如同過去缺乏彈性地按照規定行事，而是要具備更廣泛的商業知識，以及管理階層應予以充分授權並承擔責任。

5-4　資訊科技與採購

許振邦（2011）指出，為充分發揮資訊科技的作用，第一步要做的就是確認資訊科技在採購中的角色；最基本的應用就是將採購中，與請購、下訂單等有關的表格與書面工作交由電腦來完成，主要是實現採購作業的自動化；另一層面就是應用於蒐集與分析供應市場的狀況。周惠文（2011）也表示利用網路傳送電子資料可大幅降低文件旅行時間，避免資料重複輸入所造成的時間浪費，並提高採購文件正確性；從組織文化而言，可開啟採購端與供應端組織合作的機制。

透過網路的交易方式則有許多種，Leenders and Fearon（1993）曾提及電子市集（E-Marketplaces）是指在網路上企業間的電子交易市集，會員公司可以購買及銷售他們的產品和交換資訊，形式有很多種，例如產業市集（Industrywide marketplace），亦稱為公開交易（Public exchange）。企業也可透過此種方式達成交易。

Leenders and Fearon（1993）指出電腦化有五個優點，如下．

1. 將手寫工作降至最低，減少和消除資料重複輸入的可能，減少錯誤和處理程序或循環的時間。

2. 經由記錄所得的資訊正確性高且可及時獲得。

3. 藉由較好的管理得以改善運作品質。

4. 藉由更快速、更正確的資訊流，可改善與供應商合作的關係。

5. 藉由即時供貨系統（Just-in-time system）使前置時間及存貨降低、使企業減少營運總成本。

　　企業電腦化的運作，也可以透過一些企業資源規劃（Enterprise Resource Planning, ERP）系統協助，以達成企業內部資訊、財務、製造的整合。為求降低成本、縮短週期時間，企業無不相爭測試並應用新科技於供應程序，以改善作業流程，創造出最佳優勢。

5-5　結論

　　採購是企業取得物料的過程，在過程中必須確認企業本身的需求、選擇適合的供應商、決定價格、下採購單後定期追蹤、收穫與驗收，最後是績效的監控與改善，一整套的流程牽涉範圍廣，但每一個環節都是不容忽視的。採購人員也從中扮演重要的角色，主要任務有分析市場趨勢、尋找物料供應來源、與供應商洽談、請求報價、議價、成本分析等，唯有具備專業能力，才能讓企業的採購制度更加完善。近年來由於科技發展日新月異，企業也多追求將採購與資訊科技做結合，以求降低時間成本、減少錯誤發生，能提供更即時、更準確的服務。

本章習題

問題與討論

1. 試列出採購與資訊科技結合的優點。

2. 請說明採購人員應具備哪些能力？

6

與供應商互動

學習目標

- 了解選擇供應商的長期和短期之準則。

- 了解夥伴關係管理之定義與夥伴關係之型態。

- 了解影響夥伴關係的因素為何？

- 供應商選擇之個案研析。

緒 論

　　發展品質優良的產品或服務是新創事業成功的關鍵因素之一，良好的原料則是製造品質優良產品的基礎，新產品可能要透過供應商挖掘或研發新原料才能開發出來，因此，在創業時若是沒有良好的供應商持續提供原料，或是研發新原料，並且和優良的供應商保持良好的關係，就有可能在創業初期輸在起跑點，在同產業中失去競爭優勢。

　　新創事業者該如何與供應商互動來維持產品的品質呢？業者如何長期和供應商維持和諧及穩定的關係呢？透過夥伴關係管理（partner relationship management），我們可以更加了解和供應商互動的重要因素。本章藉由不同產業（包含汽車產業、文創產業和食品產業等）和供應商互動的案例，提供新創事業者在創業時，能夠增加產品品質的穩定性以及未來研發新產品時的彈性。了解與供應商互動的方式後，透過和供應商互動的因素（包含資訊共享、技術支援、共同行銷等），使業者在新創事業時，就和供應商建立緊密的合作關係，隨著彼此關係持續逐年增強，忠誠的合作基礎可能增加更多的投資方案。穩固的供應鏈關係已被視為建立競爭優勢的一種方法，因此，創業者應致力於維持與供應商的關係，來建立長期的競爭優勢。

　　本章於6-1節先介紹供應商的選擇之道，以及夥伴關係管理和影響夥伴關係管理的因素；6-2節則是說明和供應商互動的五種模式，6-3節透過個案了解選擇供應商的因素，並在6-4節做統整歸納。

6-1　與供應商互動

　　本節共分成兩個部分，第一部分介紹新創事業者選擇供應商的標準和步驟，第二部分介紹夥伴關係管理和影響夥伴關係管理的因素，透過此節，我們可以了解新創事業者和供應商的互動之道。

一、如何選擇合適的供應商

　　供應商的選擇是國內採購管理中的重要工作，可以幫助企業節省材料成本，提高競爭優勢（Saen, 2007），增加顧客滿意度、進而提升組織績效。除此之外，選擇合適的供應商可以為新創事業者在發展產品或服務奠定良好的基礎，以下探討選擇供應商的標準和步驟：

(一) 選擇供應商的標準

學者們對選擇供應商的標準有不同的看法，Wilson（1993）認為價格、品質、交期、服務乃選擇供應商的四個重要因素，胡從旭（2005）根據時間的長短進行劃分，可分為短期標準和長期標準，而Chan and Kumar（2007）從全球化趨勢討論有效選擇供應商的標準，這些選擇標準除了供應商概況、成本、品質、服務績效之外，還包含了供應商的地理區域、政治安定及恐怖行動發生風險等，由於本書旨在針對新創事業選擇供應商之道，因此綜合上述不同學者所提出的選擇供應商的標準後，參考胡從旭（2005）的做法，將選擇供應商的標準分為短期標準和長期標準，新創事業者不管在處於短期或長期的情況下，都能有效地依照標準評估合適的供應商。

1. **短期標準**：選擇供應商的短期標準主要有四個原則：(1)產品品質合適；(2)較低的成本；(3)及時交貨和(4)整體服務水準佳。

   (1) 產品品質合適

   採購之商品品質合乎申購單位的要求是採購單位進行商品採購時的首要條件。儘管品質差、價格偏低的產品，能使採購成本降低，但是會導致企業的總成本提高，若企業將不合格的產品投入生產過程中，就會影響生產過程以及製成品的品質，這些負面因素最終還是會反映到總成本中。值得注意的是，品質太高的產品並不一定適合企業使用，如果品質過高，超過企業所需要使用的量，反而是一種浪費，因此，採購產品的品質過高或過低都不理想。

   (2) 較低的成本

   此處所指的成本，並不單指採購價格，而是包含原料和零組件使用過程所發生的一切支出，採購價格是選擇供應商的一個重要條件，但是最低價格並非選擇供應商的唯一條件，因為如果在產品品質、交貨時間上無法達到要求，或因地理位置過遠而使運輸費用增加，都會使總成本增加，因此「總成本最低」才是選擇供應商時最重要的考慮因素。

   (3) 及時交貨

   供應商能否按照契約上的交貨時間和交貨條件供貨，直接影響企業生產時的連續性，因此交貨時間也是選擇供應商的重要因素之一。企業評量交貨時間需要考慮兩方面的問題，一是要降低生產所用的原物料和零組件的庫存數量，進而降低庫存所產生的費用，以及與庫存相關的其他各項費用；二是降低斷貨停工的風險，來保持生產的連續性。

(4) 整體服務水準佳

供應商的整體服務水準是指供應商內部各環節能夠配合購買者的能力和態度，評價供應商整體服務水準有以下四個指標：

A. 教育服務

若採購者對所採購的商品不了解，則供應商有責任提供採購者所購買產品的使用知識，而產品銷售前和產品銷售後所提供的教育服務，也會大大影響採購者對供應商的選擇。

B. 安裝服務

透過安裝服務，採購者可以減少設備投入生產的時間，以及將設備投入運轉所需要的時間。

C. 維修服務

免費維修服務可以保障購買者的權益，同時也對供應商的產品提出了更高的品質要求，如此一來，供應商就會設法提高產品品質，來避免免費維修的情況出現。

D. 技術支援服務

如果供應商對採購者提供相應的技術支援，就可以在替採購者解決問題的同時銷售自己的產品。舉例來說，資訊時代下，產品更新速度非常快，供應商提供免費或者升級的服務等技術支援對採購者有很大的吸引力，同時也能表現供應商的競爭力。

2. **長期標準**：選擇供應商的長期標準主要在於評估供應商是否能長期而穩定地供應，其生產能力是否能配合公司的成長而相對擴展，其產品未來的發展方向是否能符合公司的需求，以及是否具有長期合作的意願等。選擇供應商的長期標準主要包含以下四個原則：

(1) 供應商內部組織是否完善

供應商內部組織與管理關係到日後供應商供貨效率和服務品質，若供應商組織混亂，採購的效率與品質就會因此下降，甚至會因為供應商部門之間不合而導致供應活動無法及時、高品質的完成。

(2) 供應商品質管理系統是否健全

採購商在評價供應商是否符合要求時，其中一個重要環節是供應商能否採用相應的品質系統，舉例來說，是否通過ISO9000品質系統認證，內部的工作人員是否按照品質系統完成各項工作，其品質系統是否達到國際公認的ISO9000所規定的要求，都是需要考慮的部分。

(3) 供應商內部機器設備是否先進以及妥善保養

從供應商使用的機器設備的新舊程度和保養情況，就可以看出管理者對生產機器、產品品質的重視程度，以及內部管理的好壞，若供應商的機器設備陳舊且不妥善保養，例如：機器設備上的灰塵油汙很多，則很難想像企業能生產出合格的產品。

(4) 供應商的財務狀況是否穩定

供應商的財務狀況直接影響到其交貨和履約的績效，若供應商的財務出現問題，周轉不靈，就有可能影響供貨進而影響企業生產，甚至出現停工的危機。

除此之外，蔡淑梨、廖國鋒、謝上琦（2008）認為，在選擇長期供應商時，若選擇國外的供應商，還必須考量國際因素，包括以下四種因素：

(1) 各國稅務與產品的補貼

各國盛產的原料和產品不同，經由比較利益原理我們知道有些原料和產品在某些國家購買會享有比較多的優惠或補助，因此企業在購買原物料或產品的時候必須多方調查，選擇對企業最有利的原物料供應國家進行購買，才能取得最大利益。

(2) 貨幣匯率

新創事業者選擇國外廠商作為長期供應商時，必須考慮供應商國家的匯率是否穩定，或者是在簽約或議價的時候持續關注匯率變動的情形來進行交易，如此一來，才能避免企業在大量採購後因為匯率計算方式不同而遭受損失。

(3) 自由貿易區

新創事業者選擇國外廠商作為長期供應商時，可以盡量選擇屬於同一個自由貿易區的國家進行貿易，以便享有消除關稅的優惠措施，且在自由貿易區具有人員進出自由、貨物進出自由、資金開放和資訊流通快速的優勢。

(4) 政治因素

一國的政治情勢大大影響與該國供應商之間的貿易關係，選擇長期供應商時必須注意供應商所在國家之政治情勢是否穩定，才不會在政治動盪之下使企業和供應商之間的關係變得不穩定，或者是在政權交替下因政策改變使企業蒙受損失。

蔡淑梨、廖國鋒、謝上琦（2008）同時強調，供應商的關係如能建立在互信和風險分攤之上，才能創造出整合的競爭優勢。

（二）選擇供應商的步驟

不同企業在選擇供應商時，採取的步驟會有差別，胡從旭（2005）認爲選擇供應商包含以下五個步驟：

1. 建立評價小組

企業必須建立一個小組以控制和實施供應商評價，組員必須來自採購、生產、財務、技術、行銷等部門，組員必須有團隊合作精神，具有一定的專業技能。評價小組必須同時得到製造商企業和供應商企業最高領導層的支持。

2. 確認全部供應商名單

透過市面上可取得之供應商的資料庫，以及採購人員、銷售人員、產業雜誌、網站等媒介和管道，了解市場上能提供所需物品的供應商清單。

3. 列出評估指標並確定權重

上述已對選擇供應商的標準進行詳細闡述，在短期標準與長期標準中，每個評估指標的重要性對不同企業是不一樣的。因此，對不同的企業，在進行評估指標權重設計時也應不同。

4. 評價供應商

評價供應商主要工作是「調查」，收集有關供應商的生產運作等各方面的訊息。在收集供應商的基礎上，就可以利用一定的工具和技術方法進行供應商的評價。對供應商的評價共包含兩個程序，一是對供應商做出初步篩選，二是對供應商實地考察。對供應商進行初步篩選時，首要任務是使用統一標準的供應商情況登記表，來管理供應商提供的訊息，這些訊息包含供應商的註冊地、註冊資金、主要股東結構、生產場地、設備、人員、主要產品、主要客戶、生產能力等，透過分析這些訊息，可以評估供應商的能力、供應商的穩定性、資源的可靠性及其綜合競爭能力。在這些供應商中，剔除明顯不適合進一步合作的供應商後，就能得出一個供應商考察名錄。接著，要安排對供應商的實地考察，此步驟至關重要。必要時在審核團隊方面，可以邀請品質部門和工程師一起參與，借重他們的專業知識和經驗，共同審核的經歷也會有助於公司內部的溝通和協調。

5. 確定供應商

在綜合考慮多方面的重要因素之後，就可以對每個供應商綜合評分，選擇出合格的供應商。

二、夥伴關係管理

近年來，外在環境的變化，使夥伴關係產生了極大的變化，夥伴關係已經從傳統的競爭關係，演變成互利、合作的關係，因此，對新創事業者來說，和供應商維持良好關係乃維持競爭優勢的重要因素之一。企業與企業之間彼此維持良好的夥伴關係可以帶來什麼利益呢？吳思華（2000）和Meloni and Benton（2000）都曾提及夥伴關係的利益，吳思華（2000）認為，其主要利益有四：降低成本、分散風險、有效取得關鍵資源、以及提高競爭地位，由於上述的利益，使得夥伴關係管理的議題近幾年越來越重要，以下介紹夥伴關係管理的定義、夥伴關係管理的型態以及影響夥伴關係管理的因素。

個案導讀1

連鎖美語補習班選擇供應商之方式

近年來，有多家連鎖補習班已將點讀筆取代CD，將其納為教材的一部分。透過點讀筆，學生能在家進行預習與複習的動作，以提高學習成效。但是點讀筆的製作以及點讀書籍的製作皆是另一項專業技術的需求。補教界許多經營者是先教學，進而才設立補習班，對於點讀筆與點讀書籍的專業知識並不如製造商。

因此，連鎖補習班之經營總部必須在其內部挑選或是聘僱熟知點讀筆與點讀書籍方面之專長人才，透過專長人才與總部採購組進行點讀筆與點讀教材的設計。如果供應商獲得此一訂單，將因此獲利。但供應商如何做才能獲取連鎖補習班大量訂單？連鎖補習班如何與供應商互動才能以最低的價格製作最優良品質的產品提供給各分校？

為維持緊密的夥伴關係，供應商須與連鎖補習班進行資訊分享，並建立長期合作夥伴的機會。而連鎖補習班則應從供應商獲得最新與最即時的市場資訊，進行產品調整計畫。

個案精讀2
X公司

　　從李宗儒（2015）之資料指出，X公司嚴格把關農產品的品質，積極建立、追蹤農產品履歷，甚至還有自己的營養部門，從農田、種子到最後上顧客的餐桌都不鬆懈，因此如何兼顧農產品品質並保有價格競爭力便是X公司現在面臨的問題。

　　因此，X公司採行與上游的農民（其地位為X公司之供應商）合作，共同進行農藥大量採購以壓低生產成本進而壓低農產品售價以達到策略聯盟及降低成本之目的。

（一）夥伴關係的定義

　　Johnston and Lawrence（1988）提出夥伴關係的定義乃指人與人之間或是組織與組織間的一種關係，主要是說明此種關係是一種較為緊密的，為了完成某特定目的而相互支援的一種合作意願。Mcivor and McHugh（2000）以組織的觀點，定義夥伴關係為協同關係（collaborative relationship），並說明組織可以就(1)聯合買賣雙方降低成本；(2)賣方參與新產品發展；(3)遞送及物流管理；(4)核心企業策略四個構面進行改變，以發展夥伴關係，另外，Meloni and Benton（2000）以高度承諾、低度衝突、強力解決衝突、高度合作、高度信任和協同合作等整合關係特徵來定義夥伴關係。

　　綜觀以上學者對夥伴關係的定義，本書將透過和供應商互動的角度，將夥伴關係定義為「供應鏈中兩個獨立的企業個體為了達到某一特定目標和利潤所相互維繫的一種關係」，此兩個體通常為供應商和買者或顧客，同意在一定的期限內分享彼此的資訊並共同承擔風險，藉著降低成本、減少存貨來提高雙方在財務或作業上的績效。

（二）夥伴關係之型態

　　企業和企業間的關係由傳統的短期交易關係逐漸地轉向長期合作的策略型夥伴關係，但是企業間的夥伴關係會因為買方和供應商之間的關係而有不同的型態，以下將透過專屬性投資的程度和權力結構的不同進行分類：

1. **以專屬性投資的程度進行分類**：Bensaou（1999）針對美國與日本汽車產業的夥伴關係中，以專屬性投資（specific investments）的程度，來衡量在買方和供應商間夥伴關係的差異性，提出四種不同種類的夥伴關係，如圖6-1所示。

高

買方的專屬性投資

低

受控制的
買方

策略性夥伴
關係

市場交易
關係

受控制的
供應商

低　　　　　　　供應商的專屬性投資　　　　　　　高

資源來源：Bensaou（1999）

圖6-1　夥伴關係的型態

　　專屬性投資是指企業一旦對某一夥伴關係投資下去即很難或要很高的成本才能轉移至其他夥伴的一種資產，「買方的專屬性投資」包含了有形和無形的投資，有形的是買方針對供應商所花費在於廠房和機器設備等投資；無形的是人員的訓練或雙方為了合夥關係所分享的資訊及知識。「供應商的專屬性投資」亦包含了有形的工廠或倉庫建築以及無形的為了配合買方的人員及資訊系統等。

　　依據供應商或買方對專屬性投資的高低，雙方的關係可以被分成四類：(1)當買賣雙方都有很高的專屬性投資時，所呈現的關係是「策略性的夥伴關係」，表示雙方的合夥關係很密切；(2)當雙方都沒有很高的專屬性投資時，呈現「市場交易」關係，表示合夥關係很薄弱，轉換成本很低，可以很輕易地在市場中尋找其他的合作對象；(3)當買方有高專屬性投資而供應商卻很低時，有「受控制的買方」（Captive buyer）的關係，表示買方因投資了不易移轉的設備而受制於供應商；(4)相對地，當供應商有高專屬性投資而買方卻很低時，有「受控制的供應商」（Captive Supplier）的關係。

　　企業與企業間的利害關係及相依賴程度沒有很高時，或是只為短暫利益而結合的，其可能維持的關係就僅僅是短期的，尤如一臂之長般的合作關係（arm's- length relationship），而供應鏈中的企業因雙方的互動性很高，具有共同的目標且相互支援及學習，形成一種如唇齒相依的緊密夥伴關係，因此與一臂之長般的合作關係間有明顯的區別，對企業來說，短期的合作是為了藉由市場交易的效率來獲得利潤；長期的合作則是著眼於透過與其他廠商間的良好關係在一連串的交易過程中獲得最大利潤。Gardner et al.（1994）指出從「規劃」（planning）、「分享」（sharing）、「持

久」（extendedness）、「作業上的資訊交換」（systematic operational information exchange）及「相互間的作業控制」（mutual operating controls）等五個角度的組織行為面來區別此兩種不同的合作關係。

表6-1　夥伴關係之行為要素

構面	定義	短期夥伴關係	長期夥伴關係
規劃	整合雙方的作業活動並平順地控制來自環境預期與不預期的影響	雙方自行規劃並依合約來進行	以雙方整體的程序來考量，以期能朝向持續的合作關係
持續	對雙方關係的忠誠與長期下的期望	有一清楚的開始，但只維持短暫的關係	沒有明確的起始與終結的合作，是一長期的合作意願
分享利益與責任	雙方對犧牲短期而朝長期利益合作的意願	在合作一開始就有明確的責任描述且可能是自利的行為	接受短期的困苦但期望長期下能有獲益出現
系統作業上的資訊交換	雙方的作業系統能提供及時且準確、有用的資料交換	事先即定義好明確且可衡量的績效指標	無法事先定義對關係上的需求，建立在信賴與期望上
相互的作業控制	予許對方管理者對本身系統有影響力之意願，期望在建立一個整體且有效的系統	只有定義最後產出的結果，不在意整個過程	作業程序、檢查及原物料來源等相關程序的整合

資源來源：Gardner, John T., Martha C. Cooper and Tom Noordewier（1994）

2. **以權力結構的不同進行分類**：Christopher and Juttner（2000）提出以關係的權力結構的不同來作夥伴關係的分類，關係在權力結構不同下，可分為兩類，對等（multilateral）關係，與階層（hierarchical）關係。對等關係指的是夥伴間為平等互惠的關係，而階層關係指的是有較有主導權的夥伴主導關係的進行。

因此，從上述可知，夥伴關係的良窳並無一定的準則，需配合不同的情境，在不同的產業、不同的權力結構、專屬性投資下，都可能需要不同的關係型態，企業需要考量自身的狀況才能夠在夥伴關係中獲利。

(三) 影響夥伴關係的因素

買方和供應商之間要如何互動才能維持良好且長久的關係呢？買方和供應商之間的關係究竟會受到何種因素影響，Jandaet al.（2002）認為影響夥伴關係的因素可以

透過關係導向的五個構面來進行衡量，分別是供應商彈性、供應商支援、供應商提供有用訊息、供應商監督以及關係延續的期望；Noel Capon（2001）指出，要增進夥伴關係有八種因素，分別是共同執行計畫、聯合作業控制、溝通、風險與利益分享、信任和承諾、契約型態、契約範圍及資源投資等。Anderson and Naurs（1999）則認為有11種方式能夠提升與顧客的夥伴關係，分別是聯合促銷活動、產品保證、維護與維修的保證、共同行銷與促銷津貼、聯合銷售、協調成本節省計畫、技術協助、通路系統、運用網路能力、專家意見分享計劃、提高價值與共同研發計劃。黃銘章（2001）指出，夥伴關係的特質有(1)共同行動；(2)早期涉入；(3)相互依賴；(4)關係的持續；(5)資訊的交換等五項，綜合上述之文獻，一共包含29（=5+8+11+5）種影響夥伴關係的因素，本章將上述29種影響夥伴關係的因素歸納為以下10項，歸納方式如表6-2所示：

表6-2 本書歸納的10項影響夥伴關係的因素

影響夥伴關係的因素	本書歸納的10項影響夥伴關係的因素
共同行動、提高價值與共同研發計畫、共同執行計畫、聯合作業控制	共同執行專案計畫
關係的持續、供應商監督、關係延續的期望	關係持續
供應商提供有用訊息、資訊的交換、專家意見分享計畫	資訊分享
共同行銷與促銷津貼、聯合銷售、聯合促銷活動	共同行銷
產品保證、通路系統、運用網路能力、維護與維修的保證、技術協助	技術支援
供應商彈性、供應商支援、協調成本節省計畫	衝突解決機制
契約型態、契約範圍、資源投資	專屬性投資
溝通	充分溝通
信任和承諾、早期涉入	信任與承諾
風險與利益分享、相互依賴	風險與利益分享

1. 共同執行專案計畫

　　成功的夥伴關係會出現高度規劃參與的特質，解決問題所採用的方法也會趨於共同解決的方式，而夥伴共同加入規劃與目標設定，也可以協助夥伴關係的成功。舉例來說，雀巢（http://www.nestle.com.tw/, accessed on 2019/11/01）和家樂福

（http://www.carrefour.com.tw/, accessed on 2019/11/01）透過VMI計畫（http://gcis.nat.gov.tw/ec/knowledge/topics/detail.asp?DocID=331&picName=case, accessed on 2019/11/01），使雀巢可以依據實際庫存的需求，替家樂福下訂單或補貨，而實際庫存的需求則是由雀巢依據家樂福提供每日的庫存與銷售資料以統計等方式預估而來的，整個運作上透過一套管理系統來做處理。來大幅改進雀巢面對市場的回應時間，而較早的得知市場確實銷售情報，而降低供應商與零售商用以因應市場變化的不必要庫存，也可早一步引進與生產市場所需商品，降低缺貨率。

2. 關係持續

Perez and Sanchez（2001）透過研究，指出自1980年代中期開始，顧客已經開始減少供應商的數目，同時每一個供應商的平均契約期間增加，並在研究中指出，有80%得受訪廠商表示與顧客的合作時間超過3年以上，因此合作關係的長久可以作為夥伴關係的指標之一。舉例來說，以汽車組裝廠和零件供應商之間的合作為例，汽車組裝廠在進行組裝時，必須和零件供應商維持長期的關係，來確保組裝過程使用的是正確的零件，或者是在組裝過程發生問題時，能及時找到零件供應商來取得合適的零件，因此零件供應商和汽車組裝廠雖各自負責不同的工作，但供應商常常涉入產品研發的過程。

3. 資訊分享

緊密的夥伴關係會促進資訊的分享，而廠商之間的網絡關係可以提供更多關於新事業發展的機會，舉例來說，當供應商研發出新原料時，可以告知合作夥伴，使合作夥伴可以從新原料研發出新的產品，藉此創造雙方未來在新事業上獲利的機會，整體而言，對代工供應商來說，最珍貴的資訊是要了解顧客未來的策略意圖，才能夠因應顧客需求，提供顧客想要的原料與服務，舉例來說，大潤發（http://www.rt-mart.com.tw/, accessed on 2019/11/01）可取得其供應商之各項生產資料，因此企業與企業間可以得到即時的市場資訊，以調整自身之經營計畫。

4. 共同行銷

共同行銷活動例如廣告及聯合銷售會讓企業間關係朝向合作發展，除此之外，雙方合作關係中是否有共同的銷售計畫、共同廣告行銷計劃是會影響夥伴關係的重要指標。舉例來說，日本三麗鷗公司（http://www.sanrio.com.tw/, accessed on 2019/11/01）和製作毛筆及刷具起家的LSY林三益（https://www.lsy031.com/, accessed on 2019/11/01）共同合作，推出Hello Kitty系列彩妝刷具商品（http://www.nownews.com/2012/07/19/11865-2835883.htm, accessed on

2019/11/01），此舉不但使百年老店和Hello Kitty串在一起，同時也增加林三益的品牌知名度。

5. 技術支援

供應商若可以提供顧客產品技術上的支援和應用上的知識或給予顧客相關的技術建議，可以使顧客透過替換製造材料和改變製造過程，以降低成本，使企業間關係朝向合作發展。舉例來說，Timberland（http://www.timberland.com.tw/, accessed on 2019/11/01）透過和供應商－興采實業（http://www.asiahowto.com/company-info.jsp？id=105, accessed on 2019/11/01）合作，由興采實業以環保節能為主要訴求，將回收之寶特瓶製作成纖維，將纖維化為環保素材，減少羽毛的使用，開發出S.Café環保科技咖啡紗，使環保品牌－Timberland得以推出環保系列商品，同時，興采實業也可以透過Timberland大力推廣環保素材，來提升自己的企業形象。

6. 衝突解決機制

買方和供應商進行合作時，終究會遇到一些衝突，當遇到衝突時，聰明的經理人會應用衝突管理的機制來處理它，衝突解決機制之建立是使企業間建立良好關係的要素，因此會讓企業間關係朝向合作發展。以lativ國民服飾為例，該公司經營者起初和供應商互動時，由於經營者自身對品質的堅持，使其和供應商因理念的不同而有所爭執，供應商認為些微的小瑕疵看不出來應該沒關係，但是lativ經營者認為好品質才是留住顧客的長久之道，因此，lativ經營者將自己的理念訴說給供應商，使供應商在理解後願意跟隨lativ的理念一起繼續合作，提供消費者更多更好的服飾。（http://www.lativ.com.tw/BrandBlog/20120803/, accessed on 2019/11/01）

7. 專屬性投資

在建立新關係時，一些實質的績效表現是維持關係的基礎，特別是長期的交易關係，可能還會再要求雙方成員投資一些實質性的資源，企業在投資專屬性資產的情況下，就很難會有投機主義的行為產生。以摩斯漢堡和以生產醬料包的憶霖企業合作為例，摩斯漢堡（http://www.mos.com.tw/, accessed on 2019/11/01）提供「無添加防腐劑」番茄醬的新趨勢的想法給憶霖企業，使憶霖企業（http://www.yilin.com.tw/about.php, accessed on 2019/11/01）可以進行研發，透過新口味的開發，增進自身實力，持續開發新口味的醬料，在雙方互惠下，維持彼此間長期且良好的關係。

8. 充分溝通

溝通是透過正式與非正式的方式分享企業間即時而有意義的資訊給雙方。溝通是頻繁且高品質的資訊交換，其也是決定夥伴能否了解彼此的目標與共同合作目標的重要影響因素，因此在雙方的合作關係中，企業的買方是否會和供應商非正式和正式的交流，及買方和供應商之間是否有充分的溝通管道是影響夥伴關係的重要因素。以臺灣最大的針織布供應商－旭寬企業（http://www.0223921325.web66.com.tw/, accessed on 2019/11/01）為例，該公司為了滿足下游廠商愛迪達、沃爾瑪等大企業，和上游的布料廠溝通，說服上游布料廠針對彈性的針織布料進行研發，改良技術，並且帶著上游布料廠的高階主管一同飛往美國，感受美國人對彈性的針織布料的市場需求，最後製成美國風靡一時的韻律褲。

9. 信任與承諾

成功的策略夥伴關係在於伙伴間彼此會有高度的承諾，所謂的承諾指為了關係展現出努力的意願，夥伴間彼此間會建立關係來度過不可預期的問題。信任和承諾是所有成功關係的核心，信任是企業相信另一企業會對自己做有利結果的事，而不會覺得另一企業會做出傷害自己的事。而承諾是企業知覺到雙方關係的持續與成長，並引起希望發展更穩定關係。以丁丁藥局（http://www.norbelbaby.com.tw/TinTin/, accessed on 2019/11/01和某A進口代理商的合作為例，丁丁藥局與進口代理商交易的產品為幫寶適紙尿褲，受到報章雜誌對於幫寶適產品負面新聞的影響，但丁丁藥局依然信任供應商代理幫寶適紙尿布的品質，還為此張貼公告向消費者說明所販賣產品之產地來源，以讓購買的消費者安心，同時維持和進口代理商之間的關係（盧淑惠，2003）。

10. 風險與利益分享

夥伴雙方可以透過風險和利益分享機制，從合作關係中獲得利益，但相對也必須共同承受風險，才能在互利互助下，維持良好關係。以百視達（http://hichannel.hinet.net/event/blockbusteropening/, accessed on 2019/11/01）為例，百視達起初在出租影片時，習慣從電影公司以65美元購買最新發行的電影拷貝，並以3美元出租給顧客，由於購買成本太高，百視達常面臨無法購買足夠拷貝量來滿足電影發行前10週內的尖峰需求，為了提高顧客服務水準，百視達和電影公司簽訂了營收分享合約，並使每份拷貝的批發價從65美元降到8美元，並支付每次出租金額的30%到45%給電影公司當回報，透過營收分享來降低百視達影片拷貝量不穩定的風險，由此可知，百視達透過這種營收分享的方式，不但可以透過合作使電影公司和百視達雙方獲益，來降低風險，同時維持和電影公司以及顧客的

關係。（http://lms.ctl.cyut.edu.tw/sys/read_attach.php?id=487580, accessed on 2019/11/01）

6-2 與供應商互動的實務應用

接下來，分別介紹(1)與供應商互動的五種模式與(2)與供應商互動的實務應用的兩個案例。案例一中敘述裕隆汽車在導入JIT生產模式，如何與供應商進行互動，案例二則是從供應商的角度來敘述鹿府文化創意公司和廟宇與學校之間的互動關係，透過上述，來讓創業者了解在一般產業、汽車產業與文創產業中與供應商的互動之道。

一、與供應商互動的五種模式

筆者根據數十年產學合作的經驗，從各產業中觀察出企業與供應商的互動模式，由淺到深一共可分成以下五種模式，並且將五種模式整理於表6-3，並將新創事業所處之企業命名為A公司，讓讀者更容易理解：

(一) 第一種模式：A公司親自拜訪供應商以取得原料

A公司在創業初期，對供應商的背景不了解，首先會透過電話詢問供應商，表明自己是朋友介紹的，想親自到供應商所在地參觀，藉此機會瞭解供應商的態度，此時供應商的態度便是決定未來是否與其合作的關鍵，若供應商的態度良好，則A公司可以進一步到供應商所在地拜訪，藉此來檢視供應商的機器設備和內部環境是否符合A公司標準。

除此之外，A公司透過和供應商面對面的互動與溝通，來了解供應商的待人處事之道，從中來了解供應商對產品品質的概念以及經營理念，並且從供應商的談吐與行為模式中推論供應商可能會提供何種服務，在未來合作時是否會準時交貨，聆聽供應商的要求等，在此同時，供應商在接待創業者的過程中，勢必會詢問創業者要買何種產品以及購買數量，來檢視A公司的來歷及公司狀況。具體而言，在供應商了解A公司的來歷後，供應商的態度的好壞是決定未來是否要和供應商繼續合作的關鍵。

若A公司在第一次拜訪時覺得該供應商符合A公司標準，則會向該供應商購買原物料，除此之外，透過後續的多次實地拜訪，來判斷供應商的內部環境、提供的原物料和服務態度是否一致，來決定是否持續選擇該供應商購買原物料。

(二) 第二種模式：A公司透過電話聯絡供應商以取得原料

A公司在多次實地拜訪供應商購買原物料後，逐漸了解供應商的背景、條件與文化，此時，A公司會減少實地拜訪供應商的次數，採取電話叫貨來取得原物料，同時，A公司和供應商已經找出一套彼此互動的模式，舉例來說，根據A公司和供應商之間的交易量多寡，來決定交貨與收取貨款的模式，若交易數量小，供應商會採取貨到即收取貨款的方式，來確保貨款能確實收回；若交易數量大，供應商就會提供A公司貨到不付款，而是採定期結算貨款的方式，來減少雙方彼此在收款上的不便。

(三) 第三種模式：供應商親自拜訪A公司，詢問A公司是否要訂購原物料

A公司在和供應商互動一段時間後，供應商已經了解A公司的訂貨週期與模式，並將A公司視為重要顧客，因此根據A公司的訂貨週期，在A公司尚未撥打電話訂貨前，先採取行動，親自拜訪顧客，詢問A公司是否要訂購原物料，藉此和A公司建立長期夥伴關係，同時也減少A公司撥打電話訂購原物料的麻煩，以及A公司轉向其他供應商的機會，讓A公司感受到供應商的真誠的服務，以加強未來彼此互動的深度。

(四) 第四種模式：A公司與供應商透過資訊系統進行互動，來了解訂購量與出貨時間

A公司與供應商此時已建立長期關係，彼此合作透過資訊系統進行互動，A公司藉由資訊系統提供各項產品資訊與每項產品原物料消耗情況給供應商，使供應商可以從資訊系統了解A公司在一段時間內的訂購量，所以供應商可以依此類資訊來判斷A公司需要多少原物料，並且從歷年來變化情況預測同一個時期的訂購量，例如，假設是麵包店訂購麵粉，麵粉訂購量最大的時期可能是在農曆春節、母親節和中秋節的時候，因此供應商此時就可以透過資訊系統了解每年訂購量的情形，再根據當年度的景氣和經濟情勢進行生產時的微調，預先做準備，在節日來臨、大量生產的前夕保持機器設備正常運作，或者是隨著A公司每年訂購量的成長事先購買機器設備因應，以完成A公司所下的訂單，建立長期關係。

(五) 第五種模式：供應商派遣專人於A公司服務，隨時因應需求

A公司與供應商彼此已緊密結合，利益與風險共享，此時供應商為了不流失此顧客，所以會派遣專人於A公司服務，隨時因應A公司需求，讓A公司在平時或任何突發狀況發生時，都能及時找到專人處理A公司的問題，而A公司則是要提供辦公場所以

及辦公設備，讓專人可以在A公司中替A公司服務，作為A公司與供應商之間彼此聯繫的窗口。

　以上這五種與供應商互動的模式，王長發產業股份有限公司的丐幫滷味（http://www.gaibom.com/, accessed on 2019/11/01）也經常交錯使用。丐幫滷味透過這五種模式，找尋與自己經營理念方向一致且能快速配合的供應商，並與供應商建立長期關係，發展出彼此最適的互動模式，來提升經營管理的績效。

表6-3　與供應商互動模式的五種模式

與供應商互動模式的五種模式	內容簡述
第一種模式：A公司親自拜訪供應商以取得原料。	在創業初期，對供應商的背景不了解，首先會透過電話詢問供應商，若供應商的態度良好，則A公司可以進一步到供應商所在地拜訪，藉此來檢視供應商的機器設備和內部環境是否符合A公司標準，作為未來是否與其合作的關鍵。
第二種模式：A公司透過電話聯絡供應商以取得原料。	A公司在多次實地拜訪供應商購買原物料後，逐漸了解供應商的背景、條件與文化，此時，A公司會減少實地拜訪供應商的次數，採取電話叫貨來取得原物料。
第三種模式：供應商親自拜訪A公司，詢問A公司是否要訂購原物料。	供應商了解A公司的訂貨週期與模式，根據A公司的訂貨週期，在A公司尚未撥打電話訂貨前，親自拜訪顧客，詢問A公司是否要訂購原物料，藉此和A公司建立長期夥伴關係。
第四種模式：A公司與供應商透過資訊系統進行互動，來了解訂購量與出貨時間。	A公司和供應商彼此合作透過資訊系統進行互動，A公司藉由資訊系統提供各項產品資訊與每項產品原物料消耗情況給供應商，使供應商可以從資訊系統了解A公司在一段時間內的訂購量情形來判斷A公司需要多少原物料來了解訂購量和出貨時間。
第五種模式：供應商派遣專人於A公司服務，隨時因應需求。	供應商派遣專人於A公司服務，隨時因應A公司需求。

註：A公司為新創事業者所建立的公司之代稱。

二、以企業角度看企業和供應商的互動之道─裕隆汽車導入 JIT生產模式之實例

裕隆汽車為了消除浪費，降低成本進而創造企業利益，欲透過JIT生產模式追求最低成本、最高品質，以適時、適地、適質、適量的將產品或服務提供給消費者。而在導入JIT生產模式的過程中，裕隆汽車必須不斷地和供應商和協力廠商互動，才能成功使JIT生產模式進行，因此在案例中可以看出，裕隆汽車在導入JIT生產模式的過程中和供應商和協力廠商互動的過程。以下將分成(1)裕隆汽車公司簡介；(2)JIT生產模式介紹與裕隆汽車導入JIT之目的；(3)裕隆汽車輔導協力廠參與JIT生產模式；(4)與供應商之資訊流四個部分來介紹：

(一) 裕隆汽車公司簡介

裕隆汽車（http://www.yulon-motor.com.tw/ ,accessed on 2019/11/01）的創辦人，臺灣汽車工業之父，嚴慶齡先生，在民國42年創立「裕隆機器製造股份有限公司」（裕隆汽車公司之前身），開啟臺灣汽車工業的發展。嚴慶齡先生去世後，由夫人吳舜文小姐向學界延攬人才在民國70年成立裕隆工程中心，而「飛羚101」系列也在此期許下於1986年誕生，第一部由國人自行設計車體的汽車終於展現在國人面前，同時也讓汽車工業在臺灣真正生根。然而，1987年，裕隆汽車遭受空前的經營危機，由嚴凱泰先生接手，自1995年起進行一連串的改革，引領裕隆起死回生。

(二) JIT生產模式介紹與裕隆汽車導入JIT之目的

陳弘（2011）認為JIT生產模式是一種零庫存與精簡化生產的概念運用，以顧客導向、平準化生產為前提，讓供應商得以配合每個生產日的原料所需，來避免不必要的存貨產生，因此後製程把必要的零件，於必要的時候，向前製程去取用必要的數量，而前製程則依看板，只製造後製程所需取用的數量，此種生產模式可大量的降低庫存，由於JIT的精神強調不存有過多的庫存，因此，裕隆汽車期以JIT生產模式來消除工作上的不合理的浪費以提昇工作效率，進而增加生產力，並以「消除浪費，降低成本進而創造企業利益」為導入JIT之最終目標。

(三) 裕隆汽車輔導協力廠使其參與裕隆汽車之JIT生產模式

裕隆汽車的協力廠有多達一百多家，如何要求協力廠全力配合JIT之推行是一大挑戰，要達到必要的時間，將必要的數量，送到製造廠供生產線使用，勢必要增加交

貨頻率，而增加交貨頻率對協力廠的物流成本是一大負擔，有鑑於此，裕隆汽車先針對個別公司所承製的零件作一大致區分，同類型的零件且在相同工作站裝配使用的歸類在一起，再與承製同類型零件的協力廠作溝通協調，同類型且在相同工作站裝配的零件廠商，其交貨頻率且時間應大致相同，唯有如此才能達到必要的時間，將所需的必要零件送到生產線上。

另外，裕隆汽車為考慮各協力廠的運輸成本，也鼓勵並協助該公司在製造廠附近蓋廠房，也提供必要的金援，因此目前在裕隆汽車的附近有許多的協力廠都是為配合裕隆汽車的JIT交貨模式精神而設立的。

(四) 裕隆汽車與供應商之資訊流

零件供應商與汽車製造廠如何傳遞訂單訊息，是JIT生產系統的重要條件之一，供應商如何在訂單接收後，在必要的時間將必要的數量交到製造中心廠，亦即資訊流如何有效的傳遞，是一門重要的學問。

裕隆汽車為了有效且迅速的將訂單傳送給零件供應商，因此建構了一套名為SCS的系統，此系統是建構在網路上，所有的協力廠都可透過Internet並用裕隆汽車所賦予的專屬代號與密碼後，即可進入該系統；透過此系統，協力廠可自行去下載裕隆汽車所給予的交貨清單，上面清楚記載著交貨日期、交貨時間點、交貨數量、交貨地點，協力廠必須依照交貨清單上的指示將零件適時、適地、適質、適量的交到裕隆汽車之製造廠。

此種資訊流的方式與一般傳統的訂單傳送方式截然不同，一般企業在產生訂單後，大都以MAIL的方式或傳真的方式將交貨清單傳送給協力廠，作為出貨的依據，但裕隆汽車完全打破此種傳統的資訊流，所有的協力廠必須每天自行到裕隆汽車所建構的網站上，去下載該公司所屬的交貨清單，裕隆汽車無須再另行通知，因此大大的減少了訂單傳遞時間，也減少了過多的紙上作業，訂單的資訊流都是即時性的，廠商都可以在第一時間內，拿到該公司所屬的訂單，這是裕隆汽車在JIT生產系統下，對資訊流的一大改善。

由上述可知，企業欲透過創新模式來改善公司經營效率時，必須要和協力廠商進行溝通和互動，才能夠成功導入創新模式，除此之外，在導入創新模式的過程中，建立良好的資訊系統來減少彼此在作業上書信及電話往返的互動過程，並且及時取得所有協力廠商的資訊，使企業擁有更多的時間，致力於企業的核心事物上，來增加企業的競爭優勢。

三、以供應商角度看供應商、企業、顧客、合作單位的互動之道－鹿府文化創意公司與廟宇和學校互動模式之案例

在鹿府文化創意公司的個案中，是從供應商的角度，來看供應商：鹿府文化創意公司是如何和其顧客：廟宇和學校進行互動，以下分成(1)鹿府文化創意公司簡介；(2)鹿府文化創意公司與廟宇和學校互動模式兩個部分來介紹：

(一) 鹿府文化創意公司簡介

鹿府文化創意公司（以下簡稱鹿府文創）（http://www.御守.tw/, accessed on 2019/11/01）是經營傳統手工藝的公司，創辦人初始創業從鹿港製作香包開始，在因緣際會下到臺南府城發展新鹿府文創，將傳統手工藝加入創意，在網路上開始銷售手工香包，近年來延續傳統並將傳統產業創新，將現代製造技術與手工藝結合，使創造的商品增加溫暖的手工手感，致力於成為國際化的文創品牌。

(二) 鹿府文化創意公司與廟宇和學校互動模式

鹿府文化創意公司的創辦人從小就在廟宇附近長大，十分了解廟宇文化與廟宇在各種節慶所主辦的活動，例如：製作香包，在了解廟宇文化的情況下，鹿府文創主動和廟宇進行接觸，了解廟宇銷售香包的現況，在香包樣式與銷售量上提出改善的空間，即舊有香包設計款式老舊，不受年輕人的喜愛，廟宇若想尋找年輕的設計師為香包進行設計又所費不貲，由於鹿府文創有專屬的設計師，可以透過自產自銷的方式減少委外設計的費用，因此鹿府文創決定和廟宇合作，協助廟宇進行香包的設計。鹿府文創的經營者將其對廟宇文化的了解融入產品設計中，使產品更符合顧客需求，除此之外，鹿府文創長期和廟宇互動下，雙方形成良好的關係，廟宇除了自身和鹿府文創合作外，也會介紹來廟宇參拜的香客們到鹿府文創購買文創產品，舉例來說，許多學校會帶考生們到廟宇參拜來祈求考試順利，因此對與「包中」諧音相似的「包粽」香包有需求，藉由廟宇的介紹，鹿府文創便有機會和學校合作，來大量製作並銷售「包粽」香包，從與廟宇的合作中開創文創事業發展的機會。

由上述可知，廟宇雖然沒有主動尋找鹿府文創製作產品，但是透過鹿府文創的主動出擊和協助廟宇製作香包，卻使廟宇和鹿府文創建立長期的良好關係，同時創造了廟宇和鹿府文創的商機，更重要的是，雙方在良好的互動關係下，鹿府文創經由廟宇的介紹找到新顧客，也因此創造了顧客協助供應商尋找新顧客的佳話！

6-3　選擇供應商之道－王品集團

本書作者親赴訪問王品集團採購副總－沈榮祿先生,透過(1)王品集團公司簡介;(2)王品集團選擇供應商的考慮因素以及(3)選擇供應商創新指標之做法,一探王品集團選擇雞肉供應商的原則。

一、王品集團公司簡介

王品公司起源於經營遊樂事業,於民國82年轉型為連鎖餐廳的經營。王品採取類似內部創業的方式發展,所有的店長與主廚以上的主管都是股東。所以,王品的股東同時都是經營者。民國97年完成股權合併,於民國101年股票上市。王品目前(2020年)擁有20個餐飲品牌,臺灣地區有:王品牛排、西堤牛排、陶板屋和風創作料理、原燒優質原味燒肉、聚北海道昆布鍋、ikki懷石創作料理、夏慕尼新香榭鐵板燒、品田牧場日式豬排‧咖哩等20個品牌。

二、王品集團選擇供應商時所考慮的因素

根據王品集團採購副總沈榮祿(2012)的研究,彙整供應商選擇的文獻後,整理出六種最普遍的構面:成本、運送、品質、服務、技術和企業形象,經由王品的管理人員等專家意見修正後整理出選擇食品供應商的構面與準則,如表6-4所示,協助食品/餐飲服務業的決策者評估和選擇最合適的供應商。最後透過研究結果顯示,食品/餐飲服務業選擇供應商在「成本」和「品質」是最重要構面,提供想要在食品/餐飲服務業創業者作一個參考。

表6-4　選擇食品供應商構面與準則

構面	準則
成本	單位成本、營業成本
運送能力	交貨效率、交貨速度
品質	產品質量、質量穩定、食品安全衛生
服務	售後服務、程序的靈活性、專業性和供應鏈反應能力
技術	解決技術問題的能力、設備、未來展望、綠色供應、物料可追溯性
公司形象	態度、合作關係親密度、信譽和財務狀況

資料來源:沈榮祿(2012)

　　王品集團旗下包含20個品牌（例如陶板屋、西堤等），每個品牌皆有不同的特色，以雞肉作為主菜的兩家餐廳主要是陶板屋及西堤，王品集團旗下餐廳所使用的菜色主要是由主廚決定，在進行採購前，必須先由主廚決定菜色後，根據菜色的性質，將各種菜色所需要的材料進行歸類，計算出各種肉品和蔬菜的採購量，透過大量採購的方式，向原物料廠商進行購買，來降低採購的成本。王品集團選擇雞肉供應商的考慮因素，根據表6-4歸納出所重視的四個因素(1)品質；(2)服務；(3)運送能力；(4)公司形象，說明如下：

1. 品質

王品集團在採購雞肉時，最注重的就是品質這項因素，在品質這項因素中，又特別重視「產品質量」、「質量穩定」、「食品安全衛生」。質量穩定方面，陶板屋和西堤的主菜所使用的雞肉部位多為腿和胸等部位，因此王品集團對雞的腿和胸等特定部位有大量需求，需要供應商供給足夠的量才能提供給全國分店使用。由於採購的量大，因此在採購時特別重視產品質量和食品安全衛生，新廠商須經過訪廠評核認可始可任用，主要供應商和加工廠，每年實施內部稽核和外部稽核（SGS），發現缺點須限期改善，每一個供應商都會由採購人員實地訪查，了解供應商的作業情況，以及是否符合王品集團食品安全稽核制度，經過重重檢驗始能成為王品集團的供應商。

2. 服務

王品集團選擇供應商考量的重要因素為供應商的專業性和售後服務，供應商提供的售後服務又分成平時與突發狀況兩種情形。

Case1：平時的售後服務

平時，王品集團在選擇雞肉供應商的過程中，會透過實地訪查，並且和供應商經過深入的對談來了解供應商的雞肉品質是否優良，和其他購買者的互動方式為何、雞肉品質出問題時的售後服務為何以及是否具備足夠的專業知識，來判斷供應商是否符合王品集團的需求。

Case2：突發狀況時的售後服務

在面對突發事件和風險時（例如禽流感），供應商如何應變是王品集團選擇供應商重要的因素之一，由於供應鏈中彼此環環相扣，一端的波動會影響整個供應鏈，形成長鞭效應（The Bullwhip Effect），所謂長鞭效應（The Bullwhip Effect）就是主要在描述最終顧客的需求，透過供應鏈成員間的傳遞，從銷售商到批發商到經銷商，再傳達到製造商時，其變異逐漸被增加的現象。因此在突發事

件時，供應商如何和王品集團一同面對，想出因應的對策，及時供應原物料，減少供應鏈的波動，透過彼此專業度過危機，因此在突發事件發生時，供應商面對和即時回應的能力十分重要。

3. 運送能力

王品集團是連鎖企業，當雞肉採購完畢後，需要將所有的雞肉配送到全省陶板屋和西堤的各分店，才能使每一家分店順利經營，因此供應商在配送時，必須準時送到各分店，讓每一家分店都能夠有充分的食材提供給消費者享用。

4. 公司形象

目前王品集團旗下餐廳主要是以西餐廳為主，陶板屋和西堤兩家餐廳目前在雞肉的使用上，比較偏好白肉雞而非土雞，在選擇供應商的過程中，會挑選符合西餐廳的形象的原物料，會偏好選擇供應白肉雞的企業，而不是較具有臺灣形象的土雞供應商，但是，王品集團同時也表示，若未來王品集團有意願開設中式餐廳，則有可能考慮選擇土雞作為食材，或者是未來主廚在研發新菜色的同時，發現土雞這項食材的投入，能帶給王品集團附加價值，此時，即使投入成本即使較高也值得作為一項新的選擇方案。

三、王品集團選擇供應商創新指標

根據王品集團採購副總沈榮祿（2012）的研究，透過專家意見，提出「綠色供應」、「物料可追溯性」、「食品安全衛生」等三項創新的指標是在食品業中相當重要的指標，介紹如下。

1. 綠色供應

綠色供應是現在供應商選擇的重要趨勢，沈榮祿（2012）指出，其主要原則(1)環保減碳少汙染；(2)減少地球資源耗用；(3)資源回收再利用等。王品開始啟動綠色供應物料如表6-5所示，除善盡企業社會責任之外，消費者對公司正面形象回饋良多。綠色供應為現在食品產業值得投資的選項。

2. 物料可追溯性

王品主要物料牛肉，可按批號、追溯到屠宰場、養殖場，每頭牛都有身分證，養殖過程均有詳實記錄。美、加、紐、澳追溯系統制度完整值得國內產業借鏡學習，國產之食材也朝此方向發展（例如SPA文蛤），有產銷履歷物料也嘗試引進，更鼓勵供應商取得此類產品，物料可追溯為食品餐飲業選擇供應商、選料之重要方向。

3. 食品安全衛生

從物料到消費者嘴巴，王品都實施食品安全稽核制度管控，新廠商須經過訪廠評核認可始可任用，主要供應商和加工廠，每年實施內部稽核和外部稽核（SGS），發現缺點須限期改善，物料按政府法規規範做添加物、微生物檢察，廚房實施食安每日TQM自檢，和定期QA人員稽核檢查，分數未達KPI標準即刻對缺點實施導正教育訓練和行動計畫。除此之外，王品制定一項風險指標：0800客訴電話通數，來預先發現問題和解決問題。0800客訴電話通數是消費者進行食品安全客訴時所累積而成的風險指標，王品會定期檢視這項風險指標來提早發現問題並想出解決問題的方案，因為王品認為，當食品安全過程確實執行時，過程對結果就不會有問題，有安全物料和製程才能提供消費者滿意商品。

以上3項創新指標是食品/餐飲服務業選擇供應商重要趨勢，也是王品選擇供應商重要策略，提供想要進入食品/餐飲服務業的創業者選擇供應商時作參考。

表6-5　王品綠色物料供應清冊

綠色行為	產品	綠色效益
產地/直接計畫性採購	國產豬肉（豬前腿肉捲）、國產豬肉（豬大排）、國產豬肉（豬五花肉捲）、國產豬肉（豬頸肉）、國產豬肉、鴨肉主餐、SPA文蛤、水菜、杏胞菇、芋頭	使用臺灣本產CAS豬肉、肉品加工廠直接採購、減少運送碳排量：縮短物流運輸里程數、減少碳排
產銷履歷	牛肉	可追蹤物料風險，保障衛生安全
保護熱帶雨林商品	熱帶雨林咖啡豆	減少環境惡化
減少資源耗用低汙染	PLA餐具	
	清潔劑、洗手乳	使用泡沫洗手乳節省水資源，減輕環境負擔，經實測每次可省下一公升的自來水，目前原燒、石二鍋已開始使用，若推廣至全集團使用以2011年預估14,688,028客數，全面使用可節省14000公升以上的水
	小捲筒衛生紙、再生擦手紙、純紙擦手紙	PSC認證產品，使用源自於次森林或是人工種植森林的木材來當作製漿原料，藉此減少環境衝擊，環顧人與森林能夠在環境、社會、經濟三方面之互動模式中取得平衡
	大捲筒衛生紙	金百利：PSC認證

綠色行為	產品	綠色效益
草飼牛肉	紐/澳牛肉	1. 食用天然青草為主食,不需要特別食用人類高需求之穀物來當作營養補充品(飼料) 2. 完全不需大量成本生產穀物飼料以及建置集中式宿舍,目睹牛隻與草地彼此滋養
減少碳排,集中物流運輸	整合入倉專案	採購全品項入倉比率由2010年57%提升至75%,入倉比率提升18%,意即減少由各供應商直接配送各店的物流部分,降低碳排放率至少可達10%以上
優質品管加工廠	牛肉	微生物檢測、藥物檢測、異物與清潔管理
	台糖腰肉、CAS豬肉、CAS雞肉	物料可追溯性、無磺胺劑、抗生素、賀爾蒙、保障安全衛生
廢油回收		資源再利用的概念、減少耗用、汙染、保障安全衛生
禮贈品VA/VE	禮贈品	統計2011年度禮品採購總額高達約一億元,採購數量約300萬pcs,每pcs的成本值約33~34元,故產生綠色發想:透過減少2/3禮品發送數量,(約100萬pcs),並提高禮品單位預算約80元,因此產生以下效益: 1. 可減碳至少2/3。 2. 可提升禮品價值與顧客滿意度。 3. 減少採購金額,也就是從本來的禮品採購總額一億元減少至8千萬元,可節省20%左右的禮品採購總額。

資料來源:本研究整理自沈榮祿(2012)

　　綜上所述,可以了解食品/餐飲服務業選擇供應商的原則,提供給未來想要針對食品/餐飲服務業進行創業的新創事業者一個參考,由於王品集團是屬於連鎖餐飲企業,因此新創事業者未來在創業時可以參考個案中選擇供應商的原則,結合自己的創業理念以及想要食品/餐飲服務業的性質,來和供應商進行互動。

1. 王品集團官方網站http://www.wangsteak.com.tw/
2. 實地訪問

6-4　結論

在本章中，一開始介紹長短期供應商的選擇之道，來讓新創事業者可以在創業初期選擇供應商時多了一分彈性，可以根據自身的需求來選擇最適合自己的供應商，除此之外，同時也說明和國外供應商互動時必須考量的因素，提供給選擇國外廠商作為供應商的新創事業者做為參考；隨著時代的轉變，企業開始走向專業分工，因此，企業在全球化貿易的情勢下勢必得和其他企業進行合作與互動，這也使得夥伴關係管理的概念越來越重要，新創事業者在和供應商進行互動時必須先衡量彼此的實力，找出適合彼此互動的模式，並且考慮到影響彼此互動的因素，設法與合作夥伴建立良好的關係，來增加競爭優勢。

隨著企業和供應商互動的頻率增加，雙方彼此的互動模式也會逐漸改變，企業可以根據和供應商關係的深淺來決定要採取何種互動模式；在本章中同時也提出汽車產業、文創產業和食品產業三種產業和供應商的互動實例，希望新創事業者在未來和供應商進行互動時，可以參考不同企業的做法，去蕪存菁，集結成一套最適合自己和供應商互動的模式，來建立和供應商之間的良好關係。

本章習題

一、問題與討論

1. 論述創業者在短期選擇供應商的標準為何？

2. 論述創業者在長期選擇供應商的標準為何？

3. 什麼是夥伴關係？

4. 建立夥伴關係的利益有哪些？

5. 影響夥伴關係的因素有哪些？

二、個案討論

1. 王品集團選擇供應商時所考慮的因素為何？

2. 王品集團選擇供應商創新指標為何？

7

市場區隔

學習目標

- 了解什麼是「市場區隔」。

- 了解有效的市場需要符合哪些特性？

- 認識市場區隔的分類變數。

- 了解市場區隔的重要性。

- 認識市場區隔的過程。

- 認識「市場調查」。

- 了解如何決定「目標市場」。

- 了解何謂「差異化」以及「差異化」該如何建立。

緒 論

　　市場上有太多的現有廠商與潛在競爭者。創業者若是沒有經過審慎的市場調查，找出自己的差異化、競爭優勢，建立起市場區隔，很容易就被擁有比較多資源或是特色的競爭者打敗。

　　在競爭激烈的市場中，創業者必須提供有別於其他競爭的產品或是服務，否則，很難吸引投資人進行融資，更難以吸引消費者的目光，讓消費者進行消費，使事業獲利。

　　創業者在創業初期，應該注意以下五項要素：「市場區隔」、「專業人才需求」、「收入與成本結構」、「融資」、「顧客互動」（黃丹青，2012）。我們可以看出，「市場區隔」對於創業的成功與否是很重要的影響因素。接下來，我們將探討創業者應該如何建立起市場區隔。

　　我們在本章節中，會先介紹什麼是「市場區隔」，以及其重要性。接著，我們會介紹在建立市場區隔時有哪些應該注意的地方，之後，我們會介紹建立市場區隔的流程。

7-1 市場區隔之介紹

　　要進行「市場區隔」之前，我們應該要先了解什麼是「市場區隔」以及其概念。「市場區隔」由Wendell R.Smith（1956）提出，指的是透過市場調查，分析消費者需求、購買行為等方面的差異，把一個特定的市場區分成許多不同消費者族群的「細分市場」之過程。

　　分類的依據有許多種，常見的分類依據有「地理因素」、「年齡因素」、「文化因素」等。舉例來說，NAVI（http://www.taipeinavi.com/, accessed on 2019/11/01）是專門針對日本旅客來提供服務的旅遊公司，在許多有發展觀光的國家，例如臺灣，都設有據點，也就是分公司，該公司架設旅遊資訊網站，專門提供日本遊客旅遊資訊。NAVI深諳日本人的特質與文化，他們就以「文化」來建立市場區隔。除了上述例子，市場上有些美妝廠商會針對不同年齡的女性，設計、推出不同的產品，這就是依據「年齡因素」進行的市場區隔。當然，市場有許多做區隔的基準可以參考，我們會在下一節中進行更詳細的討論。

但是，這些市場分類並不是我們說了算。根據「現代營銷學之父」Philip Kotler 的看法（1997），每一個被區隔出來的細分市場，都必須符合下列要素，才能算是一個「有效」的市場分類。這些要素分別是：「可衡量性」、「可接近性」、「足量性」、「可行動性」。接下來，我們將針對這些要素進行介紹。

一、可衡量性（measurability）

「可衡量性」指的是用來區分市場的標準或變數是可以具體、客觀辨識及衡量的。但如果細分之後的市場難以辨識、區隔，則這樣的分類就失去意義了。像是消費地區、消費者年齡、消費者年收入等，都是可以客觀辨識的分類依據。舉例來說，「消費者年齡」可以準確的區分成「十八歲以下」、「二十到四十歲」等，而消費地區則可以區分成「北臺灣」、「中臺灣」、「南臺灣」等，至於「消費者年收入」則可以劃分出「年收入五十萬以下」、「年收入五十萬到一百萬」、「年收入一百萬以上」等。但如果市場區隔的分類依據是「穿衣風格前衛的消費者」，就會讓人難以界定。因為每個人對「前衛」的標準與看法都不一樣，這種較為主觀的分類依據，就沒辦法構成有效的市場區隔。

二、可接近性（accessibility）

「可接近性」指的是業者能夠進入（enter）區隔出來的市場，並且能夠與消費者進行接觸、行銷，簡單的說，就是營業活動的可行性。其中，營業活動包含下列兩個項目：第一、業者必須要能夠透過廣告媒體等管道，將產品的資訊傳遞給消費者，讓消費者了解；第二、產品必須要能透過銷售通路抵達市場，到達消費者手中。

三、足量性（substantiality）

「足量性」指的是細分之後的市場規模要大到足以讓事業獲利，且有發展的潛力，值得讓業者發展、規畫出營運及行銷策略，並能夠獲得理想的經濟效益。

舉例來說，餐飲業可以細分成許多市場，像是強調方便、快速的「速食」市場，或是強調高級食材、頂級料理手法的「高級餐飲」市場等。近年來，隨著國人越來越重視健康、養生，開始在飲食上強調天然、少油、少鹽的人也越來越多，市場上逐漸區隔出「養生餐飲」這塊市場，其獲利潛力不容小覷，越來越多業者投身其中。位於臺中的彩色寧波風味小館（http://taichungtopten.artlib.net.tw/index_two.php?act

ion=VoteLogin&&Stoneid=54, accessed on 2019/11/01）創辦人鄧玲如小姐，當初就是因為看見養生餐飲市場的發展潛力，認為這個市場具有一定的規模，能讓事業獲利，便決定投身其中，將一般的鍋貼發展成少油、健康的養生鍋貼，現在也的確將事業經營得有聲有色。

四、可行動性（actionability）

「可行動性」指的是業者具有足夠的人力、財力及資源，可以規劃出實際且有效的行銷策略或方案，來吸引消費者注意，並促使消費者進行消費。如果業者分隔出某塊市場，但業者在這塊市場裡並沒有足夠的財力及資源可以與競爭者對抗，那麼對該名業者來說，這樣的市場區隔是沒有意義的，因為該業者不一定有能力進入市場，就算勉強進入該市場，也可能沒有足夠的資源來支撐事業的營運。

7-2　市場區隔的分類變數

如同我們在上一節中提到的，若要將市場做切割，有許多基準、變數可以做選擇。創業者可以自行選擇、制定變數，但這樣的變數最好能夠符合產品或是市場的需求，而不是隨意制訂。舉例來說，一般電信業者區隔市場的依據不外乎是用「年齡」或是「行業」，因為這些變數會影響消費者使用產品與服務的習慣與消費能力。然而，「是否飼養寵物」可能就不會是好的分類與區隔依據，因為飼養動物與否通常不會影響到消費者的消費習性，這樣的分類依據就是較不理想的選擇。

Kotler（1997）將區隔變數分為下列四項，分別是「地理變數」、「人口統計變數」、「心理變數」以及「行為變數」。接下來，我們會針對各個變數進行介紹。

一、地理變數

地理變數的範圍可大可小，從國家、地區、氣候、地形，或是城市、地區、人口密度都可以是分類的依據，像是「中臺灣」、「北臺灣」就是以「地區」做為市場區隔的依據。依地形來區分的話，居住在高山地區跟平地地區的消費者可能就會有不一樣的消費行為，對產品或服務可能也會有不同的需求。

以嘉義為據點的瑞豐果物有限公司（http://www.rayfoung.com.tw/sub_item.asp?i_id=9, accessed on 2019/11/01），就是利用了地理變數進行市場區隔的例子。瑞

豐果物有限公司創辦人黃朝俊先生，觀察了臺灣的鮮果市場之後，發現北臺灣跟中南部臺灣在水果的價格上有很大的差距。北臺灣的消費者如果要吃到新鮮的水果，往往需要付出比中南部的消費者高出許多的價錢。

黃朝俊先生看見獲利的機會，建構了網路購物平台，將新鮮的水果相關產品放在網路上，以中南部水果的售價販售給北臺灣的民眾。北臺灣的消費者在網路上訂購便宜的新鮮水果，即使加上運費，總價格加總起來還是比在北部販售的水果價格低上許多。瑞豐果物有限公司也因此成功建立起市場區隔。

二、人口統計變數

人口統計變數是最常被使用的市場區隔依據，因為消費者的需求、偏好與消費行為與人口統計變數有很大的關係，此外，人口統計變數跟其他變數比起來，更易於衡量。

人口統計變數包含了「性別」、「教育程度」、「年齡」、「所得」、「信仰宗教」等項目。舉例來說，在市場上，「男性」、「女性」很常是業者用來區隔市場的變數。有些旅遊業者看準了女性的消費能力上升，抓住商機，專門針對「女性」推出旅遊方案，強調「安全」、「舒服」等行程特點（新浪新聞，http://news.sina.com.tw/article/20130614/9905716.html, accessed on 2019/11/01），希望能藉此與其他競爭者做出區別，抓住女性消費者的目光。

近幾年，隨著結婚人口數下降，單身的人越來越多。餐廳業者看見這樣的商機，切割出「單身市場」，並以此進行產品的設計與行銷。位於臺北的Mini Bar輕餐廳（https://www.facebook.com/minibar.tpe/info, accessed on 2019/11/01）創辦人唐懿萱，就是看見「單身經濟潮」的無限潛力，針對這樣的市場去進行餐點的設計，開創出自己的事業。

先前提到的彩色寧波風味小館（http://taichungtopten.artlib.net.tw/index_two.php?action=VoteLogin&&Stoneid=54, accessed on 2019/11/01）創辦人鄧玲如小姐，也是利用「所得」來進行市場區隔。如同我們先前所說的，臺灣人逐漸重視飲食健康，但在這股風潮剛興起時，大部分強調健康、天然的業者、餐廳訂價都不低，沒有一定程度所得水準的消費者，想要品嘗一頓養生、美味的菜餚不是簡單的事。

鄧玲如小姐希望能讓一般大眾都能吃到健康的餐點，因此在「養生餐飲」這塊市場中，用「消費者所得」進行市場區隔，在普遍都採取高價位的競爭者中，彩色寧波

風味小館反而採取平價策略，讓所得水準「不高」到「一般」的消費者都能吃到美味的健康、養生餐飲，成功建立起品牌形象。

三、心理變數

心理變數包含了「生活方式」、「人格特質」、「購買動機」等。在服飾業、家具業等行業中，很常可以看見用「生活方式」來做市場區隔，並設計產品的例子。不同的生活方式會讓消費者產生不同的需求，像是「生活樸實的婦女」跟「奢華優雅的貴婦」設計出來的衣服風格就會大不相同，業者要建立的品牌形象與競爭優勢當然也會跟著改變。

在心理變數中，「人格特質」變數雖然跟其他變數比起來，比較難以明確界定跟劃分，可能相較之下也比較不客觀，但還是有科學的統計、分類方式可以進行區別，此外，有許多人格特質還是可以輕易辨識的。像是「樂觀」、「悲觀」，或是「活潑」、「文靜」等。

近幾年開始跨足臺灣市場的西班牙品牌平價服飾ZARA（http://www.zara.com/, accessed on 2019/11/01），他們就是以「衝動型」的人格特質建立起市場區隔。ZARA的商品流動速度很快，每隔幾天就會將店裡展示的商品下架，換上下一批新的商品。因此，消費者如果不在當下、或是幾天之內把喜歡的商品買下來，就會錯失購得該商品的機會。

「購買動機」主要是依照消費者的需求來進行區隔。消費者購物可能是想追求安全感、便宜，也可能是以外觀、流行為主要考量，這些都可以做為業者區隔市場的依據。利用購買動機作為市場區隔，鎖定目標客群，在汽車業裡非常明顯。不同品牌的汽車，強調不同的產品特性。

舉例來說，Toyota豐田汽車積極的用「環保訴求」建立起市場區隔，想要吸引以環保為優先考量的消費者，自然地想到豐田汽車。而Suzuki鈴木汽車及Mitsubishi三菱汽車強調該品牌汽車的舒適度，就是希望吸引追求乘車舒適的消費者的目光。另外，Mazda馬自達汽車則是以汽車的設計感為其優勢，Luxgen納智捷則強調汽車的速度感（http://incar.tw/insightxplorer-research-car-brands, accessed on 2019/11/01）。這些汽車品牌業者利用消費者不同的購買動機將市場進行切割，並針對特定的產品特性進行強化、宣傳，建立起市場區隔。

四、行為變數

行為變數主要是依照消費者「購買產品的時間點」、「使用某產品的時間」、「購買數量」或「購買頻率」來進行市場區隔,另外,「品牌的忠誠度」或是「消費金額」也可以做為市場區隔的依據。有些銷售人員認為,「行為變數」是進行市場區隔最好的起點(賴其勛,楊靜芳,許世彥,2000)。

亞洲市場中,有許多產品都有特定會被購買的時間點。像是月餅幾乎都只有在中秋節時會被購買;婚禮相關的產品通常在接近農曆「好日子」的期間業績會特別好。不只在亞洲市場是如此,西方也有許多節慶與文化會影響消費者購物的行為。

炎炎夏日,許多人都會選擇吃冰淇淋消暑。一般來說,天氣越熱,選擇購買冰淇淋的人就越多,這就是「購買產品的時間點」,通常冰淇淋業者不太需要花錢去做促銷活動,生意就不錯了。然而COLD STONE酷聖石冰淇淋卻反其道而行,只要攝氏溫度超過36度,就進行「樂不熱都要COLD STONE」的冰淇淋買一送一促銷活動(http://www.coldstone.com.tw/04_newsDetail.asp?id=155, accessed on 2019/11/01)。如此一來,不僅成功打響知名度,更可以吸引消費者目光,讓原本打算選擇其他競爭者的消費者轉而向酷聖石購買冰淇淋。

當然,要進行市場區隔並不是只有上述這些變數可以做為依據。創業者可以自行設計、創造對自己有利、有幫助的變數。基本上,只要符合Kotler(1997)提出的四個標準,就可以算是有效的分類變數。

個案導讀1

以收入進行區隔市場

坊間有許多美語與文理補習班,各美語補習班與文理補習班因地理位置、家長的教育程度、所得等,而有不同的消費者需求。各地區的補習班在訂定學費與課程規劃亦須不同。例如,坊間有許多位居城市的美語補習班,聘用外籍教師,採用全美語教學的方式,此種教學方式,美語補習班一期所收的學費超過新台幣一萬元以上。相反的,在鄉鎮地區聘用外籍教師教授學生美語,每期所收的費用卻無法超過新台幣一萬元以上。

此外,各學區附近常常開設許多補習班,各補習班的收費標準亦不同。家長的所得即是選擇補習班的主要依據。當家長的所得愈高,他們會選擇以小班制但是學費較

高的補習班。相反的，當家長的所得較低時，大部分的家長會挑選學費較低廉且大班制的補習班進行就讀。補習班在設定學費前必須先將其消費者進行區隔，思考他們要招收的學生家長是所得較高，還是偏向所得較一般的家長，又或者是收入較低，但卻願意為小孩的教育投入許多金錢的家長。透過學費的制定，市場區隔逐漸制定出來。

7-3　市場區隔的重要性

市場區隔對於創業者來說，為什麼這麼重要呢？我們都知道，沒有特色的產品與廠商，消費者可以很輕易的找到其他競爭者來取代，只要競爭者的價格比較便宜，或是品質比較好，消費者就會轉移，幾乎沒有忠誠度可言。因此，建立自己與其他競爭者的差異化就成了非常重要的挑戰。差異化指的是業者在市場上提供獨特的商品或服務，以此取得競爭優勢的過程與結果。而建立差異化，也是市場區隔最重要的目的。

對於新創事業而言，能夠運用的人力、資金與資源都有限，就算是已經發展成熟的事業，也不可能提供能滿足市場上所有消費者需求的產品或服務（Calvin, 2005）。這也是為什麼「市場區隔」如此重要的原因。創業者必須將市場做有效的切割，找出事業條件合適且有潛力的細分市場，鎖定該市場為「目標市場」、找出目標客群之後，再將資源投入、建立起競爭優勢，這才是建立差異化最有效率的方式。

創業者一旦做出市場區隔，就能決定事業的目標客群。因此，區隔市場其實也可以說是創業者要在不同特性的消費者群間做取捨，做出取捨之後，創業者的事業就必須依賴這些有限的顧客（Calvin, 2005）。

已有一定規模，在臺灣北、中、南都已經設立分公司的中藤實業有限公司（http://www.ctmm.com.tw/about.php, accessed on 2019/11/01），專門販賣醫療器材給各大醫療院所，該公司不只販賣醫療設備，還提供這些醫療院所購買設備前的設計、規劃，以及完善的售後服務。創辦人劉慶森先生提到，他在創業初期就很積極的進行市場調查，接著，他會仔細分析、觀察蒐集到的資料，將市場分割、將客戶分群。最後，他進行客群的選擇，因為劉慶森先生認為與其試圖去滿足所有顧客的需求，卻不一定能在各個領域都做到最好，倒不如專注在特定的客群，將資源做最有效的運用，做到讓顧客感到無比的滿意，才是較好的經營方式。

創業者在決定了目標客群之後，也必須深入了解這群顧客的需求與特性，再利用對這些需求與特性，設計、改良自己的產品或服務，才能建立起差異化。因此，「市場區隔」與「差異化」是息息相關的。

此外，如同我們在前面提到的，即使是發展成熟的事業，也不可能滿足市場上所有的需求，同樣的道理也印證在「核心競爭力」上。「核心競爭力」指的是企業在長期的經營過程中，累積的相關知識、特殊技術與相關資源，其中，「特殊技術」包含生產、管理等方面的技術與能力，而「相關資源」則包含人力、資金、品牌形象等。（Prahalad and Hamel,1990）

要發展出核心競爭力，一定需要人力、資金與資源的投入，因此，一般企業想要在各個市場中都建立起核心競爭力基本上是很難達成的目標，更何況是各方面資源都不足的初期創業者。青創總會在「創業不NG 青年創業必修的失敗學」中（http://www.careernet.org.tw/modules.php?name=csr&op=csr_detail&nid=138, accessed on 2019/11/01）就提到，「專注在本業」是避免創業失敗很重要的重點之一，創業者不應該像花蝴蝶一樣，對自己有興趣、相關的領域都想嘗試、涉獵，因為創業初期人力、心力都很有限，因此，應該要「專注」在自己決定立足的市場，才能發展出屬於自己且合適的經營模式。

我們從上述各個不同的角度都可以發現，「市場區隔」對於手邊資源有限的創業者來說是很重要的挑戰。因為「市場區隔」讓創業者能夠專注於目標，避免創業者將資源隨意使用。此外，「市場區隔」可以幫助創業者從廣大的市場與客群中，挑選出讓創業者最有機會獲利的市場與客群，讓創業者不管是在產品設計、行銷活動或是資源的運用上，都能夠有專注的目標，而不是各領域都涉獵一點，卻什麼都不精。

7-4　如何進行市場區隔

我們在前面介紹了市場區隔的分類變數，以及要符合哪些特性才是有效的市場區隔變數。接著，我們要開始介紹市場區隔該如何進行。市場區隔的過程可以透過圖7-1來說明。

資料來源：Bygrave and Zacharakis（2010）

圖7-1 市場區隔的過程

首先，創業者必須先取得有用且詳細的市場資訊，這個步驟可以透過市場調查或自身的經驗來完成。接著，創業者要依這這些資訊，決定採用何種分類變數來進行市場區隔，將市場分隔成數個「細分市場」。之後，創業者必須從這些細分市場中，選出對創業者最有利的「目標市場」，決定目標市場，也就等於決定了目標客群。之後，創業者就可以依據目標客群的需求與特性，進行設計出與競爭者不同的產品，並規劃行銷策略，以此達成差異化。

「決定分類變數」與「進行市場區隔」我們在第7-1節「市場區隔之介紹」以及第7-2節「市場區隔的分類變數」中，已經詳細介紹了怎麼樣才是有效的分類，以及一些由Kotler提出的分類變數。接下來，我們會針對其他步驟做介紹。

一、取得市場資訊

「市場調查」的定義是「運用科學的方法，有目的且有系統性的蒐集和分析任何市場的現況以及發展趨勢，為市場預測以及事業管理提供客觀且正確的資料」（Bygrave and Zacharakis, 2010）。

創業者也可以根據自身的經驗作為出發點來了解市場，但如果創業者只憑著自己一個人對市場的認知或是直覺，就想要了解市場的全貌，是不可能的事情。沒有深入且客觀的認識市場，很容易誤導創業者做出錯誤的決策，進而導致事業的失敗。由Lodish, Morgan and Archambeau（2010）這幾位學者的研究成果顯示，事業成立之前若能做好市場調查，就可以降低事業失敗的機率，且可降低的機率高達60%。

通常資料取得的方式有兩種，第一種是「原始資料」，第二種則是「次級資料」。「次級資料」指的是可以由已經出版的書籍、網路等管道取得的資料，這些資料通常已經被處理、分析過。而「原始資料」也可以稱為「第一手資料」，這些資料可能是由自己進行實際調查而取得，也可能是從他人手中取得的未經處理、簡化的

原始數據資料。次級資料的取得比起原始資料來說是相對輕鬆的，但可能就無法完全滿足創業者需要的市場資訊。因此，若能取得原始資料，或是由創業者親自進行市場調查與資料蒐集，雖然會比較耗費精力與時間，但得到的資料會比較符合創業者的需求，且可以依照自己的需要進行資料的分析。

藉由在市場中親自與消費者接觸，可以了解消費者購買的動機、消費者重視的產品特色、什麼樣的包裝或行銷比較吸引消費者、對價格的敏感度等等，創業者可以更加了解市場裡消費者的特性與偏好。

二、決定目標市場

「目標市場」的決定攸關創業者在資源、人力上的配置，以及未來事業的走向及競爭力，可以說是事業開展的起頭，因而顯得特別重要。創業者應該認真的看待這項挑戰，而不是依照自己的直覺和喜好去做市場區隔，更甚者連市場區隔都不做，只憑著自己主觀的判斷去經營事業。接下來，我們會介紹一些創業者在進行市場區隔時應該注意的事項，希望能幫助創業者在面對這個重要的挑戰時能夠更為縝密、容易。

(一) 顧客需求為最好的區隔依據

在進行市場區隔時，以「顧客需求」來進行市場區隔是比較好的選擇（Calvin, 2005），因為每位業者在生產與行銷，其最終的接受者都是消費者，如果消費者不買單，做任何事情都是沒有意義的。

業者在設計、生產產品時，首要目標應該是要滿足特定消費者的需求，並依據這些消費者的特性進行行銷活動。而這些特定的消費者，就是經由創業者進行市場區隔之後選擇出來的。在目標市場中的特定消費者，不論是現有消費者或是潛在消費者，都存在共同的需求特性，而且會與其他目標市場的消費者有所不同。而創業者如果想要在選定的目標市場中立足，就必須要能夠滿足目標客群的需求。這也是為什麼在一開始進行市場區隔時，最好就直接以「顧客需求」為主要考量以及分類的依據。

在以「顧客需求」為主要變數，將市場區隔出來之後，創業者應該要仔細評估各個細分市場，檢視這些細分市場中目標顧客的終生價值，以及產品、事業未來的發展潛力。「顧客的終生價值」（Customer Lifetime Value）指的是每個顧客在未來可能為企業帶來的收益之總和。顧客終生價值越高，對事業越有利，創業者越應該把握這樣的顧客。

事業的發展是需要時間的，因此，創業者不應該只被短期的利益吸引，就貿然投入市場。應該要以長遠的眼光，分析顧客能為事業帶來多少利益，以及事業在各個細分市場的發展可能性，才不會只獲得曇花一現的成功。

(二) 隨時檢視並修正

好的創業者應該時時檢視目標顧客的設定，以及市場區隔決策的正確性，一旦發現有錯誤、可以修正的部分時，就要勇敢承認自己的錯誤，而不是堅持己見、明知不可為而為之。此外，在認清錯誤之後，也要積極的找出修正的方法。

有時候，不適切的目標市場並不是因為創業者做了錯誤的決策，問題是在於事業本身轉變了。事業從無到有，並不是一成不變的，最淺顯易懂的情況就是，顧客數量會逐漸增加，創業者會開始面臨各式各樣不同的需求。創業者擁有的資源也會隨著事業成長而有變化，像是員工人數變多、品牌形象逐漸鮮明、定型等。當然，競爭優勢與劣勢也會逐漸形成。而這些轉變，都可能會讓事業本身不再適合原本的目標市場，或是有更好的目標市場值得創業者投入。

創業是一個持續的過程，不僅事業的情況會改變，市場也時時刻刻都在變化。一般來說，進行了市場調查與分析、做完市場區隔之後，創業者應該可以得到一個對創業者的事業來說最有發展空間、且最合適的「目標市場」。但隨著外在環境不斷的變遷，事業也會面臨各式各樣的挑戰與轉變，因此，一開始決定的最適「目標市場」可能就變得不是那麼理想，有時候甚至會變成完全不正確的選擇。

以先前提到的中藤實業有限公司為例，創辦人劉慶森先生將醫療器材市場以「價格」做為市場區隔的變數，如此一來，就可以區分出「高價位」的精密儀器市場、「低價位」的耗材市場等細分市場。劉慶森先生一開始因為能夠使用的資源、人力有限，因此只能先以「低價」的耗材市場為目標市場。但隨著事業逐漸成長，劉慶森先生逐漸擁有有才能的員工，在資金運用上也更為充裕。低價的耗材市場已經不太能夠讓事業持續成長，因此，劉慶森先生開始將目光轉移到高價位的精密儀器市場。之後也將事業經營的有聲有色。

基本上，創業者必須知道並記得，在進行市場區隔以及目標市場設定時，都是具有相當程度的挑戰性與不可預測性的（Calvin, 2005）。因此，應該要時時觀察市場與事業本身的變動，一旦發現有可以調整、修正的地方，就應該立刻做出回應。

三、差異化

在決定目標市場之後，創業者就可以針對目標市場裡的消費者需求與特性進行產品或服務的設計，以及規劃營運、行銷策略等，建立起自己的競爭優勢以達到差異化。

差異化可以從很多方面去進行，像是產品的功能、售後服務、包裝或市售價。行銷策略也有很多不同的方式可以達到差異化的目的，像是領先其他競爭者，搶先以「環保」建立起消費者心中的事業形象，或是採用與其他競爭者不同的行銷手法等。

以中藤實業有限公司為例，創辦人劉慶森先生在將目標市場轉移到高價位的精密儀器市場之後，就積極的想建立差異化。其他的儀器設備廠商都只是販賣醫療器材並提供售後服務，而在這個市場裡，「售後服務」已經是常態，不是特例，除非做得比其他競爭者都好，否則很難建立起差異化。因此，劉慶森先生決定以「售前服務」做為中藤實業有限公司的競爭優勢。中藤實業有限公司會協助醫療院所進行空間配置上的規劃，也會根據醫療院所的需求，建議他們購買哪些設備會比較合適。之後，如果這些醫療院所有向中藤實業有限公司購買設備，中藤實業有限公司還會提供儀器使用的教學，讓醫院人員能更快上手。

當然，差異化不只是在產品或服務上可以達成，在事業的管理、經營方式上也有機會建立起差異化。此外，除了在消費者現有的需求上去進行差異化，創業者也可以開發連消費者自己都沒有發現的需求，創造出屬於自己的商機。

7-5　結論與個案討論

沒有競爭優勢，與其他競爭者間沒有差異化的創業者，很難在市場上長久的生存。而「市場區隔」就是建立差異化很重要的步驟。要將市場做有效且合適的區隔，就需要合適的分類變數。我們在本章介紹了有效的分類變數應該符合以下四個特性，也就是「可衡量性」、「可接近性」、「足量性」、「可行動性」。我們也列出由Kotler提出的分類變數以供參考。當然，分類變數可以依照創業者的需求來決定，重要的是要符合四大特性。

要進行市場區隔，首先必須要先進行市場調查，了解市場特性之後，再依據有效的分類變數將市場進行切割，之後，創業者就可以評估各個細分市場的利益與潛力，決定出目標市場與目標客群，最後，再根據市場與消費者需求，建立起競爭優勢與差異化。

以下是「N公司」個案，提供各位讀者參考。

 個案導讀2

N公司

從李宗儒（2015）之資料指出，「N公司」是一間由四位對未來擁有抱負的青年人所經營的咖啡店，以進口拉丁美洲第一品牌 JUAN VALDEZ的咖啡豆為賣點。

經營者透過分析周遭賣咖啡的競爭者，了解市場上普遍賣咖啡的競爭者之定位後，決定自己要鎖定的客人為「會追求咖啡豆的品質及具有個人品嚐咖啡之品味的顧客」，經營者透過教導顧客尋找適合自己的咖啡豆來傳遞此企業的定位。

因此，N公司的店名在西班牙文中，泛指味道、品味、美好、擁有良好感覺的意思，亦與經營者的理念雷同，而其店名的中文的意義乃是希望從平凡人的身上，將平凡的每一個事物與思維，故事化後，為大家帶來不同的感動和深思，所以此企業愛分享、努力用功去尋找，再傳遞小人物的大故事。

本章習題

一、問題與討論

1. A.國家、B.使用某產品的時間、C.地區、D.購買產品的時間點氣候、E.教育程度、F.生活方式、G.購買動機、H.信仰宗教、I.居住城市、J.性別、K.年齡、L.所得、M.品牌的忠誠度。請將上述分類變數按照Kolter提出的四大分類變數進行歸類。

2. 請同學針對旅館市場,自行選定分類變數(要符合Kotler提出的四大特性),並進行市場區隔。

二、個案討論

1. 請找一家廠商做為實際案例,分析該廠商所進行的市場區隔流程。

2. 針對這家廠商的特性以及該廠商所處的市場之特性,你認為還有哪些分類變數是適合用來進行市場區隔的?

NOTES

8

價值定位

學習目標

- 價值、定位與價值定位之關係為何？

- 價值鏈的定義與價值鏈之相關應用為何？

- 了解價值定位之實務案例。

- 價值鏈的成功個案研析。

緒 論

在現今21世紀企業的環境裡，企業的競爭優勢在於是否能將產品研發、生產與銷售、運送、售後服務等多項活動流程，進行全面化的整合與重組，拉出一條不同於以往的供應鏈關係，並講求附加價值提升的價值鏈。企業在進行價值鏈之前，必須先定位清楚企業自身的價值為何，才能夠綜合自己所有的能力，進行產品和通路的擴張，了解企業欲發展的產品和服務的核心價值為何，定位清楚後才進行價值鏈管理。

價值鏈管理為何重要？價值鏈是消費者心目中的價值基礎，若想要提昇企業的競爭力就必須滿足顧客。而在高度競爭的環境中，想要滿足顧客必須要不斷地透過創新，創新是驅動未來成長與獲利的重要因子，但執行卻不易，新創事業者如果想要持續成長，必須將企業本身的價值定位清楚後，才能建立良好的價值鏈，並且創造更多對顧客有利的價值。

因此，本章將分成四節進行介紹，8-1節先介紹價值、價值定位的意義與重要性與價值鏈的內容為何，並透過吉米卡的案例來讓讀者了解企業如何透過價值定位影響其經營方式，在8-2節則是透過義美食品來看企業如何透過清楚的價值定位影響其價值鏈，來創造顧客價值；在8-3節透過與個案公司－A牙醫診所的訪問，來實際了解A牙醫診所的價值定位為何？而A牙醫診所又是如何透過價值鏈管理提供顧客優質的服務並創造顧客價值；最後在8-4節則是為本章做一個總結。

8-1　價值、價值定位與價值鏈

一、價值、定位與價值定位

(一) 價值

Kotler（2007）認為，顧客通常在各種產品中選擇最有價值的產品；價值可視為品質、服務與價格（quality, service, price, QSP）的組合，當品質與服務上升，價格下降，價值就會增加。Porter（2009）提到，企業創造的價值是根據客戶購買商品或勞務時，願意付出的價格總值。當企業創造的價值超過價值活動的成本時，企業就能獲利。企業必須比競爭對手用更低的成本來執行這些活動，或是透過差異化來賣到更高的價格，也就是創造更多的價值。Kotler（2007）提到「顧客知覺價值（Customerperceived value, CPV）是指潛在顧客評估各種可能方案的所有成本（顧

客總成本）與利益（顧客總價值）間的差異」。「顧客總成本是顧客在評估、取得與使用產品或服務所產生的所有成本」。「顧客總價值是顧客從產品上所知覺到整體經濟、功能與心理利益的貨幣價值」。就企業（賣方）的角度，可以採用降低顧客總成本（如降價、簡化流程或吸收顧客風險）與增加顧客總價值（如強化產品與服務、提升形象等）來創造價值。

由上述可知，價值是品質、服務與價格的組合，而企業必須透過經營活動來創造顧客想要的價值，使顧客願意付出代價來購買。

（二）定位

李飛（2009）認為，定位是企業提供給顧客的利益，也是令企業與眾不同，形成核心競爭力的重要方式之一，彭礴和付兵紅（2005）認為，定位的目的，不是要創造全新的商品，而是要改變消費者腦中以往認定的商品資訊，來接受新觀念與新思維，增強訊息的接收能力，而企業定位是否成功直接影響到目標的成效，企業對產品、市場和價值的定位決定日後採取的行銷措施，因此企業定位可以說是企業策略規劃的核心。

（三）價值定位

Lin（2012）認為，價值定位是企業透過品質、服務與價格，提供給顧客利益與價值，而企業必須透過經營活動來創造顧客想要的價值，使顧客願意付出代價來購買，當企業創造的價值超過經營活動的成本時，企業就能獲利。而企業想要創造顧客價值，必須先了解企業的經營目的與核心理念，透過清楚的價值定位，才能滿足顧客需求，進而創造顧客價值。

以吉米卡潛艇堡為例，該公司位於中興大學旁邊的小店，目標顧客主要是學生，為了符合學生趕上課又能吃飽且吃得健康的需求，因此將吉米卡潛艇堡定位成一間「小型但是美味、健康又具有飽足感的特色速食店」，老闆在潛艇堡中，加入大量的蔬菜，來增加顧客的飽足感，同時也讓顧客感受到健康與美味，透過特大號超多蔬菜的潛艇堡，藉此來彰顯吉米卡的特色，同時也和競爭對手做區隔，扭轉以往顧客對速食店不健康的印象，創造另類的價值。

根據上述，可將價值、定位與價值定位畫成一張關係圖，如圖8-1所示，價值是品質、服務與價格的組合（Kotler, 2007），企業想要創造顧客價值，必須先了解企

業的經營目的、核心理念與核心價值,透過清楚的價值定位,才能提供滿足顧客需求產品與服務,進而透過經營活動來創造顧客想要的價值,使顧客願意付出代價來購買,當企業創造的價值超過經營活動的成本時,企業就能獲利,同時也必須在創造顧客價值的過程中,檢視所創造的顧客價值是否和原先的核心價值一致,使企業在不違背核心理念下持續地經營下去。

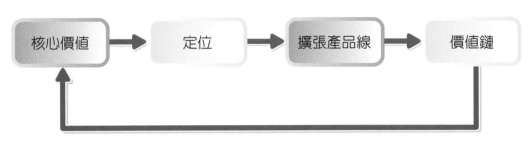

資料來源:本書整理

圖8-1 價值、定位與價值定位關係圖

個案導讀1

定位連鎖美語班的價值

　　在開設補習班前,補習班的經營者須了解成立補習班的目的與核心,清楚的定位其價值,才能滿足顧客的需求。以某連鎖美語補習班為例,該連鎖補習班在三十多年前自美國引進此品牌,透過對該品牌與其製作的電視兒童節目深受全球數千萬兒童及家長的喜愛與肯定。除了擁有知名的品牌外,該連鎖美語補習班制定其獨特的「環境教學法」,使學生能完全沉浸在美語的學習環境。透過其獨特的教學法來創造顧客想要的價值,使家長願意帶小孩至該美語補習班就讀。

二、價值鏈與其相關應用

(一) 價值鏈的由來與介紹

　　Porter(1985)在《競爭優勢》一書中所提出價值鏈(Value Chain)的理論,指出企業要發展其獨特的競爭優勢,或是為股東創造更高的附加價值,必須透過一系列創造價值的流程串聯,而此種流程的串連便是價值鏈。對於新創事業者來說,創業的第一要務就是獲利,而企業想要獲利,其所提供的產品和服務必須要能創造價值,使顧客獲得的價值大於顧客所購買的價格,因此,新創事業者將自身的價值定位清楚後,可以透過圖8-2中的價值鏈進行價值創造。

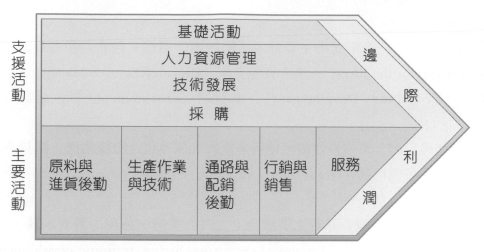

資料來源：Porter（1985）

圖8-2　價值鏈

Porter（1985）將價值鏈主要將企業所從事的經營活動區分成主要活動（Primary Activity）與支援活動（Support Activity）兩類。分別敘述如下：

1. 主要活動

主要活動為一企業主要的生產與銷售程序，包含進貨後勤（Inbound Logistics）、作業活動（Operation）、出貨後勤（Outbound Logistics）、行銷與銷售（Marketing and Sales）與售後服務（Service）五大活動，其內容如下所述：

(1) 進貨後勤（Inbound Logistics）：指的是原料的接收與管理，並有效率的分配企業各製造營運單位所需的數量至其指定地點（The receiving and warehousing of raw materials, and their distribution to manufacturing as they required.）。

(2) 作業活動（Operation）：指的是將投入轉成最終產品與服務的過程（The process of transforming inputs into finished products and services.）。

(3) 出貨後勤（Outbound Logistics）：將最終產品送至顧客的活動（The warehousing and distribution of finished goods.）。

(4) 行銷與銷售（Marketing and Sales）：了解顧客的需求並且促使顧客想要購買最終產品之活動（The identification of customer needs and the generation of sales.）。

(5) 售後服務（Service）：在顧客購買產品和使用服務後，附於產品購買於使用服務之後，提供給顧客的服務與活動（The support of customers after the products and services are sold to them.）。

2. 支援活動

支援活動指的是一企業支援主要營運活動的運作環節，包含企業基礎設施（The Infrastructure of the Firm）、人力資源管理（Human Resource Management）、技術發展（Technology Development）、與採購（Procurement）四大活動，其內容分述如下：

(1) 企業基礎設施：提供整體價值鏈所必要的支援，包含組織結構、控制系統、企業結構等各種活動（Organization structure, control system, company structure, etc.）。

(2) 人力資源管理：包含執行主要活動之人員的甄選、運用、教育訓練、考核/升遷、留才等相關活動（Employee recruiting, hiring, training, development, and compensation.）。

(3) 技術發展：包含研究發展、資訊科技等其他有助於支援主要活動運作之技術開發（Technologies to support value-creating activities.）。

(4) 採購：購買原料、設備等主要活動運作所需之投入（Purchasing inputs such as materials, supplies, and equipment.）。

(二) 價值鏈的相關應用

近年來價值鏈應用在許多研究上，以下分成(1)價值鏈之建構模式與方法；(2)價值鏈的延伸應用兩部分說明：

1. 價值鏈之建構模式與方法

Taylor（2005）利用價值鏈的方式來完成一食品公司從原物料端到顧客端的供應鏈。而此研究是以美國一家食品公司為個案，透過價值鏈分析來改善此供應鏈的績效、收益和成員間合作關係。此價值鏈主要可分為7個步驟，其步驟如下：(1)尋找或假設企業本身的關鍵成功要素；(2)發展全面性的供應鏈架構計畫以及篩選出目標價值鏈；(3)根據供應鏈的成員進行個別分析；(4)發展整體價值鏈的當前架構；(5)根據此價值鏈進行相關議題與機會的分析；(6)發展整體價值鏈未來架構以及提出適當建議；(7)針對此價值鏈改善提出一個可被接受的組織化方法。

JÃÃttner et al.（2007）提出以結合行銷效力和需求供應鏈管理為基底之價值鏈模式，藉此提升整體價值鏈的競爭優勢。在此設計概念之下，首先必須要能夠完全了解目標市場的資訊，並且能夠有效的提供各種客戶不同需求；而此價值鏈模式主要是以(1)整合供需之間的流程、管理銷售和；(2)供應鏈間的相互影響以及(3)提出一個整合企業內部流程與客戶關係的架構等三大部分做整合。而企業組織在此

價值鏈模式之影響下，可以透過了解顧客的需求情況，針對不同需求來搭配提供不同的銷售方式和不同供應鏈協調模式來滿足顧客要求，就此創造一個高等級的客戶價值。

2. 價值鏈的延伸應用

Wagner（2004）將企業從研發到銷售服務的原有線性價值鏈，轉換成一個重覆循環的環保價值鏈，說明應主動開發環保利基市場；在環保價值鏈的每一個階段都應考慮綠色的需求；重視消費者的綠色教育；以長期的眼光和環保團體、回收商、政府單位等建立策略聯盟，以建立產業的環保體系。

Powell（2005）將知識管理融合了虛擬價值鏈，提出了嶄新的知識價值鏈，並將知識價值鏈分成知識獲得與知識應用兩個主要活動。知識工作者的主要任務是知識獲得與知識發展，決策制定者的主要任務則是應用知識以得到較佳的決策與行動方案，來獲得企業期待的結果。知識價值鏈共包括七個轉換步驟，整個知識價值鏈是由知識工作者與決策制定者互相分享彼此的認知開始，接著再藉由獲得資料、處理資料、分析資訊、溝通知識、應用智慧、訂定行動方案、展開行動七個步驟完成。

根據上述，可以了解到價值的基本概念，而企業若想要創造顧客價值，進而獲利，首要之務要則是將自身的價值定位清楚，才能夠透過價值鏈將產品和服務傳達給顧客，最重要的是，企業所定位的價值必須符合顧客需求，才能進一步創造顧客價值，在下一節中，會介紹企業的實際案例來說明企業透過價值定位來創造顧客價值的方式。

8-2　價值定位的實務應用

　　接下來，本書將介紹義美食品如何在堅持品質下，成功度過三聚氰胺、瘦肉精、塑化劑等食品安全的事件；透過清楚的價值定位影響其價值鏈，來創造顧客價值。

個案導讀2

義美食品

　　近年來，臺灣不斷發生三聚氰胺、瘦肉精、塑化劑等食品安全的事件，使臺灣消費者人心惶惶，食不安心，而臺灣食品大廠－義美卻是在這些食品安全事件中安然度過的企業，它究竟是如何做到的？透過對「品質」清楚的價值定位，是義美在這幾起食品安全的事件中成功度過的關鍵。本書於表8-1中整理出義美關鍵的五項品質管理原則：

表8-1　義美食品五項品質管理原則

五項管理原則	內容
1.檢查產地來源	採用臺灣企業中，具有空調設備儲藏的花生
2.看價格	質疑價格太過或便宜的原物料
3.看供應商的客戶名單	看供應商都把產品賣給哪種客戶，來了解該供應商的經營理念是否與義美相符
4.實驗室檢驗	檢驗供應商的原物料，達到「嚇阻」供應商的功能
5.第一線人員驗收	第一線人員驗收原物料，檢視原物料是否合格

資料來源：本書整理

　　義美透過上述五項原則，執行該公司「堅持品質」的理念，成功地採購衛生安全的原物料，來生產品質優良的產品，除此之外，在對食品添加物採取「能不加，就不加」的政策下，對原物料採購做好溯源管理，使義美成為臺灣食品業界的領導者，以及唯一安然度過三聚氰胺、瘦肉精、塑化劑風暴的食品大廠。

關於義美食品成功度過食安風暴的策略，詳細請見影片：
〈獨家〉不只產品「原料全驗」　義美避食安風暴

8-3 個案分享－A牙醫診所的價值鏈管理

在開始探討本章個案之前，首先要說明近年來醫療產業新興的創業方式，一般來說，醫療產業的開業方式以往是由取得證照後的醫師自行開業，建立屬於自己的診所，然而，一家診所的設立所費不貲，取得醫師執照的醫師想透過投資人的贊助進行開業，因此，市面上產生了一種創業模式，由想要投資醫療產業創業的投資者負責開業所需的資金，雇用想要執業的醫師們來投資者出資的診所執業，並且由投資者作為管理者，形成了另類的醫療產業創業模式，於本章的個案中即是要介紹，在這種另類的創業模式下進行開業的牙醫診所，如何透過價值定位進行價值鏈管理。以下將分成(1)A牙醫診所的價值定位；(2)A牙醫診所的價值鏈管理模式兩個部分介紹A牙醫診所的價值鏈管理之道：

一、A牙醫診所的價值定位

近年來，面對一連串的健保緊縮和牙醫診所林立的情況下，牙醫診所開始採取對策來改變醫療營運活動的模式，而A牙醫診所的投資人兼管理者（以下簡稱為CEO），在面對這樣的環境下，決心要從「病患的角度」出發，透過不同的管理方式與服務，並維持良好的醫病關係，使對於病患來說一直是很恐懼的牙醫的療程與手術，藉由一套完整的服務流程與良好的環境來進行改善，來降低病患對於牙醫療程與手術的恐懼感，以下將介紹A牙醫診所的價值鏈管理模式來說明A牙醫診所以病患的角度所進行的醫療服務。

二、A牙醫診所的價值鏈管理模式

A牙醫診所將診所核心業務的主要流程依照價值鏈管理區分為主要流程與支援活動兩大類，其主要流程包含了進貨後勤（藥品與消耗品的接收與管理）、作業活動（約診/候診）、出貨後勤（看診）、行銷與銷售（口碑行銷）與售後服務（教育/追蹤）；而支援活動主要是來調節A牙醫診所的主要營運活動，透過主要活動與支援活動共同運作，形成傳遞價值活動組合，而這一連串價值活動組合，即為「A牙醫診所價值鏈」（如圖8-3所示），A牙醫診所透過價值鏈提供顧客優質的服務並創造顧客價值。

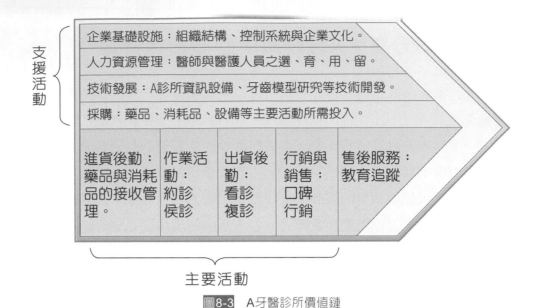

圖8-3　A牙醫診所價值鏈

（一）A牙醫診所價值鏈之支援活動

　　主要活動流程要運作順暢必須建立在支援活動的輔助之下，因此我們首先探討A牙醫診所價值鏈中的支援活動，藉以了解支援活動如何輔助主要活動之進行，而四大支援活動的詳述內容如下：

1. 企業基礎設施（The Infrastructure of the Firm）

　　若是以人體結構來形容一間企業，企業文化就像人體的大腦與心臟，代表一個人的思想與生命運作的中心；組織結構就像人的骨骼與血肉，讓人們有了形體；而控制體系就像人體的免疫系統，監控身體機能是否正常運作，並且保護身體機能以減少外來的刺激。回歸到企業，對一家企業而言，維持其運作最基本的根基，不外乎就是企業文化、組織結構與控制體系，因此以下分別以企業文化、組織結構與控制體系來說明A牙醫診所的企業基礎設施。

(1) 企業文化：秉持著關懷與專業，完全以顧客為第一考量要素，提供顧客良好的環境與高品質的服務，減少其焦慮與不自在的感覺，站在顧客的角度思考，希望能夠讓所有顧客都能夠帶著健康的牙齒與笑容離開牙醫診所，並期望除了提供優質的服務之外，還能夠教導顧客正確的牙齒保健概念。

(2) 組織結構：A牙醫診所的組織結構極為簡單，依據工作職務的不同分為「前檯」和「後檯」（又稱「後勤」支援人員，以下將「後檯」稱之為「後勤」），兩類。前檯人員負責病患的接待、秘書行政及財務與預算等行政工作，因為前檯人員會影響病患與診所接觸的第一印象，同時，病患對於看診的

品質，有很大的部分亦來自於與前檯人員的互動，所以前檯人員的態度與應對進退是非常重要的。而後勤人員則包含了牙醫、助理護士、護士以及CEO，其中，牙醫、牙醫助理與護士代表著專業技術與知識，皆需要接受專業的訓練；而一名優秀的CEO必須具備整合力、應變力、執行力與續航力，以宏觀的角度來觀察診所營運狀況並整合目前現有的資源，隨時掌握診所中的大小事，冷靜沉穩地處理各種危機與問題，除此之外，還要能夠以身作則，因此，CEO實為A牙醫診所的核心。

(3) 控制系統：A牙醫診會先將每日的班表排定，並張貼於診所櫃台，負責值班護士都有其專屬的印章，在填寫日報表（日報表包含了：藥品與消耗品使用數量、約診或看診紀錄、會計帳目等）時必須核章，以示負責，作為日後追蹤的依據。除此之外，A牙醫診除了手工報表之外，還有各自獨立的電腦系統（健保、門診、手術與自費隸屬不同的系統），除了能夠保存完整的病歷、清楚地分門歸類以避免病歷混淆之外，還可以與手工報表進行交叉核對。除此之外，不只每日有日報表，還有月報表與年報表，記錄各種門診與治療的內容，透過月報表與年報表清楚記錄病患來門診時間、牙齒矯正情況、與會計金錢紀錄，以避免醫療糾紛，同時也能夠做為臨床醫病之參考。

2. 人力資源管理（Human Resource Management）

是否能夠提供良好的就診環境與優質的服務，「人」絕對是一大關鍵之一，而A牙醫診所在人力資源的選、育、用、留上下了非常大的功夫，因為A牙醫診所相信，唯有員工之間共同合作，才能提供病患優質的照護！而以下將針對A牙醫在選、育、用、留個別說明A牙醫診所如何進行人力資源管理。

在人力資源甄選與任用的部分，假設A牙醫診所目前希望能夠招募八名員工，則A牙醫診所會對外招收十二名員工進入A牙醫診所進行實習訓練，在教育訓練的過程之中，CEO以A牙科的企業文化與學習的態度作為篩選合適正職員工的標準，期望能夠為招募病患著想與認真學習的醫護人員進入A牙科，而不適合A診所的實習員工，在他離職時，A牙科亦會補貼其費用。

在醫護人員教育訓練的部分，A牙醫診所CEO，將所有的醫療行為標準化、流程化與文字化，每位醫護人員都會有一本醫護流程手冊，手冊中詳細記載所有手術或治療所需的工具與進行步驟，醫護人員可以配合手冊來進行實際操作；同時，CEO會避開門診時間，利用空檔的時間進行教育訓練，或是運用假日休診的時間，提供醫護人員進行模擬訓練，透過CEO一個口令一個動作，讓醫護人員實際模擬手冊上面的步驟，同時，CEO也會現場進行抽考，以確認醫護人員是

否已記下手術或治療所需的工具與執行步驟。除此之外，A牙醫診所小設有DVD課程教學，醫護人員也可以配合DVD教學練習。醫護人員分成一線護士與二線護士，較資深的護理人員為第一線護理人員，負責幫忙醫師執行門診或手術；而資歷較淺的護士則為第二線護理人員，負責處理前檯（如行政、櫃台）以及後勤（如包藥、灌模型等）工作，並跟隨資深護理人員學習，累積自己的經驗。

在人員留任的部分，A牙醫診所使用獎金與旅遊來獎勵醫護人員與醫師，在醫護人員的部分，A牙醫診所使用不同工不同酬的方式，依照每位員工對診所的貢獻程度以及員工的個性喜好來決定不同的獎賞與鼓勵，而對於表現較佳的員工也會給予額外的獎酬，除此之外，A牙醫診所還依照員工們的表現來決定員工旅遊的地點是臺灣本島或是外國城市，透過員工旅遊除了能夠激勵員工之外，還可以藉由度假遊玩培養員工彼此之間的情誼，有助於員工彼此間的感情融洽。

最後，A牙醫診所與其他牙醫診所在人力資源管理最大的不同之處在於離職員工與新進員工的無縫接軌，一般的牙醫診所常常面臨員工離職後，一時之間找不到頂替的護士，因此面對人力吃緊的問題，而A牙醫診所透過「離職金」的制度，讓員工自動告知離職日期，以利A牙醫診所能夠有時間訓練新進護士。若是員工因故要離職，若越早告知，則可領取越高的離職金，但若是在離職前一個月內未告知，就無法領取離職金，透過離職金的制度，讓護士們主動向CEO告知離職日期，形成離職員工與新進員工無縫接軌。

3. 技術發展（Technology Development）

A牙醫診所全面E化，將所有的病歷電子化，並將電子病歷區分為健保、門診、手術與自費四種系統，系統之間彼此獨立，使得帳目清楚明瞭，減少帳目混淆的可能性，同時，結合標準作業流程，在追蹤藥品病例時可以方便、快速。而為了維護手術的安全，A牙醫診所設有不斷電供應系統，此不斷電系統在診所停電時能提供一整天門診與手術所需的用電量；所以假設A牙醫診所在突然面臨停電或跳電的狀況下，不斷電供應系統便會自行供電，以確保手術安全進行不中斷。

A牙醫診所能夠依照每位顧客設計客製化的流程，透過牙齒模型製造的技術，於病患手術前、中、後製作牙齒模型，紀錄其手術過程中牙齒排列的變化，除此之外，A牙醫診所還可以透過特製的軟蠟模型來預測病患未來矯正完成後的樣子，降低病患的不確定感與恐懼感，即使是沒有醫學背景的病患，也可以透過模型的輔助清楚了解整個手術療程，利於牙醫師與病患進行溝通，使得每位顧客能夠了解目前牙齒的狀況，並教導其刷牙清理的方式；而此種透過模型來事先預測未來牙齒矯正完成模樣的技術更是A牙醫診所有別於其他牙醫診所的核心能力。

4. 採購（Procurement）

一般的大醫院在採購時必須要透過層層的關卡與流程，才能進行叫貨，而A牙醫診所有別於大醫院的做法，首先，其CEO先與A牙醫診所的醫師進行討論，透過其專業的建議，尋找合適的藥品與診療用具，並直接找供應商合作，透過一次性大量採購的方式，一次與合作廠商下達一整年的訂單，透過大量購買取得較便宜的進價，同時與供應商維持穩定的合作關係；而A牙醫診所主要採購用品分成藥品與消耗品兩大類，在藥品的部分，由於具有時效性且保存期限較短，因此雖然一次與合作廠商下達一整年的訂單，但是僅領取當次所需的藥品數量，並分次向藥品供應商領取，而藥物又分成需冷藏與不需冷藏兩個部分，需冷藏的藥品儲藏在特殊的冷藏設備之中，在消耗品的部分，亦分成手術時所需的耗材（如棉化、紗布、拋棄式木棒等）與禮品（包含潔牙組、印章、玩具汽車、娃娃等提供給顧客的禮品），均採取大量採購的方式，並將其編號、分門別類地整齊儲存在診所倉庫中。而醫護人員每天在上班前的前置作業，便是至儲藏室揀取當日所需的藥品與消耗品，透過標準化的管理方式，精準的掌握藥品與消耗品每日用量。

（二）A牙醫診所價值鏈之主要活動

A牙醫診所藉由基礎設施（包含組織結構、控制系統與企業文化）、人力資源、技術發展（包含資訊科技與牙齒模型技術等）與採購四大支援活動來輔助A牙醫診所的主要活動，讓A牙醫診所的主要流程能夠運作順暢，而A牙醫診所主要活動的運作流程將依照進貨後勤（Inbound Logistics）、作業活動（Operation）、出貨後勤（Outbound Logistics）、行銷與銷售（Marketing and Sales）與售後服務（Service）之流程順序一一介紹：

1. 進貨後勤（Inbound Logistics）

A牙醫診所進貨後勤主要便是藥品與消耗品的接收管理，A牙醫透過大量訂購取得較便宜的進貨成本後，緊接著便是面臨倉儲與分配的問題。首先針對藥品的部分，將藥品分成需冷藏與不需冷藏兩個部分，需冷藏之藥品以保鮮盒分門別類地收納整齊，並於保鮮盒外貼上關鍵字以利醫護人員拿取藥品；而不需冷藏的藥品，亦透過同樣的方式，分門別類整齊的收納於診所儲藏室中；而A牙醫診所在門診有別於一般牙醫診所的獨特之處，就是A牙醫診所的藥師於每日門診開始之前，會先將麻醉用藥、止痛消炎等常用藥品先配好，並儲存於門診手術檯旁抽屜之中，因此當病患在門診中若需要麻醉，則護士就可以即時使用，不會耽擱病患麻醉的時間；除此之外，在結束完門診或手術時，診所內之藥師便可以依照牙醫

師所開的處方開藥，使病患可以直接領取藥品，無須再另行至藥局領取藥品，提供顧客更便利的服務。

而針對消耗品的部分，依照消耗品的形狀、大小與重量分門別類的儲藏在不同的貨架上，並將其編號及寫上關鍵字，以利醫護人員搜尋。醫護人員於每日門診之前，必須拿著揀貨籃至儲藏室揀取本日門診與手術所需的用品，將門診與手術所需的用品，填滿於手術室及門診室的櫃子與抽屜之中。而不管是藥品或消耗品，揀取的醫護人員均需要確實的登記揀取的數量，並填寫日紀錄表，並核章以示負責，使得A牙醫診所能夠確實地掌握藥品與消耗品的使用數量，達到精準用藥並減少耗材的浪費。

2. 作業活動（Operation）

由於A牙醫診所位於商圈之中，顧客的類型十分多元化，大致可分為商圈中的特約店家、外來遊客、學生以及附近居民，因此A牙醫診所非常注重消費者的服務品質，以商圈中的特約店家為例，由於商圈中店員的上班時間和一般上班族不同，為了避免客人久候，因此A牙醫診所的護士對於商圈中的特約店家，會配合店員的上班時間進行約診；而針對外來遊客、學生以及附近居民，則必須掌握手術、門診的時間與流程，提供客戶精確地約診時間，若是護士事前得知看診時間會延誤，會主動打電話給告知顧客，或是建議顧客先到商圈中的特約店家用餐或遊覽，等看診時間到再提醒顧客回診所看診，來減少顧客等待的時間。顧客一進入A牙醫診所時，護士會備好茶水請顧客飲用，同時在等候區放置大量的圖書、漫畫與玩具，以及商圈中的商家DM，讓候診的顧客在等待時不會無聊，同時也可以協助外來遊客了解商圈中的商家，以利規劃旅遊行程。

第一次約診或看診的顧客，護士必須先了解其欲進行的手術與治療，並告知醫師，並於治療前提供免費的諮詢給約診或看診的顧客，醫師與護士會先對顧客的牙齒狀況與用藥情況進行了解，並依照每位顧客不同的情況設計客製化的療程，諮詢時主要會確認四大問題，首先就是本次手術或治療的目標為何？第二是告知本次手術或治療的價格大約是多少？第三是需要進行幾次的手術或治療（療程）？最後是醫師與顧客彼此之間應如何配合？A牙醫診所在進行實際的治療前，就事先與顧客做良好的溝通，除了可以避免醫療糾紛，還能並維持良好的醫病關係。待所有的問題討論完畢之後，會與顧客簽訂目標、療程與付款方式的合約，而顧客僅需先繳交手術或治療的一部分的費用作為頭期款，而剩餘的尾款，則視每位顧客的需求，讓顧客可以自行選擇付款的方式（如分期付款或於完成時付清等各種不同的付款方式）。

3. 出貨後勤（Outbound Logistics）

將醫療流程標準化，並透過完善的教育訓練，降低錯誤，讓所有病患都能夠接受到相同水準的醫療照護。門診時每位醫生配有四名護士，兩位負責前檯接待、秘書行政及財務與預算等行政工作，兩位負責擔任醫生助理，第一線護士必須確認病患今天要進行的門診內容，提前將本次進行療程所需的用具依照使用順序擺放在手術檯的桌子上，讓醫師在執行療程時，完全不需要浪費時間在搜尋療程所需的用具；同時，由第一線護士依照本次療程的需求指揮第二線護士協助灌模、準備照X光等工作項目，透過三方合作來增加效率，因此，A牙醫診所每位醫師的看診量與速度比一般診所還快，同時，運用大量醫護人員的協助，亦可以降低醫師的疲累感。

A牙醫診所在病患第一次就診時，就會將顧客的牙齒拍照做紀錄，透過照片使顧客可以從照片中了解自己牙齒的情況，當病患欲進行手術或治療時，則會製作顧客的牙齒模型，讓顧客可以透過模型更加了解自己的問題所在，同時亦教導顧客正確的牙齒保健概念。於每一次就診時，紀錄顧客牙齒咬合、形狀與排列的改變，並於手術前、中、後各製作一個牙齒模型，讓顧客可以透過模型了解療程的進度以及最後是否有達到當初所訂定的目標。而因為人們對於未知會感到恐懼與不安全感，因此來牙醫診所的病患通常都會感到焦慮與不自在，而此時，可以利用既有的牙齒模型對顧客進行解說，透過模型的輔助，讓即使是沒有醫學背景的人也可以清楚了解整個手術流程；除此之外手術會和一般的問診區隔，避免干擾，降低病患的焦慮與緊張感。

而針對看診或手術完畢的顧客，A牙醫診所兩位負責前檯接待的護士會針對顧客症狀，建議顧客食用合適的餐點（例如粥），並詢問顧客是否要先打電話協助預約訂餐，若顧客需要訂餐，則護士會透過電話聯絡與A牙醫診所認識的店家預約訂餐，使顧客在看完牙齒後，可以直接到店家用餐，減少等待用餐的時間。

為降低小朋友對於看牙醫的恐懼感，護士與醫師會以鼓勵的方式，安撫小朋友的情緒，並且視小朋友年齡、個性與表現，免費贈送貼紙、玩具與文具等用品（如圖8-4）作為鼓勵激勵的禮物。除此之外，漆黑的X光室中吊掛著可愛的屏幕，降低小朋友的懼怕感，並有護士陪同小朋友進入X光室拍照。

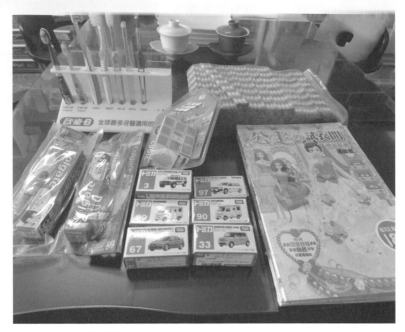

圖8-4　提供給小朋友的刷牙組與玩具贈品

4. **行銷與銷售（Marketing and Sales）**

由於A牙醫診所位於商圈之中，顧客的類型十分多元化，消費客群大致可分為商圈中的特約店家、外來遊客、學生以及附近居民，針對在商圈中的特約店家工作的店員，由於A牙醫診所了解店員要和顧客接觸與對談的工作性質，因此會提供來就診的店員漱口水，讓店員及時保持口氣清新，以明亮的牙齒和清新的口氣面對顧客；針對外來遊客，則會提供商圈中商家的資訊，或提供特約店家的優惠券，讓外來遊客在就診的同時，能順便規劃旅遊行程，提供外來遊客不一樣的看牙經驗；而針對學生以及附近居民，A牙醫診所則會固定到醫院附近的小學免費進行牙齒保健的演講，教導學童正確的刷牙方式，透過這樣具有教育意味且能回饋鄰里社區的方式，來深入校園並建立A牙醫診所在社區居民心中屹立不搖的地位。因此，A牙醫診所透過和商圈中的店家合作，鞏固客源並吸引外來遊客，使它無須推薦自己，因為顧客與社區鄰里之間就會口耳相傳，不用打廣告，透過口碑行銷，就讓A牙醫診所有絡繹不絕的客源。

5. **售後服務（Service）**

A牙醫診所非常重視每一個顧客，在進行手術過後，會掌握手術後黃金24小時，所有醫師的手機24小時開機，以隨時處理顧客的緊急狀況或是問題；同時，A牙醫診所亦會定期做電話訪談的工作，以隨機的方式抽取閱紀錄表中的顧客，追蹤其後續的狀況，並詢問對A牙醫診所與醫護人員是否感到滿意，並聆聽顧客對A牙醫診所的建議與指教。

另外，A牙醫還提供其顧客一個非常貼心的服務，A牙醫診所一進門的右手邊牆面，擺滿了各式各樣的牙刷與牙膏，並且以成本價販賣給所有顧客，A牙醫診所不希望透過販賣周邊商品而獲利，而是希望能夠提供這樣的服務帶給顧客方便，且櫃台人員亦可以依照顧客不同的情況，教導其該如何選擇適合自己的牙刷與牙膏，帶給顧客不同以往的「看牙」體驗。

A牙醫診所的CEO從病患的角度，來了解病患在看牙醫過程中的各項感受，在深諳「管理」與「顧客」在牙醫診所的重要性下，以「差異化」作為價值定位，創造讓顧客滿意的牙醫服務，並將管理知識應用到牙醫診所的營運中，期望透過價值鏈上一連串創造價值的流程，提供給前往A牙醫診所的顧客們滿意的牙醫服務。

8-4　結論

在本章中，一開始介紹價值和價值定位的意義與重要性，來說明企業如何透過清楚的價值定位，經由價值鏈活動來創造顧客價值，並且獲利；除此之外，本章中介紹許多案例來說明價值定位的重要性，從不同的企業案例中我們可以得知，不論是大企業（例如：義美食品）或中小企業（例如：吉米卡潛艇堡），都必須要進行價值定位，定位清楚了，企業的價值才會彰顯，同時才能符合顧客需求，進而創造顧客價值；更重要的是，清楚的價值定位，往往能成為企業渡過危機與難關，在義美食品的案例中可以發現，義美食品是透過對品質的堅持，使它安然度過三聚氰胺、瘦肉精、塑化劑等食品安全事件的危機。

因此，當新創事業者要進行創業時，必須透過自身的經營理念，了解企業的核心價值為何，透過清楚的價值定位，持續影響企業經營的方式，藉由想法來影響做法，並且堅守創業時的理念，才能走出一條屬於自己的康莊大道。

一、問題與討論

1. 何謂價值？

2. 何謂定位？

3. 何謂價值鏈？

4. 在本章中，舉了許多應用價值定位和價值鏈的案例，請試著參考本章的案例，自行選擇一家企業，將價值定位和價值鏈應用在你所選擇的企業。

二、個案討論

1. A牙醫診所的價值鏈管理模式為何？

2. A牙醫診所的價值定位為何？

9

選址

對一家企業來說（尤其是新創企業），選址是建立與管理企業的第一步，選址影響一間企業的營運成本、後續的經營策略、產品和服務的提供成本與定價以及企業的競爭程度與競爭優勢等，因此對企業經營有非常深遠的影響，一旦選址不當，將會對企業造成重大的損失。因此企業在進行選址時，必須謹慎的思考並考慮多方面的因素，這些考量因素會因為產業的特性不同而有所不同，且不同產業對個別因素的權重也不盡相同，因此選址的複雜性非常高。

本章首先在第9-1節說明選址理論，內容包含選址的內涵、選址的重要性與選址原則；第9-2節說明企業常用的選址方法，分為定性法與定量法，其中定性法包含「德爾菲法」，而定量法包含：「因素評分法」、「重心法」以及「CVP分析法」三種方法來做說明；第9-3節緊接著討論連鎖商店之選址方式；由於新創企業初期的營運規模較小，實務上運作時，不一定會依靠複雜的選址計算方法，因此在最後一節中以三才靈芝農場為例，說明農場主人當初在創立農場時的選址方式，提供讀者參考。

9-1　選址理論

選址影響了一間企業的營運成本、經營策略、產品與服務的訂價以及競爭程度等，因此對一家企業來說，選址是建立與管理企業的第一步。每間企業所面臨的產業環境與業態的不同，會影響企業選址時須考量的因素、規劃與權重也不盡相同。因此首先在第一章介紹選址的意涵、選址的重要性以及選址的原則。

一、選址的意涵

「選址」（Site Selection）是指一家企業決定要在哪個地理區域營運的地點選擇之程序，位置的選擇對於企業而言非常地重要，除了與未來的經營運作息息相關之外，也會影響企業組織中各部門的工作分配以及供應鏈的組成與程序等。例如：丐幫滷味（http://www.gaibom.com/, accessed on 2019/11/01）在決定加盟分店的店址之前，總部的人力資源部門必須要配合新成立的分店進行人員的招募與員工培訓等；會計與財務部門也必須針對新成立的分店進行仔細的評估；中央廚房也要計算分店與總

部之間的距離以及配送的路線等；而最重要的還是行銷部門必須仔細評估分店地點對客戶的吸引力以及開創新市場的可能性等。因此「選址」對企業來說影響非常地深遠。

李奎（2008）指出選址通常包含兩個層面：一是「選位」，二是「定址」。其中「選位」意即選擇企業設施（例如：工廠或店面）的地區或區域，隨著全球化的影響，企業設施設置在國內或國外也可能被納入為考慮因素。而「定址」則是指在選位確定後（亦即決定好地區或區域之後），緊接著選定在該地區或區域中的某個位置，簡而言之，也就是在選定的地區或區域裡選擇某片土地來設置該設施（例如：工廠或店面）；由此可知，「定址」為「選位」的延續與深化。

「選位」決定企業的投資規模、建設速度與生產過程中所需投入的成本與結構，不同地區的人文、地理、習俗與收入均有差異，因此管理方式應該因應當地的風俗特性來進行微調。而「是否鄰近用戶」、「是否鄰近物流中心或是原料產地」、「勞動資源是否豐富」、「後勤服務設施和費用可否減少」等因素均是企業選址所需考量的問題，並與企業未來的投資和運作成本息息相關。

以王品集團（http://www.wowprime.com/, accessed on 2019/11/01）為例；王品集團創辦人戴勝益先生接受理財周刊訪談時，提到泰國屬於東南亞國家協會一員，可成為前進東協的前哨站，加上泰國擁有6,700萬的人口，且經濟成長穩定。且剛好Mai Tan集團創辦人Tan Pasakornnatee認為王品集團旗下的陶板屋裝潢及味道很有「日本味」，而泰國民眾很喜歡日本，因此希望能夠與陶板屋進行合作，因此繼中國大陸後，王品集團決定選擇「泰國」作為繼中國大陸之後的跨國經營設點地區，此即「選位」的概念。

「定址」決定了企業的周邊環境、企業可拓展的條件以及員工生活的方便性等。以上述王品集團的個案為例，王品集團在選定泰國曼谷作為跨國連鎖經營設店的區域之後，接著便針對泰國曼谷的市場與消費者習性進行調查，透過市場調查後發現，由於泰國屬於東南亞國家，四季如夏，因此消費者們親友聚會用餐地點喜歡選擇在有冷氣的購物中心或百貨公司之中。因此王品集團決定將連鎖分店的地址設在泰國哪一座購物商城中哪一層樓的哪個位置即為「定址」的概念。

> ● 選址小知識─「選址」的源起
>
> 選址起源於20世紀中40年代和50年代美國政府和合資公司在為新設施開發新地域選點的過程，其中包括美國空軍軍官學校、漢福德原子反應廠等。由於這些案例涉及了國家安全、環境保育等特殊因素，必須經過一連串嚴密的評估程序，才能夠確認選址的可靠性以及理想性，因此這些案例所採用的選址程序也在此時被美國政府正式成文應用。隨著歷史演變與經濟發展，這些案例的選址程序也漸漸地被民間機構所採用。而對企業來說，選址是影響企業效益的一個決定性因素。
>
> 參考資料：http://zh.wikipedia.org/wiki/%E9%80%89%E5%9D%80, accessed on 2013/06/20

二、選址的重要性

由前一段的內容可以得知選址主要會影響到「企業未來的營運成本」、「企業的產品和服務的定價」、「企業在市場上競爭與切入客層的能力」以及「與供應商的互動關係」，因此以下將分別說明這四大影響因素對應到選址的重要性，而詳細的內容如表9-1所示。

表9-1　選址的重要性

選址對企業之影響	內容
企業未來的營運成本	選址會影響到一間企業的營運成本，而營運成本可以分成直接營運成本與間接營運成本，直接成本指的是和主業務有直接相關的經營成本，而間接成本指的是非直接相關的經營成本。 趙清成（2012）指出航空公司的直接營運成本為飛機運輸營運相關的成本，例如：購買或租賃飛機的費用、燃油費用、機組人員與維修保養費用；間接營運成本則是與飛機營運無關的費用，例如：航空公司後勤人員薪資、營業業務與地勤支出等。從航空公司的案例可以知道，航空公司的Hub機場位址，會影響到購買或租賃飛機與燃油的購油費用以及購買維修器材的物流費用等；此外，機場當地的物價水平與人力成本費用，也會影響到間接成本：人員支出的費用。因此可知選址對企業的影響非常地深遠，也揭示了選址對企業的重要性。

選址對企業之影響	內容
企業的產品和服務的定價	因為企業坐落的地點不一樣，所需負擔的營運成本也不盡相同，因此選址會影響到企業的產品和服務的定價，以連鎖飲料店五十嵐（http://www.50lan.com.tw/, accessed on 2019/11/01）為例，臺北分店與高雄分店的產品售價因店租、員工支出等營運成本不同，因而反映在產品的售價上，所以臺北分店的飲料價格均比高雄分店多出5元。
企業在市場上競爭與切入客層的能力	企業店座落的地點會影響到企業在市場上的競爭地位以及切入顧客層的能力。以丏幫滷味（http://www.gaibom.com/, accessed on 2019/11/01）為例：丏幫滷味不會隨意讓加盟主增設分店，在確認開店之前，總部一定會先針對該地區做一個完整的評估，先了解該區域與顧客的型態（是學區或是商業區等），評估是否有足量的顧客群與人潮；接著再了解該區域飲食店鋪做一分析，了解在鄰近的區域內是否也有自己旗下的加盟店，以免因相互競爭而稀釋掉加盟分店的獲利。
與供應商的互動關係	選址會影響到企業與供應商的互動關係，尤其當企業所需的原物料與設施需仰賴供應商，且企業與供應商彼此之間需要很頻繁的協調與溝通時，彼此不適合相距太遠。以高科技產業為例，高科技產業要求速度與精確度，因此產業中的分工非常細，供應鏈上每間企業均專注於自己的核心能力，透過外包與相互合作來完成顧客要求的訂單，因為高科技產業者的這種特性，使得高科技產業容易形成聚落，例如：新竹科學園區、臺中科學園區與臺南科學園區等，皆在其園區內或園區外形成一個個的產業群聚。

三、選址原則

普遍而言，一個機構或企業在選擇設施之地點時，通常會考慮到成本因素（人力成本、運輸成本、公共設施成本、稅金成本、不動產成本等等）、與供應商及資源之鄰近度、與市場之鄰近度、與母公司相關設施之鄰近度、自然環境因素等。然而，選址所要考量的因素會因為產業的不同而有所不同，不同的產業對於相同因素的權重可能會不一樣，例如：對重工業（如：中鋼http://www.csc.com.tw/index.html, accessed on 2019/11/01）來說，原物料的鄰近程度可能會是選址時所考量的主要因素，但是對於服務業（如：王品牛排http://www.wangsteak.com.tw/, accessed on 2019/11/01）來說，與顧客及市場的接近程度才是選址時所考量的主要因素。因此本書作者整理了5個企業選址的基本原則，供不同的企業作參考。

(一) 敏感性原則

在前一段有說明到企業的營運成本包含了直接營運成本與間接營運成本，營運成本會影響一間企業達到營運目標的能力以及產品於服務的提供與定價方案，選址所考量的因素非常多，因此敏感性原則指的是當企業在評估選址的因素時，應該思考該因素對於企業的營運目標與能力的影響程度。當影響程度越高，代表對這家企業的敏感程度也越高；反之，若該因素對企業的營運目標與能力的影響程度低，甚至是不具影響性，則敏感程度低，代表此因素不列入企業選址的考慮範圍。

以透過網路販售水果禮盒與經營水果專賣店的農產品業者為例：經營實體水果店的農產品業者，主要的營運成本為店舖的經營（包含店租、水電費等），且實體商店必須選在有人潮或者是消費者容易找到的地點，因此與顧客的距離對其營運成本的影響程度較高，顯示與顧客的距離之敏感程度較高；然而，網路業者的主要營運成本為分裝訂單與宅配的費用，因此在選址時，以配送距離最短的對其營運成本的影響程度較高，顯示配送距離的敏感度較高。

(二) 適應性原則

適應性原則指的是一個國家與地方的政策發展、經濟發展、消費水平、物價水平、人文風俗習慣、與收入水準等，這些因素影響著企業未來的營運方向以及經營成本，因此企業在選址時，應該要與國家與地方的社經發展、風俗習慣等相應。近年來，受到國人作息、飲食習慣改變的影響，販賣早午餐、輕食的餐飲業者越來越多。

個案導讀

開設補習班的選址原則

補習班在選定開設的地點前，必須考慮許多因素。選址對於補習班成立之成敗相當關鍵。在各學區周邊常常有許多補習班，最常見的補習班便是設立在學校的對面，或是距離不到300公尺的地點。許多家長為了方便接送，便選擇距離學校較近的補習班就讀。學生在放學後便能走路到補習班，上完課後再由家長接回，或是直接走路回家。如此，家長便可解決接送孩子的問題。因此，許多補習班經營者皆選擇距離學校較近的地點開設補習班。在走訪各學校附近能開設補習班的地點後，A君決定選擇距離學校僅需步行五分鐘的地點開設補習班，雖然房租較貴，但是能減少載送學生的運輸成本與聘僱司機的人力成本。

(三) 經濟性原則

　　企業選定位址之後，必須支付營建費用與未來的營運費用等，對企業日後的支出成本有非常大的影響，一旦選址不當，其所帶來的不良影響並非事後補強或加強管理所能補救，因此選址時應遵循經濟性原則，將成本納入考量。而本書作者根據多年研究與輔導中小企業之經驗發現，新創企業在成立之初，對於自己的定位與目標還在摸索的階段，常常無法清楚地定義出企業的營運目標與方向，因此在選址時，常常以「成本最小化」作為主要的考量原則。

(四) 競爭性原則

　　在選址過程中，應考量到企業在市場上的競爭地位，而競爭性原則可以從「是否深入目標顧客群」以及「該地區的競爭程度」兩個面向切入，因此企業在選址時，必須要先針對該地區作調查，了解顧客與目標族群的分布概況以及該地區的競爭程度為何。

(五) 群聚性原則

　　本書作者發現臺灣的產業常常會有「群聚」的現象，例如成衣業與精密機械業等。以成衣業為例，臺北五分埔、永和中興街、臺中天津服飾商圈、高雄長明街、安寧街等地區聚集了許多成衣批發商，由於貨色新、流動快，且價位低於市面價格，吸引許多消費者前往採購；尤其臺中天津服飾商圈一年一度的「曬衣節」（http://travel.tw.tranews.com/view/taichung/peipinglu/, accessed on 2019/11/01），店家出清存貨、提供最低折扣，常常吸引大批消費者前往搶購。以精密機械業為例，臺中向來為臺灣機械業的重要生產地，近年來為配合國家推動機械產業技術提升政策、建構與中部科學工業園區相輔相成之分工體系，開發「臺中市精密機械科技創新園區」，園區用地甫一推出，便吸引逾百家廠商進駐。

　　許鉅秉（2012）引述Porter在1990年發表的《國家競爭優勢》一書中所提及之內容：Porter 認為產業是研究國家競爭優勢時的基本單位，一個國家的成功並非來自某一項產業的成功，而是來自縱橫交織的產業群聚，故提出產業群聚的概略，指在特定區域中，一群在地理上鄰近、有交互關係的企業和相關的法人機構（如大學、制定標準化之機構、金融機構、產業公會等），透過產品和資訊的流通，使彼此之間的共通性和互補性能夠作連結，形成既競爭又合作的關係，使得產業間能夠緊密地連結在一起。

世界經濟論壇（World Economic Forum）在其「2007-2008年全球競爭力報告」中指出臺灣產業聚落發展指標（State of Cluster Development）於2007年及2008年連續躍居全球第一。而在「2011-2012年全球競爭力報告」中臺灣的產業聚落發展指標亦名列世界第一（2012），被譽為創新產業群發展之典範。臺灣除了高科技產業聚落如新竹科學園區、臺中科學園區、南部科學園區等聞名國際外，許多整合工藝、在地文化、及美學元素的傳統產業聚落也漸漸興起。

會選擇在廟旁邊的小巷中開店除了因為老闆對寺廟的獨特情感之外，還有兩個最重要的因素，而以下將透過「經濟性原則」、「群聚性原則」與「競爭性原則」說明鹿府文創老闆的選址歷程。

1. 經濟性原則＋群聚性原則

臺南市政府有意推動文創產業群聚，因此臺南市政府出資在永康區整理當地傳統的平房建築，打造成一區古色古香的文化創業園區，並將這些整修過後的房子以較低的價格出租給文創業者或當地居民；然而，巷弄中的房子因為不處於主要觀光區內，因此租賃的費用更低，且又別具特色。鹿府文創的老闆認為鹿府文創未來還是會持續經營網路行銷與販售，因此鹿府文創便透過成本最小化的「經濟性原則」以及「文創產業群聚性原則」，最後選擇將店址定在鄰近文化創業園區小巷子中的特色平房裡。

2. 競爭性原則

此外，老闆不希望吸引觀光客，而是希望吸引到對廟宇、文創文化有興趣的消費者，因此故意將店面的地點選在小巷弄之中，所以來到實體店面的顧客大都是在網路上買過或是對文創的產品有興趣而「特地」尋找鹿府文創的實體店面之消費者。

9-2　企業常見的選址方法

企業在進行選址時，首要的步驟，便是定義出清楚的目標（例如：鄰近市場、鄰近供應商、配送距離極小化、成本的極小化等），因為目標會影響到後續各項因素考量的先後順序與權重，因此明確的目標是企業在選址時的首要步驟。制定完企業的目標之後，接下來便是蒐集相關的數據，包含各種影響企業的各項因素，並且針對各項因素進行排列優先考量順序與權重，擬定出初步的候選方案，接著便透過定性法與定量法來進行考量與決策。

Mosco（1983）認為，定量方法是以數據資料建立理論，而定性方法主要是以研究者個人的「洞察力」來分析社會中的問題。將定性法與定量法應用在選址問題時，定量法意旨利用數據資料計算出最適的選址地點；定性法意旨管理經營團隊運用本身的經驗與觀察力決定出最適的選址地點。本章中將介紹一種定性法，即「德爾菲法」；與三種定量法，分別為：「因素評分法」、「重心法」以及「CVP分析法」三種方法，以下將個別介紹這四種企業常用的選址方法。

一、定性法

定性法主要是依照管理者與經營團隊的經驗與專業知識來進行分析與決策，以下將介紹定性法中的「德爾菲法（Delphi Method）」，根據學者Noorderhaven（1995）指出，德爾菲法是專家預測法，也是群體決策法的一種。參與者藉由匿名的方式針對某項特定議題不斷地進行溝通與整合，所有參與的人員（德爾菲法之參與成員包含專家、學者或是具有相關專業知識的人等）必須反覆將意見與結果回饋給其他參與成員，當回收意見與結果未能聚焦收斂時，參與的人員必須反覆進行此過程，直到參與者意見趨於一致為止。

德爾菲法在應用上可依照企業選址策略的不同目標選定專家，組成專家小組，向所有的專家提出選址問題，並附上公司的背景資料等，由專家進行答覆，並將第一次的判斷與回覆資料做統整，進行比對，再將結果發給各專家，讓專家們可以在比較與評估他人不同的意見後，修改自己的意見與判斷，再進行第二次的意見蒐集與彙整，直到最後的意見趨於一致時即可終止。

綜合上述內容，透過德爾菲法選址的優點為，簡單易行，且可以透過專家的協助，獲得比較有說服力的意見，並且能夠蒐集各方專家的意見，並且將分歧點表達出來，取各家之長，避各家之短。然而，德爾菲法的主要缺點就是企業必須要能夠找到一批優秀的專家，才能夠執行德爾菲法。

二、定量法

定量法意旨利用數據資料計算出最適的選址地點或是利用計算公式計算出最適地點。根據楊衛平（2007）在《一類多產品設施選址問題研究》一文中指出，自1964年Hakimi學者發表關於網絡多設施選址的論文之後，使得選址的問題發展成為一個系統化、科學化的理論，而20世紀以來，隨著經濟的發展、全球化、區域化、企業經營的

多元化與跨國化的速度加快，使得企業面對的市場變化加劇，且不確定性增加，促使許多學者紛紛投入選址問題的研究，利用許多數學公式與經濟模型來解決選址問題。而以下將介紹「因素評分法」、「重心法」以及「CVP分析法」這三種企業常見的定量選址方法。

(一) 因素評分法

因素評分法是先從所有待評價的工作中確定出幾個主要因素，每個因素按標準評出一個相應的分數，再根據各因素的分數排定出因素間相對應的等級。因素評分法最大的優點在於公平性和準確性。因素評分法的缺點就是分數不容易給，且相同的分數所代表的意義不盡相同，例如：假設企業透過李克特量表1至5分作為因素的評分標準，其中，行銷經理與採購經理針對A因素同樣評定4分，但是行銷經理的4分所代表的是不到4分，但接近4分；然而採購經理心中認為A因素超過4分，但不到5分；因此同樣都是4分，對行銷經理與採購經理所代表的意義不一致。

傅和彥（2008）在《生產與作業管理》一書中，將因素評分法分為六大步驟：

1. 決定地點方案所有的重要因素。
2. 按每一個因素的重要性給予權數，而權數的總合為1。
3. 決定各因素適用的尺度範圍（例如：使用李克特五點尺度量表，或是七點尺度量表）。
4. 對每一地點方案依因素而進行評分。
5. 將每一地點方案之分數與權數相乘，然後加總起來。
6. 選取加總後綜合分數最高的地點方案。

(二) 重心法

謝靜（2007）等人指出重心法（The centre-of-gravity method）是一種考慮運輸距離對配送中心選址影響的解析方法，常見於設置「單個」廠商或倉庫的方法。重心法的主要考慮因素為現有設施之間的距離，以尼克咖啡（http://tw.myblog.yahoo.com/naked-cafe, accessed on 2019/11/01）為例，尼克咖啡目前在臺中有四家門市，假設尼克咖啡總部為了協助各分店降低開店成本，因此想要成立一個中央廚房時，總部可以透過重心法計算出與四家分店運送距離相同的地點設立中央廚房。而重心法的計算公式與流程如下：

1. 建立坐標軸：重心法首先要在坐標系中標出各個地點的位置，以確定各點的相對距離。而在國際選址中，經常採用經度和緯度建立坐標。

2. 求出運輸最低的位置坐標X和Y：建立坐標之後再根據各點在坐標系中的橫縱坐標值求出運輸總成本下之坐標位置X和Y，而重心法使用的公式如式9-1與式9-2：

$$Cx = \frac{\sum Xi}{n}$$ ··式9-1

$$Cy = \frac{\sum Yi}{n}$$ ··式9-2

Cx = 重心的 x 坐標；

Cy = 重心的 y 坐標；

Xi = 分店（門市）i 的 X 坐標；

Yi = 分店（門市）i 的 Y 坐標；

n = 分店（門市）數目。

3. 求出設址地點：透過上述的公式，企業可以決定出重心點坐標值（Cx , Cy）所對應的地點作爲主要的設址地點。

　　但重心法在實務上的應用有許多限制，例如：重心法理論的模型假設各點的運輸貨物量與運輸成本相同，但實際上各分店會因爲顧客的來店數、租金、交通便利度等各種不同的因素導致其所需的運輸貨物量與運輸成本不盡相同，使得重心法計算出來的最佳設址地點有所偏誤；更重要的是，透過重心法計算出來的最佳地點可能在實務上不可行，例如：地理環境上的限制（湖泊、斷層帶）等，導致無法在該地設址。即使重心法有諸多限制，但也不意味著重心法沒有使用價值，企業在進行中央廚房或是配銷中心的位址時，重心法可以提供企業一個參考依據。

（三）CVP分析法

　　黃國良與孫佳（2009）指出CVP分析法，是成本—數量—利潤分析法（Cost-Volume-Profit Analysis）的簡稱，又稱爲本量利分析方法。CVP分析法是指在變動成本計算模式的基礎上，以數學化的會計模型與圖文來揭示固定成本、變動成本、銷售量、單價、銷售額與利潤等之間的關聯性。CVP分析法著重於分析企業的銷售數

量、價格、成本與利潤之間的數量關鍵，幫助企業管理人員制定出策略性決策，亦可以應用在企業選址的過程中。CVP分析法除了協助企業進行預測、決策、計劃和控制等經營活動，也是企業管理會計的基礎內容。

蕭子誼（1998）將CVP分析法的基本模式如式9-3，該公式反映了價格、成本、業務量和利潤各因素之間的相互關係。

$$Z_K = \sum_{t=1}^{n}(P_{tk} - V_{tk}) \times Q_{tk} - TFC_{tk} \cdots\cdots\cdots\cdots\cdots\cdots\cdots\cdots\text{式9-3}$$

其中Z = 利潤，K = max ZK

P_t = 第 t 種產品之每單位售價

V_t = 第 t 種產品之每單位變動生產、銷售成本

n = 產品之種類數

Q_t = 第 t 種產品之產、銷數量

TFC = 固定生產、管理及銷售成本之總和

CVP法在選址上的應用即為找到一使得利潤極大化的「K點」，即為最佳的選址地點。

9-3　連鎖商店選址方式之討論

一家店的成功，必須考慮到許多的因素，而店址選擇為首要的關鍵因素，成功之店址選擇，對於任何企業的成敗，具有關鍵性的影響，特別是連鎖店的營運，由於各分店都位於不同的立地環境，且同質性高的商店林立，因此選擇適當的開店地點，是創業成功的首要工作。且為了快速的展店，通常都會發展出一套選址的標準作業程序，因此連鎖商店選址的方式非常值得創業者學習，故本節將介紹連鎖商店如何進行選址，提供給未來創業者作為參考依據。

梅明德等人（2009）在《運用地理資訊系統輔助連鎖式商店開設位址評選》一文中討論咖啡店、便利商店與藥妝店三種連鎖店的商店位址評選條件，並將這三種商店的選址條件彙整成表9-2。

表9-2　連鎖式商店選址條件彙整

類型	選址條件
咖啡店	1. 人群聚集多的地點為最佳條件，因此辦公商圈或捷運車站附近為考量點。 2. 地點明顯處：街角及十字路口。 3. 與其他咖啡店競爭者至少相隔300公尺。 4. 消費者在消費時會因為停車的問題而影響消費，所以停車方便性列為考量之中。以停車場附近徒步五分鐘內（約200公尺）能走至消費的地點。 5. 鎖定客戶：新式咖啡店主要消費族群以上班族為主，學生次之。
便利商店	1. 坪數為25~40坪之間。 2. 位址在三角窗或在位址於三角窗隔壁一至二間。 3. 徒步300公尺範圍內包含了辦公大樓與學校。 4. 半徑250公尺範圍內的其他便利商店數在兩家以下。
藥妝店	1. 半徑250公尺範圍內附近不能有任何一家的競爭商店。 2. 賣場坪數平均為15~40坪。 3. 銷售對象以學生和上班族為主。 4. 選址地區以捷運站周邊顧客密集處為主。

資料來源：梅明德等人（2009）

　　星巴克前任副總裁亞瑟‧魯賓菲爾（2013）在任內將星巴克由100多家擴展到全球4000多家分店，並將多年來累積的選址經驗區分成四大關鍵因素，分別為：(1)確定人潮及流量；(2)訪查周遭環境；(3)建築等於活廣告；(4)跟類似的品牌坐落在同一地點。

　　綜合上述內容可以知道，連鎖企業在展店時，首要的考量因素就是「人潮流量」，其次為「周遭環境」。其中人潮流量指的是人群聚集與往來的程度，而周遭環境包含了三個層面，一個是周圍的競爭程度，另一個為交通的便利程度，最後為店址的明顯程度。因此連鎖企業要展店時，首先必須評估該地區的人潮流量，以確定該地區具有一定程度的消費力道；接著便要考察周遭的環境，確定該地區的競爭程度、交通方便程度；並且要使新成立的店舖能夠明顯，或是透過大型的招牌或有趣的廣告吸引消費的目光，吸引消費者目光駐足停留與消費。

　　然而企業經營與成功的方式有千萬種，因為企業的產業別、經營方式、創業的時點等，所需考量的因素與要件不盡相同，例如本章個案3所提到的鹿府文創，就是一個反例，鹿府文創在經濟、群聚與競爭性原則之下，選擇在不顯眼的小巷子中開

店，這也顯示在網路時代下，企業上還可以透過網路行銷的力量，將消費者引導至實體商店之中，而這中間該如何權衡，還是要看企業當初設立的目標為何，依照企業的目標作為選址的依據。

9-4　選址模式之個案說明─以三才靈芝農場為例

　　新創企業初期的營運規模較小，實務上運作時，不一定會依靠複雜的選址計算方法，且因為企業的性質不同，創業者在選址上考量因素也會有所落差，因此本書作者親赴臺北石碇三才靈芝農場，訪談農產經營者葉庚隆老闆當初為何會選擇在新北市石碇區的山中設立三才靈芝農場。有別於一般企業，觀光旅遊休閒農場為了要能夠吸引消費者的注意，除了要有特色之外，最好還能夠富有歷史或故事，才能夠拉近與顧客之間的距離，在同業之中脫穎而出，因此三才靈芝農場葉老闆將當選址時所考量的因素分為「歷史」、「交通」與「風水」三大面向來做說明。

一、歷史

　　三才靈芝農場過去是一座百年古蹟的石頭屋，利用礦坑開採煤礦時所炸碎的石頭建造，在當時為全臺最大的石頭屋。而在日據時代時，因為地形隱密，飛機在天上飛過時，沒有辦法看到底下的石頭屋，加上坐落在原始林溪畔，清幽的環境和良好的水質，因此在當時被選為日本高級將領軍官的俱樂部。而在臺灣光復後，又成為台陽煤礦辦公廳舍。農場主人認為這濃厚歷史色彩為此地添加了許多故事性，成為經營民宿與觀光農場的亮點。（資料來源：http://www.sp-store.com/etpc/b17.html, accessed on 2019/11/01）

二、交通

　　三才靈芝農場當時的地點雖然隱蔽，但是農場主人預見在十年內交通建設會有大幅度的改善，使得交通往來不再是問題；果然在不久之後，政府便在附近興建快速道路與高速公路，也因為快速道路與高速公路的興建，使得三才靈芝農場的交通更加便捷，所以一般民眾能夠透過快速道路與高速高路快速地抵達三才靈芝農場。

三、風水

農場環境清幽雅緻，蒼翠青山環繞四周，而中間有河流與支流穿越，彷彿群龍搶珠一般，因此曾有風水老師說此地乃「群龍護珠、元寶祥地」，而農場主人在此感受到天、地、人三種靈氣結合，而農場主人因此產生了：「覆者為天、載地人造化所生」，於是以天、地、人三種靈氣結合的意思，將農場取名為「三才」。

綜合上述內容可以知道，葉老闆當初是從歷史性、交通性與風水這三項因素來選定農場的位址，由此可知，企業在選址，除了本章前述的成本、經濟、市場等理性的考量因素之外，也可以從「歷史文化」、「風水」等情感面的角度出發。

9-5　結論

本章首先在第9-1節說明選址理論，選址是指一家企業決定要在哪個地理區域營運的程序，包含兩個層面：一是「選位」，二是「定址」。而選址的重要性可以從企業未來的營運成本、企業的產品和服務的定價、企業在市場上的競爭與切入客層的能力以及與供應商互動關係這四大面向說明選址的重要性。此外，選址的五大原則包含了敏感性原則、適應性原則、經濟性原則、競爭性原則與群聚性原則。

第9-2節則說明企業常用的選址方法，分為定性法與定量法，其中定性法包含「德爾菲法」，而定量法包含：「因素評分法」、「重心法」以及「CVP分析法」三種方法來做說明。由於連鎖店各分店均有不同的立地環境，且同質性高的商店林立，因此選擇適當的開店地點，是創業成功的首要工作，且為了快速的展店，通常都會發展出一套選址的標準作業程序，因此連鎖商店選址的方式非常值得創業者學習。

因為新創企業初期的營運規模較小，實務上運作時，不一定會依靠複雜的選址計算方法，有時候創業者在選址的過程中也會包含情感因素的考量，因此在最後一節中以三才靈芝農場「歷史」、「交通」與「風水」為例，提供讀者另一種的選址方法。

本章習題

一、問題與討論

1. 請說明選址的原則為何？

2. 企業常見的選址方法有哪些？

3. 連鎖商店如何進行選址？

二、個案討論

1. 在閱讀完本章的三才靈芝農場個案內容後，請問有什麼樣的想法與啟發？

2. 請問你認為觀光休閒農場在決定位址時，還有哪些需要考量的因素？

10

進入市場障礙與競爭者關係

學習目標

- 了解進入市場障礙的定義。

- 了解進入市場障礙的種類。

- 了解競爭者的定義。

- 了解競爭者的種類。

- 了解競爭者與進入市場障礙的關係。

緒 論

隨著時空的遷移，企業間的競爭程度日趨激烈，為了吸引更多消費者上門，無不以品質、價格、形象等來吸引消費者的目光，在產業內激烈的戰爭讓有意進入此產業的潛在競爭者望之卻步，深怕一不小心即被競爭的洪流給吞噬，然而，此一形成的進入市場的障礙並不只侷限於眾人皆知的企業間戰爭，就連低資本創業的小公司、小店家也深受其阻礙。

舉例來說，有一位初入社會的新鮮人想要回鄉開一間小冰店，因為資本少的緣故，在初步的規劃階段就有許多問題需考量，例如：

1. 這裡的人對冰的需求高嗎？

2. 在這條巷弄上如果有其他冰店，是否會產生威脅？

3. 是否有非冰店的競爭者（如超商）會瓜分市場呢？

4. 以小店的需求，在上游廠商的供貨上，是否能拿到合理的價格呢

以上這些問題只是進入新產業時需考量的一小部分，有可能在規畫階段就因為這些問題而打消進入市場的念頭。

由此可知，企業與企業間的戰爭小至巷道戰都會影響潛在競爭者進入市場的意願與其往後成與敗的關鍵，了解進入市場障礙與現有市場目前競爭狀況是規劃時重要的考量因素。在這一章中，先初步介紹進入市場障礙與競爭者的定義與種類；再說明競爭者對於市場障礙的影響；第二部分以個案探討來加深讀者對於本章節的了解。

10-1 名詞定義

本節分為三部分來介紹進入市場障礙與其競爭者關係的基本概念，分別為：進入市場障礙的定義與種類、競爭者的定義與種類、競爭者對進入市場障礙的影響等。

一、進入市場障礙（Entry Barrier）

在這一部分，我們將介紹進入市場障礙的定義和種類，從初步的介紹讓讀者掌握進入市場障礙的意義與概念。

（一）進入市場障礙（Entry Barrier）的定義

各學者對於進入市場障礙此名詞的定義不盡相同，茲整理如下：

進入市場障礙被認爲是「阻止企業進入到某一有利益可牟取的產業力量」（Harrigan, 1985），照字面的意思來說明，進入市場障礙即爲廠商進入新市場的阻礙或是力量，其所指爲凡阻止潛在競爭者進入某一產業的因素皆被認定爲進入市場障礙。

進入市場障礙會阻止廠商進入新市場，因此Bain（1956）認爲進入障礙是對既有業者而言的一項優勢，此項優勢可使既有業者提高產品售價而不會吸引潛在競爭者進入此產業，各學者對於進入障礙的定義請參考表10-1。

由於形成市場障礙的因素有很多種，在綜合整理後大致可以歸納出下列三個方向。

1. **法律制度層面的結果**：由於政府制度面的限制，使得新進廠商必須額外負擔一些成本，然而既有廠商當初卻不需負擔，造成新廠商無法正常競爭，從而退出市場（Stigler, 1968；Demsetz, 1982）。

2. **既有廠商具有生產優勢的結果**：既有廠商生產經濟優勢造成其他廠商無法與之競爭，使得長期下來既有廠商可把他們的價格，提高到最低水平之上，而又不會引起潛在進入者進入產業。

3. **既有廠商策略性阻礙進入的結果**：既有廠商可能利用各種策略方式，包括產能宣示、價格報復等文攻武嚇來打擊潛在競爭者，降低其進入市場的可能性，保護自己的市場領導地位（Caves & Porter, 1977）。

綜合以上來說，進入市場障礙不僅是阻止新廠商進入市場的阻礙，而且也是造成廠商間不平衡的競爭因素，凡是對新廠商產生阻止或抗拒的因素即爲進入障礙。

表10-1 各學者對進入市場障礙定義之彙整

學者	進入市場障礙定義
Bain（1956）	進入市場障礙是既有業者的一項優勢，此項優勢可使既有業者提高產品售價而不會吸引潛在競爭者進入此產業。
Harrigan（1985） Franklin（1979）	阻止企業進入到某一有利可圖的產業力量。
Stigler（1968）	進入市場障礙是潛在競爭者必須承擔的一種成本，而此種成本並不對既有業者造成影響。
Carlton and Perloff（1994）	進入市場障礙是任何防止企業進入市場建立新公司的因素。

（二）進入市場障礙的種類

　　造成進入障礙的成因有許多種，最常被提起的屬Bain（1956）所提出的四項形成市場進入障礙的原因，其分別為(1)絕對成本優勢（absolute cost advantage）；(2)規模經濟（economics of scale）；(3)產品差異化優勢（product differentiation advantage）；(4)資本的優勢（capital requirement advantage），他認為這四種障礙，阻止了新廠商進入市場，是造成市場不完全競爭的主因。其說明如下：

1. **絕對成本優勢**：絕對成本優勢為當一方（一個人，一間公司，或一國）進行一項生產時所付出的生產成本比另一方低，有可能是因為既有廠商擁有規模經濟、生產經驗或是有專利權等。

2. **規模經濟（Economies of scale）**：是指擴大生產規模引起經濟效益增加的現象，舉例來說，當大量生產某種商品時可使購入成本降低、產品規格化、統一化和有較強的競爭力等。

3. **產品差異化優勢**：如果既有廠商的產品有特殊性且有專利權保障，就算新進廠商想要模仿、複製，既有廠商的產品會因其在市場上具一定的商譽而被消費者青睞，不容易被複製品打敗。

4. **資本的優勢**：進入市場皆需要有一定的資本額，而為達成規模經濟，其所投入的資本更是可觀，此一因素可讓新廠商望之卻步。

　　除了此四項進入市場障礙因素外，尚有其他因素補充於表10-2，以作為參考。

表10-2　進入市場障礙的種類

進入障礙	來源	涵義
成本優勢 （cost advantage of incumbent）	Bain（1956） Day（1984） Harrigan（1981） Henderson（1984） Liebman（1987） Porter（1980） Scherer（1970,1980） Schmalensee（1981） Weizsacker（1980） Yip（1982）	最重要的進入障礙之一，通常來自於規模經濟及經驗效果。

進入障礙	來源	涵義
產品差異性 （product differentiation）	Bain（1956,1962） Bass et al.（1978） Hofer andSchendel（1978） Poter（1980） Schmalensee（1982）	先佔廠商首先進入市場，提供顧客服務並提供差異化產品，建立品牌識別，獲得顧客忠誠度。
資本需求 （capital requirement）	Bain（1956） Eaton and Lipsey（1980） Harrigan（1981） Porter（1980）	若進入市場，需要大量財務資金，則構成進入市場障礙。
顧客轉換成本 （customer switching）	McFarlan（1984） porter（1980）	轉換成本限制顧客轉換供應者，然而，技術變革可能提昇或降低此成本。
取得配銷通路 （access to distribution）	Porter（1980,1985）	早期之市場進入者，利用密集的通路策略來限制潛在進入者對配銷通路之選擇。
政府政策 （government policy）	Beatty et al（1985） Dixit and Kyle（1985） Grabowski and Vernon（1986） Moore（1978） Porter（1980） Pustay（1985）	政府藉執照，將限制某特定市場之廠商家數。
廣告 （advertising）	Brozen（1971） Comanor and Wilson（1967） Demsetz（1982） Harrigan（1981） Netter（1983） Reed（1975） Reekie and Bhoyrub（1981） Spence（1980）	既存廠商以大量的廣告增加潛在進入者之進入成本並獲得顧客品牌之忠誠及廣告的規模經濟效果。
研究發展 （research and development）	Harrigan（1981） Schmalensee（1983）	既存廠商期許以研發（R&D）的有效投資促進技術之規模經濟，以阻止潛在競爭者的進入，並迫使現有產業沿著一條讓潛在競爭者進入無效的軌跡來變革。

進入障礙	來源	涵義
價格 （price）	Needham（1976） Smiley and Ravid（1983）	價格競爭是種重要的進入干預策略，尤其是用在有閒置產能並且易於利用降價來擴充產量的產業。
科技與技術變革 （Technology and technology change）	Arrow（1962） Ghadar（1982） Poter（1985） Reingaum（1983）	此現象通常存在於容易發揮規模經濟效用功能之高科技產業。
品牌與商標 （brand name or trademark）	Krouse（1984）	既存廠商的品牌與商標使潛在競爭者的新品牌難以建立，客戶不易接受。
部門化（divisionalization）	Schwartz and Thomopson（1986）	既存廠商之部門化成本低於新廠商進入市場所需負擔的成本。
沉入成本 （sunk cost）	Baumol and Willig（1981）	套牢成本會構成進入障礙，也可能形成獨占利潤、資源配置錯誤或無效率等。
銷售費用 （selling expenses）	Williamson（1963）	必要的銷售費用會阻礙潛在競爭者的進入。
既存廠商的預期反應 （incumbent' sexpected reaction to market entry）	Needham（1976） Yip（1982）	潛在進入者會考慮既存廠商的反應將造成進入障礙。
原物料的擁有 （possession of strategic rawmaterials）	Scherer（1970）	原物料的取得使既存廠商享有絕對成本上的優勢

資料來源：Karakaya and Stahl（1989）

　　從上述可知，影響潛在廠商進入市場的障礙有非常多種，但反觀我們所處的周遭環境，新商店新餐廳如雨後春筍般地冒出，就像是幾年前的蛋塔風潮與甜甜圈風潮，這不禁讓人反思，進入市場障礙真的阻礙了潛在廠商嗎？如果有，那為什麼許多賣相同性質商品的店一開再開呢？或許後續的一連串的關店風潮正是進入障礙發生作用的結果吧！

二、競爭者（Competitor）

在這一部分，我們將介紹進入競爭者的定義和種類，從介紹中讓讀者掌握競爭者的意義與概念。

（一）競爭者（Competitor）的定義與分類

競爭者是指在同一個市場內提供類似產品，並以相似群體爲目標顧客的企業。很明顯可以知道，可口可樂與百事可樂互爲競爭者，因爲他們都在同一市場上互相角逐，從經濟學的觀點來說，競爭就是市場內的賣家爲了達到利潤、市佔率及銷售量等的目標而產生的競爭與對抗行爲。

競爭者可區分爲下面兩類，分別爲現有直接競爭者和潛在競爭者：

1. **現有直接競爭者**：客戶應該密切關注主要的直接競爭者，尤其是那些與自己同速增長或比自己增長快的競爭對手，也必須關注任何競爭優勢的來源。一些競爭對手可能不是在每個細分市場中都出現，而是出現在某特定的市場中。因此不同競爭對手需要進行不同深度和水平的分析，對那些已經或有能力對公司的核心業務產生重要影響的競爭對手尤其要密切注意。例如，漢堡王的現有直接競爭者爲肯德基、麥當勞、摩斯漢堡等速食業者，其應當密切注意對手所推出的活動與其經營模式的變革，進而發展適切的競爭策略。

2. **潛在競爭者**：現有直接競爭對手可能會因打破現有市場結構而損失慘重，所以他們可能不會想讓現狀改變，因此主要的競爭威脅不一定來自它們，而可能來自於潛在的競爭對手。競爭對手包括以下幾種（余朝權,1994；謝美如, 2000）(1)上游供應商：包括供應原料、零組件、半成品、或成品的製造商或中間商；(2)下游廠商：包括購買或銷售本產業產品的製造廠商或中間商；(3)提供類似產品給相同顧客或中間商之廠商；(4)使用類似技術而產品不同的廠商。

（二）競爭（Competition）的分類

說明完競爭者的定義後，由微觀轉爲宏觀來探討競爭的本質，競爭就是競爭者對於相同目標的追求而產生的，而這個目標可以是利潤最大化、增加銷售量或成本下降等的目標，爲了更清楚了解競爭的內涵，我們把競爭分爲三種方向：(1)直接競爭（Direct Competition）；(2)替代競爭（Substitute Competition）；(3)預算競爭（Budget Competition）來探討企業的商品個別所處的環境。

競爭的種類可分爲以下三種：

1. **直接競爭**：也可稱爲品牌競爭（Brand Competition），指滿足相同需求、規格和型號等同類產品的不同品牌之間在質量、特色、服務、外觀等方面所展開的競爭。因此，當其他企業以相似的價格向同一顧客群提供類似產品與服務時，營銷者將其視爲競爭者。屬於此類別的公司以相似功能的產品在市場上競爭，通常，當某一公司新拓一產品線，另一公司隨後會依樣畫葫蘆地模仿起競爭對手。

2. **替代競爭**：也可稱爲間接競爭（Indirect Competition），在此類別的競爭產品爲相互可替代的產品，即俗稱之替代品，例如，黃油、奶油、美乃滋等醬料間的競爭，如果買不到黃油，而消費者可能選擇奶油爲替代品。

3. **預算競爭（Budget Competition）**：此類別的產品爲消費者會想要用他們可支配的金錢買的任何商品，例如，有一個家庭當月的可支配預算爲2萬元，而他們可以用這2萬元買的任何商品彼此互相競爭，這樣的競爭就稱爲預算競爭。

　　隨著時代科技的進步，很多產品間的定位已經模糊，這會導致不易界定競爭者和競爭狀況的情形發生，如「手機當電腦用，電腦當電視用，電視當裝飾用」這樣的生活型態已經普及化，手機的功能日漸增加，競爭對手相對地擴大，在區分競爭者時已不如以往單純、容易，因此，企業在做競爭者分析時應當用宏觀的角度分析市場，再予以微觀聚焦在關鍵競爭者上。

三、競爭者對於進入市場障礙的影響

　　進入障礙就是指既有廠商具有潛在廠商所不能及之處，這也是「競爭優勢」的定義，而成功進入市場者會成爲既有廠商，然後也會面對到後來潛在廠商的挑戰，由於此循環無止盡，既有廠商所具備的優勢就會成爲潛在廠商的進入障礙，因此，既有廠商保有競爭優勢才能提高且保持潛在廠商的進入障礙。

　　對於競爭優勢的定義，Porter（1980）認爲其指企業在產業中相對於競爭者而言，長期擁有之獨特且優越的競爭地位，這種獨特且優越的競爭地位表現在外的就是高於平均水準的市場佔有率或獲利率，而Aaker（1986）說明企業建立之持久的競爭優勢三項特徵爲(1)涵蓋產業的關鍵成功因素，關鍵成功因素即爲企業如何運作，才能在產業界獲得成功的因素，如創新的產品與服務（Byars, 1987），可爲領域內的競爭優勢來源；(2)一種與競爭者有顯著差異的競爭優勢；(3)必須能因應環境的變動和對付競爭對手所既出策略、行動。

　　綜合來說，競爭優勢就是企業所擁有的資源，讓產品能在市場上獨樹一格，擁有比對手更強大的競爭能力，這樣的競爭優勢能提高進入障礙，拖延潛在廠商進入市場的時間或甚至打消進入市場的念頭。

(一) 競爭優勢（Competitive Advantage）的種類

Poter（1985）說明競爭優勢可以主要分為三種：(1)成本優勢；(2)差異化優勢；(3)利基優勢，他表示競爭優勢存在的前提是企業能用低價提供和競爭對手相當性質的產品，即為成本優勢，或者提供性能超越對手的產品，為差異化優勢，利基優勢是企業因聚焦成本或差異化，而擁有某一市場區隔，為利基優勢，這樣一來，競爭優勢才能讓企業提供消費者卓越的產品價值與給公司自身的利益。

成本和差異化優勢也可用「定位優勢」的概念來解釋，因為成本和差異化優勢同時也描述了企業在產業內的定位。資源為主的觀點（resource-based concept）強調企業用其內部的資源和能力創造競爭優勢，而最終將創造企業的卓越價值，下圖10-1乃結合資源為主觀點和定位觀點來描繪競爭優勢。

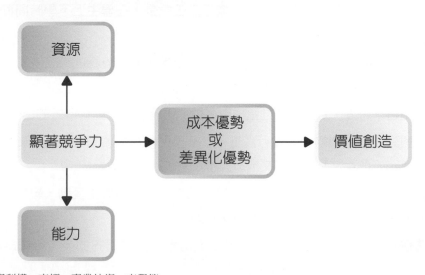

註：1.資源為專利權、商標、專業技術、商譽等。
　　2.能力為有效使用資源的才能。
資料來源：Poter（1985）

圖10-1 競爭優勢模型

進入市場障礙的高低會因其自身持有的競爭優勢而有所差異，對於潛在廠商而言，既有廠商本身的競爭優勢會造成進入市場的時間或甚至是是否進入市場的選擇，在評估階段，潛在廠商可以依既有廠商所缺乏的部分做為自身的競爭優勢而切入市場，進入市場後則需保持此優勢以防後來的廠商超越；對於既有廠商而言，須保持本身的競爭優勢才能成為潛在廠商的進入障礙，此一關係環環相扣，一有不慎，很容易被後來者吞噬且取代。

個案專槽 1

因應競爭激烈的補教業採用的行動與策略

A君剛從知名學校畢業,在學期間他一直在做家教的工作,也熱衷教學。為了能實現教學的夢想,他與家人討論後決定開設補習班。但近年來,補習班成立的數量愈來愈多,而孩童的出生率卻逐年下降,導致補教界的競爭日趨劇烈。為吸引消費者至補習班就讀,連鎖補習班與補習班經營者無不以品質、價格、形象等來吸引消費者的目光。

A君決定投入補教界後,開始進行尋找開設補習班的地點。但是他選中的補習班班址附近皆已有多間文理補習班、連鎖美語班,每家補習班皆具有相當大的規模。要進入此競爭激烈的補教界,他決定採用下列策略以增加補習班的曝光度,進而招募更多的學生。其採用的策略如下:

策略一、首先加入補習班附近的一所國小擔任志工家長,在學生上下學時間協助指揮交通。

策略二、因為英文是他的專長,因此他自我推薦至國小擔任義務的英文課輔老師。每天早上利用早自習時間教導學童英文。

策略三、利用週末時間,定期舉辦社區掃街活動,透過這些活動獲得好的口碑。

策略四、針對過去所教導的學生進行調查,了解學生們在就讀國中與高中後,因其在國小奠定好的英文基礎,英文成績與檢定考試都獲得優異的成績。

策略五、邀請在臺灣就讀的外籍研究生到補習班進行演講與學生互動,學生透過與外籍研究生的互動學習適應不同的英文腔調。

A君透過這些策略提高補習班的曝光度,為學生提供不同的英文學習經驗。並藉由以上這些做法來拉開與競爭對手的差距。

10-2　個案

由上一節的名詞定義探討後可以發現,進入市場障礙對潛在廠商和既有廠商皆有影響,不論是潛在或既有廠商,自身所持的競爭優勢很有可能是讓企業存活的救命丹,因此,本節以美廉社為例,讓讀者更能明白進入市場障礙是如何在現實生活中影響企業,而企業又是如何對這些進入市場障礙做出反擊。

個案導讀2

一年半開七十家店　讓全聯社老闆也跳腳！

此案例摘自於商業週刊（2008，accessed on 2019/11/01）

一、在夾縫中找商機：要比7-ELEVEn便利，比量販店便宜

也許你不一定注意到，但這家打著「物美價廉」口號的社區小型量販超市，已在初期展店七十家，營業額更高達十億元。只是，論全臺店家數，全聯社比美廉社（http://www.simplemart.com.tw/, accessed on 2019/11/01）多好幾倍，若比營業額，全聯社的營收，更足足是美廉社的三十幾倍之多。這是場看起來實力懸殊的戰爭，卻為何讓全聯社如此緊張？

美廉社在量販店、便利商店與全聯社的夾縫間，找到新的商機，「開在你家樓下，進來買個東西只要三到五分鐘，跟便利商店一樣方便，但價格跟量販店一樣便宜。」社區小型量販超市，是總經理給美廉社的最初定位，就如同傳統社會中，已逐漸被便利商店取代的小型雜貨店。當傳統雜貨店已因7-ELEVEn與量販店的夾擊而步入歷史時，總經理試圖做的，是要賦予其新生命，讓美廉社同時具備「便利」與「便宜」兩者誘因。

二、有變形蟲的靈活：分八類市場區塊，提供不同商品組合

美廉社更再進一步依住宅、觀光、商業三大地段，分成八類消費市場區塊，並按照不同區塊，給予不同的商品組合。舉例來說，舊社區行動不便的老年人多，百貨陳列比重可提高到四成；新社區年輕人口較多，食品比率佔大多數。依照不同區塊，設定各種需求的最大公約數，極大化每坪的購買效率。

最後，讓美廉社效率極大化的秘密武器，則在自有品牌的發展。目前美廉社已針對品牌忠誠度低，且購買需求量高的商品如米、衛生紙和肥皂等，發展自有品牌。例如，一家商店針對一種商品只賣兩種品牌：如此做的好處是，由於只擺放兩個品牌，因此能有效降低庫存，另一方面，等於給賣家獨家銷售權，美廉社就可以壓低進貨價格，調降末端售價。

在便利商店、超市、量販店夾擊的情況下，要在這塊市場殺出血路著實不容易，一間間店打出賠本價吸引消費者的目光，很難兼顧便利與便宜這兩項優勢，除此之外，如何做出產品的差異化也十分艱難，此市場賣的產品大同小異，能做出產品的區隔也許才能吸引消費者的目光，綜合以上來說，美廉社這個個案以「便利」加上「便宜」這個訴求進入市場，對於成本優勢這個進入障礙就用「發展自有品牌」來彌補無法像量販店大量進貨而造成成本較高的弱勢，而取得獨家銷售權可擁有配銷通路的保障，或許開間零售店的資金門檻並不高，不會造成進入障礙，但後頭的成本、配銷通路、價格等才是讓許多潛在競爭者舉足不前的進入障礙，而美廉社則是成功的度過此考驗。

10-3 結論

　　本章旨在探討「進入市場障礙與競爭者關係」，透過文獻的探討與個案的研究後可以很明顯了解到，不論是對於潛在競爭者或是現有的廠商而言，進入市場的障礙可以是成與敗的關鍵，對潛在競爭者，某一市場的現有條件與限制會左右潛在競爭者進入市場的時間甚至是進入市場的意願，例如，某一潛在競爭者想要在成衣店鱗次櫛比的街上開一間服飾店，他所要考慮的因素可能就包含如何做出差異化、怎麼以低成本進貨等，這些考量也許會延遲開店的時間或乾脆打消開店的念頭；而對現有廠商也有相同的影響，雖然在市場已佔了一個位子，但如何面對後來競爭者挑戰，站穩市場，也是現有廠商應當時時注意的，由此可見，評估市場進入障礙與競爭者彼此的關係是很重要的，此為創業者應注重的部分。

? 本章習題

一、問題與討論

1. 請列舉三種進入障礙的定義。

2. 形成進入障礙的因素可分為哪三大方向？請說明。

3. 開放題：請自行舉例某一產業的進入市場障礙。

4. 承上題，請舉例某一企業成功克服進入市場障礙的案例。

二、個案討論

1. 進入市場障礙能被企業設定嗎？在各產業的企業分別能設定什麼樣的進入市場障礙阻礙潛在廠商進入呢？

2. 「越早進入市場越能創造優勢」你同意這句話嗎？為什麼？

11

與顧客互動

學習目標

- 如何與顧客進行互動？

- 如何進行顧客關係管理？

- 新創企業如何與顧客進行互動？

- 與顧客互動的成功個案研析。

緒 論

2012年以來，歐洲身陷債務危機、美國復甦疲弱、亞洲成長力道趨緩，導致臺灣面臨經濟不景氣的現象，在油電雙漲的環境之下，使得臺灣民眾的消費信心下降，因而緊縮消費、嚴格控管荷包。而對企業主與創業者而言，如何在消費信心低落的環境之下透過互動與消費者建立更緊密的關係，吸引精打細算的消費者持續消費，成為企業主與創業者的重要考驗。

Greiner and Kinni（2000）指出企業吸引新顧客的成本是維繫現有顧客成本的5倍，一間公司如果能夠將顧客流失率降低5%，其利潤就可以增加25%至85%。因此對企業而言，爭取新顧客雖然能為企業開發出新財源與新市場，但顧客維繫更是不可忽視的重要管理課題，企業主與創業者如何開發新顧客並維繫與舊顧客之間的關係，成為企業經營的重要關鍵因素之一，因此本章節將從與顧客互動以及顧客關係管理的角度探討新創企業如何透過「管理」與「互動」和消費者建立更加緊密的關係，吸引顧客消費。

因此本章於第11-1節說明如何與顧客進行互動，接著在第11-2節說明企業如何進行顧客關係管理，緊接著在第11-3節中以尼克咖啡為例，說明新創企業如何與顧客進行互動，並進行顧客關係管理；並在第11-4節作統整歸納。

11-1 與顧客互動

本章首共分成三個部分，第一部分首先針對「顧客互動」進行定義與說明，讓讀者了解顧客互動包含了哪些面向；第二部分介紹實體店面如何與顧客進行互動；而第三部分則說明企業如何透過虛擬通路和顧客進行互動。

一、何謂顧客互動

Crosby, Evans and Cowels（1990）提出「互動」因素是影響業主與顧客彼此之間的關係是否能夠維持的重要變項，而在互動的過程中可以讓業主了解顧客的需求，建立顧客對業者的信任以增加雙方的契合度，並維持良好的關係。李曄淳（2013）指出顧客互動的過程為關係行銷的核心，尤其在休閒服務產業中，若服務人員與顧客互動良好，則能夠增進顧客關係，並吸引消費者再度消費。Li（2008）將與顧客互動分成「互動強度」、「互動品質」以及「互動長度」三個組成因素，其內容如下：

1. **互動強度**：互動強度最常被定義為銷售人員與顧客為了個人或企業的目的「直接面對面」或「間接接觸」的頻率。Crosby, Evans and Cowels（1990）指出互動強度是影響買賣雙方關係能否維持長久的主要變項，由此可知當業者與顧客互動愈頻繁愈能提升雙方的關係。

2. **互動品質**：Brady and Cronin（2001）將顧客對互動品質所認知的影響因素分為三個，分別為「員工的態度」、「行為」與「專業性」。其中，「員工的態度」指的是服務人員讓顧客感受到友善與樂意協助的體驗；「行為」指的是服務人員可以很快速地採取行動，替顧客解決問題；而「專業性」指的是服務人員具有專業知識，有能力運用其專業知識為顧客解決問題。

3. **互動長度**：指的是服務人員和顧客接觸過程中所花費的時間長度，而互動長度會影響到顧客所知覺的滿意程度，但互動長度因產業不同而有所不同。李曄淳和呂佳茹（2012）在《服務互動程度與關係品質相關性之比較》研究中指出，醫療顧客對於「互動長度」的認知顯著高於金融與電影的顧客。換句話說，醫療產業的消費者期望醫院的醫護人員花費較多的時間與他們進行互動與溝通；而金融與電影產業的消費者則期望與員工的互動時間越短越好。

綜合以上內容，可知互動強度取決於雙方互動頻率，亦即企業如果希望與顧客維持長久的關係，必須提升企業與顧客互動的頻率；互動品質取決於員工的態度、行為與專業性，因此「員工」是維持互動品質的重要關鍵因素，因此企業必須建立一套完整的教育訓練與篩選員工的機制，以確保服務人員的服務品質；而互動長度則因產業不同而有所不同。

二、如何與顧客進行互動—實體店面

根據顧客互動組成的三個因素，而將如何與顧客進行互動拆解成「提升互動強度」、「提升互動品質」以及「維持良好的互動長度」三個面向來作探討。

(一) 提升互動強度

李曄淳等人（2012）彙整「互動強度」相關的文獻資料，而以下列四個項目作為衡量顧客互動強度的標準，分別為：

1. 經常依靠顧客來定義與澄清顧客的需求。

2. 長時間與顧客共同工作。

3. 經常與顧客溝通。

4. 知覺與顧客互動的程度較競爭者高。

（二）提升互動品質

　　企業可以透過員工訓練來強化互動品質，企業可以從「態度」、「行為」與「專業性」三個方向著手，而詳細的內容如表11-1所述。

表11-1　員工訓練主題與內容

構面	內容
態度	1. 企業使命：將公司使命與精神傳遞給員工，讓員工對於老闆的信念與公司的企業文化有一定程度的了解。 2. 顧客的重要性：了解顧客需求與顧客關係管理的重要性。 3. 員工互動：帶領公司成員彼此互相認識，培養合作互助的團隊精神。 4. 人際溝通：教導員工溝通、說話等人際溝通技巧。
行為	1. 組織規範：了解企業的人事管理規章、員工注意事項、企業的組織規範等。 2. 對顧客應對程序：建立一套應對顧客的程序。
專業性	1. 專業知識：任何關於工作場所所需的基本技術。 2. 標準作業程序：將工作流程標準化，並且清楚定義不同的工作職掌與工作內容。

（三）維持良好的互動長度

　　由於每個產業的性質各不相同，所以企業必須要了解自己提供給顧客的產品與服務的性質為何，並提供適當的服務長度。

個案導讀1

王品集團如何與顧客進行互動

　　餐飲業與顧客直接面對面互動的機會和頻率較高，且消費者普遍希望候餐的時間越短越好，因此王品集團（http://www.managertoday.com.tw/?p=1405, accessed on 2019/11/01）師法麥當勞的「工作站觀察檢查表」（Station Observation Checklist），以顧客的角度將進到一家餐廳、在餐廳用餐、然後離開所接觸到的服務分為大廳、廚房以及吧檯3個區域，而每個區域又可以再細分成多個工作站（大廳共細分成17個工作站、廚房有16個，而吧檯也有8個），每一個工作站有「共同的服務用語及動作」。王品的每一位新進員工在正式服務顧客之前，都必須接受工作站的基礎訓練並取得學分才能夠到餐廳服務顧客。但標準化的「動作流」其實只佔了工作標準的五分之一，每個工作站還涵蓋了「外型與內心」、「敏感度」、「團隊精神」以及「其他注意事項」等要點，透過這樣的方式避免員工只是依循標準化流程照表操

課而忽略了表情與態度，並且訓練員工危機處理的能力與互助合作的團隊精神。王品集團藉由這樣的方式確保員工的態度、行為與專業性，並透過工作站與標準化流程減少顧客等待的時間。

王品集團提升顧客滿意度的具體內容，詳細請見影片（2019）：
淺談王品集團 餐飲業如何提升顧客滿意度

三、如何與顧客進行互動─虛擬通路

隨著網際網路的普及以及資訊科技的發達，跨越了時空限制，使得虛擬與實際店面的疆界逐漸模糊，提供了創業者更多元的營銷管道。創業者除了與顧客進行面對面的互動之外，還可以透過網路行銷溝通工具與顧客進行即時互動，例如：架設官方網站、社群網站（例如：Facebook）與部落格、互動式網路廣告（例如：影音Flash與彈出式廣告等）以及App的應用等。這些網路行銷溝通工具成為網路時代下新創事業與顧客進行互動的重要管道，因此以下將個別介紹新創事業如何使用這些網路行銷溝通工具與顧客進行互動。

1. **架設官方網站**：新創企業可以透過自行架設官方網站與消費者進行互動與溝通，在網路時代下，消費者若是接觸新創企業，會習慣在網路上搜尋該企業的相關資料，因此官方網站對新創事業來說，是與消費者進行互動與溝通的重要橋梁之一，創業者可以藉由官方網站的平台將自己的經營理念、公司簡介、商品型號等介紹給消費者，讓消費者對於這個新創事業有所了解，並設置讓消費者填寫建議與想法的專欄與消費者進行更進一步的互動。

   但是對新創企業來說，自行架設網站往往會面臨「人員」的問題，若是聘僱新的人力加入，會使得企業的經營成本提升；但若是由自己著手經營，又該如何協調與分配時間？且與顧客即時溝通需要花費較長的時間與精力，可能處理幾個顧客抱怨就要花費半天的時間。本書作者實際訪談臺灣中小企業後，發現有許多小型的企業或是新創企業會將網站經營交由自己的兒女或是親人負責經營，如此一來便暫時解決了人員的問題，等到公司到一定的規模之後，便可以聘用專人負責處理網站的相關業務。

個案導讀2

豐碩果園透過官方網站與消費者進行互動

資料來源：http://www.fongshuo.com.tw/, accessed on 2019/11/01

圖11-1　豐碩果園官方網站

　　豐碩果園創立者沈朝富先生原本在工研院上班，因懷抱者「為地方農業貢獻一份心力」的理念，放棄高薪的工作，與太太回到嘉義從事農業的活動，與父親一同投入生產蕃茄與香瓜，有感於農民辛苦種植出來的農產品，若是依靠中盤商、批發商零售商等中間商收購，往往賣不到好價錢，因此決定自行架設網站，並透過網站向消費者傳遞豐碩果園的經營理念與產品，並在官方網站右上方設置「聯絡我們」專欄，讓消費者可以直接透過網站留言，提供他們的想法與建議。

　　官方網站除了分享經營理念之外，也分享了吉園圃認證、糖度量測、果園經營、農藥檢測報告、種植過程記錄（包含翻土、築畦、施肥、栽種與生長情形等過程）以及參訪果園的照片等。透過資訊透明化以及消費者意見回饋的方式和消費者進行溝通與互動。

關於豐碩果園之介紹，詳細請見影片（2015）：
豐碩果園簡介

2. **社群網站（例如：Facebook）與部落格**：隨著社群網站與部落格的發展，臺灣越來越多人使用社群網站與部落格，隨著使用人口遞增，社群網站與部落格成為企業重要的行銷溝通工具之一。

　　例如，O手工披薩專賣店、及P日式碳烤燒肉店的顧客可於該企業之社群網路打卡或分享用餐經驗，即可獲得小贈品，藉此促進顧客積極地分享來店用餐的心得，達到眾多消費者口碑行銷此企業的效果，以解決行銷的問題（李宗儒，2015）。

3. **互動式網路廣告**：互動式廣告可利用互動式媒體（如網際網路、互動式電視、手機裝置等）來推銷進而影響消費者的購買決策。網路互動式廣告的種類非常多，包含文字、超連結、Flash動畫、聲音／視頻短片、彈出式廣告等，新創企業可以透過互動式網路廣告將公司以及產品資訊傳遞給消費者。

4. **App的應用**：App即是應用程式「Application」的縮寫，指的是智慧型手機之中的應用程式，包含通訊程式、地圖、書籍、遊戲、導航、購票、翻譯、社群網站等。近幾年也陸陸續續有企業投入App程式的開發或者結合現有的App程式與消費者進行更加及時的互動。

　　隨著科技的發展，企業可以運用的網路行銷工具越來越多，也提供了新創企業更多元的選擇，新創企業應該評估自己目前的資金水準、技術水準以及目標顧客群，選擇合適的網路行銷溝通工具。除此之外，整合目前所擁有的網路行銷工具進行交叉行銷，才能發揮一加一大於二的綜效。

11-2　如何進行顧客關係管理

　　上一節中定義了何謂與顧客互動，並且說明了如何透過互動建立良好的顧客關係，而創業者與顧客進行互動之後，又應該如何「管理」顧客，則在本章節中進一步說明。本節共分成三個部分，第一個部分說明企業如何建立良好的顧客關係；第二部分說明企業如何進行顧客關係管理；第三部分則說明顧客關係管理策略發展之五大步驟。

一、建立良好的顧客關係

　　了解完與顧客互動的定義與內容之後，緊接著在本段將說明企業如何透過互動建立良好的顧客關係，Pepper and Rogers（1993）首先提出「IDIC模式」作為企業進行

顧客關係管理的基本參考架構，他們認為企業在創造良好的顧客關係共有四個重要的發展階段，其內容如下所述。

1. **辨認（Identify）**：企業要與消費者產生關係，首先要設法找出和了解顧客，並掌握顧客的資料，知道目標顧客是誰、誰是潛在顧客、誰是最具成長潛力的顧客、以及誰是最有價值的顧客等。

2. **區隔（Differentiate）**：企業應該進一步將顧客進行分析與分類，並以價值與需求去區分顧客，並設法留住最有價值的顧客。企業應依照顧客的不同需求做分類，並以不同的方式對待顧客。

3. **互動（Interactive）**：和顧客互動、對話與溝通，企業透過與顧客互動，來了解顧客的需求、掌握顧客的反應。

4. **客製化（Customized）**：塑造出產品與服務的獨特性，針對顧客不同的需求，與顧客價值的不同，提供客製化或個人化的產品或服務，同時強化顧客對該企業的忠誠度。

個案導讀3

與顧客建立良好關係的方法

　　A君在克服各項立案的困難後，秉持對教育的熱忱與經驗，主動積極的與學生討論課程。遇到成績不好的學生，一定為主動表示關心，積極與家長溝通，以學生解決問題。但這僅限於學生較少時才能做得到，當補習班學生人數愈來愈多後，如果每位家長都來與老師討論學生的學習狀況，而每位家長平均花費20分鐘，每天有20位家長來找A君討論，原本已經忙碌的A君將無法負擔。對此，A君利用聯絡簿的方式與家長溝通，如果家長有問題時能先透過聯絡簿溝通，如需更進一步討論，A君將主動與家長聯繫。

　　雖然A君認為事情愈簡單愈好，最好不要與家長接觸，但適時地與家長溝通，了解家長與學生的想法卻是能為學生解決問題的主要方法。

二、進行顧客關係管理

　　Morgan and Hunt（1994）指出顧客關係管理建築在建立顧客關係的基礎，企業透過整合各種與顧客互動的管道來收集顧客資訊，並利用資訊科技分析、創造出顧客與企業雙方的價值。因此我們可以知道企業在建立顧客關係的基礎之後，如何去有效的「管理」才能夠創造出雙方更多的價值。Kalakota等人（1999）認為

顧客關係管理是一個整合銷售、行銷與售後服務等工作的一套系統，包含了獲得（Acquisition）、增進（Enhancement）與維持（Retention）三個階段，而這三階段正與顧客生命週期階段不謀而合。

而麥肯錫管理顧問公司董事John Ott（2000）認為，顧客關係管理是一種持續性的關係行銷（Continuous Relationship Marketing），指的是企業以不同的產品、通路來滿足不同區隔市場下消費者之個別需求，持續地與消費者進行溝通，藉由溝通了解顧客消費行為的改變與需求，因此企業可以調整銷售策略，適時提供客製化商品或服務。Kevin等人（2007）亦提出顧客關係管理根據產業不同，其發展的重點也各不相同；而顧客關係管理能使得企業增加顧客忠誠度並提高顧客價值，並改善企業行銷與顧客服務的處理能力。

Rob Baldock（2000）從「顧客價值管理」、「顧客互動管理」以及「企業整體策略」三大面向來探討顧客關係管理，其內容如下所示：

1. **顧客價值管理**：利用資料倉儲、資料市集與資料探勘等資訊技術作顧客資料分析與資料庫管理。

2. **顧客互動管理**：提供顧客能夠透過不同的通路購買產品或服務，並與業者進行溝通，同時，也透過不同的通路管道將消費者分類管理。

3. **企業整體策略**：企業在進行顧客關係管理的同時也必須配合企業所訂定的目標與現有的資源，亦即顧客關係管理的目標與內容需要跟隨著組織的目標與目前的組織資源與能力進行調整。

此外，經濟部商業司（2000）將顧客關係管理定義為結合客戶行銷、支援、服務的行動導向策略。並包含了「資訊技術面」與「策略面」兩個不同面向：

1. **資訊技術面**：顧客關係管理為必要的系統與基礎架構，以擷取、分析與共享所有企業與顧客間的關係。

2. **策略面**：顧客關係管理為一個評估與分配組織的資源，帶來最大利益的顧客關係活動的過程。

因此，整合上述國內外專家學者對於顧客關係管理的定義，大致上可以分為三類（如表11-2所示），第一類是強調透過資訊科技整合企業功能、顧客互動管道、資料庫技術等輔助企業探索顧客需求，並提高顧客滿意度（Morgan and Hunt，1994、Kalakota and Robinson，1999）。第二類則將顧客關係管理定義為持續性的關係行銷，著重於將顧客加以區隔，以不同的產品、通路或服務加以滿

足，以提高價值（John Ott，2000、Kevin et al.，2007）。而第三類則是除了資訊科技之外，更從策略的角度來解讀顧客關係管理與組織資源分配之權衡（Rob Baldock，2000、經濟部商業司，2000）。

表11-2　顧客關係管理定義彙整表

種類	定義	文獻來源
科技整合	顧客關係管理是透過資訊科技整合企業功能、顧客互動管道、資料庫技術等輔助企業探索顧客需求，並提高顧客滿意度	Morgan and Hunt,1994; Kalakota and Robinson,1999
關係行銷	顧客關係管理為持續性的關係行銷，著重於將顧客加以區隔，以不同的產品、通路或服務加以滿足，以提高價值	John Ott,2000; Kevin et al.,2007
策略	顧客關係管理也是一種企業的整體策略，透過顧客關係管理能夠評估並分配組織的資源，帶給顧客與企業更多的價值	Rob Baldock,2000; 經濟部商業司,2000

三、進行顧客關係管理策略發展五大步驟

即使業主與創業者深知顧客關係管理的重要性，但卻不知顧客關係管理應該要從何著手。萬以寧（1999）提出了企業顧客關係管理策略發展循環的「PEPSI」模式（如圖11-2），包含了下列五大步驟，而五大步驟的定義與個案說明內容詳見表11-3。

P	・企業的定位與價值（Position and value proposition）
E	・瞭解顧客的經驗（Experience of customer）
P	・建構流程與通路（Prefer process and channel）
S	・區隔（Segmentation）
I	・運用資訊的能力（Capability of information）

圖11-2　企業顧客關係管理策略發展循環的「PEPSI」模式

表11-3 「PEPSI」模式之定義與個案內容

PEPSI模式		定義與個案內容
企業的定位與價值（Position and value proposition）	定義	創業者必須清楚自己的定位以及可以提供給消費者的關鍵價值，透過清楚的定位，才能幫助創業者勾勒出企業的經營模式與顧客關係管理核心。
	個案說明	以西南航空為例（http://www.southwest.com/, accessed on 2019/11/01），其以短程航線與便宜的機票之顧客需求建立其營運利基，將其經營定位設為「替顧客控制價格」以及「提供短程航運交通」，因此只提供簡單的配餐而不提供其顧客豪華的商旅服務，以平價短程航空作為其定位與價值。
瞭解顧客的經驗（Experience of customer）	定義	顧客使用的經驗透露出許多寶貴的訊息，創業者可以透過資訊科技來有效累積與使用。透過了解顧客的喜好以及使用經驗也可以幫助企業建立忠誠顧客。
	個案說明	以Benz為例（http://www.mercedes-benz.com, accessed on 2019/11/01），其發現其車主所購買的第二輛車多為休旅車，因此投入資源發展休旅車，使得Benz能夠滿足顧客不同階段的需求，使得顧客關係得以延續。
建構流程與通路（Prefer process and channel）	定義	為了建立與顧客的良好關係，必須時常與顧客進行互動，因此若是業主或創業者能夠引領不同的顧客至適當的通路管道，因此便能夠透過改良銷售管道與流程來符合客戶的需求。
	個案說明	以摩斯漢堡（http://www.mos.com.tw/, accessed on 2019/11/01）為例，摩斯漢堡提供消費者「有線電話訂餐」、「手機訂餐」、「網路訂餐」以及「App訂餐」的服務，其中又分成「外送」與「到店取餐」兩種服務流程。 摩斯漢堡可以透過訂餐的服務流程蒐集顧客的資訊，消費者若沒有訂過餐點，必須留下送餐地址、名字與電話，若是曾經訂過餐點，摩斯就會連結到消費者訂餐的歷史資訊，而消費者在確認完餐點之後，可以依照「系統指定」或是「消費者指定」的時間取餐，其中「系統指定」是指訂餐約10分鐘之後即可取餐，而「消費者指定」則是依照消費者指定希望取餐的時間到店取餐。摩斯漢堡提供不同的訂餐管道與通路給消費者，減少顧客的等候時間，並提供顧客多元的訂餐管道，增加顧客的方便性。

PEPSI模式		定義與個案內容
區隔 （Segmentation）	定義	企業主與創業者透過不同的顧客特性、需求、及使用經驗，將顧客區隔分類以提供更適切的服務，藉此提高顧客的滿意程度，建立忠誠客戶。
	個案 說明	以戴爾電腦為例（http://www.dell.com.tw/，accessed on 2019/11/01），戴爾電腦將客戶區分為一般消費者與企業顧客，而在一般消費者又分為家庭與個人辦公，提供不同類型與功能的筆記型電腦、桌上型電腦與顯示器等產品與服務。 而在企業顧客的部分則分為中小型企業、大型企業以及公營事業與教育機構，針對中小型企業提供更多辦公使用的筆記型電腦與桌上型電腦之外，還提供了戴爾伺服器、存儲設備、網路設備、支援服務與驅動程式等產品與服務；針對大型企業客戶則提出「專為企業打造」的slogan，在網站上設有「Dell代表溝通」的服務，讓大型的企業客戶可以直接與Dell的業務代表進行溝通；而在公營事業與教育機構的顧客，Dell亦提供共同採購與集中採購的服務，同時亦提供了叫修流程、叫修窗口與更詳細的產品介紹，並有專責國營企業單位與公私立學校單位的業務代表。 Dell透過不同的顧客屬性與需求將其顧客區隔分類，提供這些顧客更適切的客製化服務。
運用資訊的能力 （Capability of information）	定義	在上個章節中提到的網路行銷溝通工具，其用途主要是在於與顧客進行即時的互動，除了這些網路行銷工具之外，目前也有許多程式與軟體可以協助新創企業分析累積的顧客資料，透過過去的歷史紀錄來了解潛在的顧客需求或是了解顧客的問題，進行改善。
	個案 說明	以花旗銀行為例（http://www.citibank.com.tw/，accessed on 2019/11/01），花旗銀行透過統計理財服務成本發現：客戶透過電話語音的平均成本為8NT；透過專人電話處理為60NT；而藉由分行專員處理為120NT。 根據花旗銀行電話服務理財中心的經驗，忙碌的現代人大多要求「立即」解決問題，並且不喜歡等待，因此花旗銀行決定成立24hr電話理財中心，將顧客帶入電話理財服務，並逐步將理財中心轉化為客戶關係中心。透過電腦的協助，花旗銀行的理財中心能夠隨時掌握電話量、接話服務率、申訴與服務類別，讓客戶盡量運用語音系統完成代辦事項，不讓客戶等待超過15秒，在電話中解決90%客戶的問題，除此之外，花旗銀行更建立互動資料庫來蒐集客戶問題，並隨時更新資料庫以解決客戶問題。

11-3 新創企業如何與顧客進行互動—以尼克咖啡為例

本節首先針對個案的企業進行介紹，接著使用第11-2節所提到的企業顧客關係管理策略發展循環的「PEPSI」模式說明尼克咖啡如何與顧客互動，並且進行顧客關係管理。

一、個案公司簡介

尼克咖啡（https://www.facebook.com/nakedcafe/, accessed on 2019/12/05）創始於2003年臺中大墩十街，後於美術館附近重新開幕，尼克咖啡（The Naked Cafe'）是創業者林純珍（Crystal）老闆對於烹煮美食的一種堅持。

目前尼克咖啡共有4家分店，分別為「美術館創始店」、「勤美誠品店」、「白水尼克」及「摩卡珍思」，每一家店都有不同的風格。

二、尼克咖啡如何與顧客進行互動

1. **企業的定位與價值**：尼克咖啡堅持「食材新鮮，現場烹煮」，並要求店長員工「毫無保留、專注用心」的服務顧客。

2. **了解顧客經驗**：尼克咖啡強調「把顧客當成朋友」，店員會看顧客的穿著與表情來了解顧客當下的需求，例如穿著正式套裝的消費者，可能是趕著打卡的上班族，因此店員便會推薦較不需要等候或是較快速的餐點給他；而穿著輕便的運動服裝的消費者，可能是附近的居民或是剛運動完的消費者，所以比較沒有時間壓力，因此店員可以多與顧客聊天互動，並推薦新的菜色餐點給這類型的消費者。而常來尼克咖啡消費的熟客，員工也便會記住熟客常點的餐點與口味，在顧客尚未開口點餐時，尼克咖啡的員工就可以開始做準備。

3. **建構流程與通路**：尼克咖啡在員工訓練上下了不少工夫，除了在員工手冊上清楚規範各個工作崗位的職權與工作說明，並有「一個月遲到超過三次就開除」的規定，因為老闆覺得要讓顧客感受到服務品質，員工是非常重要的關鍵因素，所以員工必須要對自己的工作有責任感，並且尊重自己的工作，因此才定下一個月遲到超過三次就開除的規定。

4. **區隔**：目前尼克咖啡共有4家分店，分別為「美術館創始店」、「勤美誠品店」、「白水尼克」及「摩卡珍思」，尼克咖啡依據每間店座落的位置不同，消費族群也不同，因此每一家店的風格各不相同。

「美術館創始店」位於美術館附近，因此常有一些到美術館運動、散步的消費族群，因此美術館的風格以美式復古鄉村風格，亦即半開放式的店鋪設計，讓消費者可以輕鬆隨性地在店內用餐。此外，由於美術館創始店較深入社區，因此常有家庭主婦帶著小朋友以及附近社區的居民前來光顧。

「勤美誠品店」的主要位於勤美誠品百貨中，勤美誠品店因靠近年輕人聚集的地方，因此都是吸引一些喜愛打扮或打扮新潮的年輕族群前往消費，因此勤美誠品店融入英式優雅風格，主打自在地用餐、放鬆享受生活。

「白水尼克」的消費族群則偏向喜歡享受氣氛的消費族群，因此在店鋪設計上比較講究；「摩卡珍思」的消費族群為喜歡安靜的沉思或是享受氣氛，因此使用大尺度窗景，店鋪位置也較幽靜。

由於每一家店的風格各不相同，且吸引的消費族群也不太一樣，因此尼克咖啡首先在店長的甄選上，便會依照不同分店的特性與風格來選擇合適的店長，並以店長以身作則，作為店內員工效仿與學習的對象。

5. **運用資訊的能力**：消費者除了可以在店內與尼克咖啡互動之外，還可以透過尼克咖啡粉絲專頁（https://www.facebook.com/nakedcafe/, accessed on 2019/12/05）與尼克咖啡進行互動，在上面留言反映自己的想法與建議。

除此之外，尼克咖啡導入POS系統，紀錄消費者的用餐經驗與消費金額，透過資訊系統了解顧客所偏好的餐點為哪些，以及顧客可以接受的消費金額大概在哪些範圍之內，作為未來發展新的菜色與定價的參考依據。

11-4　結論

　　本章節在緒論中點出一間企業如果可以將顧客流失率降低5%，則利潤可以增加25%至85%之間，可知道顧客關係管理與維繫對企業來說是一件非常重要的事。而顧客關係管理首先建立在與顧客互動的基礎上，因此在第11-1節提出企業應該改善「互動強度」、「互動品質」與「互動長度」與顧客維持良好的互動關係。但隨著資訊科技、網際網路以及雲端技術的蓬勃發展，使得現今的行銷模式更加的多元化且貼近消費者的需求，因此第三部分的內容則說明企業如何應用官方網站、社群網站與部落格、互動式網路廣告以及App這些網路行銷工具與顧客進行互動。

　　在第11-2節則說明如何進一步的「管理」顧客，共分成四個部分，第一部分利用「IDIC模式」從「辨認」、「區隔」、「互動」與「客製化」四大角度說明如何建立良好的互動關係，接著在第二部分從科技整合、關係行銷與策略三個面向定義顧客關係管理之意涵。而第三部分則透過「PEPSI」模式擬定出進行顧客關係管理策略發展之五大步驟分別為「企業的定位與價值」、「了解顧客經驗」、「建構流程與通路」、「區隔」與「運用資訊的能力」。

　　第11-3節則應用顧客關係管理策略發展模式說明新創企業—「尼克咖啡」如何與顧客進行互動。整合上述內容可以知道，新創企業必須要傾聽顧客的需求，了解自己的顧客類型與種類，並且將顧客群進行區分，針對不同特性的消費族群提供不同的通路、溝通管道與服務，提供適切的服務，同時也能減少企業因不了解消費者而產生的成本浪費，並提升企業的形象與競爭力。

? 本章習題

一、問題與討論

1. 如何與顧客進行互動？有哪些方式？

2. 請列舉出三種新興與顧客的網路互動模式。

3. 如何了解消費者的需求？如何找出目標顧客？

4. 創業者如何應用資訊科技輔助其進行顧客關係管理。

二、個案討論

1. 請問尼克咖啡與顧客互動的方式是否可以複製到其他的產業上？

2. 請你觀察身邊鄰近的店家（例如：早餐店、機車行等）如何與顧客進行互動？

12

創業團隊人數擬定與選擇

學習目標

- 了解創業團隊的定義與特性。
- 了解創業團隊能力的關鍵因素。
- 了解人數對創業團隊的影響。

結論

團隊人數的擬定與選擇向來都是創業時一門很重要的課題，人少擔心人手不足，個人分擔的責任過大，但人多又怕風險大，不易溝通，必須在多與少之間拿捏出一個適當數字，除了人數擬定之外，還需要思考挑選的這幾個人是否真的適合負責的工作，撇開工作能力，他的人際能力、適應能力是否能有助於團隊的成長與發展，這些都是需要仔細考量，畢竟創業的初期，草創者的特性與能力會左右這個團隊的成與敗。

舉例來說，我們可以從大學課堂中的每門課分組報告中看出團隊人數擬定與選擇對每門課期末成果的重要性，在選擇團隊的隊友時，如果人數太多很容易會因為工作分量較少而有free-rider（搭便車者）出現，而如果人數太少又怕個人負擔過重而應付不來，除此之外，分組報告容易出現同一團隊成員都是來自同一系的情形，雖然因為彼此較熟悉而比較容易溝通，但如果團隊裡全是同一科系的同學，難免思考的方式會差不多讓報告內容無新意，但如果找別系的同學，也會有不熟悉、不清楚對方的做事態度等的疑慮，在人數與人選上的抉擇可以影響期末報告結果的好與壞。

大學課堂中的「分組報告團隊」的重要性雖然是無法和「創業團隊」比擬，但人數與人選這兩個因素對以上這兩種團隊「分組報告團隊」和「創業團隊」都有很重要的影響，從分組報告的選擇我們可以很清楚知道，如果一個創業團隊沒有在人數和人選上下工夫，很可能會讓整個團隊付之一炬。在這一章中，先初步介紹團隊人數的選擇，與其對團隊的影響，再逐步說明創業團隊能力的關鍵因素；第二部分以個案探討來加深讀者對於本章節的了解。

12-1 創業團隊之名詞定義

本節分為三部分來介紹創業團隊人數的相關概念，分別為：創業團體的介紹與特性、創業團隊人數對團隊的影響、創業團隊能力的關鍵因素等。

一、創業團隊

在這一部分，我們將進行創業團隊的定義與特性的介紹，從介紹中讓讀者掌握創業的意義與概念。

(一) 創業團隊的定義

　　在現今這個充滿競爭的世界，單獨的創業家比起創業團隊更容易失敗，而且大部分成功的創業是由創業團隊開始的（Watson, Ponthieu & Critelli, 1995）。Reich（1987）在研究中提到，經濟成長是藉由結合才能、精力和技術的團隊而來的，這樣的合作創新力量比起單人創業更來的全面。

　　在創業的過程中，人的因素是必要的考量，比起單打獨鬥的創業形式，多人一起創業能讓想法更多元，也能發揮團結的力量，對於創業團隊的定義，隨著時間推移，各學者有不同的看法與見解，各學者對於創業團隊此名詞的定義不盡相同，茲整理如下：

1. Kamm, Shuman, Seeger和Nurick（1990）認為「創業團隊是指兩個或兩個以上的人參與創業的過程，且投入相等比例的資金。」

2. Kamm and Nurick（1993）則認為，創業團隊是「一群人經過構想和實踐構想步驟後，下定決心共同創立公司，這樣就是創業團隊。」

3. Gaylen和Hanks（1998）認為，創業團隊所指為「當公司成立時，對公司有執掌的人，或是在營運前兩年加入的隊員。對於公司沒有所有權的雇員不包含在內。」

4. Hitsuko（2000）對創業團隊所下的定義為「那些全部參與且全心投入創業的過程，共同分享創業的困難與樂趣的成員。」

5. Forbes, Borchert, Zellmer, Bruhn andSapienza（2006）則認為創業團隊是「兩個或兩個以上的個人，且提供資金參與公司的創業與管理。」各學者對於創業團體的定義請參考表12-1。

　　綜合以上學者的定義可以發現，創業團隊並不等於經營團隊，創業團隊是公司成立之前，由兩個或兩個以上的個人，對於共同創業投入心力與金錢，對於公司的成敗有一定的責任。

表12-1　各學者對於創業團隊的定義之彙整

學者	創業團隊定義
Kamm, Shuman, Seeger, and Nurick（1990）	創業團隊是指兩個或兩個以上的人參與創業的過程，且投入相等比例的資金。
Kamm and Nurick（1993）	一群人經過構想和實踐構想步驟後，下定決心共同創立公司，這樣就是創業團隊。

學者	創業團隊定義
Gaylen and Hanks（1998）	當公司成立時，到公司有執掌的人，或是在營運前兩年加入的隊員。對於公司沒有所有權的雇員不包含在內。
Hitsuko（2000）	那些全部參與且全心投入創業的過程，共同分享創業的困難與樂趣的成員。
Forbes, Borchert, Zellmer, Bruhn and Sapienza（2006）	兩個或兩個以上的個人，且提供資金參與公司的創業與管理。

（二）創業團隊的特性

　　創業團隊的特性可以決定公司成敗與否，郭洮村（1998）經由相關研究整理出創業團隊可以用哪些變數來加以分類及描述，這些變數包含：

1. 創業團隊的人數。

2. 創業團隊的來源：成員的來源，如原有人際網絡、創投、獵人頭公司。

3. 創業團隊的完整性：創業團隊成員是否具備各個企業功能別技能。

4. 創業團隊的經驗：團隊成員在過去的學經歷及和相關的創業背景。

　　Kamm, Shuman, Seeger and Nurick（1990）研究結果發現，在創業團隊的構面，可以分為以下幾點：

(1) 企業團隊成員數目。

(2) 創立的企業類型。

(3) 家庭成員對創業過程的貢獻。

(4) 團隊成員加入的時間，如：公司成立前即加入。

　　鄧欣豪（2003）在分析IC設計產業的研究中提到有關創業團隊的特性，透過技術能力、產業關係、財管能力來衡量創業團隊的特性，以表12-2表示：

表12-2　IC設計產業的創業團隊特性定義表

變項	屬性
技術能力	在創業前，即擁有IC設計的技術經驗之人數比例及平均年資。
產業關係	在創業前，曾在IC產業（不僅IC設計業）內擔任管理經營經驗之人數比例及平均年資。
財管能力	在創業前，即擁有公司財務管理經驗之人數及年資。

資料來源：鄧欣豪（2003）

綜合以上學者對於創業團隊特性之解釋，創業團隊特性可分為以下兩項：

1. 創業團隊人員數目

創業團隊的人數與規模在在影響創業的成敗與否，由於現今科技發達，只要有創業的想法，便可召集兩人或以上的志同道合的朋友一同完成夢想，少數人一起創業有利於快速溝通，因此這項特性大大影響創業的成敗。

2. 創業團隊人員經驗

創業團隊人員的經驗可以左右創業之路，如果團隊擁有各式各樣的人才，在面對不同困境時可以集思廣益，容易達到一加一大於二的效果。

如果在選擇創業團隊人員時多加考量會左右創業之路的這些特性，也許就會讓創業有好的開始，並經過努力經營創業團隊後，創造出一支成功的創業團隊，如同Timmons（1990）提到成功的創業團隊運作應該具備的特徵，如下：

(1) 形成內聚力與一體感，團隊利益擺在第一位，不宜逞個人英雄。

(2) 堅守基本經營原則，對企業的長期承諾。

(3) 成員全心於創造新事業的價值，願意犧牲短期利益換取長期的成功果實。

(4) 合理的股權分配與公平彈性的利益分配機制，以便合理分享經營成果。

(5) 專業能力的完美搭配。

從上述對創業團隊的定義與特性的分析可以知道，當在建構一支創業團隊時應考量的特性為何，「人數」和「隊員的經驗與特質」一再被提及，這兩項特性構面就是創業家在選擇創業團隊時不得疏忽的關鍵因素。

個案導讀1

創業團隊的管理

在成立補習班之時，最重要的是使補習班能有凝聚力與向心力。在管理員工之前，補習班老闆A君認為先管理好自己，成為一個優秀的團隊管理者，才能帶領員工，提升對補習班的向心力。因此，他把自己認真與負責的工作作風帶入補習班中，影響每位工作夥伴。此外，他還利用下列技巧了解這些老師是否為合適的補習班夥伴：

步驟一、透過舉辦活動了解補習班的老師與A君是否契合。

步驟二、從舉辦活動與平時的做事態度與方法了解補習班老師做事是否有效率。

步驟三、從小細節中觀察是否為老闆著想。

步驟四、透過調整薪水與提高權限，使補習班老師更有向心力。

步驟五、鼓勵與激發老師們主動發揮他們的創造力與戰鬥力，為補習班舉辦各種活動、
　　　　招募更多的學生。

透過上述步驟，A君能夠了解新進或其他在職員工，是否能夠成為補習班的好夥伴。

二、創業團隊人數

在這一部分，我們將進行創業團隊人數與創造有效率團隊的先決條件之介紹，從介紹中讓讀者掌握創業人數的意義與概念。

(一) 創業人數多寡對於創業團隊的影響

在考量創業團隊人數時總是會有所煎熬，因其團隊成員太少則無法實現團隊的功能和優勢，而人過多又可能會產生交流的障礙，導致溝通不易，團隊很可能會分裂成許多較小的團體，進而大大削弱團隊的凝聚力，缺乏團結力量，因此，創業者在尋找創業夥伴時，人數的考量不得不謹慎、小心。

學者們對於單打獨度的個人創業和團隊創業有些看法：

1. Timmons（1979）觀察到個人創業家很難建立每年百萬（million-dollars-plus）的新創企業。

2. Obermayer（1980）發現在他的研究樣本中，10個個人創業中只有3個達到每年6百萬營業額或更多，然而在23家以創業團隊創業的企業中有16家企業達到上述的成長規模。

3. Teach（1986）提出創業團隊的大小對於廠商的成功相當重要，且平均來說，創業團隊比個人創業在比例上較多來的成功。

由上述學者的論述可知，團體創業比起個人創業成功機率來的高，並且同時也較容易創造出較高的收益。

除此之外，學者對於創業適當人數，經由研究與觀察，有以下的看法：

1. 根據Bollinger, Bruno and Tyebjee（1985）論及高科技產業的創業團隊往往是2～5人的組合，而非個人式的創業。美國矽谷的高科技公司也大部分公司是2～4人的團隊組合。

2. Cooper and Bruno（1977）對矽谷的250家科技公司做過研究，發現大多數成功的公司都有以下的情形：
   (1) 大多由2個或2個以上的創業團隊共同創立。
   (2) 創業團隊中至少有一位在創業前具有行銷或技術的經驗。
   (3) 創業團隊在創業前大多是曾在大公司（員工超過500人）工作過。
   且研究發現80%的高成長的企業大多是以兩人以上的創業團隊創業，而無法繼續生存的企業則較少以團隊的方式創業。

由此可發現，在高科技產業公司創業者往往是由2到5人所組成，藉由團隊的力量，來達到企業的成功。

(二) 創造有效率的創業團隊

為了創造有效率的創業團隊，創業者需在創業前先對創業團隊有既定的規則與想法，才能讓團隊效率提升，成功立足在市場上。

Shonk（1982）認為，團隊至少要符合以下條件：成員需在兩個人以上，藉由成員間相互依賴與協調來完成工作，而團隊成員必須為了共同目標而努力。

Jessup（1992）則認為，團隊不只重視整體目標達成，更強調成員間默契與彼此承諾的關係。團隊之所以能帶來如此大的效用，主要是在成員彼此的溝通合作，提升解決問題的能力，並透過腦力激盪，產生個人難以達到的目標，順利地改進整體組織的效能。

Larson and LaFasto（1989）歸納出以下幾種能讓創業團隊有效率的必要條件：

1. 有清楚、共享的目標。
2. 結果導向的結構，包含清楚的角色與職責、有效的溝通系統、監控個人績效與回饋、就事論事的評論。
3. 有競爭力的隊員。
4. 一致的承諾。
5. 團結合作的氣氛。
6. 設定成就的標準、目標。
7. 外部支持與認可。
8. 有原則的領導。

在擬定團隊人數與目標時，需要依照創業性質與資源等來考量，當手邊資源有限，創立一個10人以上的團隊就會顯得有些不夠周全，在創業初期以本身自有的條件對理想狀況做適當的刪減，才能是最適合自己創業團隊的狀態。

三、創業團隊能力的關鍵因素

在這一部分，我們將介紹創業團隊能力的關鍵因素，讓讀者了解到什麼樣的因素會有益於創業團隊的發展，讓讀者對於這些關鍵因素有基本的認識與概念。

在談論創業團隊能力的關鍵因素前，不妨先看看在初期階段對創業團隊造成負面之影響因素有哪些，Timmons（1975）在談論創業團隊成敗與否的研究中提及，以下四項因素會造成創業團隊在創業初期深陷在危機中：

1. 錯誤評估創業團隊與創業家本身

全面了解企業的管理優劣勢是組成團隊不可或缺的要點，無法組成完整、健全的隊伍可能是創業領隊不願意或沒有能力承認自己的不足和缺點，也有可能是創業者缺乏建立創業團隊的認知與知識，這種情形常發生在科技導向產業或缺乏管理或企業背景的人身上，這樣的情形也有可能因為創業家對於自己的想法或產品有著不可動搖的堅持，雖然熱情是很重要的，但也有可能因此而不顧現實。

2. 無領袖的民主

二到四個朋友或工作夥伴決定一同創業或買下一間小公司，為了表示公平，他們擁有同樣股份、薪水、辦公室、車子等，這樣的方式會造成不少麻煩，例如誰是負責人？誰是最終決定者？儘管職責的重疊與共同下決定是新創業團體渴求的，但太鬆散的結果會削弱團隊的力量。

3. 目標與價值的爭議

在開始創業後，投資者和創業家可能會發現彼此之間有不同的目標與價值，對於未曾共事過的創業團隊這些必要的考量也應當避免發生。

4. 權力導向vs成就導向

「權力導向」為在乎對權力與控制的掌握，而後致於對地位、聲譽、個人象徵如高級轎車、奢侈娛樂、豪華辦公室大量支出，用這樣的方式獲得滿足感的創業家生活品質高但很難利於企業快速成長。相反的，「成就導向」在乎開發新商機和挑戰困難，且認為和團隊的意見相牴觸是一件需要解決的問題而非誰輸誰贏的辯論賽。

雖然創業團隊在創業初期很可能遇到不同的困難與困境，但如果掌握好團隊的能力與溝通，能避免許多無法挽回的局面。

張維仲（2001）在對於新創科技公司的研究中，整合各學者的研究後，提出六點創業團隊能力的關鍵要素：

1. 創業團隊具相關行業經驗，如曾有開設冰品店面的團員加入飲料店創業。

2. 管理團隊完整。

3. 獨特的技術能力。

4. 持續的競爭優勢。

5. 能成為利基市場領導者。

6. 創業者有明確合理的營運計畫及營運模式。

　　Boni（2009）認為創業團隊的關鍵成功因素有以下這幾點：

1. 鼓勵及獎勵機制。

2. 用自治或創新方式管理。

3. 能承擔風險且從錯誤中學習。

　　莊任晹（1999）經由創業家與創投者的角度來分析創業成功的關鍵因素，在創業團隊特質方面，他認為工作經歷、成員專長、對風險的態度以及個性皆會影響創業成功與否。

　　經由讓創業團隊成功與失敗的因素一一列舉且相互比較後，創業家在創立創業團隊時的考量需更加全面、完善，對於造成團隊風險或甚至失敗的因素應加以警惕，或設立相關辦法來應對這些困境，而對於有助於團隊成功的因素，可以多加考量或引申出更多有利於團隊的方法，讓創業團隊走得長久、順遂。

12-2　個案

　　以下這節以六壯士這部電影的劇情，讓讀者更深層了解團隊人數的擬定與成員的選擇，六壯士的組合造就了這個團隊達成任務的成與敗，從中可以看出成員的人數多寡和個性在團隊內彼此影響。

個案導讀2

六壯士

　　創業團隊的成員和其所相關之過去經驗不一定只能從實際創業案例來說明，曾經聞名一時的電影「六壯士」（英文原名為Guns of Navarone）十足體現了團隊成員的個人經驗、特長、情緒等如何深刻地影響團隊，因此我們能從電影「六壯士」了解團隊力量與分工的重要。

　　「六壯士」這部大名鼎鼎的電影是許多人愛好電影者耳熟能詳的作品，此部電影描述1943年，正值第二次世界大戰，納粹軍隊在愛琴海上的Navarone小島上，安裝了兩支火力強大的巨砲欲攻擊英軍的力量，威脅到鄰近島嶼英軍的安危，於是六名同盟國與希臘士兵受英國之命，集結一支突擊隊前往Navarone摧毀巨砲。

　　「六壯士」雖然是一部以戰爭為背景的電影，但為完成摧毀任務而組成的突擊部隊的用人方式卻是可以讓創業團隊參考：

1. 選才方式

    為了達成突擊摧毀砲彈任務，徵調各種和任務相關專長的士兵，為了解當地的地形、人情等，突擊隊裡包含一名美裔的當地居民；為成功攀爬上岸且應付各種地形，攀登高手雀屏中選，為增加近距離搏鬥的勝算，擅長用刀的能手包含在隊裡；最重要的摧毀炸彈任務，就交給化學爆破專家，這樣的選才方式是因眼前的計畫而制定的，因時制宜，創業團隊就如同突擊隊一般，著眼於眼前及長遠欲達成的目標，例如增加知名度、創立小公司、不虧損、新產品等，依各種不同的目標而選擇適切的人才及人數做為團隊夥伴。

2. 知己

    在「六壯士」裡，成員們因為了解彼此的狀態與個性，而清楚每個人該負責的事情，當成員有負面情緒或無法勝任任務時，六壯士會依照當初的分工調整，並安排適任的工作，這樣的知己才能知彼，達成任務。創業團隊的每個人應當清楚了解創業夥伴，除了知道才用何處外，也當關心彼此的情緒與狀況，這樣的團隊才能走得長久走得順利。

電影介紹：六壯士

12-3　結論

　　在運動界，團隊上場的人數很清楚，籃球隊5人、棒球隊9人而足球隊11人，但這樣固定的定律在變動萬千的商場上不適用，在做團隊人數擬定與選擇時，需要多加考量的因素有很多，如果你需要找人來打掃公園，那可能20人或者以上是越多越有效率，但如果是需要管理新創公司，那人數的拿捏則不得不審慎考量，雖然說越多人能分擔越多事，但在溝通、人際相處上等就夠讓人頭疼了。

　　在決定創業團隊的人數時，需先考慮影響創業團隊的變數，如人數、成員來源、成員經驗等，再來思考創業團隊需要多少人才能成為有效率的創業團隊，並參考團隊成功關鍵因素，去蕪存菁適合自己團隊的成功關鍵因素，簡單來說，人數的擬定與選擇需要適自身狀況而定，可以照過往創業者創業的經驗與學者的研究而歸納出最適合自己創業團隊的人數。

本章習題

一、問題與討論

1. 請列舉四種創業團隊的特性。

2. 請舉出三種有效率的創業團隊的條件。

3. 開放題：請自行舉例由個人創業或團體創業進而擴展成中大型公司的企業的個案與經歷。

二、個案討論

1. 如果你即將開創個人事業，你會選擇的團隊人數為多少人？為什麼？

2. 你覺得不同類型公司的創業人數是否會相異（如：科技公司與傳統產業公司），在創業團隊的人數擬定與選擇上有何不同？

人才需求

學習目標

- 了解人才對於事業的重要性。
- 認識人才管理的流程。
- 了解留住人才的方法。
- 認識四個創業階段。
- 了解創業者應依照不同的創業階段聘雇人才。

緒論

　　創業不只需要事業計畫書、資金和創業者的努力，適當的人才更是決定創業者的事業成功與否的關鍵。就算是已經發展成熟的大企業，人才的需求一樣是不容小覷的議題，更不用說是剛起步的創業者了。

　　許多知名大企業對於人才的篩選與訓練都是出了名的嚴格，對於人才的重視顯而易見。舉例來說，Google以「創新」聞名，而Google之所以能不斷的讓人耳目一新，追根究柢，都是因為企業內部的人才。（遠見雜誌，http://www.gvm.com.tw/Boardcontent_12698_1.html, accessed on 2019/11/01）。

　　創業並不是只有一個階段、或是為時短暫的事情。創業是一段漫長的旅程，過程中，會面臨許多不同階段，而不同的階段會需要不同的人才來協助創業者。找到極具才能的人才並不表示創業者就成功了。這些人才還需要被分配到合適的工作職位，才能讓他們的能力好好發揮。另外，企業又要如何提供這些員工誘因，讓他們願意為公司全心全意的付出，這些都是創業者應該要好好思考的問題。因為有適當的人才管理，能帶領事業走向成功。

　　我們在本章中，會先解釋為何合適的人才對於創業者與事業來說這麼重要。接著，我們會介紹人才管理的流程。最後，我們會介紹創業的四個階段，配合真實的臺灣創業者案例，了解在不同階段，創業者會需要不同的人才。

13-1　人才的重要性

　　創業者在剛開始創業時，可能是一個人單打獨鬥。也許在創業初期，一個人經營還行的通，但隨著事業成長，創業者很快就會發現自己一個人應付不了增加的訂單與顧客量。而隨著事業規模的擴大，創業者也會面臨到財務管理、行銷策略規劃，以及事業未來成長的規畫等等較具專業性的問題。創業者很快就會發現，自己一個人的能力與專長無法應付這麼多的難題。

　　找到合適的人才，安排到適當的職務上，不僅可以增加事業的產出，對於創業者來說，這些一同努力的員工也會成為創業者繼續努力的支持力量。英國著名企業維珍集團的創辦人兼董事長─李察布蘭森（Richard Branson）就主張：「除非公司延攬到適當的人選，並用正確的方式激勵他們，否則不可能會成功」（2000）。適當的人選究竟能怎麼樣幫助創業者的事業呢？

我們將在這一節中，詳述聘用合適人才對於事業的三個益處：第一、增加事業產值，第二、專業能力的協助，第三、成為創業者的支柱。

一、增加事業產值

在事業剛起步，顧客數量與訂單還不多時，創業者還有能力與體力可以一個人包辦生產、行銷以及招呼顧客。然而，隨著事業逐漸步上軌道，顧客越來越多時，創業者就會漸漸無法一個人生產足夠的產品數量，來滿足這麼多顧客的需求。

假設有位創業者是自己一個人創業販賣鬆餅。在事業剛開幕時，可能一次只來一兩位顧客，這種情況下，創業者還可以先幫顧客點完單之後，再開始製作，顧客等候的時間不會太久。但隨著事業逐漸步上軌道，來客量逐漸上升，同一時間可能同時有多位客人光顧，這麼一來，創業者如果仍一個人全權負責點單、製作鬆餅、包裝、結帳等事情，很容易應接不暇，來不及生產產品來滿足顧客需求，使顧客等候時間變長。

面對這種情況，創業者如果沒有想辦法改善，產出數量跟不上顧客的需求，就會開始流失顧客，最後，來光顧的顧客量就會維持在一個程度，無法繼續成長，事業也就很難有成長、擴張的可能。如果創業者希望事業能夠成長，就需要多雇用幾位員工來幫忙。雇用的員工可以幫忙點單或是結帳，創業者也就可以專心製作鬆餅。在適當的分工合作下，可以使產出增加，事業也就可以隨之成長。

位於臺中的彩色寧波風味小館（http://taichungtopten.artlib.net.tw/index_two.php?action=VoteLogin&&Stoneid=54, accessed on 2019/11/01）創辦人鄧玲如小姐，在創業初期是和丈夫兩人一同在黃昏市場擺攤販賣鍋貼，隨著生意逐漸興隆，鄧玲如小姐決定開設自己的店面，有了寬敞的空間，來客量自然會大幅提升。

單憑鄧玲如小姐和丈夫兩人無法負荷這麼多的訂單，太多的工作讓兩人無法在時間內生產足夠的產品來滿足顧客的需求。於是鄧玲如小姐開始雇用員工，讓員工負責製作鍋貼，自己只要專心招呼顧客即可。在眾人的合作下，能夠服務的顧客量上升，事業也就跟著大幅成長。我們可以從圖13-1看到，彩色寧波風味小館的總產出與員工人數是息息相關的。

有些人可能會認為，招呼顧客的店員沒有專業性可言，應該也不用特別強調合適與否的問題。這樣的想法非常有可能成為事業成長的絆腳石，是錯誤的觀念。即使是小小的店員，也是生產的一環。如果創業者雇用的員工沒有團隊精神可言，可能會成為其他員工的拖油瓶，甚至造成其他員工不滿，讓整個團隊的工作氣氛不佳，導致生產力低落。因此，員工的素質與能力還是需要慎重考量的。

即使是不起眼的工作職位，創業者也應該認真思考什麼樣的人才適合該職位。像是招呼顧客、上菜的店員，應該要具備活潑、樂於服務他人的人格特質。以免讓顧客覺得店員冷漠，降低來店意願。

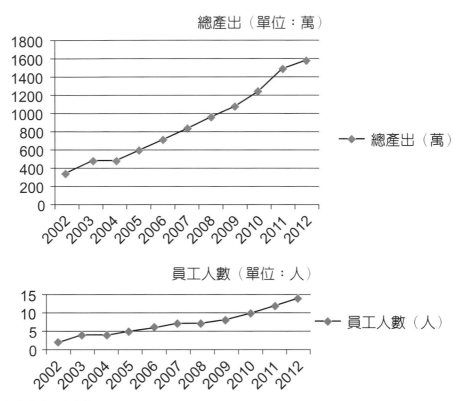

資料來源：彩色寧波風味小館，http://taichungtopten.artlib.net.tw/index_two.php?action=VoteLogin&&Stoneid=54, accessed on 2019/11/01

圖13-1　彩色寧波風味小館歷年總產出與員工人數

我們從圖13-1中可以看出，彩色寧波風味小館逐年的產出越來越高，鄧玲如小姐需要更多的人手幫忙，聘用的員工也越來越多。如果沒有擴充人手，事業的產值就很難繼續擴張。因此，事業產值得提升與員工人數的上升是有很大的關聯的。

個案導讀1

翻轉補習班的價值

　　在過去的80年代與90年代，即使補習班或是家教班的設備簡陋，但靠著口碑行銷的傳播方法，還是擠滿的上課的學生。然而少子化的時代來臨，補教業面臨的生存危機逐漸加劇。為了使補習班能繼續在競爭市場中生存下來，進而翻轉補習班的價值，補習班老闆A君除了採用小班教學外，更學習數位化教學，藉此提升教學品質，進而徹底翻轉補習班的價值。為採取教學數位化的策略，A君將上課的教學內容錄製成影片，並將影片上傳至雲端。當上課學生在家需要複習時，便能透過雲端上的教學影片在家進行複習。請假或缺課的學生亦能透過雲端上的教學影片事先進行「補課」的動作，到補習班後再向老師提出並解決問題。這不僅能使教學品質不變，更重要的是學生能隨時複習上課內容。因此，執行「教學數位化」將翻轉補習班的價值。

二、專業能力的協助

　　隨著事業規模的擴大，創業者會面臨許多問題。舉例來說，隨著交易數量的上升，在財務管理上的難度也會跟著提高。有時候進貨、出貨並不是現金交易，有可能是月底結算，這樣的時間差會讓資金流動與管理上的複雜程度提高，另外，有時收款、付款的人並不一定是創業者本人，創業者可能會難以掌控事業的財務狀況。

　　除了財務管理逐漸變得困難，其他領域的挑戰也會隨之而來，像是隨著員工數量漸漸上升，在人力資源管理上就要付出更多的心力；創業者可能需要更有創意、更能吸引消費者的廣告行銷設計以及整體的行銷規劃；另外，創業者也需要不斷開發新產品，但在專業技術上，創業者可能自身所學有限。當然，除了上述這些挑戰，還有各式各樣的問題等著創業者去克服。

　　然而，沒有人是十項全能的，即使創業者真的具備了十八般武藝，還是會有相對來說比較擅長與比較不擅長的部分。此外，創業者也沒有這麼多時間與精神，一個人處理這麼多事情。這時候，創業者就必須考慮雇用具有專業技能的人才，替自己解決不同領域的難題。

　　以嘉義為據點的瑞豐果物有限公司（http://www.rayfoung.com.tw/sub_item.asp?i_id=9, accessed on 2019/11/01）創辦人黃朝俊先生在實體店面的經營開始穩定之後，看見了網路購物的新商機，決定擴大事業規模，跨足網路購物的市場。一開始黃朝俊先生憑著自己的力量，在購物平台架設了簡單的網站，但是隨著顧客量越來越多，訂單數量增加，只憑藉人工很難迅速處理訂單。因此，黃朝俊先生雇用工程師替

他設計系統並定期更新，維修系統，讓顧客在訂購的過程可以更加輕鬆，且客戶在訂單的處理上也更加迅速。

彩色寧波風味小館的創辦人鄧玲如小姐在事業剛起步的時候，都是自己管理帳務，但因為事業規模尚小，複雜程度也不太高，憑著自己的力量還能掌握事業的資金流動。但隨著事業漸漸成長，不只是財務的流動越來越複雜，鄧玲如小姐自己也有越來越多事情要處理。因此，鄧玲如小姐便雇用了專業的會計師替她管理彩色寧波風味小館的帳務。這麼一來，鄧玲如小姐可以專心於更重要的事情，會計師在帳務管理上也比鄧玲如小姐更為專業。

有些專業人才具有直接幫助事業生產力提升的能力，像是行銷人才，就可以替創業者設計出吸引人的廣告或是行銷方案，吸引顧客上門光顧。但並不是所有的專業人才都可以直接幫助創業者增加生意的業績，對事業生產力的幫助可能並不是那麼明顯。舉例來說，鄧玲如小姐雇用會計師並不能讓更多的顧客得到服務，或是吸引更多顧客前來光顧，自然沒辦法幫彩色寧波風味小館賺更多的錢。這種人才可以幫助創業者改善工作效能，但這些人才不一定能提升事業營收，有時候甚至創業者付給這些人才的薪水，還比這些人才能提升的事業產值高。舉例來說，會計師並不能幫助事業提升產值，但創業者卻必須每個月付給會計師三萬塊的薪水。Bygrave與Zacharakis將這類人才稱為「支援型員工」（2010）。

但是，若是缺少這些「支援型員工」的協助，創業者很難讓事業順利的前進。我們可以想像一下，若是鄧玲如小姐沒有雇用這位會計師幫忙管理帳務，很可能財務狀況出現問題，鄧玲如小姐卻沒有辦法精準的觀察出來、或是根本沒有時間去發現這件事情。但是雇用了專業的會計師，這位會計師就可以用自己的專業迅速的發現問題，並告知鄧玲如小姐，讓鄧玲如小姐可以快速的針對問題做出回應，幫助事業克服難關繼續成長。

三、成為創業者的支柱

位於臺中的震通股份有限公司（http://www.genton.com.tw/product_list.asp?pclass=9, accessed on 2019/11/01）創辦人彭劉德先生在接受本書訪問時，就提到尋找合適的人才是最困難的挑戰。彭劉德先生認為：「找到跟你志同道合的人才是很重要的事情」。有些人很有才幹，但是志向與目標跟創業者並不相同；有些人很了解創業者的理想，但是卻沒有能夠幫助創業者的能力，而這些都不算是合適的人才。

　　彭劉德先生認為，不能理解創業者理想的人才，很難全心全意的跟著創業者一同奮鬥。彼此的理念不同，即使人才願意付出熱情與精力，在面對挑戰與抉擇時，就不太能夠以事業的大目標為行事基準。這些都有可能讓事業的成長事倍功半。

　　合適的人才能夠理解創業者的理想，這些人在創業者遇到困難或是灰心時，就會成為創業者心裡的支柱。一旦雇用了這些人才，就算創業者心裡動了放棄的念頭，也會因為對這些員工還有責任，而不輕言放棄。因為一旦創業者放棄了，不只是自己要重新再找工作，那些原本跟隨著創業者的人才也必須跟著面臨相同的問題（Bygrave, Zacharakis, 2010）。

　　除了心理層面，在實務面上，這些人才也能給予創業者許多幫助。創業者即使腦袋裡有再多的想法，終究也只是單方面的觀點，很容易忽略其他重點，或是無法跳脫自己的框架去思考事情。但是，透過與不同人才的意見交流，可以磨擦出不同的火花。說不定可以使原本的想法更加完整，或是激發出完全不同的新創意。創業者應該藉由聆聽他人的意見，讓自己有更上一層樓的機會（Bygrave and Zacharakis, 2010）。

　　本小節前面提到的彭劉德先生在創辦震通股份有限公司之前，就已經有創業的經驗，因此體認到找尋能認同自己理想的人才夥伴是很重要的事情。事實上，彭劉德先生在創辦震通股份有限公司時，就找了兩位與自己有共同理念的朋友一起努力，而這兩位朋友也都有各自專精的領域。

　　現在，震通股份有限公司已經經營得有聲有色，彭劉德先生認為這兩位夥伴的專業能力幫了大忙，但最重要的，是三個人心裡有共同的願景，才能一直以來都合作無間，即使在創業過程中難免爭執，但因為有一樣的理想，才能在這些不同的想法中找到共通點，並在這些共通點上進行溝通、妥協。

13-2　人才管理的流程

　　在了解人才的重要之後，創業者應該開始思考如何招募人才。但是人才管理的挑戰還不只如此，只要是好的人才，所有單位都想要招攬，創業者本身也會希望能擁有這些好人才，因此，創業者要怎麼將人才留在身邊，也是創業者要好好思考的事情。接下來，我們會介紹從招募人才、訓練人才以及如何留住人才。

　　創業者要招募人才之前，必須先從了解自己的事業。找出自己不足的、需要的部分，再去找合適的人選，如此能讓招募的過程更有效率。事業的營運活動包含哪些呢？需要哪些專業能力呢？事業的競爭優勢在哪裡呢？創業者應該要謹慎思考這些問題的答案，而這些答案可以幫助創業者了解自己的事業需要什麼條件的人才，員工又應該具備哪些人格特質。

　　創業者在整理出事業架構之後，應該進一步分析事業組織內的各項工作內容，以及職缺的數量與類型。創業者應該要徹底了解工作內容與工作的需求，才能找到最適任的人選（Moore and Petty, et al. 2009）。這項工作也可以避免創業者將好不容易招募到的人才分配到不適任的工作，反而讓人才沒辦法完全發揮長處。

　　除了專業能力以外，創業者也應該仔細思考自己希望擁有什麼樣的企業文化，以及事業的願景是什麼。如果創業者希望自己的企業文化是「嚴謹、高品質」，那麼創業者就應該減少雇用不拘小節的員工。舉例來說，知名的搜尋引擎Google，他們的公司文化就包含了「創新」。因此，Google的高階管理人在面試時，除了在學業成績以及專業能力層層把關外，對於應徵者的創意、想像力更是重視。

　　有了人選之後，創業者可以透過檢閱履歷、面試、專業能力測試等方式進行人才的篩選。許多創業經驗不足的創業者，通常也都缺乏招募人才的經驗與能力。這時候創業者很容易操之過急，容易在一堆「爛蘋果」中硬是找出一個人選予以聘用（Calvin, 2005）。此外，很多創業者也容易從自己的親朋好友中去尋找人選，雖然與自己原本就認識的人一起工作是件讓人安心的事，但創業者應該理性的判斷這些親友是不是真的具備事業所需的才幹與特質。

　　創業者應該要保留在篩選時被淘汰的應徵者資料。因為隨著事業的成長，組織的架構可能也會隨之變動，需要的能力與人才可能也會不同。保留這些資料，可以讓創業者未來在聘雇上有更多的選擇。

　　一流的創業者一定聘用頂尖的人才，二流的創業者卻會聘用庸才（Calvin, 2005）。員工是事業成功與否的關鍵，因此創業者在招募的過程中就應該謹慎篩選，以免篩選出的人才成為未來成長的絆腳石。

二、訓練人才

　　人到新的環境都需要時間熟悉，受到聘僱的人才剛進入公司時，自然也需要時間熟悉工作環境以及學習工作的內容，此外，也應該讓受雇用的人才了解公司的行事方式以及企業文化。這些都是需要透過「員工訓練」來達成的。

　　有些人可能會認為「員工訓練」並不是那麼重要，因為他們認為員工應該要能夠憑著自己的力量，從錯誤中學習。當然，這樣的想法並沒有什麼不對，員工也的確應該要積極的從每次的失誤中學習、進步，只是這樣的過程往往要花費很多的時間，有時候甚至會損害到事業本身（Moore et al. 2009）。我們可以想像，一個沒有經過訓練的店員，在與顧客應對的過程中可能會出現許多失誤，而這些失誤都可能造成顧客的不悅，導致顧客不再上門。員工花費越久的時間熟悉工作，事業需要付出的成本就越大。如果有資深員工，甚至是創業者自己帶著新進員工熟悉工作，指導做事方式，相信這樣的成本花費一定會大大減少。

　　我們在本章前面提到的彩色寧波風味小館創辦人鄧玲如小姐，就非常重視員工訓練這個步驟。鄧玲如小姐會指派資深員工指導新進員工，這位資深員工除了進行口頭上的指導之外，也會讓新進員工看見自己實際與顧客應對的方式，言教與身教同時進行，讓新進員工能夠迅速的步上工作軌道。此外，鄧玲如小姐還將員工訓練的過程標準化，目的就是希望能夠讓每位新進員工都能接受完整的訓練。將訓練過程標準化，就跟將產品生產過程標準化一樣，不但比較容易確保品質，成本也較低。

　　有了這麼嚴謹且完整的員工訓練，踏進彩色寧波風味小館的顧客都可以受到店員非常熱切的招呼，而在餐點、菜色的介紹上，也都有正確且詳實的介紹。顧客與店員的互動良好，對營收自然會有正向的助益，鄧玲如小姐在員工的管理上也會變得比較輕鬆。

　　創業者除了在工作上的員工訓練要謹慎落實之外，也應該替受聘僱的人才做升遷的準備（Moore et al. 2009）。跟著創業者一起打拼的人才，比起中途加入的員工更能了解公司的運作方式與行事原則。而創業者可以在與這些人才共事的過程中，挖掘這些人身上更多的才能並加以運用。如果人才知道自己待在這個事業裡有升遷的機會的話，在工作時會更有動力，不論對創業者或是人才本身都是有益處的。

在臺中的The Naked Café尼克咖啡（https://www.facebook.com/nakednofo/, accessed on 2019/11/01）創辦人林純珍小姐就非常重視員工的升遷。林純珍小姐會讓員工嘗試不同職位的工作，如此一來，員工們對每個工作職位都能有所認識，必要時可以互相照應，最重要的是，如果未來要成為店長，員工勢必要對每個職位的工作內容都有所了解。

而林純珍小姐透過員工訓練觀察聘雇的員工，也會觀察員工在工作上的表現。並以此為考量，判斷員工中有哪些人具有成為店長的能力與潛質，或是更適合哪些職位等。員工們也知道自己的表現會成為升遷的依據，因此在工作上也都積極努力。

三、留住人才

創業者成功的招募到合適人才之後，如果無法將這些人才留在身邊，對事業來說也是一大損失。這些人才幫助創業者事業成長，這些功績也會被創業者的競爭者看見。有時候，這些競爭者會積極的拉攏創業者擁有的人才，然而，有時候卻是因為這些被招募的人才在創業者的事業中無法被滿足，而主動想離開。人才的「滿足」可能來自薪水高低、獎勵制度，有時候也來自於工作時的成就感太低。

雖然薪資高低並不是人才在選擇工作時的一切，但不可否認，薪資是絕大多數人主要的考量。創業者在創業初期，能夠給予的薪資一定無法跟大公司比擬，但是創業者還是有幾個方法可以用來留住好人才。

(一) 將薪資與獎勵制度做搭配

一般中小企業很難提供跟大型企業一樣誘人的薪資水準，因此創業者可以採用薪資與獎勵制度搭配的方法。獎勵制度必須公平、合理、透明（Dollinger, 2006），才能讓員工們心服口服，產生想努力的動力。不公平且不透明的獎勵制度，反而會讓員工心生不滿，降低工作意願。

創業者必須知道，在事業還在發展、尚未穩固之前，事業能夠成長都要歸功於員工的努力。因此，將因為員工的努力而賺取的獲利，做為獎勵回饋給員工，可以讓員工感受到替事業付出是會有收穫的，也會更有意願為事業盡一份心力（Moore et al. 2009）。

將事業的股權分配給員工也是常見的獎勵制度。當員工持有公司的股權時，他們會更有動力為事業創造營收。因為若是事業績效良好，股價就會漲，如此一來，持有

股權的員工就能受惠。然而，若是員工績效不佳導致事業表現不如預期，股價就會下跌，持有股權的員工就會自受其害（Bygrave and Zacharakis, 2010）。

（二）升遷機會

有些人才可能會將現在職位作為職涯的踏板，在累積相當工作經驗與履歷背景後，未來可能轉職至其他公司。創業者如果想留住這些人才，可以試著讓他們了解，有潛力的新創事業能夠提供人才快速的升遷機會（Moore and Petty, et al. 2009），在工作上也有較多發揮的空間。不管是大企業或小企業，都要提供適當的升遷機會給員工，並鼓勵他們去爭取升遷，以達到激勵員工的效果。升遷不只是職位的調整，也包含了薪水、福利的加給，更是員工努力工作後的自我肯定。

除了上述的方法，還有許多方式可以用來留住人才，像是額外的員工福利，如：員工旅遊、各類津貼等，都是創業者可以加以組合、應用的。創業者應該謹記，留住好的人才，才是事業穩固的基礎。

依照不同的創業階段建立團隊，什麼是「創業階段」呢？根據Muhos與Kess的研究成果（2010a, 2010b），整個創業的過程可以分為下面圖13-2的四個階段。

資料來源：Muhos and Kess（2010a, 2010b）

圖13-2　創業4階段

階段一：構想與成型

新創立的公司由創業者自己經營，有時候可能會有其他夥伴，但人數不多。創業者主要的挑戰是要開發新產品或新技術，並建立早期的顧客群。創業者在這個階段大多從事商業構想，像是商業模式雛形、粗略的功能或特色，主要顧客群是誰等等。另外，也要找尋市場定位，資源調動也是很重要的挑戰，創業者也會開始發展公司的運作模式。這個階段的管理較不正式，富有彈性且具創意。

創業者在這個階段通常是一個人、或是與家人一同創業，因為事業規模較小，在考慮現有的產出所需要的人力之下，不太需要再招募多的人才。但是，若創業者認為有需要尋找新夥伴一起打拼事業，這樣的話，創業者就需要尋找能夠認同創業者的理念、願意一同打拼的夥伴。

　　階段一建立起來的顧客群是構成階段二顧客群很重要的基礎。創業者在這個階段的目標是要創造商機，並進行產品的商業化。由於第二階段開始有一定規模的生產，因此會開始面臨初期的製程、行銷、以及技術的挑戰。公司要學習如何形成並生產產品。這個階段的管理是採分工合作的方式，由創業者以及少數的夥伴負責管理。

　　創業者的事業在這個階段會開始面臨顧客量上升的情況，因此，會需要雇用較不具專業性的員工來幫忙處理雜事，像是招呼顧客、打掃等。這些都是不需要具備高度專業能力的人就可以勝任的工作，因此，員工的可取代性比較高。

個案導讀2

Q廚房餐廳

　　從李宗儒（2015）之資料指出，「Q廚房餐廳」位於臺中兼具商業午餐、親子餐廳與聚會等多樣特性的餐廳。除了提供寬敞空間給予顧客舉辦聚會與親子活動外，亦因其異國料理的特色吸引許多顧客前去聚餐。此企業的餐品與營運模式已受到消費者所喜愛與市場接受，且有盈餘。此企業目前屬於創業歷程中的第二階段。

　　由於企業的餐點須由員工現場手做，但餐點的製作卻沒有一套完整的標準作業程序（SOP），使得餐店品質與沙拉分量會因為個員工的能力而產生差異。為了將餐點品質具有一致性，以及在未來能規增設分店，企業經營者了解人力資源管理將會是企業在提升品質與擴點的主要成功因素。

　　經營者為了尋求更擅於人力資源，以利維持餐點應有的品質，因此積極尋求學術界的支援，以產學合作來制定營運上人力資源管理的標準作業流程。

階段三：擴張

　　在這個階段，公司的製程與技術的可行性，以及市場接受度都高度的成長，並且持續在成長、改變。創業者主要的目標，是藉由行銷與有效率的生產，大量的生產產品，帶領公司繼續成長，並增加市場佔有率。公司需要生產、銷售與配送產品，並在提高產量的同時兼顧生產架構的效率與效用。創業者應該要持續關注與開發新顧客、新市場與新通路。這個階段很容易因為事業快速成長而導致人事問題，像是員工人數快速增加，需要配置專人來管理等等。創業者在這個階段會開始有組成管理團隊的想法出現，但管理主要還是由創業者為主要核心。公司在這個階段會開始雇用具有專業能力的員工或團隊，也有可能採用外包的方式。

在這個階段，創業者可能需要雇用具有專業技能的人才來協助創業者管理事業。像是會計師，專任店長等。此外，在生產方面也開始重視品質，因此也會雇用具有專業技能的人才，像是持有證照的廚師，具有一定程度學歷的工程師等等。

階段四：穩定

公司在成熟的產品市場中面臨緩慢的成長率與強烈的競爭。公司需要努力並積極開發新的產品，也就是第二代產品，創業者也應該關心生產過程的效用與效率的議題。對於想要創造第二波成長的公司來說，開發新市場是必要的。然而，成本控制與生產力成為這個階段重要的挑戰。改良舊產品、開發新產品，以及改善獲利可以維持公司的成長與合理的市場佔有率。「管理」通常不再由創業者負責，而是被專業經理人或管理團隊或專業管理系統取代。公司的策略、規則、規章與製程已經標準化與正式化，員工也開始專業化。

創業者到了這個階段時，事業通常已經成長到創業者不太能單憑自己的力量管理的規模了。因此，會開始雇用專業經理人等這種較高階的管理人才，負責管理人力、財務、生產等領域。

我們可以從上面的介紹看出來，每個創業階段都會面臨不同的挑戰與狀況。創業者並不是要在創業初期就找好所有的專業人才與員工，而是判斷自己目前的事業階段需要什麼，等到了下一個階段，再加入下一個階段應該具備的人才。在正確的時間點加入不同且適當的員工，可以幫助創業者節省事業的成本，因此，創業者應該在一開始時就先規劃好要在什麼階段置入哪些人才（Bygrave and Zacharakis, 2010）。我們將用彩色寧波風味小館做為實際案例，介紹事業在不同階段會有不同的人才需求。

鄧玲如小姐是和丈夫一同創業，他們在階段一「構想與成型」時，所有工作都是兩個人一起分擔，沒有假手他人。在這個階段，構想事業是最重要的挑戰，同時，鄧玲如小姐也開始藉由親自與顧客互動的方式，向顧客介紹產品，但因為事業規模非常小，還沒有面臨人才需求的問題。到了階段二「商業化」，鄧玲如小姐要將產品推銷給更多的顧客，但單憑一個人的時間與力氣，無法一次面對人數眾多的消費者，因此需要較多的員工與人才協助，去與顧客進行實際的接觸。鄧玲如小姐開始雇用店員，經過員工訓練之後，讓店員向顧客介紹產品。這時候的行銷、管理等較高階的工作，都還是鄧玲如小姐與丈夫一手包辦。

到了階段三「擴張」，事業要藉由大量的行銷來增加市場佔有率，鄧玲如小姐因為較缺專業的行銷知識，便藉由與大專院校的行銷學系進行產學合作，讓具有專業行

針知識的學生與老師幫忙進行行訓的規劃與設計。另外，因為員工人數不斷攀升，鄧玲如小姐發覺應該開始管理員工，因此指派「店長」一職，讓專人負責員工的管理。事業規模逐漸擴大，財務管理也變得越來越重要，鄧玲如小姐也是在這時候發覺自己需要將會計的工作外包給專業人士來管理。

現在，彩色寧波風味小館已經處於階段四「穩定」。鄧玲如小姐認為，事業規模已經大到需要專業的經理人來管理的程度。因此，正在積極的尋找合適的人才來擔任經理人的職位。鄧玲如小姐對於產品的開發極富興趣，也希望在找到合適的管理人才之後，自己可以專心在開發產品的工作上。

我們可以看出，彩色寧波風味小館並不是在創業初期就需要專業經理人的協助。如果鄧玲如小姐在創業初期就先聘雇專業經理人，不但大材小用，更會產生高額的人事成本，造成事業的負擔。因此，創業者應該謹慎思考自己所處的創業階段需要哪些專業人才。在真正有需求的時候再進行聘雇，會是比較好的選擇。

13-3 結論

擁有好的人才，是事業成功的基礎。合適的好人才除了可以幫助事業提升生產力、增加產出，也可以在專業領域上給予創業者幫助，此外，這些人才也會成為創業者的心靈支柱，因為這些員工的薪水來自於創業者，如創業者放棄這項事業，這些員工都會面臨失業的危機，這讓創業者在創業過程中遇到困難時，不會輕言放棄，創業者也可以透過與人才的意見交流，讓想法更加完整、更有創意。

創業者如果想要招募到適合自己事業的專業人才，就必須先了解事業的架構，再針對各種不同職位的工作內容去尋找對應的專業人才。招募到人才之後，創業者應該完善落實員工訓練，讓受雇的新員工對新環境與新工作能夠快速上手，員工訓練可以降低員工犯錯的機率，讓公司因為員工犯錯而造成的損失降低，員工訓練也可以提升員工工作的效率，幫助公司提升營收。將好人才留在身邊是創業者最大的挑戰，創業者可以透過薪資、獎勵以及升遷等制度留住人才。

創業是一個長時間的過程，在不同的創業階段會有不同的人才需求。創業者不用在創業初期就一次找齊所有人才，應該是要隨著不同的創業階段漸漸找齊所需的專業人才。這麼一來，就可以幫助事業節省人事上的開支。

本章習題

一、問題與討論

1. 請同學以一位臺灣創業者為研究對象，訪問該創業者在人才招募、員工訓練與留住才人的經驗，以及該創業者認為人才有何重要性。

二、個案討論

1. 請試著找三位臺灣的創業者為案例，判斷他們目前處於哪一個創業階段，以及目前需要哪些人才。

2. 除了本章節中提到的「獎勵制度」、「升遷機會」以及「額外的員工福利」，請同學思考還有哪些方式可以幫助創業者留住人才。

NOTES

14

工作擬定與職權分配

學習目標

- 了解何謂工作分析。
- 了解何謂工作說明書與工作規範。
- 了解工作設計的定義與發展過程。

緒論

　　企業在成立之初，必須確立內部員工須從事哪些工作，與如何分配，才能讓企業順利的營運，針對工作的擬定，可以採用工作分析的方式蒐集、分析資料後建立起工作說明書與工作規範，來作為員工依循的準則。另外，企業也可以透過工作設計來了解到工作的特性，以此當作職權劃分的依據。因此，本章將針對工作分析、工作說明書與工作規範、工作設計與其發展史作介紹。

14-1 工作分析（Job Analysis）

　　Raymond, John, Barry, Patrick（2007）指出人力資源的實務操作包含許多項目，如圖14-1，除了招募、訓練、績效管理、勞工關係、員工關係、工作設計、甄選、發展、薪資結構、獎酬和福利外，很重要的一項就是工作分析。而在創業之初必須建立起每個員工的工作內容，就必須先進行工作分析，因此本小節將分成四個部分，依序針對工作分析的定義與目的、工作分析的流程、工作分析的方法及工作分析資訊的用途作介紹。

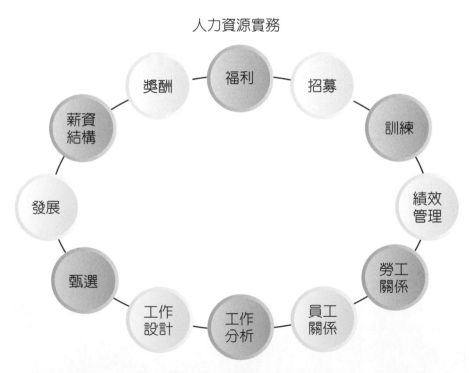

圖片來源：Raymond, John, Barry, Patrick（2007）

圖14-1　人力資源實務之內容

一、工作分析的定義與目的

工作分析又稱為職位分析、崗位分析或職務分析。丁志達（2012）指出工作分析的思想，最早起源於古希臘時期著名的哲學家蘇格拉底，其在對「理想社會的設想」中指出：社會的需求是多種多樣的，每個人只有透過社會分工的方法從事自己能力所及的工作，才能為社會作出最大的貢獻。

柯政良（2003）定義工作分析可以說是組織或企業體對某項特定性質之職務、工作，藉實地觀察、調查與研究，具體描述與分析出決定工作人員勝任該職務應具備之知識、技術、能力與責任。Chelladurai（1999）說明工作分析就是透過將所屬之職務與任務的相關內容作調查研究，從其操作與負責的工作中蒐集必要的資訊。Gatewood and Field（1998）認為工作分析是一種有目的、有系統的流程，用來蒐集與工作相關之各種層面的重要資訊。

Gary（2011）定義工作分析為一種程序，管理者可以藉由這個程序決定每個職位的職責，以及擔任這個職位的人員所需具備的特性；透過工作分析可獲得撰寫工作說明書（job descriptions，工作細節的清單）和工作規範（job specifications，雇用什麼樣的人來負責此一工作）的相關資訊，通常主管或人力資源的專家會藉由工作分析蒐集下列的資訊：(1)工作活動；(2)人類行為；(3)機器、工具、設備和工作輔助器材；(4)績效標準；(5)工作背景；(6)人員需求條件。

徐寧（2010）依工作分析之主要內容及作用分成三個面向，如圖14-2，介紹如下：

1. **工作人員的分析**：包括人員條件、能力等的分析，分析所得到的資料可編成職業資料。這些資料有助於我們開展職業指導工作，達到人盡其才的目的，因此，工作人員分析是「人」與「才」的問題。

2. **工作職務的分析**：包括工作任務、工作程式與步驟、與其他工作的關係等方面的分析，這些分析資料對工作人員的任用、調動、協調合作有所助益，使組織發揮整體功能，並達到才適其職的目的，因此，工作職務分析是「才」與「職」的問題。

3. **工作環境的分析**：包括工作知識技能、工作環境、工作設備的分析這些分析資料使工作人員易於適應工作要求，並使人與機器系統相互匹配，而達到職盡其用的目的，因此，工作環境分析是「職」與「用」的問題。

図14-2　工作分析內容之分類

　　丁志達（2012）進一步指出工作分析是分析者採用科學的手段和技術，對每個職位的主要職責、工作內容、在組織內的報告與隸屬關係、與組織其他部門的互動關係等，進行分解、比較和綜合，確定職位工作要素特點、性質與要求的過程。工作分析是人力資源管理工作的基礎，其分析所獲得的資料對人資有舉足輕重的影響。

二、工作分析的流程

　　工作分析是企業營運的重要環節之一，綜合諸多學者針對工作分析流程之研究後，陳炳男（2004）將工作分析之流程分為兩個階段：「準備階段」與「實施階段」；其中「準備階段」包括決定工作分析用途、蒐集工作背景資料、分析具代表性工作，「實施階段」則包括蒐集工作分析資訊、描述實際工作內容、建立完整工作結構，如圖14-3，以下將針對此作詳細說明。

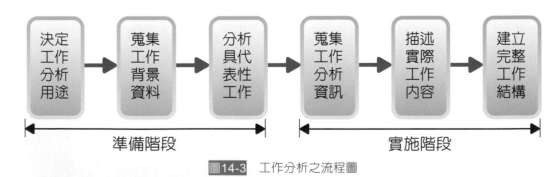

図14-3　工作分析之流程圖

1. 準備階段

　　(1) 決定工作分析用途

　　　　在工作分析的過程中，必須先決定其用途以確定所需蒐集的資料類別，及其蒐集資料的技巧，才能按照需求設定蒐集資訊的方法。

(2) 蒐集工作背景資料

在工作分析的過程中，研究人員必須蒐集組織架構圖、作業流程圖、工作說明書及工作規範等工作背景資料，Gary（2011）指出組織架構圖可以顯示整個組織之分工情況，所分析的工作與其他工作之關聯性，以及其在整個組織中的適切位置；流程圖則可以提供詳盡的工作程序，就最簡單的形式而言，流程圖可以繪製出所分析之工作的投入與產出之過程。透過這些圖得以了解整個組織部門間的關係、工作處理過程與原則。

(3) 分析具代表性工作

在工作分析的過程中，研究人員若要分析每一項工作是非常耗時耗力的，因此研究人員可以先將類似的工作集中，再從中挑選出具代表性的工作樣本加以分析即可。

2. 實施階段

(1) 蒐集工作分析資訊

研究人員經過準備階段蒐集基本資料後，接著需著手蒐集各種工作的內容、職責、態度、條件及人力需求，並實際地從事分析的工作，分析資料的方法有許多種，如面談法、問卷法、觀察法、工作日記法、關鍵事件法、職位分析問卷法，在後面將會有詳細的介紹。

(2) 描述實際工作內容

在蒐集工作分析之相關資訊後，研究人員需與各部門組織成員共同檢討所蒐集的資料與資訊是否正確，是否有問題需作修正。

(3) 建立完整工作結構

一般工作分析完成後，需製作出兩份重要文件：「工作說明書」與「工作規範」，Gary（2011）指出「工作說明書」是以書面方式描述工作的活動、職責與工作要點；「工作規範」則是說明從事該項工作的人所需具備的資格、特質、技能及相關背景資料等。此兩份重要文件可以架構出組織完整的工作結構，在14-2將針對工作說明書與工作規範作介紹。

三、工作分析的方法

根據Gary（2011），周瑛琪、顏炘怡（2012），丁志達（2012），徐寧（2010），葛玉輝、陳悅明、趙尚華（2011）提出之工作分析的方法，綜合整理出六種方式，包括：面談法、問卷法、觀察法、工作日記法、關鍵事件法、職位分析問卷法，如圖14-4，以下將一一作介紹。

圖14-4 工作分析之六種方法

1. 面談法

徐寧（2010）定義面談法為與擔任相關工作的人員共同討論工作的特點和要求，藉此獲得相關訊息的調查研究方法。周瑛琪、顏炘怡（2012）說明面談法可依員工的人數和方式分成三種方法：管理者可以分別與員工進行個別面談、與一群執行相同工作的員工進行群體的面談、與了解此工作分析的主管人員面談。Gary（2011）指出面談法也可以分成結構式（structured interview）與非結構式（unstructured interview）的面談，結構式面談中包含一系列的相關問題，像是工作目標、主管的責任、工作義務，以及所需的教育程度、經驗技能等；非結構式面談則是在面談前並不加以準備，所問的問題視當時情況而定，應徵者可以暢所欲言。不管採用何種面談方式，都要清楚讓受訪者了解到面談的目的。

2. 問卷法

葛玉輝、陳悅明、趙尚華（2011）指出問卷法是工作分析中廣泛被運用的方法之一，它是以書面的形式、通過任職者或其他相關人員單方面信息傳遞來實現的工作訊息蒐集的方式。Gary（2011）說問卷法就是讓員工自行填寫問卷以描述工作的相關內容與責任，也是獲得工作分析資訊的普遍方式；因此管理主必須先決定問卷的結構化程度，以及要包含哪些問題，而最好的問卷通常是介於結構化與非結構化之間，同時包含開放式的選項，例如：請說明工作的整體目標，和結構式的選項，例如：學歷。問卷法相對是較有效蒐集資訊的方式，徐寧（2010）指出問卷法屬於規範化、數量化的方式，易於計算結果後進行統計分析。但是要設計一份問卷是十分耗時的，需確保員工了解問題的內涵，但較不易了解受訪者填答的態度、動機等。

3. **觀察法**

丁志達（2012）指出觀察法是指工作分析者透過對任職者現場工作直接或間接的觀察、記錄、了解任職者的工作內容，蒐集有關工作訊息的方法。葛玉輝、陳悅明、趙尚華（2011）指出觀察法可以根據不同的角度而有不同的分類，如圖14-5，根據觀察的目的分為描述性觀察和驗證性觀察；描述性觀察的目的是通過對任職者的行為、活動等的觀察，獲取完整的訊息；驗證性觀察則是藉由觀察來驗證透過其他方法所蒐集訊息的真偽，並對訊息加以修訂，且只需要根據需驗證的訊息所涉及的個體進行觀察；根據觀察過程、記錄方式、結果整理等環節之間確定和統一的程度分為結構式觀察和非結構式觀察；結構式觀察是針對目標職位的特點開發一個個性化的觀察分析指南，針對觀察過程進行詳細的規範，嚴密掌控觀察分析的所有過程；非結構式觀察則只需根據觀察的目標定位、鎖定蒐集的信息進行觀察，方式較為靈活。

圖14-5　工作分析觀察法之分類

4. **工作日記法**

徐寧（2010）指出工作日記法是要求員工在一段時間內對自己工作中所做的活動進行系統性的紀錄。丁志達（2012）指出工作日記法是要求任職者按工作日的時間順序記錄下自己工作的實際內容，形成某一工作職位一段時間以來發生的工作活動之全景描述，使工作者能根據工作日誌的內容進行工作分析。葛玉輝、陳悅明、趙尚華（2011）指出工作日記法是一種經濟的工作信息收集方法，相對於其他分析方法，工作日記法更容易操作、控制以及分析，但是工作日記法無法對日記的填寫過程做有效的監控，在工作分析的作法中，是一種基礎的蒐集訊息的方法，宜配合其他工作分析方法一起使用。

5. 關鍵事件法

丁志達（2012）指出關鍵事件法係指對實際工作中足工作者，特別有效或無效的行為進行簡短的描述，透過累積、匯總和分類，得到實際工作對員工的要求。徐寧（2010）請管理人員和工作人員回憶、報告對他們的工作績效來說比較關鍵的工作特徵和事件而獲得工作分析資料，關鍵事件法既可以獲得有關職務的靜態資訊，也可以瞭解職務的動態特點；但關鍵事件提供的資訊是否具有全面性是有疑慮的，且一些偶然發生的事件有被誇大的可能性。

6. 職位分析問卷法（Position Analysis Questionnaire, PAQ）

葛玉輝、陳悅明、趙尚華（2011）指出職位分析問卷法是一種通過標準化、結構化的問卷形式來收集訊息，以人為中心的定量化的工作分析方法。周瑛琪、顏炘怡（2012）指出問卷須由受過專業訓練且對所分析職位有相當了解的工作分析師來填寫，問卷包括194個項目，每個項目用分數來區分其重要性。葛玉輝、陳悅明、趙尚華（2011）指出一般的職位分析問卷法有六個部分，包括：訊息來源、工作產出、智力過程、人際關係、工作背景和其他職位特徵，如表14-1；其中有187項工作元素（用來分析工作過程中員工活動的特徵），另外還有7項涉及薪資的問題，共194個項目。

表14-1　職位分析問卷結構表

分類	維度	說明
訊息來源	知覺解釋 信息使用 知覺判斷 環境感知 視覺訊息獲取 知覺運用	從何處以及如何獲得工作所需的訊息
工作產出	使用工具 身體活動 控制身體協調 技術性活動 使用設備 手工活動 身體協調性	工作中包含哪些體力活動、需要使用什麼工具設備

分類	維度	說明
智力過程	決策 訊息處理	工作中有哪些推理、決策、計畫、訊息處理等需運用到腦力活動
人際關係	訊息互換 一般私人接觸 監督/協調 工作交流 公共接觸	工作需要與哪些發生何種類型的工作聯繫
工作背景	潛在壓力環境 自我要求環境 工作潛在危險	工作發生的自然環境和社會環境
其他職位特徵	典型性 事務性工作 著裝要求 薪資浮動比率 規律性 強制性 結構性 靈活性	其他活動、條件和特徵

資料來源：葛玉輝、陳悅明、趙尚華（2011）

四、工作分析資訊的用途

　　Sherman, Bohlander and Chruden（1988）指出工作分析之結果可以運用在人才甄選、訓練與發展、績效評核、工作評價、薪資管理與勞工關係。丁志達（2012）更詳盡地指出工作分析的目的有：(1)闡明在公司內誰應該負責什麼工作；(2)系統化的方式來看工作內容；(3)確認每一個工作的主要職責；(4)將每一項工作職責相對比較；(5)有助於在職者了解該職位的責任與期望值；(6)幫助管理階層分析並改進公司的組織結構；(7)作為工作說明書、職位評價、薪資調查以及建立薪資結構的參考依據。

然而，隨著時代的變化，工作分析在企業裡也扮演不同的角色。袁媛（2009）指出傳統的工作分析主要針對人員、職務和環境三大因素，通過對相關工作崗位信息的收集、分析來確認崗位的工作內容、責任、任職資格及工作環境等一系列的問題，從而達到「人盡其才，才適其職，才盡其用」的目的；隨著經濟的發展，組織不斷變化，新技術的應用得到普及、員工能力和需求層次也有很大的提升，這些變化都使得傳統工作分析的適應性面臨挑戰，這就迫切要求工作分析呈現新的發展趨勢。

14-2 工作說明書與工作規範

　　透過工作分析，可以製作出兩種文件，一為工作說明書、另一為工作規範。對創業者而言，若要發展出制度化的管理，撰寫工作說明書與工作規範是不可或缺的過程，藉此才能夠樹立起客觀的標準與規範，成為員工工作的準則。因此，本小節將針對工作說明書與工作規範作介紹。

一、工作說明書

　　林建煌（2002）指出工作說明書是描述關於某一職位的人員做些什麼、如何做，以及為什麼要做的一份書面說明。房美玉、賴以倫（2003）指出工作說明書是有關工作職責、工作活動、工作條件以及工作對人身安全危害程度等工作特性方面的資訊所進行的書面描述。

　　針對工作說明書的內容，根據時代的變遷而有不同的主要內容，較早期Goss（1997）總結工作說明書中最廣泛被納入的內容，總共10項，如下面所列：(1)工作說明書建立日期；(2)工作職稱；(3)工作者的職位；(4)直屬主管；(5)監督何人；(6)工作說明或工作摘要；(7)工作職責明細及其說明；(8)組織內外主要的工作接觸者；(9)工作的環境及使用設備；(10)工作說明書的撰寫者、審核者及核准者。而Gary（2011）、周瑛琪、顏炘怡（2012）則更精簡、明確的歸納出7個工作說明書須包含的項目，包括：

1. **工作識別**：包括工作職稱（工作執行者的頭銜）、工作身分（在執行工作的過程中是否擁有職權與規範之豁免權或非豁免權，例如：有些職位不受最低薪資之保障，就必須列在工作說明書中）、工作說明書的說明（撰寫工作說明書的日期、撰寫人、批准人與其主管）。

2. **工作摘要**：主要是描述工作性質，需列出工作的主要內容或活動。在描述的過程中，必須注意要盡量避免一般性的描述，例如「必要時須執行其他工作」，會讓主管有過大的權限能任意指派工作，所以在針對工作作描述時，必須有明確的工作界定、精準的用詞。

3. **關係**：工作說明書中有時候也會有針對關係的敘述，主要是用來說明工作執行者與組織內部其他人員之間的關係。例如：誰向誰報告、誰負責管理、與誰合作等。

4. **責任與職務**：責任與職務是工作說明書的核心，每項工作的主要責任都必須分別列述，爾後進行簡要的描述。近年來，美國政府使用標準職業分類（Standard Occupational Classification, SOC）來將所有工作分成23個主要工作群、96個次要的工作群組，和821種詳細的職業，如表14-2，企業可以參考SOC來加以確認針對工作的特定責任與職務之敘述是否得當。

表14-2　美國之標準職業分類（Standard Occupational Classification, SOC）

代碼	名稱
11-0000	管理人員
13-0000	商務及金融經營人員
15-0000	電腦及數學人員
17-0000	建築及工程人員
19-0000	生命、物理及社會科學人員
21-0000	社區大眾及社會服務人員
23-0000	法律人員
25-0000	教育、訓練及圖書管理人員
27-0000	藝術、設計、娛樂、運動及媒體人員
29-0000	醫療保健執業人員及技術人員
31-0000	健康照護支援工作人員
33-0000	保安服務工作人員
35-0000	食物準備及服務相關工作人員
37-0000	建築物與地面清潔及維護工作人員
39-0000	個人照顧及服務人員
41-0000	銷售及有關工作人員
43-0000	辦公室及行政助理人員

代碼	目標
45-0000	農業、漁業及林業工作人員
47-0000	營建及採礦工作人員
49-0000	安裝、維護及修理工作人員
51-0000	生產工作人員
53-0000	運輸及物料搬運工作人員
55-0000	軍事特定工作人員

資料來源：United States Department of Labor，http://www.bls.gov/soc/home.htm, accessed on 2019/11/01

5. **績效標準**：績效標準是用來說明在工作說明書中所列出的每項主要職務與責任下，公司希望員工達成的績效標準，要設立一個明確的績效標準並不容易，所以企業可嘗試使用「當員工……，主管將會非常滿意員工的工作表現」，藉此建立理想的目標。

6. **工作條件**：工作說明書也會記載與工作有關的一般工作條件，包括噪音水準、危險情況、工作溫度等。

7. **工作規範**：列出達成工作所需具備的知識、能力與技能。工作規範可以是工作說明書中的一部分，也可以是獨立的一份文件。

　　工作說明書本身也具有它獨特的功用，Lloyd and Leslie（1999）指出招募活動時工作說明書可以作為設定招募對象的標準；甄選時作為可勝任工作的錄取標準，也可做為內部職務調動時的再訓練之標準；同時也是同工同酬勞的參考，也可作為判定工作績效是否達到標準的基礎。

　　袁媛（2009）指出隨著相對穩定的職務的消失，傳統的、穩定的、強調具體職務描述的工作說明書已經不能適應現實中變化的崗位，而縮短工作分析週期、經常更新工作說明書又必然會造成企業成本的上升，所以就需要彈性工作說明書來提高人力資源管理的效率；所謂的彈性工作說明書淡化了崗位工作任務的確認，將重心轉向任職者能力和技術等方面，因此能在組織的工作方向發生變化時保持靈活性。

二、工作規範

　　工作規範則是由工作說明書衍生而來，它可以是工作說明書中的一部分，可以自己獨立出來。林建煌（2002）定義工作規範書是說明一位員工為了將某特定工作順利執行，所須具備的最低資格。

房美玉、賴以倫（2003）則說工作規範是全面反映工作對從人員的品質、特點、技能以及工作背景或經歷等方面要求的書面文件。丁志達（2012）詳細說明工作說明書旨在說明工作之性質、職責及資格條件等，工作規範著重在工作所需的個人特性，包含工作所需之技能、體力及能力條件等，是工作人員為完成工作，所需具備的最低資格條件，例如：最低的教育水準、專業知識、專業技能、經驗水準等。

蔡明達、鄭依佳（2009）指出工作說明書和工作規範之差別在於，工作說明書係在說明「員工要作什麼工作」的問題，而工作規範書則在回答「工作要由誰作」的問題。不同公司會有不同的撰寫方法，當視公司的需求條件，且工作規範並非一成不變，會隨著不同時空和公司而有所變化。

個案導讀

補習班員工的工作規範

經過多年的努力，A君的補習班已有超過200位學生，教職員人數亦有10名，對於每項工作的主要職權、責任與績效都必須說明清楚。因此A君訂定責任與職務「工作說明書」，透過說明書使員工了解其責任與獎勵。例如，A君聘僱三位美語教師，在工作說明書中明訂每位美語教師必須每個月進行兩次的「電聯」，透過電話向家長說明每位學生的學習狀況與成效，以及改善方式。

此外，每位美語教師必須每個月進行一次電話測驗，透過電話測驗了解學生在課堂外的複習狀況。如果學生無法通過電話測驗，美語教師則須利用課堂內或是課後為該學生進行複習。美語教師所做的電聯與電話測驗皆須紀錄，以利之後與家長進行溝通時能有更多的依據。

14-3 工作設計

根據不同工作的特性，會有不同方式的工作設計，同時會產生職權的劃分。對創業者而言，起先就必須著手於工作設計這一環，才能讓員工有遵守的規範，因此本節將先針對工作設計下定義後，介紹工作設計的發展歷史，藉此可以了解工作設計變化的契機。

一、工作設計的定義

Seashor and Taber（1975）指出與工作有關之因素或屬性皆可稱為工作特性（Job Characteristics），像是工作本身的性質、工作所處的環境、因工作所得之薪資與福利、工作安全性、工作回饋性、工作所需技能、工作自主性、工作挑戰性、工作中學習與發展的機會、工作的人際關係以及在工作所能獲得的內在報酬，都屬於工作所具有的特性。

了解並定出工作特性後，必須針對工作特性作劃分，隨之而來的就是工作設計的產生。陳炳男（2004）綜合指出，工作設計係指依據一定方法、程序或標準來界定工作內容、工作方法及相關工作之關係的過程，並將組織任務整合成一份完整的工作，及賦予組織成員責任，提昇組織成員的個人需求，進而增進組織績效；歸納學者們對工作設計的內涵後，發現工作設計之主要內涵包含：工作內容、工作技能、人際關係、工作績效、回饋作用等五個要素，如下：

1. **工作內容**：用來說明實際履行任務的內涵，一般都以某些特性來說明，例如多樣性、複雜性、單一性、例行性、困難度等。

2. **工作技能**：指完成每項工作必備的條件和方法，如：職責、訊息、方法以及協調。

3. **人際關係**：指在工作中需與人互動交往的程度、友誼機會、及團隊精神的需求。

4. **工作績效**：指透過工作設計所獲致的成果，此成果可以透過處理的任務是否達成標準來確認，例如生產力、效能效率等；除此之外，還可以依據工作人員對工作反應的標準來評斷，例如滿足感、缺勤率、流動率等。

5. **回饋作用**：組織領導者可藉由回饋作用提供修正的依據，並據以改善組織工作流程，重新設計工作內容、發展新的工作技能與人際關係，達到提昇組織績效之目的。

二、工作設計的發展史

陳炳男（2004）指出工作設計的歷史發展可以分成三個階段：依序為科學管理時期、行為科學時期和現代管理時期，如圖14-6，以下將針對這三個時期作介紹。

1. **科學管理時期**：Taylor（1911）是最早提出工作特性概念的人，他也以「科學管理四原則」：工作專業化、系統化、簡單化和標準化，當作工作設計的原則，希望能藉由工作簡化來提升工作效率、增加生產量以及經營利潤。

2. **行為科學時期**：為了去除專業化的枯燥乏味、沒有挑戰性等缺點，行為科學時期因之而誕生，柯際雲（1995）指出此階段從事工作再設計（Work Redisign）和工作擴大化（job-enlargement）的研究，藉此增加工作的重要性與挑戰性，可以避免因為工作單調重複而造成工作者的不滿甚至離職。

3. **現代管理時期**：陳炳男（2004）整理指出在行為科學時期，工作再設計和工作擴大化雖然增加工作的變化性，但仍然沒有為組織成員帶來太多的挑戰和意義，所以產生了現代管理時期，強調增加工作的挑戰性、責任及自主的觀念，像是工作豐富化、工作特性論及自主性工作團體等策略的運用。

從歷史演變的歷程中可以發現到，其核心仍為：提高組織績效，增加工作的多樣化、自主性和彈性，同時還須以提升組織成員滿足感為首要目標。

圖14-6　工作設計的歷史發展

14-4　結論

工作分析是指一種有目的、有系統的流程，藉實地觀察、調查與研究，來蒐集與工作相關之各種層面的重要資訊；工作分析的流程共有六個步驟：決定工作分析用途、蒐集工作背景資料、分析具代表性工作、蒐集工作分析資訊、描述實際工作內容、建立完整工作結構可以完成工作分析；而工作分析的方法則有面談法、問卷法、觀察法、工作日記法、關鍵事件法、職位分析問卷法六種。完成工作分析後會產生兩份文件：工作說明書與工作規範，工作說明書是描述關於某一職位的人員做些什麼、如何做，以及為什麼要做的一份書面說明，而工作規範書是說明一位員工為了將某特定工作順利執行，所須具備的最低資格。

以工作特性為基礎則發展出工作設計，主要是依據一標準來界定工作內容、工作方法及相關工作之關係的過程，從科學管理時期、行為科學時期演變到現代管理時期，旨在增加工作的多樣化與彈性。對創業者而言，工作擬定與職權劃分無疑是很重要的一塊，有了明確的界定後，才能讓員工清楚地了解自己的職責，進而了解到如何與他人分工合作。

本章習題

問題與討論

1. 請問工作分析的流程為何？並詳細說明每一過程之內容。

2. 工作設計的主要內涵包含哪些？請詳述之。

15

教育訓練與專家諮詢

學習目標

- 了解員工訓練的意涵。
- 了解員工訓練的重要性。
- 了解員工訓練的方法。
- 了解專家諮詢的管道。
- 個案討論。

緒 論

隨著科技的蓬勃發展和社會的快速進步，一個企業要想在快速變遷的社會中立於不敗之地，除了各種多元有趣的行銷手法外，經營團隊也是重要的一環。而一般企業組織在內部建構經營團隊的時候，大部分會採兩種途徑：一是靠外部引進，另一種就是靠自己內部培養。員工教育訓練是企業人力資源管理與開發的重要組成部分和關鍵職能，是企業人力資源資產增值的重要途徑，也是企業組織效益提高的重要途徑。員工教育訓練是要培養和養成企業全員共同的價值觀、增強組織凝聚力的關鍵性作業。

企業家都如此重視員工訓練，創業者當然必須更重視。迪士尼樂園對於員工培訓的觀點是「員工比經理重要」，因為員工是第一線接觸客戶的階層，一舉一動都會影響顧客觀感。而剛創業的老闆們最需要的就是穩定的客源，當員工能表現出符合公司水準和理念的服務態度時，這些良好的第一印象都會成為創業者日後最有利的資源。而員工訓練的另外一個目的，就是在職訓練方面，其中職務規範、專業知識和專業能力的要求。員工任職後也需要隨著組織的發展不斷地進步、提升技能，參加更高層次的技術升級的在職訓練，使各自的專業知識、技術能力達到更高一層標準。機會是留給準備好的人，隨時向客戶展現自我專業，才能抓住得來不易的商機。

難道有了專業的員工培訓，創業就能平步青雲嗎？每個人在人生中都會出現幾位人生導師，啓蒙自己未來道路的方向抑或是當身陷低潮時拉自己一把。而創業當然也需要導師，在創業初期能帶領著團隊走到對的方向，甚至將組織建構變得更完善，而我們稱這些導師為「專家」。在網路上總會看到許多關於創業諮詢的網站以及平台，專家諮詢對於創業的重要性不可言喻。為何這會對創業如此重要呢？這些專家提供了許多「經驗」來栽培一間公司的成長，使這些創業家能在最短的時間找到公司在市場上的定位，如同我們到學校學到的不只是知識，更學到了每個老師的人生經驗，讓我們能在這些經驗中尋找自我定位以及價值。

因此，本章節將分為「員工訓練的意涵」、「員工訓練的重要性」、「員工訓練的種類與方法」、「專家諮詢」來說明，首先在「員工訓練的意涵」與「員工訓練的重要性」兩節中介紹員工訓練的意涵與重要性，接著，在「員工訓練的種類與方法」一節中，會介紹員工訓練的種類與方法，供創業者參酌。而當創意者在創業過程中遇到困難時，創業者可在「專家諮詢」一節中找到能夠參考之專家諮詢管道。

15-1　員工訓練的意涵

受到全球化的趨勢與科技迅速變化的影響，企業為了能夠永續發展，因此須不斷提升員工的適應力與能力，以因應快速變動的市場（O'Keefe, 2003）。因此重視員工訓練的企業，也較容易吸引到優秀的人才（Olivella,et. al., 2012）。

訓練是目前各組織在提升人力資源的素質上，採取的重要方法（Campbell et al., 1970；Wexley and Latham, 2002），而員工訓練即是針對企業中的工作人員進行訓練。由於訓練能夠強化員工素質與競爭能力（Lado and Wilson, 1994；Wright et al., 1994），因此企業都會編列一定的經費預算來進行員工的教育訓練（Salas and Cannon-Bowers, 2001），也由於員工教育訓練對企業來說是一項成本的支出，因此企業對於員工訓練的績效是為公司營運需重視的一環（Noe, 2002；Tannenbaum and Yukl, 1992）。

教育訓練是企業將員工須學習與工作方面相關的專業知識與技術在有系統的規畫之下，協助員工學習的一種方式，其目的在於希望員工能夠透過員工訓練的過程，實際運用於企業的成長（Noe, 2004）。實施教育訓練，對於企業而言，可控制員工能力不足的劣勢，來減緩經營目標與現況人力資源的落差，另外，也能透過員工訓練來提升員工的素質，增進其學習動機，提高員工對於工作的滿足感（職訓局，2007）。

此外，員工訓練也代表某種層面上的服務品質提升與表現（Wang,&Liu, 2012），其可從顧客的滿意度與反應中來審視訓練的成果（Schmidt, 2004）。因此，良好的員工訓練除了能夠使員工更加了解公司內部的營運、提升員工的工作知識、技能，增進工作績效、滿足員工個人的成長需求之外，也能進而提高企業的經營績效，並促進企業永續發展。

15-2　員工訓練的重要性

每家企業或多或少皆有員工訓練，對於創業者來說，在未有完整的員工訓練體制前，員工訓練的建立與實行顯得更加重要，因為這表示不論是創業者或是新創公司，其重視人力資源的發展。其次，在創業的過程中，需要一群與公司擁有相同理

念、具有向心力的團隊經營，才能夠在創業初期穩定營運狀態，並於未來持續穩定成長，因此員工訓練也同時能夠傳達企業理念與價值觀，吸引到相同信念的員工共同努力。

根據臺灣企業競爭力論壇的創業講座中提到，創業者在創業之初，由於資源有限，因此不能在徵選員工與員工訓練上再增加新的負擔，需在最短的時間內，尋找到那位「對的人」，而這時常是管理者頭痛的問題。這些問題還包括：如何評估一位新徵選進來的員工是否適合留用？未來是否能夠提升公司價值？如何吸引更多優秀人才進入公司？要如何進行員工訓練才能使新進員工在使用最短的時間與資源下達到最高效率的吸收？這些都是管理者會遇到的問題。

而當管理者好不容易將徵才的問題解決後，員工訓練就顯得特別的重要，因為管理者可以從員工訓練過程中，了解員工的素質與積極度，也能從而知道徵才過程是否真的徵選到了自己所需的人。另外，透過員工訓練，能夠使管理者在員工訓練的過程中傳遞企業理念與價值觀，增進員工對公司的認同感（Lord, 2004）。

而教育訓練對於員工的影響，除了能夠增進員工的專業知識與技能之外，同時也表示對於員工的一種認同。由於會對員工實行員工訓練，便是代表企業重視人力資源的培養與開發，希望能夠藉由員工訓練來提升自己的人力素質，培養優秀人才，因此員工若是能夠參與員工訓練，也表示企業願意花心力與資源栽培此員工（邱黎燦，2013）。另外，員工在參與員工訓練的過程中，能夠使自己進行更高層次的技術升級和職務晉升等方面的訓練，使自己的專業知識、技術能力更上一層樓，如此一來，未來即可適應職位升遷的需要，對於員工來說，員工訓練有激勵的功效，而對於企業來說，員工訓練也是企業內部十分重要的一環（Pfeifer et. al., 2013）。

因此綜合以上論點，對於創業者來說，員工訓練的重要性主要有以下7點：

1. 傳遞知識與技能。
2. 經驗與專業知識的培養。
3. 傳達企業理念與價值觀，增進員工對公司的認同感。
4. 提升員工工作效率與質量。
5. 建立管理者與員工溝通橋樑。
6. 增強團隊精神凝聚力。
7. 提升與維持組織的整體競爭力。

由於員工訓練不論是對於員工還是管理者，都十分重要，為了使員工訓練的效果良好，除了員工訓練本身之外，也須了解整體的員工培訓規劃所探討的某些議題，例如：此員工訓練的培訓是否真有必要？那些員工適合進行培訓？培訓的內容是否與公司未來發展方向相符合？由哪位管理者來替員工進行培訓？哪種形式的培訓是最好的？如何將專業知識與技能順利轉移至員工？培訓成果要如何預測與評估？（Wilke, 2006），因此對於創業者來說，員工訓練是在有限資源與資金的情況下，需要妥善了解的部分。

15-3 員工訓練的種類與方法

在此節，若依照訓練時機區分，可分為職前訓練、在職訓練、職外訓練共三種訓練方式。若依照訓練的方法，在此提供共七種訓練方法，其分別為師徒制、講授法、視聽教學法、工作輪調法、個案研究法、角色扮演法、數位學習。而根據創業家在選擇員工訓練的方式時，須考量的8項要點。最後，於此章節中列舉個案來提供給讀者做為參考。

一、員工訓練的方法

在「員工訓練的方法」的部分，可分成訓練時機與訓練方法兩個部分，以下將做細部的說明：

(一) 按照訓練時機區分

若依訓練的時機來分，可分為職前訓練（Before-the-job Training）、在職訓練（On-the-job Training）以及職外訓練（Off-the-job Training）。

1. 職前訓練

所謂職前訓練，實為在員工進入新職位之前，因工作需求而施以的員工訓練。現今除了企業為了使員工在正式就職時能夠迅速適應工作，會自行實行職前訓練之外，而政府在職前訓練上，也有針對青年、失業者所開設的課程，如：行政院勞工委員會職業訓練局的青年職業訓練中心，於103年度有提供電子工程、自動控制、產品開發、系統整合設計等日間職前訓練課程。

2. 在職訓練

在職訓練即是指，員工在原本的工作環境之中，再另行接受其他資深員工的訓練。通常較常見的是採取資歷較深的主管直接以一對一的方式教導下屬，以親自示範的方式，希望能在短時間之內增進員工的個人專業與生產力。

在職訓練的特色在於其花費低、親自操作能避免技術轉移所遇之困難（洪榮昭，2002），因為訓練環境與員工工作環境相似，因此較容易使員工學習，且花費低廉，因此此為時常受到中小企業使用的一種訓練方式。但是也由於工作與訓練時常同時進行，而使工作與訓練兩者無法平衡，因此可能會削減員工訓練的成效。

3. 職外訓練

職外訓練則是指，員工在離開原本工作環境之外，進行訓練。職外訓練常見的方式為將員工調離原先的工作崗位，將員工集中起來，而於某特定時間與場所共同進行學習（職訓局，2007）。這種方式較常給企業中職位較高的員工，受訓內容則偏向是原先企業所無法提供的課程，或者是為了培養其他能力的訓練規劃（洪榮昭，2002）。

職外訓練的優點在於，能夠提供員工學習企業組織本身無法提供之課程，能夠幫助員工跳脫既有工作的思考模式，從他處激發員工的潛力。但是因為職外訓練多以調離原先工作崗位的方式，因此原先的工作進度還需有其他員工負責接手，才不至於影響到公司的營運。另外，職外訓練的費用也較其他訓練方式更高，因此中小企業較不常使用此種方式。

(二) 按照訓練方法

若按照員工訓練方式的種類來說，大致可分為7種（母晨霞、單福彬，2006），分別為：(1)師徒制；(2)講授法；(3)視聽教學法；(4)工作輪調法；(5)個案研究法；(6)角色扮演法；(7)數位學習。

1. 師徒制

所謂的師徒制，其實就是老鳥帶菜鳥學習的一種方法，透過過去具有專業經驗的資深員工或管理者，將在職場中的經驗直接傳授予員工，而員工若有任何問題，可以向管理者請教。這種方法的好處在於管理者能夠透過教導新進員工的方式來更加了解自己的團隊，並在共同一起成長的過程中互相協助，培養感情與向心力，而學徒也能夠在學習的過程中，更加容易適應工作環境與工作內容，是傳統上時常使用的員工訓練方式之一。

若以創業者來說，由於創業者在創業初期的資源有限，使用其他員工訓練方式不一定能夠負擔，因此師徒制是很直接、很迅速也很有成效的一種員工訓練方式。由於創業者草創之初，企業規模小，員工人數不多，因此創業者使用師徒制的訓練方式，在與員工的互動過程中，能夠順利地傳達企業理念與價值觀，吸引到認同企業文化與信念的員工，促進員工對於企業的認同感。

2. 講授法

講授法實為一種由企業聘請而來的講師，針對員工訓練的內容進行單向的傳授，其優點在於可同時將員工訓練的內容一次傳遞給多位員工，有時不需要太多的設備，單純的用口頭也可傳遞資訊，而受訓人員只需用聆聽的方式即可接收到資訊，像是舉辦講座、邀請講師演講等，且對於企業來說花費少，耗時短，在業界中是很普及也很受歡迎的訓練方式之一。另外，透過講授法講授的內容，使員工更加了解日後可能面臨的問題與還需增進的技能有哪些。

但是講授法之缺點在於講授法偏向單向傳輸資訊，其過程沒有太多的互動，因此員工在講授課程結束後，因為沒有互動與涉入，因此也沒有辦法給予回饋，也因體驗不深而容易淡忘受訓內容，而講者也無法在沒有互動與回饋的情況下，了解受訓人員對於專業知識的理解和感受為何，因此講授法往往需要同時配合其他配套措施來評估受訓成果，例如：測驗、口頭分享講座心得等。另外，講者對於講題的了解程度也會影響員工訓練的成果。

以創業者的角度來說，在有限的資源之下，講授法所需費用不高，訓練時間不長，又能同時傳遞資訊給多位受訓人員，因此是可以考量是否使用的員工訓練方式之一，只是須衡量講者的講述內容與企業經營方向是否一致，並確實的衡量員工訓練績效，才能夠使員工訓練達到目的。

3. 視聽教學法

視聽教學法著重於以使用投影片、幻燈片、錄影帶等載具撥放影片給受訓人員觀看的一種訓練方式。使用撥放影片的方式優點在於(1)能夠視學習者的狀況，自動調整影片的撥放速度，若是有需要解釋或重點事項的部分，可將影片先暫停（pause）；(2)若有某些特殊、突發的狀況以及無法實際操作的內容，如：工廠機器故障、工作事故發生等，可藉由影片撥放讓受訓人員了解；(3)有時會搭配講授法一起進行，意即請講者在撥放影片的同時在旁講解，但是若沒有搭配講授法，受訓人員也能自行觀看影片進行學習，事後也不會因為學習成果不佳而推卸給講者；(4)所有受訓人員藉由影片來學習，而由於影片的內容是一致的，因此不會如講授法可能會因為講者個人偏好而影響教育訓練內容的傳達。但是使用視聽

教學法這類學習方式的缺點在於，有時可能因為影片播放時間過其而導致受訓人員專注力容易不集中，或是影片內容拍攝方式、拍攝內容安排不妥而影響受訓人員受訓的效益。

過去在使用學徒制時，基本上都是由管理者實際操作給員工觀看，例如：麵包師傅實際當面教授製作麵包的技巧予學徒，但是現今可以使用視聽教學法，將製作麵包的過程用影片拍攝下來，請學徒在觀看之後，自行提出製作麵包的過程為何，有無需要注意的地方……，不同於以往教授製作技巧時，可能或較慢才知學徒的學習成效如何，如此一來可使學徒增強自我學習的能力之外，也能透過這樣的互動方式了解學徒的學習能力，以及需額外再加強的部分。

而對於創業者來說，使用視聽教學法的好處在於，可將受訓內容結合影片進行教學。在創業初期無法有效提供充足人力來進行員工訓練的情形之下，此種方式能夠使員工的受訓達到一致性，也能夠促進員工進行自我學習，再與主管討論增加交流，以減緩人力配置的問題。但是教學視聽法需要使用設備和場地，因此此種訓練方式需考量無法隨時隨地進行訓練的情況。

4. 工作輪調法

工作輪調的訓練方式是使員工在一固定時間內，於公司內輪流擔任不同的職位與執行不同的工作內容，如此來訓練員工熟悉各個部門的工作內容，了解公司營運的狀況。此種訓練方式的好處在於，對於員工來說愈多的輪調，能夠使員工更加了解公司的職務內容，提供未來職涯規劃的方向，且也能更快速的適應公司的工作。

對於創業者來說，創業初期規模不算太大時，使用此種方式可以使內部員工了解公司的運作，並且熟悉公司各部門的工作內容，使大家在討論與開會時，提出的意見能夠更多元，更全面，而不僅僅是只有自己工作內容的想法，忽略了其他需要注意的面向。此外，由於熟悉各職區的任務內容，也能增加員工之間的共通性，提升員工認同感與凝聚力。

5. 個案研究法

個案研究法為管理者實際提出一個業界的個案，請員工思考與學習該如何處理與解決問題。知己知彼，百戰百勝，個案研究法能夠提供員工一個比較的基準點，藉由了解他人所遇到的問題與解決方式，來思考自身目前的狀況，思量解決的對策，對於管理者與員工來說，都是一種良好的訓練與學習方式。

對於創業者來說，若要使用個案研究法進行員工訓練，在個案的挑選上，可選擇與自己創業領域相似的企業個案，或是針對公司目前所遇到的瓶頸，尋找相似的案例，從他人的案例中，分析出公司可行的解決方案。除了管理者提供個案之

外，員工也能自行尋找案例，從尋找案例的過程中，學習到更多企業的經營方式，提升員工的專業知識與管理能力。

6. **角色扮演法**

角色扮演法是員工以扮演某工作角色，實際思量其所遇到之困難與探討解決方案，如此來學習並獲得知識。角色扮演的好處在於，能夠使員工相互了解，增進溝通能力，並且較容易設身處地思考，改變受訓者的溝通與領導能力。另外，也能夠將角色扮演討論個案的過程用錄影的方式記錄下來，事後再重播一次，現場請各位進行觀摩，討論可改進之處（徐瑞，1985）。

對於創業者來說，在規模還不大之時，能夠使用此種方式進行員工訓練，除了花費較少之外，也可隨時隨地進行，不受時間與空間的限制，也能增進管理者與員工、員工與員工之間的溝通。

7. **數位學習**

美國教育訓練發展協會（ASTD）成立於1943年，目前是全球知名的教育訓練組織，而資策會在2006年時，成功成為美國教育訓練發展協會（ASTD）的合作夥伴，希望臺灣在數位學習上的發展能夠順利與國際接軌。臺灣是數位產品的製造大國，未來更是積極朝向數位生活應用的方向前進，因此在臺灣隨著網路與各電子載具的興盛，無論是男女老少，都漸漸開始使用數位科技方式進行溝通與接收資訊，例如：人手一支的智慧型手機帶動了App的發展，許多人不用打開電腦即可處理大量資訊。而網路的普及使人們開始在雲端上存取與快速傳遞資訊，不需像過去在攜帶大量紙本資料。因此除了傳統的員工訓練，管理者也須開始思考如何將新的科技與原先的教育訓練結合，提供更符合時勢、更能提升效率的員工訓練方式。

而美國教育訓練發展協會（ASTD）在數位學習這個領域之中，說明數位學習內容包含數位媒介（網路、電腦、衛星廣播、錄音帶、互動式電視和光碟等）的應用，另外，線上學習、網站學習、網絡學習、遠距離教學等也視為數位學習的一種方式（吳美美，2004）。而使用數位學習的好處在於其可跳脫時空的限制，使學習者不用侷限於某個時間、某個地點來進行員工訓練，不是將所有的員工集合至同一處再進行訓練，如此可節省時間、空間與人力成本，解決現今不少產業在員工訓練上的瓶頸。另外，由於數位學習能夠針對每個不同的員工進行差異化的教材內容篩選，因此使用數位學習的方式可使員工在自己不足的部分進行學習，員工也可以自訂個人學習時間表，除了可以訓練員工的自我管理能力外，也可以降低辦理重覆課程的成本。

現今有許多政府單位與企業皆成立數位學習網，來作為使用者學習的平台。像是工研院的「工研院員工樂學網」（https://www.itri.org.tw/chi/college/p1.asp?RootNodeId=070&NavRootNodeId=072&nodeid=07223, accessed on 2019/11/01），提供工研院的員工便利又簡單的E化平台，內容整合訓練資訊、學習護照、個別功能專區等，使員工能夠持續學習。

OK超商的「OK e學堂」（http://elearning.okmart.com.tw/eHRD2005/Login.html, accessed on 2019/11/01）則是透過數位學習的方式來進行員工培訓，以此來確保員工訓練的內容一致性與及時性。透過數位學習的方式，能夠使員工更快速的接收到資訊，並且針對員工本身的需求與興趣進行適合的學習進度，但是初期的創業者不一定有資金與資源來建設如「OK e學堂」這類的員工訓練學習網站，也無暇管理網站，因此可改用其他員工訓練方式來替代需花費成本所建設的學習網站。

個案導讀

防災教育訓練與推動

　　每個產業都有不同的產業特殊性，國內發生多起重大傷亡的火災事件，常造成人員的傷亡與財產的損失。

　　補習班屬於公共場所，為避免補習班發生火災或是發生火災後造成重大的傷亡，補習班老闆A君認為具有完善的安全管理與人員的消防訓練及定期演練，才能使災害降到最低。補習班的學生年紀較小，如發生火災必產生傷害。因此他每年都積極參與此相關之座談會，並請補習班員工參與座談會及防火訓練課程。每位教師在訓練課程認識火災的分類及其滅火的基本方法等知識。

　　回到補習班後，A君要求每三個月舉辦一次火災逃生演練，利用了解火災對人的危害，逃生避難方法，在遇到火災及面臨危險之時便能夠做正確的判斷，遠離危險。他們演練的活動與成果公布在補習班的公布欄與雲端上，讓家長了解他對學生安全的重視與做法，此方法亦是他作為招生宣傳的策略之一。

　　A君認為員工的教育訓練不再只限於傳統的職前與在職訓練，最重要的員工訓練的方法而是提供員工學習補習班本身無法提供的課程，如消防訓練。員工在學習課程後，回到補習班，在緊急時能夠運用，必能將危險降到最低。

　　以上提供多種員工訓練的方式，但創業者需衡量實際營運需求，來選擇其所適合的員工訓練方式，方能達到效益。以下提供8點創業家在選擇員工訓練的方式時，須考量的要點（宋狄揚，2003）：

1. 訓練的目標

訓練目標為何會影響選擇員工訓練的方式，假若是訓練特殊技能，以實際體驗的訓練方式進行較好，而若是進行專業知識的吸收，則可以並用多種訓練方式來達到訓練目標。

2. 訓練成效

由於學員在受訓過程中會使用五感（視覺、聽覺、觸覺、嗅覺及味覺等）接收刺激，而人們若能夠同時使用多種感官進行刺激的接收，學習效果會比較良好，因此在員工訓練的過程中，可增加多種感官的學習刺激來達到較好的訓練成效。另外，不同感官的學習也會影響訓練成效，例如：觀看影片與聆聽講座兩種呈現方式。

3. 聘請的講者專業與其內容

現今有許多企業為了使員工能夠接收更多元的專業知識，因此時常會聘請各式各樣的講者舉辦講座，但由於舉辦講座也需考量員工的心理狀態、個人興趣、教育訓練內容，以及講者本身的專業領域，因此在聘請講者之前，還須作適當的評估來確保員工訓練成效。

4. 所需花費的時間

一般來說，人們的專注度只能維持一段時間，因此進行員工訓練的時間也需掌握，有些訓練方式會需要較長的時間，例如：視聽教學法、數位學習，有些訓練方式則花費時間短，如：自我學習，因此還須根據不同的訓練方式進行訓練時間的調整，以達到訓練最大效益。

5. 員工訓練預算

對於創業者來說，創業初期資源有限，因此在員工訓練方式的挑選上，也須審慎評估是否有足夠的預算，以免造成過大的負擔。

6. 參與訓練的人數

在創意者資源有限的情況下，參與員工訓練的人數也需納入員工訓練方式選擇的一項考量，若是須參與員工訓練的人數不多，那「角色扮演法」、「分組討論」則是節省成本又有效益的員工訓練方式。倘若參與人數眾多，可考慮使用「數位學習」、「講授法」等可大量傳遞資訊的員工訓練方式。

7. 員工個人特質

員工訓練方式的選擇也需依照員工個人的特質來進行篩選，有些員工較適合自己進修，即可使用數位學習、講授法等方式，而有些員工還須在溝通能力上進行練習，因此可使用分組討論、角色扮演等方式。倘若員工較不擅長使用科技產品，那使用數位學習的學習成效便會大打折扣，而若是員工知識水準較低時，則太過於專業的講授法可能效果不彰，也許改用學徒制，一來一往的互動教學成效會更好。

8. 相關設備的支援

進行員工訓練的方式挑選，同時也須考量相關設備是否能夠支援，例如：場地、電腦器材、人員配置等，例如：若需要進行數位學習，必定得有科技產品配合。

15-4 專家諮詢

創業是一條艱辛的道路，在創業過程中必定會遇到許多阻礙與困難，有可能是資金募集艱困、規模限制，也有可能是缺乏人脈、興趣與商場需求不合等，即使是擁有豐富商場經驗之人，也不一定就能夠創業成功，因此在創業的這條荊棘路上，倘若能夠有創業相關的專家諮詢，想必能夠減輕許多負擔，並增添更多構想與資源，以降低創業風險，讓成功創業的可能性增加。因此，本章節在此提供4個專家諮詢的管道，讓想要創業的人或在創業過程中遇到困難的創業者，能有尋求解決方法的門路，其分別為(1)同業前輩；(2)創業輔導顧問；(3)政府創業諮詢服務單位；(4)創業相關社群，如下：

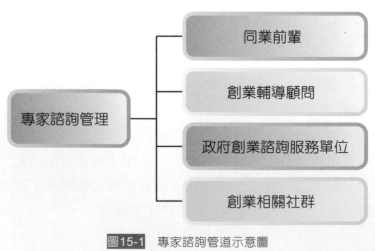

圖15-1 專家諮詢管道示意圖

一、專家諮詢的管道

（一）同業前輩

在創業之時，若是對於你想進入的行業感到困惑，最迅速的方法便是詢問已經在這領域縱橫的前輩。因為這些前輩對於目前這個職場領域的優勢、劣勢、競爭者分析、創業後管理與永續經營等資訊都已經有一定程度的了解，且已身經百戰的他們必定對於商場有一套獨特的見解，因此在你希望創業之時，他們必定能夠給你許多寶貴的建議。

因此倘若你想要請教同業前輩給予你創業的建議，凡舉同業前輩、親朋好友、在學時的學長姐、有創業經驗者皆是你詢問的對象。即使你詢問的對象不是成功創業者，其分享的是失敗的經驗，也是有其可取之處。你能夠從他失敗的經驗中，仔細評估自己是否有可能遇到同樣的問題，將這些失敗的經驗化為養分，讓未來創業之時能夠更加茁壯、順利，並藉此減少嘗試錯誤的機會與盲目投入的風險。

（二）創業輔導顧問

現今業界有不少創業輔導顧問、專業創業輔導師，創業輔導顧問能夠提供專業的創業資訊與精闢分析，例如：市場調查分析、競爭者資訊、公司行號設立、文件申請等，針對創業者的創業概念提供多方面的建議，並進行整體的評估。因此有不少創業者會聘請創業輔導顧問來為自己未來的事業提供意見。

雖然創業輔導顧問能夠提供創業者不少良好的建議與評估，省去創業者摸索的時間成本，但是聘請創業輔導顧問的費用對於微型創業或初創業者來說，是一筆不小的成本開銷。另外，創業輔導顧問的建議也不一定就能保證創業成功，也無法保證創業成功過後依然能夠永續經營，因此在聘請創業輔導顧問時，還需考慮自身的創業條件，是否會負擔過大或不適合等情形，再做決定。

（三）政府創業諮詢服務單位

政府近年來開始注意到有志的創業者，針對這些有志的創業者給予適當的協助，希望能夠透過成功創業的創業者，帶動各個領域的產業鏈發展，鞏固臺灣經濟。因此經濟部中小企業處在2009年時推動「創業領航系列計畫」，針對北、中、東、南四地的產業特色設立「中小企業創業創新服務中心」，提供創業者在創業之初的投資、融資貸款、研發補助等資訊與協助。

創業者倘若在創業時有任何疑問，可隨時尋求政府單位的協助，在創業之初若是能夠得到政府資源的協助，例如：申請到政府資金補助，想必對於創業者有極大的幫助。在提供創業諮詢服務的單位主要有中華民國勞動部（前身：勞委會）、教育部青年發展署（前身：青輔會）、行政院原住民族委員會、行政院農業委員會、行政勞工委員會職業訓練局、經濟部中小企業處、教育部、臺北市政府產業發展局、高雄市政府經濟發展局、各縣市政府等。

在這些單位之中，有些單位會提供諮詢與輔導，例如：青輔會的創業輔導顧問團、經濟部中小企業處的創業圓夢坊、婦女企業輔導資源、中小企業數位關懷計畫，勞委會的創業諮詢輔導服務計畫等。也有單位會針對創業來開設研習課程，例如：青輔會的青年創業育成班、勞委會的職訓局職業訓練數位學習網、勞委會的微型創業鳳凰網中的創業入門班、進階班、精進班、數位課程等。另外，也有針對特殊人士進行的諮詢服務，如：各縣市政府的身心障礙者創業研習課程、教育部的大專生畢業創業計畫（見表15-1）。

表15-1　政府創業相關事宜諮詢管道

政府單位	諮詢管道
經濟部中小企業處	創業圓夢坊
	婦女企業輔導資源（婦女創業飛雁計畫）
	中小企業數位關懷計畫
	縮減產業數位落差計畫
	創業創新養成學苑（研習課程）
經濟部工業局	創業投資事業發展計畫資訊交流平台
青輔會	創業輔導顧問團
	青年創業育成班（研習課程）
	青年創業資訊網
勞委會	微型創業鳳凰網
	創業諮詢輔導服務計畫
勞委會職訓局	職業訓練數位學習網（研習課程）
各縣市政府	身心障礙者創業研習課程
教育部	大專生畢業創業計畫

資料來源：本書作者整理

(四) 創業相關社群

　　隨著網路時代的來臨，大家漸漸習慣在網路上討論時事議題，透過網路能夠快速地進行資訊流通與分享，因此有不少人開始在網路上建立與「創業」議題相關的網頁社群，例如：針對各種不同的族群（婦女、白領階級、年輕人等）所建立之Facebook粉絲專頁、BBS論壇、網站討論區等。「年青人創業聯盟」起源於Facebook社群，旨在推動年青人創業精神，提供一個交流的平台，而後在成員數量在達到一定規模之後，才正式註冊並改名爲「香港青年創業家聯盟」。另外，也有學生自行成立創業社團，並在裡面分享自己對於創業的想法，例如：香港理工大學企業發展院的創業社群、台大創業社群，也有除了創業之外，再加入創新、創意等概念所成立之創業社團。

　　在這些與「創業」相關的社群中，會有許多人分享他們的創業故事，或者分享其他報導中的創業人物如何成功創業，討論的議題與內容廣闊，大家能夠隨時在社群中針對這些故事、報導進行提問，而同時也能夠得到回饋，因此能夠使讀者與經驗分享者更加零距離的互動，有些社群還會先行將文章內容進行分類與統整，使讀者能夠快速的瀏覽，並能有系統地得知資訊，也因此有愈來愈多的人喜歡在社群中尋找資訊。

　　雖然網路社群能夠快速地蒐集與獲得資訊，但由於網路的資訊爆炸，資訊傳播速度過於快速，因此所擷取與分享的資訊來源不一定正確，也很有可能不是重點資訊，因此若是要使用創業社群中的資訊，還需再次檢驗其所提供的資訊是否符合環境與趨勢，以及其來源的正確性。

15-5 結論

在「教育訓練與專家諮詢」此章節，可了解員工訓練的意涵與重要性，並且可針對創業者所需之「師徒制」、「講授法」、「視聽教學法」、「工作輪調法」、「個案研究法」、「角色扮演法」、「數位學習」等七種員工訓練的方式，提供說明與「訓練的目標」、「訓練成效」、「聘請的講者專業與其內容」、「所需花費的時間」、「員工訓練預算」、「參與訓練的人數」、「員工個人特質」、「相關設備的支援」等八項需考量的要點。

另外，當創意者在創業過程中，需要諮詢與協助時，本章節也提供了「同業前輩」、「創業輔導顧問」、「政府創業諮詢服務」、「創業相關社群」等四種專家諮詢的管道供創業者做為參考。最後，列舉多項個案敘述員工訓練的應用與專家諮詢管道來源以及提供的幫助。透過此章節在員工訓練與專家諮詢的詳述，創業者可更加了解員工訓練對於企業的重要性，並且在資源的限制之下，選擇最適合企業之員工訓練方式，以幫助企業維持與提升競爭力，而倘若企業遇到需要協助的部分，也能透過此章節所提供之專家諮詢管道來尋求協助。

本章習題

一、問題與討論

1. 創業是一條艱辛的道路，在創業過程中必定會遇到許多阻礙與困難，當您遇到困難時，您尋求協助的管道為何？請說明理由。

NOTES

16

創業團隊成員與所創業相關之過去經驗

學習目標

- 了解創業團隊的分類。

- 了解影響創業家特質的因素。

- 了解各創業階段所形成的創業團隊。

緒論

創業團隊成員與所創業相關之過去經驗是組成創業團隊時的重要考量，依照團員們各自不同的成長或工作背景等，能讓後來的創業之路擦出更多火花，在選擇創業團隊成員時若不慎重挑選，則可能會產生一步錯步步錯的局面；面對不適合團隊的成員時，需不厭其煩地溝通，如果到頭來雙方的想法差距甚大，那也只好忍痛放棄這名成員，如果不這樣釜底抽薪，團隊的價值、文化等無法明確的落實，反而會有害於團體。

創業團隊成員的考量就好像是參與線上遊戲組團打怪的模式，一開始團隊的成員可能就只有一兩個人，彼此要負責的職責很繁重，漸漸地，為了要達到更高的目標，例如團體PK戰、攻城戰（攻城戰為在特定攻城時間，率領眾將兵及攻城大砲攻打敵人的城堡），領導者就會開始招集戰士、魔法士等擁有不同技能與等級的成員，在這過程中，團隊中的成員開始認識彼此、談天、一同練功、打王、打怪，領導者從中會知道哪些人的經驗值有利於戰鬥的進行，而哪些人的等級或甚至於個性則會害了整個團隊，進而刪減成員，刪去有弊於團隊的人，而加入有利於團隊的成員。

招募線上遊戲團隊的模式其實類似於創業團隊，創業這個過程就像是騎士鬥惡龍一般，光憑著自己的力量來對抗惡龍就像是不可能的任務，隨著成員的招募，各自運用自身的能力來成就團隊力量，打敗惡龍，而創業就是憑藉著自身可得的資源與經驗，讓創業團隊能順利扎穩腳步，為可及的未來鋪上平順的道路。

接下來的本文部分將為讀者介紹關於創業團隊的種類、創業階段、其相對需要的人才與可能形成的創業團隊，最後再聚焦在創業家的特質與其相關經驗帶給創業家的影響，希望讓讀者對於創業團隊成員與其創業相關之過去經驗有更深層的認識與啟發。

16-1 名詞定義

本節以創業團隊的四種分類向讀者說明，再以創業各階段所需要的人才向讀者做介紹，最後聚焦在創業家的特質與其經驗對創業的影響：

一、創業團隊的分類

創業團隊的分類可以依以下不同的特性做區別：

1. 第一種團隊是在某公司有豐富資歷的人才，因其熟悉產業環境而脫離公司自行出來創業，此人才整合所需的資源與人脈，組成一支創業團隊。

2. 第二種創業團隊也是在某產業有豐富經驗的人才，因其熟悉產業環境而脫離公司自行出來創業，但因他懂得用人，他找尋各方菁英合開公司，而自行當執行長，只在決策時和其他經營者共同決定策略，這則是另一種創業團隊，如震通公司（http://www.ztpos.com.tw/, accessed on 2019/11/01）即是利用這種創業團隊方式，創業家找人才各司其職，且由創業家當執行長做決策。

3. 第三種創業團隊的產生則是因為創業家對於創業有相當多的想法和點子，但因其缺乏資金，所以採用入股的方式組成創業團隊，如創投或技術股，以業界實例來看，尚偉股份有限公司（http://www.sun-way.com.tw/, accessed on 2019/11/01）的董事長許中南先生，在創業時找尋相關產業專業人士創業，如找尋有專利的大學教授做為顧問，此種投入技術股的方式也是常見的團隊種類。

4. 第四種創業團隊的特色是創業家擁有相關的專業技術，但缺乏通路方面的經驗與人脈，因而找尋有通路優勢的人合開一間公司。

這四種不同的創業團隊是業界常見的組成團隊方式，在創業前，需先考量自身的優劣式與大環境的變遷，再決定以哪種方式組成創業團隊是最符合目前的狀況。

二、創業階段與其所需的人才

William（1997）認為，創業公司要成功，創業家應該要在原有產業擁有相同或類似經驗，並且能夠吸引有經驗的經營團隊做為團隊成員。如果創業家自身缺乏這些在原有產業相同或類似經驗，那團隊成員則必須具備這些經驗。為了招集有相關經驗的成員，創業家可以從文中所提及到的來源尋找，如同儕、舊識等可能的搭檔。

團隊成員的來源百百種，最常見的就是同儕或者原本就相識的朋友，因為有了相同的創業目標，如賺大錢、創造知名度等，進而把理想付諸於實踐之手。

在這一部分，我們將進行創業階段的介紹，並且帶出每一階段需要的人才，讓讀者對於創業階段有一定的了解與認識。

三、創業階段與其所需的人才

Paul Reynolds（2004）提出PSED（The Panel Study of Entrepreneurial Dynamics）研究創業的構想，其認為創業過程可區分為三個階段，分別是母體

期、孕育期與嬰兒期，在這個過程當中，並會受到社會、政治與經濟等外部環境因素影響。

首先，第一階段母體期是找出新生創業家，並區分為兩種群體，一為個人新生創業家（Nascent Independent Entrepreneurs, NIE），另一則為企業內創業家（Nascent Corporate Entrepreneurs, NCE），他們是正在參與企業內部創業活動的員工（Reynolds, Carter, Gartner and Greene, 2004）。新生創業家歷經第一個階段（由母體期轉變為孕育期），亦即形成創業概念（conception）之後，便進入第二階段的孕育期（gestation）。其階段是創業實際被啟動（start-up）的主要過程，創業活動種種的規劃與落實，都集中在此一階段，相關的機會、威脅、優勢、劣勢都在此一階段被檢視與探討，如果順利通過此階段，創業後將有以下四種可能的結果：第一，仍在嘗試當中（still trying）；第二，暫停但尚未放棄（on hold），期望以後繼續追尋；第三，放棄（give up），第四，成功跨越第二階段，新公司正式誕生（firm birth），進入嬰兒期（infancy）（Reynolds et al., 2004）。

表16-1為PSED的表格整理：

表16-1　PSED理論模型

一、母體期	二、孕育期	三、嬰兒期
新生創業家的種類： 1. 個人新生創業家 2. 企業內創業家	探討新生創業家的創業規畫過程，包括：機會辨識、發展、評估、資金籌措、團體組成、撰寫計畫書等等。	新公司的可能發展： 1. 仍在努力中 2. 暫停但尚未放棄 3. 放棄 4. 成功

資料來源：Reynolds, P. D., Carter, N. M., Gartner, W. B. and Greene, P. G.（2004）

劉常勇（1997）以企業生命周期角度將創業分為五個階段，分別為「種子階段」、「創建階段」、「成長階段」、「擴充階段」與「成熟階段」，各描述如下：

在剛開始的「種子階段」時，僅有構想與概念，只有創業者或技術專家在組織中而沒有管理人員，企業規模未完成，僅進行部分初期的發展，如市場研究，仍未大量資金投入；到了創建階段，已完成市場規劃與市場分析，產品原型測試中，管理團隊組成，且產品準備上市，可能有初步銷售，且行銷活動發展中但公司整體尚未有利潤；進入成長階段，已被市場接受且有少量訂單，需要行銷推廣與健全的管理團隊，籌備各種製造上的需求，接近損益平衡點，調整企業規模與管理需求，此時該企

業已有一年以上的時間；擴充階段時，應有廣大的銷售市場，公司獲得利潤，需要更多的營運資金幫助成長，管理團隊和產品發展都成熟，且進行第一代產品的改善，公司的複雜性增加，此時公司成立已有2~3年時間，應建立銷售網路，重新定位產品。到了晚期成熟階段，達到損益平衡點，並無明顯利潤，為公司上市積極準備，建立相當的產品形象，投資者有回收上的需求，企業成立已有5年以上的時間，經營規模穩定，產品線有相當品質與競爭力，且市佔率也高。

以實際產品為例，市售相當出名的「拖地拖鞋」（http://www.bellring.com.tw/, accessed on 2019/11/01）就類似於此步驟之發展，起初企業只單純做拖鞋，到後頭公司成熟後經由團隊的創意與構想而製造出所謂可同時拖地和穿鞋的「拖鞋」，經過一代代的改良而有了越發符合消費者需求的商品。

表16-2為此創業階段的整理：

表16-2　創業五階段

階段	特性	所需人才	可能形成的團隊
一、種子階段	1. 僅有構想與概念 2. 只有產品原型 3. 企業組織逐步成形中	創業者或技術專家沒有管理人員	創業團隊人數少，可能只有創業家一人或和少數專家
二、創建階段	1. 完成市場規劃與市場分析 2. 產品原型測試中 3. 組成管理團隊 4. 產品準備上市，可能有少量銷售 5. 行銷活動發展中但公司整體尚未有利潤	管理人才	創業團隊加入管理人才，形成創意家、專家與管理人才的團隊
三、成長階段	1. 已被市場接受且有少量訂單 2. 需要行銷推廣與健全的管理團隊 3. 籌備各種製造上的需求 4. 接近損益平衡點 5. 調整企業規模與衡量管理需求	行銷人才	創業團隊加上行銷人員，團隊規模化，且各成員職責明確
四、擴充階段	1. 應有廣大的銷售市場 2. 需要更多的營運資金幫助成長 3. 管理團隊和產品發展都成熟 4. 改良第一代產品 5. 公司的複雜性增加 6. 應建立銷售網路	細分部門且所需人才增多	具有公司規模，且擁有產、銷、人、發、財部門

階段	特性	所需人才	可能形成的團隊
五、成熟階段	1. 達到損益平衡點，並無明顯利潤 2. 為公司上市積極準備 3. 建立相當的產品形象 4. 產品品質高，在市面上具有相當競爭力，且市佔率也高	專業經理人	公司部門清楚劃分，各部門發展成不同的子公司，形成集團

資料來源：本研究整理

　　經由上述創業五階段的特性與所需人才的探討後，可從表16-2中所需人才推演在「種子階段」、「創建階段」、「成長階段」、「擴充階段」與「成熟階段」五階段可能形成的團隊：

1. **在「種子階段」可能形成的團隊**：創業團隊人數少，可能只有創業家一人或和少數專家因為在這個階段是創業的起頭，可能因為資金會人手不足的原故，所需的團隊成員多為創業家本身或具有專業技術的專家，著重於創業始祖本身的過去相關經驗而管理人員在這階段則不需要，因此這階段的團隊人員少，且職責劃分較不清楚，著重成員本身相關過去產業經驗，例如創業開一間餐廳，起初因資金問題可能老闆需要身兼數職，但因廚藝是需時間與經驗累積，故老闆本身需要有相關經驗才能身兼數職。

2. **在「創建階段」可能形成的團隊**：創業團隊加入管理人才，形成創意家、專家與管理人才的團隊在擴建階段，因其團隊規模化，產品準備上市，這時需要管理人才才能把公司的基礎扎穩，除了創業家外，在這階段增加了管理階級，管理工作劃分出去，這一階段就像是逐漸步上軌道的餐廳加入了一些專門收銀的行政人員和外場的服務生，老闆的職責較偏於現場的管理與控制。

3. **在「成長階段」可能形成的團隊**：創業團隊加上行銷人員，團隊規模化，且各成員職責明確在成長階段因其公司建立了些知名度，也逐漸往損益平衡點邁進，為了提高知名度，公司開始聘用行銷人員為公司做形象、行銷，且同時公司也在進行進一步的調整，為更上一層樓做準備，這一階段就像是餐廳老闆開始雇用行銷人員做宣傳，小餐廳可能就開始找行銷公司做LOGO、打廣告，而大餐廳則可能另開行銷部門為自身餐廳擬定一系列的策略，此時的團隊已規模化。

4. **在「擴充階段」可能形成的團隊**：具有公司規模，且擁有產、銷、人、發、財部門，在擴充階段為了建立廣大的銷售市場，公司職權的劃分更為清楚，進而分為產、銷、人、發、財等部門，已經具有公司的規模，公司的複雜性也增加，此時的創業家可能都擔任管理階級而非親力親為。

5. **在「成熟階段」可能形成的團隊**：公司部門清楚劃分，各部門發展成自己的特色，共同為組織效力，在成熟階段，部門早已細分清楚，公司就會需要專業經理人來管理公司，透過專業經理人的管理，公司各部門開始發展各自的特色，以餐廳為例就好比王品集團般，各部門發展自己的特色，創立許多不同風格、價位的餐廳，共同為組織效力。

經由PSED的介紹我們可以清楚了解創業階段的發展，知道企業在母體期、孕育期與嬰兒期分別會面臨的狀況為何，如表16-1，再進一步利用種子、創建、成長、擴充與成熟五個階段來檢視階段可能面臨的狀況與相關需求人才，讓讀者在心中對於創業階段有具體的想法。

 個案導讀

如何透過補習班的人才增加知名度與提升招生人數

目前A君的補習班規模已約有200位學生，且逐漸增加中，但A君認為公司尚未達到應有之利潤。因此，A君決定結合補習班的教師群，共同討論如何使補習班招收更多學生，達到損益平衡點，獲得利潤。

開會時，英文教師E君提出，補習班的三位美語老師皆喜歡表現，且有自信。他認為應該帶學生出去表演，增加學生的學習經驗以及提升補習班的知名度。美語教師D君在念大學時是學校戲劇社的會長，他喜愛表演，在念大學時常常參與各項表演。但自畢業，投入補教業後便很少有表演的機會，因此他很贊成帶學生參與各項的英文表演。例如，最近收到某基金會的來函得知該基金會為了籌募善款，將舉辦園遊會，並邀請各單位能為此基金會進行義演，所獲得的相關善款將投注於幫助偏遠鄉村的學生及植物人等社福單位。D君知道後，立即提議訓練幾位補習班的學生進行英文唱遊及簡單的英文話劇訓練，希望透過D君的專業能力，提高曝光度與知名度。

四、創業家的特質與其經驗

在這一部分，首先會先向讀者揭示五大人格特質，進一步，我們將進行創業家特質的介紹，從初步的特質介紹讓讀者掌握創業家的特性與其相關經驗。

(一) 五大人格特質（Big Five Personality Traits, Big Five）

人格特質一直是被學者廣泛談論的題目，最被廣為接受的是Costa and McCrae在1986年所分類的五大人格特質，分別為開放性（Openness）、勤勉審慎性

（Conscientiousness）、外向性（Extraversion）、親和性（Agreeableness）與情緒穩定性（Emotional Stability），根據李誠（2000）茲整理，其中各特質的說明如下：

1. **開放性（Openness）**：富有想像力，喜歡邏輯思考，求新求變。
2. **勤勉審慎性（Conscientiousness）**：有始有終，追求卓越，細心、謹慎且有責任感。
3. **外向性（Extraversion）**：有自信，主動多話，喜歡表現，喜歡交朋友。
4. **親和性（Agreeableness）**：待人友善，容易相處，寬容。
5. **情緒穩定性（Emotional Stability）**：不常感受到焦慮或沮喪，情緒穩定。

　　根據以上的五大人格特質可以把人的人格特質大致分類，較易歸納出人的個性與特徵，從中讓讀者對於人格特質有初步的概念，進一步再接續介紹創業家的特質。

（二）創業家的特質

　　創業家是領導整個團隊的重心，他的特質深深影響團隊的發展與未來。在創業家的創業之路，Roberts（1991）提出創業精神發展模式，如圖16-1，來說明影響創業家的因素。

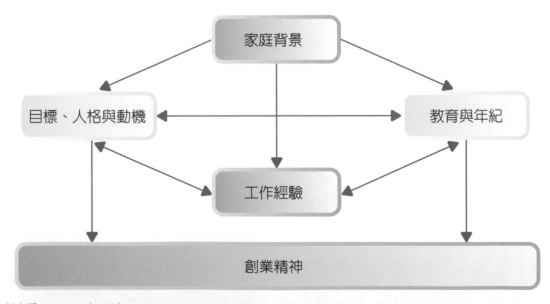

資料來源：Roberts（1991）

圖16-1　創業發展模式

圖16-1創業發展模式所聚焦的重點有三項，首先，家庭背景、目標、人格、動機、教育、年紀、工作經驗與創業精神這些因素相互有直接或間接的影響，其次，影響這些因素最根深蒂固的是家庭背景這項因素，第三，每個人擁有不同家庭背景，其相異的背景因其教育程度不同、年紀差異、不同目標的追求、人格發展、動機與工作經驗會造成不同的創業精神。

以上這些目標、教育、年紀等因素皆會對創業家的特質產生很大的影響，且其對創業團隊的成敗扮演舉足輕重的角色，各學者對於創業者的特質有不同的看法，茲整理如下：

1. Schumpeter（1950）認為創業家為有意願與能力把創意或發明轉換成成功的創新模式。

2. Collins and Moore（1970）提出創業家有這樣的特性：「堅韌與務實的個性，以及獨立與成就的需求，且不願屈於權威。」

3. Vesper（1979）從研究中發現：
   (1) 對一個經濟學家來說，創業家是一個將資源、勞力、原料及其他資產組合起來創造更大價值的人，也是引入改革、創新與新秩序的人。
   (2) 對心理學家來說，創業家是被某種動力所驅使，為了獲得某種利益，進行某種實驗、實現某種目標或為了避免聽命於他人等。
   (3) 對一個生意人來說，創業家的出現是一種威脅，一個敢做敢為的競爭對手，但同一個創業家也可能扮演盟友、資源的供給者、客戶、或某個為其他人創造財富的角色之人、發現更佳資源利用方式與減少浪費的角色之人，是替其他人創造機會工作的角色之人。

(三) 各行業創業家具有的特質

對於各行業創業家的特質，各學者有不同的看法與觀點，同時也可能因為不同的性別、教育背景而造成落差。

侯旭倉（2003）對於遊戲軟體公司的創業團隊特性論及到的有以下幾點：

1. 遊戲產業最主要的加入誘因為對遊戲的熱忱和興趣、可以多方面學習、追求成就感等，訪談對象中幾乎沒有人提到金錢方面的誘因和對產業前景的樂觀。

2. 遊戲產業的創業團隊普遍缺乏財務職能的人才，創業者的財務觀念也很薄弱。

3. 由於企劃人員需要多樣化的知識背景，培養困難，因此臺灣遊戲產業普遍缺乏企劃人才。

以人口變數中區分創業家特質的話，可以用年齡、性別、教育程度等來說明；以年齡來看，不論是國內或是國外研究的結果，大多顯示一個主要的趨勢：即25-45歲是創業的顛峰時段，大部分創業家都是在這段黃金歲月創業，年輕創業者的成就動機強、勇於冒險與創新。高科技創業家的年齡普遍地比一般創業者年齡為高，可能因為高科技創業者所需之專業知識技能較為複雜與深入，加上高科技創業者學歷較高、意即求學時期較長，故較一般創業者較遲開始創業，這相較於目前的網路創業而言，網路創業年齡層有降低的趨勢（Gartner, 1988、Halloran, 1992、Hisrich and Brush, 1986、Hisrich and Peters, 1989、Tyebjee and Bruno, 1984、陳耀宗，1984、曾耀輝，1987、陳芳龍，1988、汪青河，1991、李儒宜，1997、鄭蕙萍，1999）。

在性別方面。大體而言，男性與女性創業家在心理與行為特質上有許多相似處：如在創業動機與熱誠均高，兩性之間沒有差異，在家中多排行老大，且有中高學歷與豐富工作經驗。儘管如此，男性與女性創業家仍有些許不同，如男性創業者在校多主修理工科，創業類別多為製造業；而女性創業者在校多主修商科，創業類別多為服務業；女性創業家創業年齡略比男性創業家為高且變異較大，這可能是女性生育子女而造成延遲創業之現象。另外，女性創業家較男性創業家傾向於尋求親暱親友之支持與協助；相對地，男性創業家善於尋求外部資源（Hisrich and Brush, 1983、Hisrich and Peters, 1989、Neider, 1987、李儒宜，1997、鄭蕙萍，1999、趙亦珍，2001）。

在教育程度上，創業家之學歷普遍較一般民眾高；高科技企業的創業家學歷較高如碩士程度者，而一般企業的創業家則以高中（職）程度者居多；製造業創業家的學歷一般皆為高中（職），而服務業或科技業通常為大學或研究所以上（Bollinger, Hope and Utterback, 1983、Brockhaus, 1982、Gartner, 1988、Neider, 1987、Roberts, 1991、Scott, 1986、陳耀宗，1984、曾耀輝，1987、陳芳龍，1988、汪青河，1991、葉明昌，1991、林士賢，1996、李儒宜，1997、鄭蕙萍，1999、歐建益，2001）。

經由五大人格特質的揭示，我們知道人的個性大致上可以分為為開放性（Openness）、勤勉審慎性（Conscientiousness）、外向性（Extraversion）、親和性（Agreeableness）與情緒穩定性（Emotional Stability），這樣的分類讓我們更容易知道創業家的個性與特質是被什麼因素所影響，進一步的創業家特質之介紹，我們再加上了一些後天因素，如教育程度，更聚焦於創業家的特性，並且經由學者的研究結果可以知道不同行業創業家的特性與在不同人口因素下所呈現的差異。

16-2　結論

　　本章首先討論創業團隊的四種種類，第一種為集結各方人才組成創業團隊，第二種創業團隊是創業家享有專業技術優勢而離開公司自行創業，第三種為與可補足自身較不強之專長的專家一同共創新事業，最後一種為創業家因其缺乏資金但有很多想法，故以入股方式組織創業團隊。

　　在組成創業團隊後，團隊可依PSED理論所提及的階段，從中清楚了解當創業家在開啟事業時所會面臨的特性，每一個階段都是奠定往後成功的基石，如果不沉著、小心面對階段性的特性與任務，極可能造成一失足成千古恨的局面，同時，創業可分為「種子階段」、「創建階段」、「成長階段」、「擴充階段」與「成熟階段」五個階段，各個階段因所面臨的特性，有不同需求的人才，企業可以為階段性目標設立需網羅的相關人才，並利用人才的家庭背景、過去經驗、人格特質等來選擇人才的適用與否。

　　如同前面所談及的，「招募線上遊戲團隊的模式其實類似於創業團隊，創業這個過程就像是騎士鬥惡龍一般，光憑著自己的力量來對抗惡龍就像是不可能的任務」，因此，團隊成員的選拔就成了極為重要的關鍵點，如果能依著不同階段所需的人才與其人才的特質與經驗做為選擇的標準，那帶團破關斬將的機會就大大地提升，光榮歸來的日子也在不遠處了。

? 本章習題

一、問題與討論

1. 什麼是PSED？

2. 五大人格特質裡包含哪五大？

3. 遊戲產業的創業家有什麼特性？

二、個案討論

1. 賈伯斯成功帶領「蘋果電腦」邁向高峰的原因為何？

2. 震通公司創組創業團隊的方式是「四處找人才各司其職，且由創業家當執行長做重要決策」這樣的模式，你覺得這種方式的利與弊為何？

17

創業團隊之人際網絡

- 了解網絡的定義與種類。
- 了解人際網絡的特性。

緒 論

在博大的中國理念中，「關係」是生意經裡的一門大學問，「關係」的學問源自於《孟子‧滕文公上》：「父子有親、君臣有義、夫婦有別、長幼有序、朋友有信。」中的「五倫」，中國封建社會的五種人倫關係和倫理準則就以此為準，這樣的「君臣、父子、夫婦、兄弟、朋友」延伸至現今社會，創業初期不論是尋找創業夥伴或是合作對象，很常聽到的原因是「我們以前是同學」、「朋友介紹的」、「因為欣賞彼此的能力」等，由此可見，人際關係在創業初期占了很重要的一席地位，俗話說「在家靠父母，出外靠朋友」，人際關係的幅度與寬度左右了創業的成與敗。

臺灣中小企業眾多，比起擁有高資本的大企業，中小企業在草創初期普遍缺乏專業技術人力的投入，造成管理上或分工上的高風險，中小企業如果背後沒有大企業或高資金當後盾，要順利通過草創期是件相當不容易的事情，因此，善加利用網絡關係就變得格外重要，一來可以利用網絡關係找尋到創業團隊適合的人選，不論是同儕、同事甚至是同鄉，這些人脈可以對創業初期有關鍵性的影響，二來也可以利用此關係籌措創業資金、分享資源、分攤風險，可能和朋友的公司互相產生利益關係，運用彼此的能力與資源讓彼此的公司互利，營造雙贏的局面。

不論是創設有規模的公司或是夜市的路邊攤，人際網絡都扮演著重要的角色，它可以在資金、人力或資源缺乏的情況下挽救企業，更可以成為企業成功的推手。

所謂的人際網絡可以是經由同校、同鄉、業界這些比較容易獲得人脈的地方，有可以是因為某種喜好而群聚在一起的團體，如高爾夫球喜好者，更有可能是因為在外地經商而結識的朋友，如臺商、晉商，或者在異鄉的同鄉人，如外籍配偶，因外地人不容易融入當地人的交友圈，他們可以藉由參加教會、廟宇活動而增加與他人的相處機會。

除此之外，在日本歷經311海嘯後，臺灣成為捐款最多的國家，因為臺日在經濟發展上一直以來保持著良好的關係、互動，在日本311海嘯受災的同時，臺灣網友藉由最適於宣傳，並可長時間連繫臺灣網友們的臉書（Facebook），開設許多為日本災民打氣祈福及提供具公信力援助方式的專頁，這也是網絡的一種體現方式，另外，許多海外臺灣僑團、校友會亦紛紛籌募捐款，由此可知，人際網絡對於不論對於企業發展甚至於災難救助皆有很大的幫助，人際網絡已成不可忽視的一項關鍵因素。

本章中第17-1節探討社會網路的定義、社會網絡的種類和人際網絡的特質，並聚焦在本章重點人際網絡中的延伸網絡與個人網絡。

17-1 名詞定義

本節分爲三部分來探討創業團隊與人際網絡之間的關係，分別爲：社會網路的定義、社會網絡的種類和人際網絡的特質等。

一、網絡定義

根據以下的學者，社會網絡（Social Network）的定義爲：

1. Birley（1985）在研究中提到，網絡是用來解釋，爲了獲取知識、資訊和資源的個人網絡（personal network）或個人連結。

2. Brass（1992）認爲網絡可以廣泛地定義爲一組成員（個人或組織）以及成員之間的連結。

3. Birley（1985）與Gulati, Nohria and Zaheer（2000）認爲網絡被視爲是新創企業接觸與獲得外部資源的管道，透過人際間及組織間的關係，新創企業可接觸與獲取其他行動者擁有的多種資源。

4. Bolino et al.（2002）認爲人際網絡爲無形資產，這項無形資產能以個人的公司、親人與職位的關係來進行創業活動。

Dubini與Aldrich's（1991）研究發現企業間有效的社會網絡能幫助創業的成功，更有學者（Granovetter, 1973、Dewick and Miozzo, 2004、Macdonald and Piekkari, 2005）甚至發現組織的創新能力是根據其在網絡中所扮演的角色。此外，Lin et al.（2006）對125位臺灣高科技創業家的研究發現，網絡有效度地增強了企業間的關係，表17-1爲各學者對社會網絡之定義整理：

表17-1　各學者對社會網絡之定義

學者	社會網絡定義
Birley（1985）	網絡是用來解釋，爲了獲取知識、資訊和資源的個人網絡。
Brass（1992）	網絡爲一組成員（個人或組織）以及成員之間的連結。
Birley（1985）& Gulati, Nohria and Zaheer（2000）	網絡是新創企業接觸與獲得外部資源的管道，透過網絡關係，新創企業可接觸與獲取其他行動者擁有的多種資源。

學者	社會網絡定義
Bolino et al.（2002）and Oh et al.（2004）	網絡為無形資產，能被以個人的公司、親人與職位的關係來進行創業活動。
Dubini and Aldrich's（1991）	社會網絡為幫助創業的成功的因素之一。

資料來源：Reynolds, P. D., Carter, N. M., Gartner, W. B. and Greene, P. G.（2004）

　　經由過學者的定義後發現，社會網絡就像是企業間的蜘蛛網，這個網不僅能連結各企業，如果有效運用此網絡，對於企業是有著正面的影響，此外，社會網絡也是創業成功的基石，透過網絡的關係，創業家可以得到外部資源，如：政府所提供給中小企業的SBIR小型企業創新研發推動計畫（http://www.sbir.org.tw/SBIR/Web/Default.aspx, accessed on 2019/11/01），此計畫意在帶動中小企業創新研發活動，協助國內中小企業知識布局，以加速提升我國中小企業之產業競爭力來幫助創業之路，因此，社會網絡是創業家不可忽視的成功關鍵因素。

二、社會網絡的種類

　　社會網絡的種類依照學者的研究觀點有不同種分法，Paola and Howard（1992）認為社會網絡型態大致區分為兩類，一類為個人網絡型態（personal network），主要焦點放在個人包含與企業家或創業主本身具有直接關係的人，舉例而言：如家庭成員、創業夥伴、合作廠商、顧客、股東、跟貿易相關組織（如：進出口商業同業公會）。另一類則為延伸網絡（extended network），包含公司內部所有人、管理者以及雇員之關係。

　　在個人網絡型態當中，可依照聯繫程度上之差異，區分為強聯繫關係：如配偶、父母、朋友與親戚；與弱聯繫關係：如生意夥伴、朋友、前職員及前同事。個人網絡部份通常都建構於強聯繫關係，且該關係為創業家主要之依靠與支持，相反地，弱聯繫關係則屬於比較表面上以及閒暇時之聯繫，因此比較少情感上之依賴，而延伸網絡則分為長期友誼關係和泛泛之交關係，這類別以公司內部所有人、管理者以及雇員之關係為主，長期友誼關係可以是老闆和員工之間因共同興趣、話題而形成的情誼，而泛泛之交可以為曾經有共事過的雇員關係，以圖17-1來表示Paola and Howard的觀點：

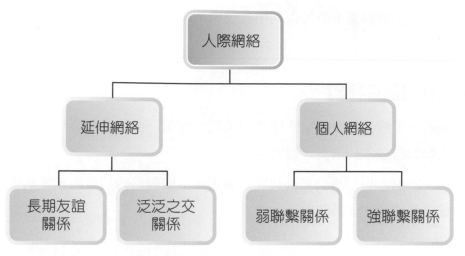

資料來源：Paola and Howard（1992）

圖17-1 Paola&Howard社會網絡

　　創業團隊可以依循Paola and Howard對社會網絡的概念，來釐清創業期間可以利用的人際網絡，從中了解企業的競爭優勢，與可掌握的資源。

　　在Chen and Wang（2008）的研究論文裡把社會網絡分成內部網絡及外部網絡作為研究論點，他們以學者的觀點為佐證認為：內部網絡專注在可以讓創業團隊裡的每一個成員交換及傳遞知識與資源的合作關係（Coleman, 1988），而外部網絡代表著在網絡內互動的企業成員所利用的社會資產、無形資源（Burt, 1992）。

　　由這樣的觀點為基礎，Chen and Wang（2008）繼續延伸認為：團隊成員的外部網絡關係是潛在的資訊與知識的豐富來源，因為團隊成員可以利用外部網絡關係和其他的相關企業互動，彼此交流資源，因此是潛在的資訊與知識的來源，而團隊成員的內部網絡則是讓他們在創業時，有利用這些得來的資訊與知識的機會，成員們可以互相分享從其他企業得來的資訊與資源，因此，如果企業成員擁有各式各樣的網絡，可以為創業帶來資訊與知識的優勢，同時，為了提高企業成員的能力並擁有競爭優勢，企業成員要有效藉由內部與外部網絡獲得及利用資訊與知識（Barney, 1991）。

　　對於網絡的意義，根據不同創業家有相異的詮釋，一般認為，企業間的社會網絡是企業成員間與外部合作夥伴的關係系統，Johannisson（1987）在研究中提到企業的社會網絡不僅僅只是在競爭環境下獲取資源的方法，也是執行組織任務的手段。Collins and Clark（2003）也認為這些網絡提供企業及外部環境狀況的資訊與知識。相較於成熟、大型的企業，新創企業資源較稀少，更依賴與其他行動者的連結及互動（Baum et al., 2000）。

由此可見，創業團體不僅可以利用社會網絡得到許多資源與資訊，也可以從中得到創業的優勢。

三、人際網絡的特質

在上個部分了解到社會網絡的定義與種類，在這一部分我們將聚焦在人際網路部分，探討人際網絡在不同創業階段的特質。

曾聖雅（2004）對創業公司的研究中發現，人際網絡的特質因創業的階段而有所不同，分為草創階段和成長階段：

1. 草創階段

在草創階段，新創企業主要透過人際網絡籌組事業網絡；但是，產業結構對人際網絡的作用產生干擾效果，使人際網絡的影響力下降（例：IC設計產業）。雖然人際網絡主導此階段的成員接觸與選擇，但是，新創企業所提供的交換誘因，並不僅止於人際網絡所涵蓋的社會資本。其實，交換的誘因還包括：未來成長潛力及情感基礎的網絡式組織效益。所以，新創企業參與交易的內涵並非全然為情感因素，也包含了商業經濟因素，只是此商業經濟因素較為不確定。

在草創階段，新創企業事業網絡的成員主要是來自：以往同事、以往客戶、朋友、親戚或是朋友的介紹，且產業結構影響社會網絡的效用。

2. 成長階段

在成長階段，事業網絡的發展已開始在創業團隊的人際網絡之外，逐漸地出現以「新創企業法人組織」為交易對象的組織網絡。因此，新創企業提供合作對象的交易內涵，為實質、立即的有形報酬，包括：實質價值創造與商業基礎的網絡式組織效益。新創企業獲得之利益則與相關研究的主張相同，包括：資訊、財務績效、引介效果及組織信譽等。

在成長階段，新創企業事業網絡的成員主要有兩種來源。第一種來源是廠商之間主動、直接的接觸，例如：刊登廣告，以獲得客戶的主動詢問；第二種來源是新交易對象再介紹其他廠商給新創企業。

人際網絡的特質會因其創業的階段有所差異，創業家如何把握這些階段性的差異可能會成為創業成敗的關鍵點。

個案導讀

好夥伴是建立成功事業的第一步

　　A君在剛成立補習班時，所招收的學生並不多，因此他並無足夠的經濟能力聘僱其他教師加入補習班的教學團隊。在草創階段時，他邀請他的好朋友B君共同加入經營行列，雖然B君只負責補習班各項事務的處理，並無教授任何課程，但A君卻認為B君不僅是他的第一位員工外，更是他創業的好夥伴。

17-2　結論

　　新設立中小企業在創業初期普遍會面臨缺乏高素質的人力，導致管理與分工出現困難。資金的籌措也是新創企業的難題之一，因為經營規模小，難拿得出擔保品來說服投資者投資的意願，遇到這種情況，人際網絡的重要性就顯得極為重要，善用網絡關係，可以取得創業初期所需的關鍵資源，另外則要充分利用網絡所能帶來的眾多優勢，包括降低環境的不確定性、分攤風險、合作對抗、創新、創造規模經濟等，以促進創業初期的生存與成長。

　　在創業時期，創業家可尋求社會網絡增加人際關係的可能性，社會網絡可分為雇員關係的延伸網絡和與企業家本身有關的個人網絡，延伸網絡分為長期友誼關係和泛泛之交關係，而個人網絡可依強弱分為弱連繫關係和強連繫關係，創業家可依其關係網絡連結人脈；創業家在創業時除了在社會網絡中的人際網絡和延伸網絡尋求資源外，還可利用外部資源，如本文所提及的SBIR小型企業創新研發推動計畫（http://www.sbir.org.tw/SBIR/Web/Default.aspx, accessed on 2019/11/01），從類似的外部資源中可以得到許多搭建人脈橋樑的機會，如經濟部創業圓夢網（http://sme.moeasmea.gov.tw/SME/, accessed on 2019/11/01）、中國青年創業協會（http://www.careernet.org.tw/, accessed on 2019/11/01）得到外部輔導資源。

　　人際網絡就是我們口語上所談的「人脈」，也許有些人會認為只要自身條件好，準備充分，何必需要靠別人的力量呢？而也可能有人會認為「人脈」就是佔對方便宜，雖然勤能補拙，但在一些關鍵時刻且非自身能解決的狀況，「人脈」會是一線希望，就像在現代社會中，任何人要完成一項任務、一件工作，若想離開社會、離開群體、離開人而完成是不可能的，就如同治理國家要先管理好人，正所謂政通人和；經商要搞好人際關係，正所謂和氣生財。

？本章習題

一、問題與討論

1. 何謂「網絡」？請舉出三個定義。

2. 企業草創階段的人際網絡特性為何？請舉例說明。

二、個案討論

1. 從您身旁的親朋好友中，您覺得哪一位的人際網絡較佳，為什麼？

18

收入與成本

學習目標

- 認識創業過程中的創業成本。

- 了解創業成本的估計方法。

- 了解創業成本控管的觀念。

- 了解有哪些方法能減少創業者的創業成本。

- 了解定價與收入、成本的關聯。

- 認識定價的目的。

- 認識失敗與正確的定價方式。

- 了解不同的定價策略對收入造成的影響。

緒論

　　雖然不一定每位創業者選擇創業的首要目標都是賺錢，但獲利與否卻是創業者的事業可否繼續下去的關鍵。沒有獲利的事業，無法支撐營運所需的成本，事業不堪長期虧損，自然會停擺。

　　而事業的獲利一定攸關成本，而成本又會影響定價。定價會影響消費者的觀感與購買決策，消費者對定價的反應決定了事業的收入與獲利。創業者要面對的成本非常多，包含了人事成本、營運成本、生產成本等。創業者在創業過程中，現金與資源一直都是很大的問題，要怎麼將這些有限的資源做最有效率的分配，是創業者要非常小心的議題。定價方法除了與成本結構有關，也牽扯到創業者的經營策略，此外，還要參考市場環境與競爭者的定價。收入的高低與定價息息相關，究竟是要採用較高的價格水準，讓邊際營收增加來增加收入，還是採用較低的價格水準，以低價衝高產品銷售數量，使總收入增加呢？

　　本章節中，我們會先了解創業者在創業過程中會面臨哪些成本的支出，並探討有哪些節省成本的方法。之後，我們會介紹定價與收入和成本的關聯，以及創業者在定價時需要考量哪些因素，最後，我們會討論不同的定價策略會如何影響創業者的事業收入。

18-1　創業成本

　　評估創業成本是一件非常重要的事情。它除了可以讓創業者了解自己想要進行創業的事業有無獲利的可能、大約需要多久時間才能達到收支平衡之外，更能讓創業者了解自己在創業初期需要多少的資金來達到目標，此外，成本的評估也是潛在投資人決定是否對創業者進行融資很重要的考量之一。

　　成本的評估不是一件容易的事情，因為太多的成本需要考慮，包含了人事成本、創辦事業的各項支出、研發成本等等，創業者很容易在評估成本時很可能會因此暈頭轉向。一般的創業者在面臨這樣的數字問題很容易嫌麻煩而過於草率（Boyett and Boyett, 2003），但這樣的情況很容易產生錯誤的評估結果，未來在說服投資人進行融資時也會造成阻礙。

　　接下來，我們會介紹即使是在不同的產業常見的創業成本，以及這些成本評估的方法。當然，創業者會因為身處不同的產業別而有一些不同的成本考量，但主要都會有下列四種成本：人事成本、創辦事業的各項支出、行銷成本與研發成本。

一、人事成本

　　許多創業者在創業初期多半是自己一個人打拼，這個階段在估算成本時，很容易忘記考量自己的薪資。當創業者選擇創業時，等於是放棄了在一般企業上班、當別人的員工的機會，假設在一般企業擔任普通員工的薪資，是一個月三萬兩千元，那麼，創業者在創業過程中估算自己的薪資成本時，就可以將三萬兩千元當作一個參考，至於要比三萬兩千元高或是低，就看創業者自己的選擇。

　　如果創業者預設自己的薪資要比三萬兩千元高，乍看之下好像會讓人覺得創業者本身賺了很多錢，但從成本面來看，過高的人事成本可能會壓縮事業獲利的程度，且未來的營運情況是否能負擔這樣的高薪也是很大的問題，投資人在決定是否對創業者進行融資時，這樣的高成本可能也會影響投資人是否進行投資的意願。

　　Pollan and Levine（1990）兩位學者曾論及創業者在考慮自己的薪資時，應該考慮自己的食衣住行做為薪資考量。一開始創業時，成本自然是能省則省，因此，創業者在估算自己的薪資，最好以最縮衣節食的計算方式，估算出生活中食、衣、住、行的各種開銷（Pollan and Levine, 1990），並將這些開銷加總之後，以至少可以活得下去的金額，做為創業者自己的薪資。雖然估算出的薪水可能低得可憐，不過創業初期現金的運用是非常重要的，創業者應該把資金運用在對事業更有助益的部分。

二、創辦事業的各項支出

　　展開事業需要許多的花費。最基本的成本花費，就是租金，像是廠房租金、辦公室租金、設備租金等。就算創辦者不是在固定的地點開設店面或辦公室，可能也需要一輛發財車到處擺攤，而購買這輛發財車的車錢、油錢，或是在夜市擺攤需要支付的場地費，都是創辦事業要計算的花費。水費、電費這些成本當然也不能遺漏。

　　另外，也要考慮「專業花費」，像是法律諮詢、財務諮詢或管理之類的費用（Pollan and Levine, 1990）。有些創業者可能會認為在這些專業功能的上的開銷能免則免，但創業者們應該考慮到這些專業功能能帶給創業者的長期利益。舉例來說，創業者可能擁有某些技術是其他競爭者都還沒有的，如果創業者願意申請專利，創業者在競爭上就會有較強勢的優勢。但如果創業者不願意花錢請教律師，並付出申請專利所需的那些費用，也就是為了節省短期的成本而犧牲掉長期的利益的話，其實是不值得的。

除此之外，存貨也是成本的一個項目，存貨除了包含未販賣出去的商品之外，原料也是存貨的一種。存貨成本除了包含購入的直接花費，「儲藏」也隱含著成本。創業者可能需要空出一個空間來儲藏存貨，但這個空間可以用來展示商品，增加銷量，這些為了儲藏存貨而犧牲掉的獲利，也是創業者必須負擔的成本之一。

在評估水、電費、廠房租金等成本時是比較容易的，因為公家機關有一套水、電費收費的標準，創業者只需拿捏好實際營運時會使用多少額度的水電即可。廠房、設備租金只要進行市場調查，或是與出租者直接洽詢就可以掌握精確的額度。

在法律、財務方面的花費較難掌握。因為每位創業家面臨的情況與需要的諮詢程度都不相同，雖然可能可以詢問到大致的收費水準，但實際操作時很常會超出預期的額度，因此比較好的作法是以詢問到的金額再乘以二到三倍進行估計（58創業家盟網，http://big5.58cyjm.com/wenda/cyys/14552.shtml, accessed on 2019/11/01）。至於計算存貨成本的方法有非常多種，但大部分情況還是以購入存貨當時的金額進行計算。

三、行銷成本

事業剛起步時，創業者可能會希望以各種方式吸引消費者的目光，藉此打響知名度，因為有知名度的店家比起沒有知名度的店家更能吸引消費者前來消費。行銷的方法有非常多，像是電視廣告、平面媒體、看板、傳單。而隨著網路的發達與普及，許多的創業者會選擇用網路作為行銷的管道，像是架設網站、或在各大網站刊登廣告等。除了這種媒體傳播工具之外，創業者可能也會舉辦一些活動來達到行銷的目的，像是試吃、試用、降價促銷等等。

電視、平面媒體、廣播、傳單以及在各大入口網站刊登廣告，這些宣傳管道都有一套收費標準，因此創業者在估算成本時，大多都可以計算出一個準確的數據，在評估成本的過程中也會比較輕鬆。

但若選擇架設網站，則要看創業者架設的網站屬哪一種性質。網站大致上可分為「被動型企業網站」與「主動型營利網站」。「被動型企業網站」純粹提供公司資訊，但並不以創造營收為主要目的。而「主動型營利網站」則提供線上訂購等功能，主動與顧客進行互動，使顧客進行消費（Web Time, http://www.web-time.com.tw/details/ec.aspx?id=293, accessed on 2019/11/01）。

「主動型營利網站」比起「被動型企業網站」消耗更多的成本，雖然「主動型營利網站」的網站建構成本可能不會比「被動型企業網站」高出多少，但行銷成本普遍來說卻遠遠高出許多。因為「主動型營利網站」比起「被動型企業網站」更需要關鍵字搜尋的協助，也要搭配廣告來引導顧客前來網站。這些都是很沉重的行銷成本。

關鍵字搜尋的成本較難估計，因為它是以「有效點擊」的次數來計價。各大入口網站對於「有效點擊」的定義都不太一樣，但通常指的是顧客點擊廣告後，開啟的網頁資料有確實下載完成，或是顧客有停留在該頁面一段時間。通常「有效點擊」的廣告花費都是一段時間之後才進行結算，創業者在初期可能難以抓到一個精確的數字。因此，創業者可以將粗估的廣告花費乘以二到三倍來計算（Joseph H, Jimmie T, 2003），才不會到時候發現手上的資金不夠支付這些行銷成本。

而試吃、試用、降價等促銷活動，除了要考量商品本身的成本之外，也要考量人力成本。一般來說，在舉辦這些促銷活動時往往需要較多的人手，場地的費用也是創業者要注意的成本（58創業加盟網，http://big5.58cyjm.com/html/xiaoshou/4283.shtml, accessed on 2019/11/01）。

行銷的方式有許多種，但在創業者手頭的資源、資金有限的情況下，創業者最好進行全面性的評估，了解每一種行銷方式的特性與效果，才能知道哪一些行銷方式跟組合能創造最大的效益，如此一來，創業者的資源才能做最有效率的運用。

四、研發成本

有些創業者是以新技術、新產品進入市場，但有些創業者是以市場上原有的商品進行改良、創新，發展成新產品。不論如何，如果能以消費者沒有見識過的新產品或新服務進入市場往往占有比較大的優勢，且報酬也相對較高（Marc J, 2006）。只是要開發出新產品、新技術或新服務往往需要投入大量的資源與成本研發、反覆測試。

在不同的產業中，研發成本的金額高低也會不同。以科技業來說，研發成本通常都是巨額的數字，但若是在服務業或餐飲業，研發成本可能就不會那麼高。研發成本也是一項很難拿捏的成本，因為創業者通常不會知道自己會失敗幾次，每次失敗損失的金額可能也不一樣，研發時間的長短也很難拿捏。此外，研發並不是只發生在創業初期，即使創業者的事業開始穩定，也應該持續研發新產品、新技術，才不會因為一成不變而被市場淘汰。

舉例來說，位於臺中的彩色寧波風味小館（http://taichungtopten.artlib.net.tw/index_two.php?action=VoteLogin&&Stoneid=54, accessed on 2019/11/01）提供健康、創意料理，彩色寧波風味小館的創業者在創業初期就已經投入研發，開發健康鍋貼，即使到現在事業已經有一定規模、穩定成長，仍然持續在開發不同的菜色，因此研發成本一直是該創業者持續關注的。

18-2 成本控管

大多數的創業家在創業時，總是會面臨資源、資金不足的情況，因此創業家必須嚴格控管手上的每一項支出。以免事業在開始獲利之前，就面臨資源短缺而不得不停止創業的窘境。

接下來，我們會介紹一些成本控管的觀念，以及有哪些方式可以減少創業者的成本。

一、能省則省

即使是事業規模已經很穩定、龐大的企業或是發展中的企業，現金都是非常重要的（Calvin, 2005），更不要說是手頭資金非常有限的創業者了。因此，如何控管現金的支出，就變成創業者在做每個決定之前都必須優先考慮的事情。

要節省現金的支出，以下有幾個方法，雖然這些方法乍看之下並不是一個具有長遠眼界的決定，但對初期的創業者而言，卻是在創業初期節省現金支出的好方法，這些做法可以讓創業者減少創業時的現金支出，將節省下的成本運用在更有效益的地方。（Birley and Muzyka, 2007）

第一、如果能使用二手的設備，就不要購買新品。第二、能用租的就先不用要用買的。第三、能借的到，就不要用租的或買的。第四、可以廢物利用的話，就不要向別人要。

這些租、借而來的設備只是一時的，創業者終究要擁有自己的設備，只是在創業初期這種非常時期，要將資金做最有效率的運用。等到創業者的事業穩定，手上有充裕的資金可以運用時，再將設備汰舊換新也不遲。當然，廢物利用跟租借而來的設備也是需要經過篩選的。如果只是一昧的為了省下現金，使用了品質很差的設備，那麼在生產過程中產生的損失與維修費用，也就抵銷了當初省下的現金，造成得不償失的情況。

個案導讀1

成本管控

　　補習班老闆A君在進行補習班立案的過程中，不斷的在計算每天的成本支出，並開始擬定成本管控方式。為減少成本支出，A君採用的方式如下：

1. 補習班設備規劃，冷氣不採用中央空調的方式，選用變頻式冷氣。

2. 每兩週清洗空氣過濾網一次，因為過濾網太髒時會容易造成電力浪費的情況。

3. 教室與櫃檯電燈採用LED燈與省電日光燈，節省用電。

4. 教師與學生養成不使用或是離開教室時，隨手關燈的習慣。

5. 教室與櫃檯的電腦螢幕亮度調降至平時亮度的80%~90%，以及定期清潔電腦的散熱孔，以節省用電。

6. 利用學生上下學時間，親自至附近學校發放傳單，增加補習班的曝光率，以達招生效果。

7. 減少講義的印製，將講義上傳至雲端供學生閱讀與使用。

　　透過節電與成本的控管，期能使補習班的支出減少，增加盈餘。

二、善用政府資源

　　臺灣的政府非常鼓勵民眾創業，因此，推出許多計畫、方案，提供創業者許多方面的支持，像是財務上的援助、專業知識的教導等，這些都是創業者應該要積極去蒐集、接觸的資訊。像是針對青年創業而推出的「青年築夢創業啟動金貸款方案」（經濟部中小企業處，https://www.moeasmea.gov.tw/masterpage-tw, accessed on 2019/11/01），也鼓勵客家青少年返鄉進行創業的「客家青年返鄉創業啟航補助」方案（客家委員會，http://www.hakka.gov.tw/ct.asp?xItem=127061&ctNode=2125&mp=2013, accessed on 2019/11/01）。除此之外，還有許多創業輔助方案都可以查詢，申請政府的協助。

　　我們在前面提到的彩色寧波風味小館（彩色寧波國際有限公司官方網站http://www.ninbo.com.tw/, accessed on 2019/12/05）就是臺灣政府支持創業的受益者。政府為了鼓勵女性創業，推出了「婦女創業飛雁計畫」（婦女創業飛雁計畫，http://www.sysme.org.tw/woman/internet/index.asp, accessed on 2019/11/01）政府除了給予專業的輔導之外，也給予財務上的援助。而彩色寧波方味小館的創業者就善用這筆資金，將資金投入研發新的健康、養生菜餚，不僅讓創業者省下研發的成本，還有政

府的專業協助。彩色寧波小館後來聲展得很好，也成為政府創業計畫的活招牌。之後，政府在宣傳、推廣計畫時，都會秀出彩色寧波風味小館的產品與店家特色，也成為一種強而有力的宣傳，彩色寧波的創辦人也省下一筆行銷費用。

三、有效率的運用資源

不管是行銷方法、通路選擇或是生產方式，創業者都有許多選擇可以考慮，不同的方法產生的效果當然也不一樣，但每種方式都有它的成本存在，因此，創業者應該要考慮哪些選擇的組合能創造出最大的效益，再進行成本的投入。

就如同我們在介紹行銷成本時提到的，行銷有非常多的管道，像是電視媒體、平面媒體，此外，研討會、展覽也都是可以行銷的管道。但不同的產業、產品或服務，都有比較適合、可以創造較多效益的行銷方法。

舉例來說，具有專業知識或技術的產品，比較適合在研討會或是相關領域的展覽中進行推銷，因為電視廣告播送的時間太過短暫，無法讓消費者進行更深入的認識。因此，在投入相同的成本下，研討會與展覽是比電視廣告更具有效益的選擇。當然，行銷手法可以做組合，像是展覽可以搭配傳單的發放，或是針對開車的客群，就採用廣播與道路看板的行銷方式。

值得注意的是，創業者可能在創業初期或是創業一段時間之後，會需要招募其他人才。招募人才除了給付的薪資之外，招募過程也是需要成本的。有些創業者可能為了求方便或是節省成本，會直接從身邊的朋友找尋合作夥伴，或是倉促的聘用員工。但好的創業者應該要聘用一流的人才（Calvin, 2005），因為創業者聘用新員工的主要目的，是要透過各種人力來達成目標、完成工作。如果創業者只是草率的雇用夥伴，造成的損失可能會抵銷之前省下的招募成本，有時還會造成更大的損失。台灣震通股份有限公司的創辦人彭劉德先生（http://www.genton.com.tw/, accessed on 2019/11/01）在接受本書訪問時，就提到尋找志同道合，可以一起努力的合作夥伴是創業者要非常重視的挑戰，有可以一起全心全意打拼的合作夥伴，事業才能成功。

因此，雖然創業過程中的現金與資源都要小心謹慎、節省的使用，但在該付出的部分也萬萬不能捨不得花用，應該要將未來的效益一同列入考量。以免造成節省短期成本卻造成長期損失的窘境。

18-3　定價的考量

　　我們在探討創業者的收入之前，要先來介紹定價。因為定價策略是影響事業收入的重要關鍵，此外，定價策略也與事業成本息息相關。成功的定價策略不僅可以讓創業者成功、順利的回收成本，也可以建立起企業形象，並吸引消費者，但不適切的定價策略卻可能會帶領創業者走向失敗。

　　舉例來說，世界知名家具行IKEA提供種類繁多、美觀實用的眾多傢具，但價格卻相當實惠，因為他們秉持著「讓老百姓都買得起的家居用品」的經營理念，成功的吸引到許多消費者，也成功的打造出「低價格，高質感」的品牌形象。（http://wiki.mbalib.com/zh-tw/%E7%91%9E%E5%85%B8%E5%AE%9C%E5%AE%B6%E5%AE%B6%E5%B1%85%E5%85%AC%E5%8F%B8, accessed on 2019/11/01）我們可以由該例子看出，好的定價策略可以吸引消費者，也能建立起消費者心中的品牌形象。

　　但是，並不是採用低價格的定價策略就一定能夠吸引消費者。舉例來說，福特汽車在1908年推出T型汽車，因為福特的生產成本較低，讓福特可以提供比其他競爭者低廉的價格，這樣的價格在初期的確吸引到許多消費者，讓福特得到不錯的收入。但是，隨著消費人數的上升，福特T型車的產品特性已經不足以滿足眾多消費者的需求。此時，其它的競爭者開始在其他的汽車特性上下功夫，像是舒適度、速度、美觀等等。雖然福特的產品相對便宜，但是與競爭者的價格差距並不足以抵禦其他競爭者誘人的產品特性，導致福特的T型車無法再與競爭者匹敵。（經理人，http://www.managertoday.com.tw/?p=1741, accessed on 2019/11/01）

　　有時候把產品價格壓得太低廉，反而會讓消費者質疑商品的品質。但是價格定的太高，也會打擊消費者購買的欲望。因此，創業者在定價時，必須要做全盤的考量如：產品的特性、品牌形象、目標消費族群、競爭商品價格或是市場特性等。

定價的目標包含下列幾項（Calvin, 2005）：

圖18-1 定價的目標

要注意的是，收入與利潤是不一樣的。收入是指營業收入，扣除掉各種營運成本之後，才是創業者的利潤。收入增加不一定代表利潤一定增加，因為營運成本有可能會跟著增加，或是增加的幅度超越收入成長的幅度，而導致雖然收入增加，獲利卻是減少的情況。

價格是企業在市場上競爭時，影響其生存很重要的因素。價格可以是企業的盾牌，也可以是企業的武器。若以低於競爭者的價格進入市場，可以爭取到以價格為導向的消費者；若以高價進入市場，則有機會建立起高水準產品的形象。創業者應該確實認知不同的定價策略可以帶來哪些效益，再進行定價的決策。

一、失敗的定價模式

很多創業者採行的定價方式，是將成本加上一定比率的利潤，以此為最後的定價。但這樣的定價方式，很容易讓創業者被其它的競爭者超越，因為只要其它的競爭者有了比較低的成本，就可以制定比創業者更低的價格，如此一來，該名創業者很容易被競爭者超越，並被市場淘汰。

創業者也可以選擇低於其他競爭者的定價，但這樣的情況下，就會變成市場上的惡性競爭，創業者也會可能因為利潤過低，導致營收無法應付事業營運的開銷，而嚐到失敗的苦果。這些都是「依循失敗者模式」來進行的定價（Calvin, 2005）。如果創業者不能在自己的產品與服務中創造自己的特色，並以這樣的優勢訂製合理價格的話，很難創造出真正且長遠的收入與利益。

定價太低的產品，可能會讓消費者產生品質是否有問題的疑慮。未來如果創業者開發了單價較高的產品，也可能因為之前產品很便宜的形象而造成阻礙。在市場中有一個普遍的現象，就是原本採行低價策略的廠商要進入高價市場比較困難，而高價策略的廠商要進入低價市場則較為容易。我們由此可知，定價是除了影響事業的收益與利潤之外，更是一個牽扯到事業長期發展的重要決策（Calvin, 2005），創業者必須經過審慎的思考與多方面的考量再進行決定。

二、正確的定價觀念

好的定價模式可以讓企業自給自足，並減少向外界求援的需求（Calvin, 2005）。創業者必須知道自己的事業與產品想要帶給消費者什麼樣的形象，再以這樣的形象目標去進行定價策略的規劃。也就是說，產品的定價必須與創業者的事業概念與形象符合（Boyett and Boyett, 2003）。

同時，創業者也應該比較自己與競爭對手之間的產品差異，觀察自己的產品特性是否比競爭者好、差不多或是比競爭者差。最重要的是，這些差異在消費者心中是否構成價值。如果創業者自身產品不及競爭者產品的部分是消費者不在意的，那麼創業者就不太需要降低價格來吸引消費者購買，相反的，如果創業者自己的產品比競爭者更具有競爭優勢，且這些競爭優勢在消費者心中是真的有用、有價值的，那麼，創業者就可以訂定較競爭者高的價格。

當然，創業者也要將事業成本列入考慮。在扣除掉產品成本與營運成本之後，還能有多少比率的獲利，而這個比率的獲利能在多久時間替創業者回收成本？如果獲利太低、回收成本的時間太長，創業者就應該考慮提高售價。

我們以彩色寧波風味小館（www.mylemon.com.tw, accessed on 2019/11/01）的定價策略來做說明。彩色寧波風味小館的創業者鄧玲如小姐在創業初期，就秉持著「讓每個人都能吃到健康」的經營理念，因此，即便市場吹起一股養生、健康飲食的風潮，相關產品的價格也都偏高，鄧小姐卻在一開始就沒有打算將價格制訂的太高，因為她希望能讓消費者感受到彩色寧波風味小館平易近人、關心大家健康的氛圍。

如同我們在本章節前半段中提到的，彩色寧波小館為了不斷推出新產品、新菜色，研發成本照理說應該要相當高昂，但因為鄧小姐善用政府資源，讓彩色寧波風味小館不用獨自承擔這麼高昂的研發成本。也因為這樣，這些特色菜餚的研發成本不需要反映在價格上。

彩色寧波風味小館的價格水準與一般的餐館高而下般出。鄧小姐使用的食材都有品質保證，特色美食也在消費者心中建立起市場區隔，成本更是沒有比一般的餐館高，在這樣的情況下，鄧小姐大可採用高於競爭對手的價格，但在整體評估之後，鄧小姐還是以自己的夢想為最終決策的關鍵，決定使用與競爭對手一樣的價格水準。因為這樣的定價策略，使彩色寧波風味小館在消費者心中成功且迅速的建立起「平價的養生美食」的企業形象，事業也蓬勃的發展。

18-4　定價策略對收入之影響

採用較競爭者高的定價水準與較競爭者低的定價水準產生對事業收入有不同的影響。若創業者想要採用促銷活動來增加收入，也會因為不同的定價策略而有不同的最適促銷活動選擇。

一、低價位的定價策略

創業者自家的產品價格若是比競爭者低，每一單位產品售出後能為事業帶來的收入也就相對比其他競爭者來的少，但好處是可以吸引以價格為導向的消費者，也較能以低價衝高銷售量，也就是採用「積少成多」的概念。只是，若創業者採用低價策略卻無法成功吸引消費者購買，就很可能會有虧損的情況發生。

這樣的定價策略，比較適合固定成本很高，產能也不低的產業（Calvin, 2005），像是電影院。即使觀眾只有一兩個人，電影院還是必須要放映電影，固定成本沒有辦法消失，因此，越多的觀眾對電影院來說是越好的事情，不但可以攤銷固定成本，還可以提高收入。對電影院而言，低價格的定價策略說不定是比較適合的方式。航空業也是如此，即使沒有乘客，飛機還是必須按照時間航行，因此，若能以低於競爭者的價格來吸引消費者搭乘，對航空業就會是有利的。

若是採行低價位的定價策略，創業者就不太有機會與空間可以再使用降價促銷來衝高銷售量。我們必須記得的是，收入並不等於利潤，收入扣除掉成本之後，才是創業者可以自由使用、支配的利潤。因此，採行低價策略的創業者若還是想要採用降價策銷的方式來衝高買氣與銷量，可能就必須要面臨在促銷期間產生雖然收入提升，但利潤卻減少、甚至虧損的情況發生。

二、高價位的定價策略

　　若創業者要採用比其他競爭者制定的價錢爲高的定價策略，就必須確定自家產品的確擁有競爭優勢，且這些競爭優勢對消費者來說是有價值的，如此一來，消費者才會進行購買。

　　雖然定價較高的產品，每單位售出可以替事業帶來的收入也較高，但我們考慮到一般情況，即消費者在面臨比較貴的產品時常會卻步、猶豫，甚至是轉而購買較便宜的產品。因此，價格較高的產品銷售量通常會低於價格較低的產品，產生的總收入也就不一定會高於定價低的產品。但只要能確保提高銷售量，收入通常會比定價較低的產品來的好。

　　對於採用高價策略的創業者來說，促銷方案也有比較多的選擇與空間。即使採用降價促銷方式，也不太需要擔心成本的問題。比較大的問題會是消費者產生的觀感。很多高價策略的產品在消費者心中建立的是「精品」的形象，一旦降價促銷沒有做好，可能會造成消費者心中「精品」形象的損毀，這樣的情況反而對事業是不利的。但一般情況下，高價位產品降價促銷的情況通常都還是很吸引消費者的，順利提高收入的機會也比較大。

18-5 結論

　　創業者在創業初期，手頭的資源與資金都是很有限、很寶貴的。要如何善用這些資源，支付創業過程中的所有成本，都在在考驗創業者的分配、管理能力。一旦做錯決策，事業很可能就此失敗，或是在事業成長的路上困難重重。

　　我們在本章節中介紹了創業者普遍會面臨的成本，包含人事成本、創辦事業的各項支出、行銷成本與研發成本。創業者必須將手上有限的資金做最有效率的分配，壓縮比較不必要的成本支出，並在各種選擇中找出最具效益的選擇，投入資金。

　　除了將資源做有效率的分配，創業者也必須積極的進行成本控管，像是能先節省的部分就節省下來，將現金用在刀口上，或是尋找其他資源來支持這些成本的支出，比如尋求政府的幫助。

　　成本有效的控管之後，創業者就可以以成本為定價的考量基礎，思考價格制定的方式。當然，還有許多因素是創業者需要考量的，像是事業形象、競爭者的定價策略等。創業者必須小心、謹慎的做決定，因為定價策略深深的影響了事業的收入。不同的定價策略會對事業收入產生不同的影響，像是低價策略就需要高銷售量的支持，才能維持足夠的營運收入。

　　創業初期，創業者必須步步為營，每一分錢、每一項資源都必須小心運用，才不會讓剛成形的事業就面臨資源與資金不足的困境。

一、問題與討論

1. 請列舉三個創辦事業最重要的成本項目，並說明重要的原因。

二、個案討論

1. 請瀏覽政府資訊，尋找政府還有哪些方案或計畫是用來協助創業的。

2. 請鎖定一家企業，觀察他們的定價策略對營業收入的影響。

NOTES

19

融資

- 個人或中小企業資金來源有哪些？

- 中小企業融資須知。

- 政府提供創業者哪些輔導措施？

緒論

依據《2012年中小企業白皮書》（2012）統計，我國2011年中小企業家數達到127萬9,784家，佔全體企業家數97.63%，創造出佔全體經濟的29.64%與77.85%的銷售值與就業機會。經濟不景氣時，中小企業在經營上具有靈活與機動的特性，可以穩定經濟的波動及防止失業惡化。

但中小企業者及剛創業者一般有資金不足的問題，即使有好的技術也難以進行許多必要的投資活動，公司難以在困苦的經濟環境中向上發展及突破，且若資金週轉不足也可能面臨倒閉的情況。

因此本章第19-1節介紹個人及中小企業之資金來源，告訴大家有哪些籌資管道；第19-2節介紹中小企業融資須知。由於中小企業者之資金來源有非常大的部分是來自向銀行借貸，本節的關鍵在介紹如何能向銀行借到目標款項、如何挑選銀行、如何與銀行建立良好的互動，內容包含向銀行融資之技巧、銀行之服務項目及認識較常用的貸款類別等。第19-3節介紹目前政府提供之三種中小企業輔導政策，分別為：(1)信用保證基金；(2)政策性專案貸款；(3)創業育成信託投資專戶，及介紹一種政府提供之諮詢管道：「馬上辦服務中心」，供中小企業及創業者做參考。

19-1 中小企業與個人之資金來源

個人創業的資金除了過去工作存的薪資以外還有許多融資管道，例如向父母、兄弟姊妹、配偶等借貸；找創業投資公司參與投資、向銀行申請創業貸款及向保險公司融資，這些都是個人可行的籌資管道，在公司成立前可以進行。公司成立後可以找創業投資公司及中小企業開發公司參與投資；需要器材、儀器設備等可以找租賃公司；當公司開始營運產生的交易性票據也可以透過票券金融市場進行融資；公司一旦開始營運，將有許多機會與銀行往來，金融機構有許多貸款的方案，也是很重要的融資管道。

綜上所述，本書提供七項融資管道，見圖19-1，分別為：(1)配偶、父母、兄弟姊妹、親友、同事；(2)創業投資公司；(3)中小企業開發公司；(4)租賃公司；(5)金融機構；(6)商業本票；(7)其他（保險公司、地下金融、當鋪），讓讀者挑選合適的方案進行融資。

圖19-1 中小企業經營者及個人創業之資金來源

一、配偶、父母、兄弟姊妹、親友、同事

創業最早之資金來源是來自父母、配偶、同事及自己的積蓄。配偶方面是來自於嫁妝及配偶家長的資金支持。可以鼓勵親友及同事入股，未來公司有收益後，大家都能一起獲利，如此吸引親友投資。

另外，從親友籌募資金需要注意自己平常的信用、處事態度，影響親友借出資金意願的高低，另外，詳細說明借款用途、自己的還款能力及歸還借款的時間與方式，交代清楚能讓親友更放心，且較能借到需要的金額。

若能夠製作良好的創業計畫書，將創業的目標設立清楚，整理目前已經擁有的資源及技術，對公司的未來做妥善的規劃，這樣的準備不只能給親友信心，也能用於其他籌資管道，例如創業投資公司。親友考慮的因素不外乎借款人本身的信用、經歷、資金用途及還款來源，其實很像與向銀行借貸時所需要做的準備，但金融機構審核融資的門檻較高。

個案導讀

成立補習班的資金何處來？

　　成立一間合法的補習班，首要之事便是立案。立案的流程必須通過消防檢查與公共安全檢查。如需進行教室隔間，隔間裝潢必須採用合格的防火板，且須有消防及逃生設備、逃生動線與安全梯或緩降梯等。經由合格的建築師繪圖（繪圖通常需花費10萬至20萬等），送審。各個隔間裝潢與消防設備都需開立合格證明書。在成功立案補習班前，補習班經營者必須選擇適當坪數的房子作為補習班的地點。如果選擇租賃的方式，補習班經營者必須估算每個月的房租至少需2萬至3萬元以上的租金，再加上押金、水電費與雜支的支出、購買課桌椅及行政櫃檯的裝潢，補習班立案時必須放在銀行且不能挪用的補習班基金40萬元，初估補習班立案的費用以最低價值計算至少需要90-100萬元。這筆錢對一位剛從大學畢業的A君而言實有困難，因此，他邀請父母親及他的哥哥、姊姊以及同學B君入股，未來如果獲利後，大家便能一起獲利。

二、創業投資公司參與投資

　　依據創業投資事業輔導辦法（http://law.moj.gov.tw/LawClass/LawContent.aspx?PCODE=J0030090, accessed on 2019/11/01）第三條之規定，創業投資公司（以下簡稱創投公司）的業務項目為：

1. 對被投資事業直接提供資金。
2. 對被投資事業提供企業經營、管理或諮詢服務。

　　創業者雖然有好的技術、好的產品構想，但因為缺乏資金及投資管理的經驗，仍有很多創業失敗的例子。創投公司幫助有潛力的創業者進行創業，主要提供創業者資金、法律諮詢及公司內部管理規劃等，對創業者而言是非常好的資源。一般而言，創投公司評估一項投資案非常的嚴謹，他們注重於一開始先選擇正確的投資案，而不是草率的篩選後再來慢慢輔導回正。剛創業者通常不會有任何績效紀錄，因此創投公司有一套評估程序及準則來篩選好的投資案，最經常被使用的準則是投資案的產業性質及投資案的事業階段，有些創投公司不接受還在種子階段的投資案，即僅有產品構想沒有產品原型及企業經營計畫的案子，但有些創投公司特別偏好這一類的投資案，因為產品雖尚未成形，創投公司會仔細判斷該產品的市場潛力及擬被投資者的技術研發能力，仍有機會得到創投公司的投資。

　　經過概略的篩選後，創投公司將針對受評估之新創事業進入正式的評估分析階段。依據欲被投資者提出的經營計畫書進行評估，重點在於該計畫書的品質與可行

性、經營團隊的背景及能力、市場規模與顧客需求潛力等,從計畫書的品質及敘述的詳細程度可以看出該創業者對於此項事業的認真程度及專業程度,對於創投公司而言,是一項對該投資案可執行程度的重要參考。除了計畫書外,一個好的經營團隊對創投公司來說也是一個不錯的誘因,創業者的過去表現、人格特質、誠信程度等都是創投公司會仔細評估的地方。通過此次初步評估的案件約20%~30%,能過的案子代表創投公司對這項投資案有較大的興趣,會花較長的時間進行深入評估,確認該項計畫的可行性、可能面臨的經營困境與阻礙,判斷是否能藉由創投公司的輔導渡過難關。

創投公司會從各個方面蒐集資料,例如從消費者方面、其他資金供應者、原料供應商、過去的同事或合夥人等,考慮得非常詳盡才決定是否投資。因此想爭取創投公司投資的創業者真的必須下一番功夫,事前準備的完善不只對未來新事業開始時幫助很大,也吸引創投公司或其他投資者的目光,以得到足夠的創業資金及專業經營團隊的協助。還有與創投公司本身專長的產業領域是否相符,有些創業投資公司會鎖定某些產業領域進行投資,例如通訊、半導體、資訊科技、綠色能源、醫療儀器等相關領域進行投資,欲創業者可以上網找創投公司的網站了解該公司專長投資的產業領域,即可篩選與自身創業領域相符的創投公司。以下提供中華民國創業投資商業同業公會統計至2020年2月的臺灣創投公司名單(http://www.tvca.org.tw/download/20200131.pdf, accessed on 2020/04/03),供讀者找尋適合自身產業性質及階段的創業投資公司。

三、中小企業開發公司參與投資

依據中小企業開發公司設立營運管理辦法(http://law.moj.gov.tw/LawClass/LawContent.aspx?PCODE=J0140005, accessed on 2019/11/01)第二條,中小企業開發公司的業務項目有以下八種:

1. 對中小企業之投資。
2. 國內外技術合作之諮詢顧問服務。
3. 市場與產品開發之諮詢顧問服務。
4. 投資之諮詢顧問服務。
5. 經營之管理企劃及諮詢。
6. 併購及重組業務之諮詢顧問服務。

8. 其他經中央主管機關核定之業務。

　　創業者一開始經營公司時，有許多投資、經營及更深層的管理概念並不是那麼成熟，若有專業的團隊能夠給予輔導、諮詢及協助規劃，那麼一定能少走許多冤枉路，更重要的是能省下許多投資失敗的學費。將有開發公司參與投資的優點詳述如下（中小企業融資指南，2001）：得到政府的資本及金融機構的投資能提升企業形象，提高員工的向心力，能招募到較好的人才，提高銀行、信保機構及客戶對企業的認同；開發公司所提供的諮詢能幫助改善企業的經營體質，提高自有資金比例，使公司的財務狀況得以穩定及強化；公司能穩定成長，逐步邁向上市的標準。

　　依據經濟部中小企業處網站（http://www.moeasmea.gov.tw/ct.asp?xItem=1281&ctNode=609&mp=1, accessed on 2019/11/01），國內目前有三家中小企業開發公司，分別為：台灣育成開發公司、華陽開發公司、資鼎開發公司，業者可以電洽或親臨開發公司領取申請表格，也可上網連結開發公司的網站仔細了解。

四、租賃公司

　　依據經濟部出版的《中小企業指南》（2001）中，對於剛創業的公司，自有資金較不足，但又需要購買一些昂貴的機器設備時，可以選擇以「租賃」代替「購買」。租賃公司向製造商買下業者需要的機器設備，再出租給業者，使中小企業經營者不用一次支付龐大的金額，而可以分期償還，把資金運用在其他需要的地方。可與製造商、租賃公司形成良好的信用關係，對於往後需要更新機器設備時，能掌握最新的資訊、快速的汰換，把握獲利的最佳時機。

五、向金融機構融資

　　2011年金融機構的放款佔中小企業籌資來源的69.15%（中小企業白皮書，2012），因此向銀行融資的技巧就非常重要，有關銀行融資注意事項本書將在第19-2節詳加描述。

六、商業本票

　　創業者未來成立公司後，會有交易票據產生，商業本票（Commercial Paper, CP）（http://www.csa.org.tw/D00/D03.asp, accessed on 2019/11/01）即是由企業發行，能在貨幣市場流通、取得融資的重要信用工具，可透過票券金融公司籌集短期

週轉資金。商業本票分為兩種，一種是交易性商業本票（CP1），由合法交易行為所產生，經過金融機構查核後可以向票券金融公司申請融資；一種是融資性商業本票（CP2），即企業為了籌措短期資金所發行的本票，除了股票上市公司、政府事業機構、股份有限公司、證券金融事業之外，一般企業必須經過金融機構保證之後，可以藉由票券金融公司發行商業本票，取得資金。

七、其他（保險公司、地下金融、當鋪）

在保險公司方面，個人可以拿有保單帳戶價值的保單（如壽險保單）向保險公司申請貸款，能貸的金額與已繳多少費用、累積多少保單價值準備金有關，每家保險公司的借款利率不同，雖然比有擔保品的銀行融資利率高，但借款流程簡便、快速、沒有手續費，適合沒有擔保品的社會新鮮人、剛創業者進行短期融資。

而地下金融是另一種融資管道，其手續較銀行簡便，能快速拿到所需資金，但其缺點是利息非常高昂，創業初期實不宜以此管道作為融資之方法。

家中有古董、珠寶、鑽石等價值高的物件，可以抵押予當鋪籌借資金週轉，訂合約在約定期限內贖回，可借的金額為抵押品的實際價值再打折。

19-2　銀行融資須知

本節第一部分將帶讀者們認識銀行，了解金融機構除了提供民眾存放款以外還有哪些服務項目及融資方案，並介紹五種較常用的融資方案，分別為：(1)一般營運週轉金貸款；(2)墊付國內應收款項；(3)貼現；(4)票據承兌業務；(5)國內信用狀融資。第二部分介紹向銀行融資之四項技巧，分別為：(1)挑選適合的銀行；(2)向銀行貸款的時機；(3)與銀行建立良好信用關係；(4)銀行融資審核的原則，供讀者參考、運用。

一、認識銀行

銀行提供民眾許多金融相關服務，其中包含各種融資方案，是一處良好的融資管道。在公司成立前與經營期間，業者有可能與銀行有交流，因此以下為讀者介紹銀行的種類及服務項目，使讀者對金融機構有初步的認識及了解，再介紹創業者較常用的融資方案，明白需要哪些服務項目後，能省去許多詢問及摸索的時間。

(一) 銀行的分類及服務項目

依據銀行法（http://law.moj.gov.tw/LawClass/LawAll.aspx?PCode=G0380001, accessed on 2019/11/01）的規定，銀行分為三種：商業銀行、專業銀行、信託投資銀行。

依據經濟部中小企業處《中小企業融資指南》（2001）對銀行的說明，商業銀行是以一般商業人士為服務對象，以營利為主，業務範圍廣，大多數銀行皆屬於商業銀行。專業銀行以專業業務為特色，但因銀行的競爭日益激烈，部分專業銀行也經營一般商業銀行的業務。信託投資銀行是以受託人的角色，依特定目的收受、運用信託資金和經營信託財產，或是做資本市場相關的投資。信託投資公司在融資方面偏向中長期放款，各銀行附設的信託部也屬於此類。依據銀行法第七十一條、第八十九條及第一百零一條，下表19-1為各類銀行業務項目之規定（取自經濟部中小企業處《中小企業融資指南》（2001））：

表19-1　各類銀行之業務項目

種類	服務項目
商業銀行	1. 收受支票存款。 2. 收受活期存款。 3. 收受定期存款。 4. 發行金融債券。 5. 辦理短期、中期及長期放款。 6. 辦理票據貼現。 7. 投資公債、短期票券、公司債券、金融債券及公司股票。 8. 辦理國內外匯兌。 9. 辦理商業匯票之承兌。 10. 簽發國內外信用狀。 11. 保證發行公司債券。 12. 辦理國內外保證業務。 13. 代理收付款項。 14. 代銷公債、國庫券、公司債券及公司股票。 15. 辦理與前十四款業務有關之倉庫、保管及代理服務業務。 16. 經主管機關核准辦理之其他有關業務。

種類	服務項目
專業銀行	由主管機關根據其主要任務，並參酌經濟發展之需要，就銀行法第三條所定範圍規定之。
信託投資銀行	1. 辦理中長期放款。 2. 投資公債、短期票券、公司債券、金融債券及上市股票。 3. 保證發行公司債券。 4. 辦理國內外保證業務。 5. 承銷及自營買賣或代客買賣有價證券。 6. 收受、經理及運用各種信託資金。 7. 募集共同信託基金。 8. 受託經管各種財產。 9. 擔任債券發行受託人。 10. 擔任債券或股票發行簽證人。 11. 代理證券發行、登記、過戶及股息紅利之發放事項。 12. 受託執行遺囑及管理遺產。 13. 擔任公司重整監督人。 14. 提供證券發行及證券募集之顧問服務，及辦理與前列各款業務有關之代理服務事項。 15. 經中央主管機關洽商中央銀行後核准辦理之其他有關業務。 16. 經中央主管機關核准，得以非信託資金辦理對生產事業直接投資或投資住宅建築及企業建築。

資料來源：經濟部中小企業處《中小企業融資指南》（2001）。

(二) 銀行的融資管道

從實務上來看，銀行對企業的貸款可分為三大類，分別為短期授信、中長期授信及外匯授信，依據《中小企業融資指南》（2001）的分類，如表19-2，本章節挑選創業者較容易用到的幾項貸款，依據中華民國銀行公會授信準則（http://www.ba.org.tw/law02-edit.aspx?lsn=520, accessed on 2019/11/01）做介紹：

表 19-3　各類銀行之業務項目

貸款種類		細項
短期授信	一般營運週轉金貸款	經常性週轉資金貸款
		臨時性週轉資金貸款
		季節性週轉資金貸款
短期授信	透支	
	墊付國內應收款項	
	貼現	
	票據承兌業務	
	國內信用狀融資	
	保證	
中長期授信	中長期週轉資金貸款	
	設備資金貸款	
	計畫型貸款	
	公司債發行保證	
外匯授信	進口直接授信	進口押匯
		進口透支
		購料周轉金貸款
		進口機器設備資金貸款
	出口直接授信	出口押匯
		出口透支
		憑國外訂單或輸出契約辦理融資
		出口信用狀週轉金貸款
		出口廠商押匯前短期週轉金貸款
		出口遠期信用狀週轉金貸款
		應收帳款收買業務
		無追索權出口票據貼現業務
	外匯間接授信	

註：斜線代表無細項。

　　從實務上來判斷，發現創業初期較常用到的貸款種類有五種，分別為一般營運週轉金貸款、墊付國內應收款項、貼現、票據承兌業務、國內信用狀融資。根據《中小企業融資指南》（2001）之說明，將之介紹如下：

1. 一般營運週轉金貸款

依據銀行公會授信準則第十二條（2013），週轉金貸款主要是用來協助企業在其經常營業活動中，維持商品及勞務之流程運轉所需之短期週轉金為目的。例如預期生產所需的原物料會漲價，成本上升後需要更多的資金來使用，此時可以申請一般營運週轉金貸款。

2. 墊付國內應收款項

借款人因國內商品交易或勞務所取得的債權，由銀行先墊付，等借款人收回債權時再償還的融資。

3. 貼現

借款人因交易持有的未到期承兌匯票或本票讓與銀行，由銀行以預收利息的方式先墊付，等本票或匯票到期時，收取票款並償還墊款的融通方式。

4. 票據承兌業務

銀行接受國內外商品或勞務交易當事人的委託，為匯票的付款人，並予以承兌的授信。

5. 國內信用狀融資

銀行接受客戶（國內買方）委託開發信用狀與受益人（國內賣方），承諾受益人於履行信用狀約定條件後，按貨款金額簽發匯票，經開狀行或其指定銀行承兌，約定期間付款。該承兌匯票可以向金融機構申請貼現，或在貨幣市場流通轉讓。

銀行的貸款種類眾多，建議創業者必須詳細了解銀行所提供的貸款方案，依據資金需求來申請合適的貸款。例如需要短期的營運資金，就申請一般營運週轉金貸款，且以營業收入或流動資產變現來還款；若需要購買設備，則申請中長期授信中的設備資金貸款，可以分期付款或長期資產變現來償還。

盡量不要以短期授信貸款來應付長期的資金需求，以免銀行資金水位限縮額度時，企業因還不出錢或無法繼續貸款而面臨財務危機甚至倒閉的問題。

二、向銀行融資之技巧

本節說明向銀行融資時的注意事項，從挑選銀行、申貸的時機到貸款類別的選擇，讓剛接觸融資之新創業者能有基礎的概念，為自己的新事業做融資的規劃，將其條列如下：

(一) 挑選適合的銀行

盡量選擇資金充裕、信用良好的銀行（http://www.okbank.com.tw/02_authority/authority_loan.asp?showone=339, accessed on 2019/11/01），也盡可能選擇自己熟悉、有良好往來的銀行比較容易申請到貸款。通常公營的銀行資金較寬裕，有較多低利率政策性貸款；民營的銀行通常效率較高、服務態度佳，記得貨比三家不吃虧，貸款前可以多問幾家銀行的貸款方案，了解利率及手續費的差別，詳細閱讀貸款的申請資料，例如申請書及契約書，保障自己的權益。也可針對銀行的主要服務對象來挑選，例如有些銀行會針對大企業來做服務、中小企業銀行主要以中小企業者為主要客戶來做服務。

(二) 向銀行貸款的時機

欲創業者要規劃自己的資金來源及運用方式，應可預先知道哪時候可能會需要運用較多資金，例如未來的場地租金、設備的添購、原料的採買、預期的漲價等，平常資金尚寬裕的時候就可以先向銀行融資，較有議價的空間，在需要資金前的3~6個月提出申請，避免遇到緊急需要資金的時候無法立刻順利向銀行借到資金。當銀行主管新官上任、開辦新業務、做促銷活動、設分行時，是銀行爭取業績、創造績效的時候，對於貸款的條件會比較鬆，較容易貸到所需資金。

(三) 與銀行建立良好信用關係

多跟銀行往來，利用銀行的各種業務服務，例如：代繳帳單、薪資轉帳，建立良好關係，有現金收入時即存入帳戶，讓銀行看到帳戶中有現金流入，代表自己有正常的薪資收入、有償還貸款的能力。別同時向好幾家銀行申請貸款及注意與銀行往來的繳款是否正常，因為在聯合徵信中心會留下紀錄。

(四) 銀行融資審核的原則

銀行放款最重視的就是借款人的還款能力及未來的前景，因此衍生基本的審核原則讓借款戶能夠檢視，提高貸到所需款項的機會，與銀行建立良好的互動及互信關

係，未來的融資計畫也能較順利進行。根據中小企業財務融通輔導體系網頁及中小企業網路大學校課程，銀行融資審核的5大重要原則構面分別是借款戶（people）、資金用途（purpose）、還款來源（payment）、債權保障（protection）、授信展望（perspective），簡稱5P原則：

1. **借款戶（people）**：銀行藉由實地調查、訪問來了解借款戶之家庭背景、所受教育、社會經歷、同業評價，及借款戶之職業穩定度、與該銀行的往來關係、是否有不良紀錄等作審查。實際上銀行會透過創業研習證明、聯合徵信資料、創業計畫書、職業訓練等來評估。金融機構對於客戶的性別、年齡也會納入評估考量，太年輕的中小企業者可能較無經驗，容易受外部因素影響，較難穩定經營事業；在性別方面，女性對信用的珍惜有時勝於男性，因此女性中小企業者有時也會是銀行爭取的客戶之一（劉榮輝，2009）。

2. **資金用途（purpose）**：例如用於償還債務、購買資產等，了解貸款資金的運用計畫，是否合情、合理、合法，避免有挪用於不當之用途，或以短支長之現象發生，若貸款是為了償還其他債務，銀行所承受的風險較高，較難以這項用途說服銀行。

3. **還款來源（payment）**：銀行會預測借款人的償還能力，分析還款來源，例如個人之薪資收入、企業營運獲利等。

4. **債權保障（protection）**：分為內部保障及外部保障。內部保障如擔保品、借款人之財務結構；外部保障如第三者之保證、背書，銀行會判斷保證人或背書人的信用及財務能力。借款人可申請信保基金，較易取得融資。

5. **授信展望（perspective）**：金融機構會分析放款後的風險及預期報酬，分析的重點在於企業或個人所屬產業未來的發展性及本身的潛力，借款人在向銀行說明時不須浮誇，就事實來描述，以三到五年的未來計劃為主。

　　企業在不同的成長階段中，雖然主要的融資管道都是來自金融機構，但依企業成熟度的不同，與金融機構往來的密切程度及申辦的服務皆不盡相同，以下與讀者們介紹未來成立公司後，在不同的發展階段所需要的融資策略，讓創業者能有一幅未來的藍圖，為事業做長遠的考量及規劃的方向。其策略及模式並不全然相同，什麼時候該做什麼樣的投資、該做什麼準備也不同，因此不能人云亦云的跟著潮流做投資，先專注了解自身的創業或事業發展需求，才能有最好的經營效率。創業期較缺乏資金、公司的結構、財務狀況都還沒有建立完整，財務管理及經營公司等專業知識普遍較不足，除了擁有技術以外，還需要很多經營管理的技巧，這是幫助自己的事業穩定發展

的時機，絕對要重視理財、財務管理、企業經營等相關專業知識，多多充實自我，別急著往其他方向投資賺錢，創業期的資金得來不易、金額規模小，錢必須化在刀口上。當公司或店面已慢慢穩定經營，有穩定的客源、整體運作的模式也較熟練、投資的錢正慢慢回本，此時與銀行往來的次數較創業期頻繁，必須重視公司的財務體質、掌握理財資訊，將公司的經營慢慢走向制度化及書面化，與其他競爭對手拉出差異。當事業規模越來越大，財務及管理制度都建立完善，利用發行股票、票券等其他融資方向發展。表19-3供創業者參考，來規畫公司未來的架構及方向（取自經濟部中小企業處編印之《中小企業融資指南》（2001）。

表19-3　企業規模與融資策略

企業型態 （時期）	小型企業 （創業期）	中型企業 （成長期）	大型企業 （成熟期）
融資策略	自我融資 1. 充實自我資金 2. 管理目標與投入總資金配合 3. 開源節流 4. 建立財務制度與信用基礎 5. 善用青創貸款，強化銀行往來 6. 善用輔導機構，充實理財資訊	銀行融資 1. 重視財務體質，強化融資條件 2. 增加往來銀行，擴大融資需求 3. 充分掌握各項理財資訊 4. 會計制度書面化 5. 充分授權，避免集中	金融市場融資 1. 銀行融資居次要地位 2. 長期資金利用資本市場增資發行新股 3. 短期資金利用票券市場發行商業本票 4. 外匯資金利用外匯市場及境外金融中心 5. 注重營業外的財務收益 6. 注意長短程理財規劃 7. 維持堅強且固定的董監事陣容 8. 強化專業經理群

資料來源：經濟部中小企業處《中小企業融資指南》（2001）

19-3　政府提供的輔導措施

　　由於中小企業是國內經濟發展重要的力量，政府為了輔導新創業者及中小企業健全的發展，協助中小企業者度過景氣不好的時期，建立了許多的輔導措施，信用保證基金即是其中一項，幫助企業及個人能較容易向銀行貸到款。本節第一部份根據信用保證基金網站（http://www.smeg.org.tw/general/service/eligible_client.htm, accessed on 2019/11/01）之內容，為讀者整理信用保證基金的申請資訊，包含申請資格、申請

方式及保證項目，更多詳細內容讀者可到中小企業信用保證基金網站做進一步了解。除了信用保證基金的設立，政府也提出「加強投資中小企業實施方案」，遴選創投公司及中小企業開發公司參與投資國內中小企業，並設立許多政策性專案貸款，本節第二部分為讀者整理出五項創業相關的政策性專案貸款，分別有：(1)青年創業及啓動金貸款；(2)微型創業鳳凰貸款；(3)企業小頭家貸款；(4)臺北市青年創業貸款；(5)新北市幸福微利創業貸款，此五項貸款分別用四項內容來做介紹，分別為：(1)貸款對象；(2)貸款用途；(3)貸款額度；(4)貸款期限。本節最後融合貸款資訊與經濟部中小企業網站提供之政策性專案貸款總表中之創業貸款類別內容製成表19-5，便於新創業者規劃、選擇最適合的貸款。

一、信用保證基金

當借款人沒有擔保品時，較難跟銀行貸到所需金額，因此政府設立了信用保證基金（以下簡稱信保基金），保證對象有自創品牌企業、創業青年、生產事業、一般事業等，借款人可以向與信保基金簽妥委託契約的金融機構申請，等於向銀行提供保證，根據金融研訓院出版之《中小企業融資與行銷實務》（2009）一書中提到，銀行在計算風險資產比率（BIS）時，信保基金的保證者就是政府，政府保證的授信風險係數為0，可以降低中小企業授信風險，能提高金融機構借款給企業或個人的意願，因此較容易取得融資，對於擔保品不足的借款人，辦理信保基金對融資的幫助很大，但並非每家銀行都有辦理信用保證的業務，因此在申請之前應該事先詢問。

(一) 申請信保基金之資格

中小企業、創業青年、創業婦女及中高齡創業者、更生保護人、新北市弱勢民眾、就業保險失業者、臺北市創業青年等。

申請信用保證基金的方式有兩種，第一種為向銀行申請（間接保證），信保基金與國內40家主要金融機構簽約辦理信用保證貸款，經金融機構徵信審核，及信保基金保證審查通過後，銀行即可撥貸；第二種為向信保基金申請（直接保證），經檢視文件齊全且符合申請資格後，進行評估，審核通過的案件即核發承諾書予申貸企業，申貸企業得執承諾書於所載有效期間內，自行向往來銀行申請融資，但必須注意承諾書如果不是金融機構同意融資的必要條件，銀行仍保有接受或不接受的權利。目前直接保證的適用對象為政府指定之產業推動辦公室或輔導機構等單位推薦之企業，或曾獲相關獎項、通過政府研發輔導計畫之企業，因此若不確定自己是否符合申請資格，可以與信保基金聯絡詢問。

（三）信保基金保證之貸款項目

一般貸款、商業本票保證、購料週轉融資、政策性貸款、知識經濟企業融資、青創貸款、電影事業廣播電視節目供應事業及有聲出版事業優惠貸款、重點服務業融資、青年築夢創業啟動金貸款、企業小頭家貸款等。

二、加強投資中小企業實施方案

政府關注國內中小企業之發展情形，了解資金不易籌得之窘境，因此設立「加強投資中小企業實施方案」，目的為增加中小企業之資金來源。此方案之主辦單位為經濟部中小企業處，由投資服務辦公室參與執行（http://www.moeasmea.gov.tw/ct.asp?xItem=10287&ctNode=544&mp=1, accessed on 2019/11/01），執行期間分為三期，一期十年。此方案由行政院國家發展基金與遴選之創投公司共同搭配投資，使中小企業有更多籌集資金之途徑。以下將分三部份介紹此方案，分別為：(1)執行單位與功能；(2)投資範圍及方式；(3)方案執行情形。

（一）執行單位與功能

加強投資中小企業實施方案之執行單位為投資服務辦公室，目前的承辦單位為青創總會。投資服務辦公室的功能為開發潛力案源、提供中小企業與國內外創投資金媒合服務，並作為投管公司與中小企業間之溝通平台（http://www.moeasmea.gov.tw/ct.asp?xItem=1178&ctNode=215, accessed on 2019/11/01）。投資服務辦公室之服務流程請參見圖19-2。

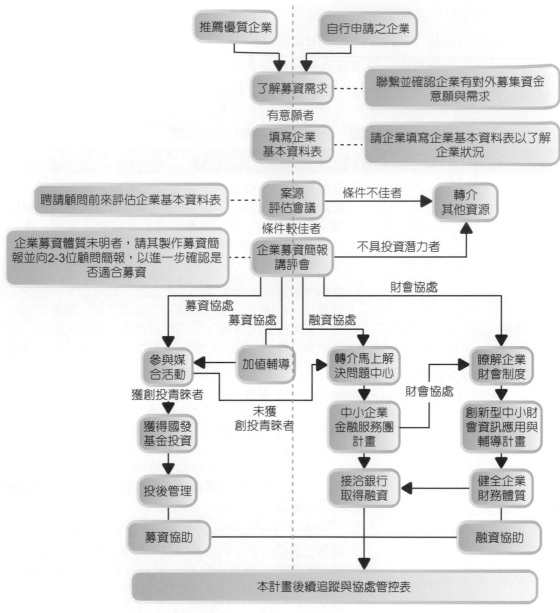

資料來源：經濟部中小企業處（2014）

圖19-2 投資服務辦公室之服務流程

(二) 投資範圍及方式

加強投資中小企業實施方案投資於國內中小企業，但不得投資於已上市或上櫃公司。此方案之投資方式為：由國發基金匡列100億元委託經濟部中小企業處遴選投管公司以搭配投資方式共同投資具潛力之中小企業，原則以1:1投資比例進行搭配投資，且投資管理公司之投資金額不超過被投資事業實收資本額49%為限（經濟部中小企業處（2014）。加強投資中小企業實施方案簡介）。

依據經濟部中小企業處辦理加強投資中小企業實施方案作業要點，文創產業與早期階段企業之國發基金與投營公司搭配之投資比例由1：1調高為3：118，目的為提高投資管理公司之投資意願，引導資金流向政府推動之產業。早期階段企業即種子期與創建期之企業，創業投資事業階段區分之定義可見表19-4。

表19-4　創業投資事業階段區分定義

編號	時期
1. 種子期（Seed Stage）	產品初創期，創業者僅有獨特的創意、技術或團隊，急需資金從事產品研發及創建企業。此階段投資風險極高，投資額雖不多，但是對產品、技術、研發、團隊充滿不確定性，投資年限可長達五年以上，倘若案例成功，獲利最高。
2. 創建期（Startup Stage）	產品開發完成尚未大量商品化生產，此階段資金主要在購置生產設備、產品的開發及行銷並建立組織管理制度等，此階段風險很高，大部份企業失敗亦在此階段，因為企業並無過去績效記錄，且資金需求亦較迫切。依產業不同，此階段由六個月至四、五年不等。
3. 擴充期（Expansion Stage）	產品已被市場肯定，企業為進一步開發產品、擴充設備、量產、存貨規畫及強化行銷力，需要更多資金。但由於企業距離其股票上市還早，若向金融機構融資，須提出保證及擔保品，籌資管道仍屬不易，而創投的資金恰可支應所需。此階段投資期可長可短，大約二至三年，由於企業已有經營績效，投資風險較平穩，因此創投投入最多。
4. 成熟期（Mezzanine Stage）	企業營收成長，獲利開始，並準備上市規畫，此階段籌資主要目的在於尋求產能擴充的資金，並引進產業界較具影響力的股東以提高企業知名度，強化企業股東組成。資金運作在改善財務結構及管理制度，為其股票上市/櫃作準備。此階段投資風險最低，相對獲利亦較低。
5. 重整期（Turnaround Stage）	企業營運困窘並已陷入虧損，除需要資金的投入以支持其營運，尚須尋求協助改善其經營管理，必要時創投須介入企業經營，使企業得以於整頓完成後再出售獲利。創投主要工作在協助企業重擬營運計畫、開發新產品，使其轉虧為盈。由於介入較深，創投通常比較不願參與經營陷入危機的企業，此階段投資額及投資期限亦較難評斷。

資料來源：經濟部中小企業處（2014）

(三) 方案執行情形

從民國96年至民國101年，經濟部中小企業處已遴選24家投資管理公司，投資中小企業155家，投資金額達47億6,715萬元，搭配投資金額達38億7,555萬元。目前已投資的產業類別可分為七類，分別為：(1)傳統產業；(2)文創業；(3)半導體業；(4)重點科技業；(5)光電業；(6)資通訊業；(7)生技製藥業，其中以生技製藥業之產業比例占最高（26%），可見圖19-3。

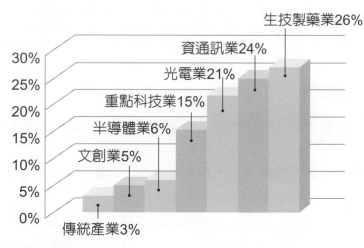

資料來源：經濟部中小企業處（2014）

圖19-3 投資之155家中小企業中，各產業之分布比例

三、政策性專案貸款

本書將介紹五項創業相關之政策性專案貸款：(1)青年創業及啟動金貸款；(2)微型創業鳳凰貸款；(3)企業小頭家貸款；(4)臺北市青年創業貸款；(5)新北市幸福微利創業貸款，每項貸款將依其貸款對象、貸款用途、貸款額度與貸款期限做介紹，供創業者參考。

(一) 青年創業及啟動金貸款

貸款對象	二十歲至四十五歲，未滿四十六歲之青年，且公司成立未滿五年。
貸款用途	啟動金、週轉金、購置生財器具或生產設備。
貸款額度	啟動金（含準備金及開辦費用）每企業最高二百萬元。週轉金最高三百萬元（經中小企業創新育成中心輔導培育之企業，提高至四百萬元）。資本性支出（購置或新建廠房、營業場所、相關設施，購置營運所需機器、設備及軟體等所需資本性支出）最高一千二百萬元。
貸款期限	啟動金及週轉金最六年；機器及e化設備最長七年；廠房最長十五年。

資料來源：中小企業處網站，輔導業務/財務融通/青年創業及啟動金貸款要點，2013，http://www.moeasmea.gov.tw/ct.asp?xItem=11717&ctNode=215&mp=1。

（二）微型創業鳳凰貸款

貸款對象	二十歲至六十五歲婦女或年滿四十五歲至六十五歲之民眾，且稅籍登記及營業登記設立未滿兩年，所經營事業員工數（不含負責人）未滿五人。
貸款用途	購置生財器具或生產設備及週轉金。
貸款額度	營業登記最高100萬元，僅辦稅籍登記者最高50萬元。
貸款期限	七年（含寬限期一年）。

資料來源：中小企業網路大學校，微型企業如何尋求資金協助，2012，http://www.smelearning.org.tw/learn/course/course_list1.php?sid=10005&fid=1461&cp=%B0%5D%B0%C8%BF%C4%B3q%BE%C7%B0%7C%A8t%A6C%BD%D2%B5%7B%2F%A4T%A1B%A4%A4%A4p%A5%F8%B7%7E%BF%C4%B8%EA, access on 2019/11/01。

（三）企業小頭家貸款

貸款對象	依法辦理公司、商業或營業（稅籍）登記，雇用員工人數未滿五人之營利事業。
貸款用途	購置生財器具或生產設備及週轉金。
貸款額度	週轉性支出最高為500萬元，受災事業不受此限。
貸款期限	短期週轉性貸款最長1年；中期週轉性貸款最長5年，寬限期最長1年；資本性支出貸款最長7年，寬限期最長2年。（得由承貸之金融機構依情形調整）

資料來源：中小企業網路大學校，微型企業如何尋求資金協助，2012，http://www.smelearning.org.tw/learn/course/course_list1.php?sid=10005&fid=1461&cp=%B0%5D%B0%C8%BF%C4%B3q%BE%C7%B0%7C%A8t%A6C%BD%D2%B5%7B%2F%A4T%A1B%A4%A4%A4p%A5%F8%B7%7E%BF%C4%B8%EA, access on 2019/11/01。

（四）臺北市青年創業貸款

貸款對象	設籍本市1年以上，二十歲以上未滿四十六歲之中華民國國民，於經營管理相關科系所畢業者或三年內曾參與政府創業輔導相關之課程達20小時以上，經營事業在本市辦有登記未超過5年。
貸款用途	購置廠房、營業場所、機器、設備或營運週轉金。
貸款額度	最高100萬元。
貸款期限	無擔保貸款最長7年，擔保貸款最長10年。

資料來源：中小企業網路大學校，微型企業如何尋求資金協助，2012，http://www.smelearning.org.tw/learn/course/course_list1.php?sid=10005&fid=1461&cp=%B0%5D%B0%C8%BF%C4%B3q%BE%C7%B0%7C%A8t%A6C%BD%D2%B5%7B%2F%A4T%A1B%A4%A4%A4p%A5%F8%B7%7E%BF%C4%B8%EA, access on 2019/11/01。

（五）新北市幸福微利創業貸款

貸款對象	設籍本市4個月以上，二十歲以上六十五歲以下者並符合中低收入資格者。依法設立登記所創或所營業是業於本市未超過3年。
貸款用途	購置生財器具或生產設備及週轉金。
貸款額度	最高100萬元。
貸款期限	最長7年。

資料來源：中小企業網路大學校，微型企業如何尋求資金協助，2012，http://www.smelearning.org.tw/learn/course/course_list1.php?sid=10005&fid=1461&cp=%B0%5D%B0%C8%BF%C4%B3q%BE%C7%B0%7C%A8t%A6C%BD%D2%B5%7B%2F%A4T%A1B%A4%A4%A4p%A5%F8%B7%7E%BF%C4%B8%EA, access on 2019/11/01。

表19-5　政府創業相關政策性專案貸款之用途及申請資格

類別	政策性專案貸款	用途	申請資格	額度	期限
創業類	微型創業鳳凰貸款	1. 廠房 2. 營業場所 3. 機器設備 4. e化設備 5. 週轉金	1. 二十歲至六十五歲婦女或年滿四十五歲至六十五歲之民眾 2. 稅籍登記及營業登記設立未滿兩年 3. 所經營事業員工數（不含負責人）未滿五人	1. 營業登記100萬元 2. 稅籍登記50萬元	七年（含寬限期一年）
小額類	青年創業及啓動金貸款	1. 啓動金 2. 週轉金 3. 廠房 4. 營業場所 5. 機器設備 6. e化設備	1. 20-45歲已創業青年 2. 3年內受過至少20小時創業相關課程（實體課程或數位課程皆可）	1. 啓動金最高二百萬，週轉金最高四百萬元 2. 資本性支出最高一千二百萬元	1. 啓動金及週轉金最長六年 2. 機器及e化設備最長七年 3. 廠房最長十五年
	企業小頭家貸款	1. 土地 2. 廠房 3. 營業場所 4. 機器設備 5. e化設備 6. 週轉金	1. 依法辦理公司、商業或營業（稅籍）登記 2. 雇用員工人數未滿五人之營利事業	500萬元（受災事業不受此限）	1. 短期週轉性貸款1年 2. 中期週轉性貸款5年（寬限期1年） 3. 資本性支出貸款7年（寬限期2年）

類別	政策性專案貸款	用途	申請資格	額度	期限
小額類	臺北市青年創業貸款	1. 廠房 2. 營業場所 3. 機器設備 4. 營運週轉金	1. 設籍本市1年以上 2. 二十歲以上未滿四十六歲之中華民國國民 3. 於經營管理相關科系所畢業者或三年內曾參與政府創業輔導相關之課程達20小時以上 4. 經營事業在本市辦有登記未超過5年	100萬元	1. 無擔保貸款7年 2. 擔保貸款10年
小額類	新北市幸福微利創業貸款	1. 廠房 2. 營業場所 3. 機器設備 4. 營運週轉金	1. 設籍本市4個月以上 2. 二十歲以上六十五歲以下者 3. 符合中低收入資格者 4. 依法設立登記所創或所營業是業於本市未超過3年	100萬元	7年

四、馬上辦服務中心

經濟部中小企業處在民國85年成立「馬上辦服務中心」（http://www.moeasmea. gov.tw/ct.asp?xItem=641&CtNode=196&mp=1, accessed on 2019/11/01），此中心是透過政府中小企業主管機關之服務機制迅速處理中小企業所面臨的突發狀況，提供財務融通、經營管理、創業育成等輔導資訊，尤其是在財務融通方面的相關諮詢。

此中心的服務對象為行政院核定之「中小企業認定標準」之中小企業，未來創業者成立公司後，遇到的困難時可以向該中心申請諮詢，「馬上辦服務中心」受理後會對企業進行電話諮詢或實地訪視，依照諮詢結果確認需協助事項後，透過輔導體系之輔導單位提供解決問題之建議，持續追蹤問題解決進度，直到問題解決。以下提供「馬上辦服務中心」服務電話：0800-056-476，供讀者詢問詳細資訊。

五、創業育成信託投資專戶

經濟部中小企業處自中小企業發展基金提撥新台幣20億元，成立「中小企業創業育成信託投資專戶」（http://www.moeasmea.gov.tw/ct.asp?xItem=1284&ctNode=60

9&mp=1, accessed on 2019/11/01），財產交由銀行信託管理，目的在於提供企業實質資本資金，協助中小企業健全財務結構。由中小企業發展基金委託中小企業開發公司、金融機構或創業投資公司擔任專業管理公司來管理投資案件的審核，其投資對象（http://www.moeasmea.gov.tw/ct.asp?xItem=725&ctNode=671&mp=1, accessed on 2019/11/01）包含成立未滿五年之中小企業、各育成中心培育之中小企業及升級轉型之中小企業，專業管理公司每一次投資額度以新臺幣三千萬元為原則。新創業者可以向專業管理公司詢問申請所需要的文件或注意事項，增加創業後之資金來源，與創投公司類似的情況是，專業管理公司也會對投資對象進行詳盡的評估，因此創業前及創業後對事業的完整規劃都能為自己的新事業帶來額外的資金。

19-4 結論

現在處於全球經濟不景氣的時刻，創業者會面臨許多的障礙，其中資金短缺即是一項巨大挑戰。無論是一開始的創業資金，到公司成立之後所需的週轉金，以及未來的投資規劃、擴大經營等，都需要足夠的資金來做運用，因此在資金不足的情況下，融資將是一個會面臨到的問題，不只對於新創業者而言，公司未來的生存及延續依然需要使用適當的融資手段來解決一時資金不足的問題，可參考本章19-1敘述之七項融資管道：分別為：(1)配偶、父母、兄弟姊妹、親友、同事；(2)創業投資公司；(3)中小企業開發公司；(4)租賃公司；(5)金融機構；(6)商業本票；(7)其他（保險公司、地下金融、當鋪）。

政府提供創業性貸款及輔導政策鼓勵人民創業，本書提供五項創業相關政策性專案貸款之資訊供讀者參考：(1)微型創業鳳凰貸款；(2)青年創業及啓動金貸款；(3)企業小頭家貸款；(4)臺北市青年創業貸款；(5)新北市幸福微利創業貸款、三項政府輔導政策：(1)信用保證基金；(2)加強投資中小企業實施方案；(3)中小企業創業育成信託投資專戶及一項諮詢管道：馬上辦服務中心，讀者可以抓住這些機會，規劃好未來創業的融資管道。但須注意的是並不是融資成功後就等於創業成功，融資即是借貸，有利息必須支付，每一次的融資都必須考慮到未來的還款來源，有真正的需求再借，避免無法償還而賠去公司或自己的信用，對於未來要再次創業或融資都是一項很大的損傷。融資僅是創業的第一步，最重要的還是具備良好、縝密、可行的創業計畫，以及每項資金的妥善規劃、利用，創業成功的機會比較大，也較能吸引部分創業投資公司的投資及親友的資金投入，一舉數得。

問題與討論

1. 請問您要採取何種策略，使創投公司願意投資您的公司？

20

內部創業

學習目標

- 了解什麼是內部創業。
- 內部創業的優缺點。
- 內部創業的型態。
- 內部創業流程。
- 臺灣中小企業的內部創業模式。

緒論

創業風潮興起，離開大企業去當個體戶蔚為風潮，企業內部創業再度受到重視，成為留住人才、探勘新機會的手段。內部創業的目的不外乎是企業想要鼓勵創新、增加晉升管道、留住人才與探索新商機等。內部創業到底是什麼呢？內部創業可以替公司與內部創業者帶來什麼樣的優勢？內部創業的型態有哪些呢？內部創業的流程又如何？臺灣的中小企業的內部創業模式又如何？將在本章中做說明與探討。

許多臺灣的年輕人期望能夠自己開創新的事業，但往往鎩羽而歸，除了缺少相關的經驗與人生歷練之外，創業其實是一個非常複雜的活動，有許多需要注意的「眉角」，並非一蹴可幾。透過內部創業的方式，創業者在創業之前就在該行業中吸收了不少經驗與專業知識，並且能夠藉由母公司做為資金與技術的後盾，借助母公司的資源與人脈降低行銷宣傳廣告的費用，提高創業的成功率。內部創業的方式，也讓受雇於企業的員工，能夠有自己創業的機會，只要表現突出並贏得股東與上位者的信賴，當公司有意擴張時，創業的機會就降臨了。

本章於第20-1節首先說明內部創業的基本概念，了解內部創業的定義、優點、型態以及內部創業流程；第20-2節則說明臺灣的中小企業如何進行內部創業，緊接著在第20-3節分享臺灣中小企業內部創業個案，並在第20-4節作統整歸納。

20-1 內部創業基本概念

一、內部創業定義

Dollinger（2003）在其著作中將內部創業定義為企業的每位成員均可利用企業現有的資源，提出新的構想，進而產生各種產品與服務，並透過新構想的提案與實踐，進而在企業內部發展而成的新事業單位。30雜誌（2005）在〈內部創業，老闆就是你〉一文提到內部創業所指的是公司員工，在原公司的資訊、經驗或資金的挹注下，創立新的事業體，並擁有所有權與經營權。Shabana and Memon（2010）提出內部創業是一個組織的創業精神之表現，成功的企業會在組織內灌輸內部創業精神，鼓勵內部創業，而這些內部創業者透過開發新的產品或服務加大組織本身的創新力度，並且提升員工的士氣；內部創業使得企業的員工能夠獲得企業的資源支持，進而追求創新的經營模式與構想。

綜合上述內容，我們可以知道內部創業是一種創業精神的表現，指的是企業內部某一新事業的興起，而非是現有產品線、事業部門或業務功能的擴充；而此種新興事業是企業內部的員工運用企業的內部資源成立，而非由經營者管理營運。因此我們可以知道內部創業包含以下四個特徵：

1. **創業精神**：Drucker（1985）則於《創新與創業精神》一書中提出，創業精神是一個創新的過程，在這個過程中，新產品或新服務的機會被確認、被創造，最後被開發來產生財富創造的能力。創業精神大致可以由創新性（innovativeness）、承擔風險（risk-taking）以及主動掌控（proactiveness）三個面向來探討。

2. **運用內部資源**：內部創業是運用企業本身所擁有的資源與能力所建立。

3. **由員工經營管理**：內部創業主要是由員工而非由經營者經營管理。

4. **新事業興起**：內部創業包含一個新事業的興起，而非是現有產品線、事業部門或業務功能的擴充。

個案導讀1

開設分校增加內部創業的機會

A君的補習班規模愈來愈大，學生愈來愈多，員工數已從當時只有他與B君共同打拼外，還另外增加9位教師與員工。補習班老闆A君認為每位成員在補習班累積不少的經驗與專業知識，都是企業的資源。而A君正好有意願擴張補習班的規模，為此A君決定採用「圍棋理論」的方式，且有意願讓受雇的員工能夠有自己的創業機會。

A君認為協助補習班老師創業，設立另一補習班是避免員工離職後自行創業，成為自己的競爭對手。A君培養具有創新與創意的領導者，協助有意願在另一學區開設補習班的教師創業，擴大服務學生與家長的機會。

內部創業小知識

「Spin-off」是另一個關於內部創業的專有名詞，Bart et al.（2011）提出當企業和大學從事一些探索性的活動時，他們需要找到一個方法來利用現有的資產和能力，當這個探索性的活動（例如：進入新市場）存在風險或是容易導致緊張的關係時，新成立一間獨立的子公司（分校），或是將部門從母公司獨立出去成為一間子公司（分校）的「spin-off」策略便成為一個選擇。Phan et al.（2009）指出「spin-off」是指企業創造出新的業務，也是企業組織創造出新事業的一個重要方法。

當企業想要從事一些探索性或是創新的活動時，為了要穩定母公司的整體經營狀況或分散分險時，通常會透過「spin-off」的方式成立新的子公司（或將部門獨立出去成為新的子公司），透過子公司的成立向金融單位或是政府機構籌募資金，開闢新的籌資渠道，使得企業能夠有多元化的操作手法，並降低企業風險。

二、內部創業的優點

內部創業對於內部創業者與母公司本身有什麼樣的好處與優勢呢？以下分別從內部創業者以及母公司的角度分析。

(一) 對內部創業者而言

Pinchot（1986）提出內部創業對內部創業者可以帶來較明顯的優點分別為「行銷優點」、「科技基礎」、「實驗工廠與生產支援」以及「資金」這四項。

1. **行銷優點**：成立一家新興企業，創業者必須要投注大量的心力在說服顧客與尋找新客戶，其成本投入相當可觀，因此透過內部創業的方式，內部創業者可以藉由母公司的營銷管道進行宣傳與廣告，並且掌握基本的客戶群，因此可以大幅降低宣傳以及廣告的費用。

2. **科技基礎**：內部創業者可以運用母公司的科技基礎來實現本身的創意。

3. **實驗工廠與生產支援**：若是內部創業者有新的商品想要進行測試，母公司可以提供其過去的經驗、實驗工廠或設備給予內部創業者進行測試，若是自行創業的創業者可能無法獲得此優勢。

4. **資金**：創業需要有一定的財務背景作支援，且創業初期事業尚處於不穩定的階段，而母公司能夠給予內部創業者一個強力的財務後盾，協助內部創業者度過創業初期不穩定的財務震盪。

(二) 對母公司而言

Bergelman（1984）提出企業內部創業是「企業成長和多角化的途徑」，也是產品擴展與創新的來源，同時讓母公司能夠開發新事業與新收入的源頭，讓企業在瞬息萬變的市場中保持競爭力。伍忠賢（1998）提出內部創業可以延續企業的生命，讓企業邁向第二春，並且協助企業留住人才，避免員工離職之後自行創業，反而成為母公司的競爭對手，同時企業也可以藉由內部創業的機制，培養具有創意、創新精神的新領導者，這些成功經營新事業的內部創業者，將較有能力帶領企業邁向成長與轉型。

內部創業的機制，也有助於企業打開許多新的銷售通路，尤其在這網路時代下，許多業者紛紛成立電子商務事業部，利用網路科技直接銷售產品、與供應商夥伴建立更緊密的關係，並透過網路與科技直接和目標消費族群做互動。除此之外，內部創業能夠協助母公司確實落實企業文化，並維持商品與服務的品質。綜合以上內容，我們將內部創業為母公司帶來的優勢統整如下表20-1。

表20-1　內部創業對母公司的優點

優點	企業個案說明
企業成長與多角化途徑	以王品集團（http://www.wowprime.com/map.html, accessed on 2019/11/01）為例，王品集團從台塑牛排起家，近十年來透過內部創業的機制拓產不同的品牌與消費族群，目前已經跨足西餐料理（如TASTY）、鐵板燒料理（如夏慕尼）、日式料理（如品田牧場）、烤肉（如原燒）以及火鍋（如石二鍋）等，每一個品牌的定位、目標與價位都不盡相同，這些品牌內部創業之下的發展便是王品集團持續成長與多角化的途徑。
延續企業的生命	企業可以透過內部創業的方式為其注入新的想法與刺激，讓母公司可以開發新的事業部與收益來源，進而幫助延續生命，達成永續經營。以百年企業3M（3M台灣，http://solutions.3m.com.tw, accessed on 2019/11/01）為例，3M允許公司內部的技術人員利用15%的上班時間從事自己有興趣的研究，即使是與自己本身的職務無關也沒有關係，3M在這15%創意專案研究的制度下，誕生了許多成功的發明。其中最具代表性的發明之一即為3M Post-it便利貼，發明者雅特·富萊（Art Fry）是3M的一名化學工程師，工作之餘擔任唱詩班的成員。雅特·富萊在教堂獻唱詩歌時發現詩歌本內標籤註記用的紙片常常在翻頁時掉落，因此讓他興起一個發明便利貼的靈感，並運用自己的15%專案研究時間致力於根據「有黏性的便條紙」之構想。便利貼這項發明，為3M創下了前所未有的熱賣佳績，更成為3M最具代表性的商品之一。3M透過這樣的內部創業機制，成為3M源源不絕的創意來源與新發明的起源，3M便是透過內部創業的機制屹立百年，不斷地延續3M的生命。
培養新領導者	以松下電器（http://panasonic.com.tw/Home/, accessed on 2019/11/01）為例，松下電器公司旗下人才開發公司中的普通職員大山章博先生，從事員工的內部進修工作。然而，大山章博先生憑借多年的工作經驗和敏銳直覺，意識到企業和大學的電子學習系統蘊藏著無窮的商機，然而因為體制原因限制了部門自由拓展業務範圍的權利，但是如果毅然決然離開公司去創業，又缺乏資金與信心，因此即使懷抱著創業的夢想，卻遲遲無法實踐。直至2000年底，松下電器為了鼓勵員工進行內部創業，投資100億日元啟動了松下創業基金「PSUF」（Panasonic Spin-up Fund），松下透過PSUF機制提供公司內部立志創業的人才一個自我發展的空間，並且歷時半年的面試、篩選、培訓與考察，大山章博被選為首批創業計劃的3名成員之一，如今大山章博是Panasonic Learning Systems社長，所經營的學習系統軟體銷售業務蒸蒸日上。

優點	企業個案說明
打開新的銷售通路	內部創業能夠幫助企業打開新的通路，以成衣業聚陽實業股份有限公司（http://www.makalot.com.tw/index.aspx, accessed on 2019/11/01）為例，聚陽以服飾代工本業作為基礎，不斷的擴張全球市場，佈建生產基地，並且基地往上下游發展擴張事業的版圖，因此聚陽不只有代工製造的能力，幾十年來的努力，更強化了聚陽的設計能力、整合運籌與供應鏈體系等。而精實日報（2013/02/06, accessed on 2019/11/01）報導聚陽籌備了新的服飾品牌「fisso」即是透過員工內部創業的模式，由員工經營團隊投資一半，聚陽再出資另一半所成立的新事業，預計未來會正式在網路上銷售「fisso」品牌服飾。
確實落實企業文化	內部創業能夠幫助企業確實地落實企業文化，以連鎖加盟體系的丐幫滷味（http://www.gaibom.com/, accessed on 2019/11/01）為例，一般人對於加盟總部的看法總是抱持著「有錢就能開店」，但若是加盟業者沒有把持好店面的品質與服務，受損的還是丐幫滷味的品牌形象，市面上像丐幫滷味的連鎖店分成兩種，一種為直營店，另一種則為加盟店，其中，直營店指的是該店的所有權屬於總部，並且由總部集中負責採購、經營管理控制、廣告促銷等活動，總部對直營店的控制力較強。加盟店指的是總部利用授權加盟的方式與加盟主簽訂合作契約，加盟者必須支付加盟金及保證金，並且接受連鎖體系總部經營管理指導，定期繳交權利金，總部對於加盟店的控制力較弱。因此，若是透過內部創業的模式，總部較能夠掌握加盟業者的能力與品質，並且透過內部創業加盟的方式，可以在原本的連鎖體系之下開設一家以上的加盟店，幫助總部進行擴店。

三、內部創業型態

羅良忠和史占中（2004）以推動創業的主導單位將企業內部創業的型態進行分類，包含了「由公司主導的創業活動」、「由公司內部創業單位推動的創業活動」以及「公司配合員工自行創業」這三種，其說明如下：

(一) 由公司主導的創業活動

由高層主管基於策略性的考量，所推動的以公司為主體的新事業，包含併購、創業投資、技術授權、合資與自行開發等。以永福化工公司產銷分離概念下而成立新事業部為例，永福化工秉持著專業、誠信、品質、領先的服務精神，為了能夠專心致力於核心產品的研發，開發出高品質且環保的專業用洗衣劑與天然家用清潔系列產品，公司老闆基於策略性考量，將生產與行銷分離，生產與研發部沿用永福化工的名字，行銷部則由永福化工獨立出去，成立「綠草地」新事業部，專門負責產品的行銷以及與消費者進行互動溝通。

（二）由公司內部創業單位推動的創業活動

由公司的內部創業單位推動的創業活動，例如：設立新事業部、創設子公司、創業投資基金、在公司內部成立創投機構等。

（三）公司配合員工自行創業

由公司配合員工自行創業，例如：員工自行創新事業部、母公司以控股的方式加以控制等。

個案導讀2

重情重義的丐幫兄弟

以丐幫滷味（http://www.gaibom.com/, accessed on 2019/11/01）為例，丐幫滷味於西元1989年由王能宏董事長與陳秋霞執行長共同創辦，從7個人小規模，發展至今已建構出加盟總部、中央廚房、物流車隊等各項服務，透過丐幫滷味總部完整的機能以及多年來的經營經驗，成功地讓許多加盟主完成創業夢想，其中亦包含了員工自己內部創業的感人故事。

丐幫滷味的A分舵主（丐幫滷味習慣稱呼分店為分舵）在國中時輟學，當時為幼教園長，晚上協助老公管理經營丐幫滷味的陳秋霞執行長為了讓中輟生走向正途，便請他們來到家族創立的丐幫滷味總舵，學習一些滷味的基本技能與知識，糾正這些中輟生喜愛出口成「髒」的壞習慣，並鼓勵這些中輟生繼續完成學業，A分舵的舵主，便在執行長情義相挺的幫忙之下，順利的完成了學業，並成為丐幫總部的輔導員。

但A分舵的舵主在當了輔導員之後，想要能夠有更多關於開店方面的經驗與知識，便向執行長請求自行開店，以累積開店方面的經驗與知識，好協助總部輔導其他的加盟業者，因此就與自己的家人共同合作在B地開設丐幫滷味的分舵，成為丐幫滷味內部創業的成功案例。

丐幫滷味的創業故事詳細請見影片（2018年）：
30年老牌丐幫滷味｜台灣連鎖加熱滷味的起源

四、內部創業的流程

Dollinger（2003）將內部創業分為「機會表現」、「建立業務關聯」、「爭取資源」、「專案執行」以及「事業完成」五個流程，其內容如下：

1. **機會表現**：內部創業的機會來源主要來自於組織內部的作業流程，換句話說，就是企業內部必須要設立完整的內部創業機制，例如：組織內部是否設置內部創業單位來推動內部創業的活動，或是組織外有提供關係網路，讓員工可以自由地發表自己的創新想法。例如：Google（http://www.google.com.tw/, accessed on 2019/11/01）讓員工享有20％自由支配的時間，員工可以自行找志同道合的夥伴共同開發軟體或程式，而Gmail電子郵箱（http://gmail.com, accessed on 2019/11/01）就是透過Google員工們20％的自由時間開發出來的。

2. **建立業務關聯**：內部創業者需要在原有的母公司體系中發展各種關係，建立新事業機會與母公司組織內部資源的關聯性，以獲取各種能支援創業專案所需的資源。

3. **爭取資源**：內部創業者必須盡量在母公司中尋找實體、技術、財務、組織、人力以及聲譽等資源，而這些資源須具備稀少性、難以模仿性以及不可替代性才能夠形成新創事業的競爭優勢。

4. **專案執行**：內部創業者與母公司在評估完產業環境之後，必須要針對新興事業制定一個合適的營運策略與規劃，並且建立內部新興事業與外部資源的連結，例如：如何引進外來的人才和技術等。新興的事業必須具備清楚的目標與願景，並且建立一套完整的績效評估準則，才能夠使得新興事業能夠自主發展，而不過度的依靠母公司。

5. **事業完成**：內部創業可能因為持續獲利而繼續經營，也可能被拆解成更細的事業部，或者從母公司分割出去，進而成為一家完全獨立的新公司。然而大環境的變動、激烈的競爭環境以及公司決策錯誤、誤判市場等狀況，皆可能導致失敗，根據數位雜誌（2012/12/06）報導，臺灣的創新企業較缺乏風險管控能力以及退場機制，新創企業不可能百分之百成功，有時會因外部環境的影響或是內部決策的失誤而導致失敗或虧損，因此，企業除了在營業初期須制定完善的目標、願景與制度之外，還需要訂定一退場機制，並加強風險管控的能力，母公司以及內部創業主亦需有當機立斷、快刀斬亂麻的決心。

綜合以上內容我們可以知道，企業面臨總體經濟的不穩定與網路時代的來臨，市場變遷速度瞬息萬變，內部創業提供了企業一個因應環境變遷與挑戰的新機會，內部

創業者可以經由員工自主的內部創業流程，利用母公司的資源做一些改變與創新，爲企業帶來進一步成長的空間。

20-2 臺灣中小企業如何進行內部創業

根據經濟部中小企業處（2011）資料顯示，截至2010年底，臺灣中小企業占全部產業及企業的97.68%，由此可知，臺灣的產業型態多屬於中小企業，且對於臺灣的經濟以及就業市場具有極深的影響力。

然而在臺灣，傳統的中小企業受限於資金與資源匱乏，第一代的創業者胼手胝足地開拓市場與商機，認眞踏實地將經營模式建立並運作之，因此公司之創立除了是落實白手起家的夢想，還代表著創業者的個人特徵與誠信，爲了彌補中小企業資源的匱乏，在公司人力部分幾乎都是家族成員爲主，例如：老闆的老婆便擔任公司的會計，負責幫忙掌管公司的財務支出，公司大部分主要是以代工爲主，從事企業對企業（Business to Business, B2B）的經營模式。當第一代創業者老了，想要退出的時候，大多都是安排家族成員的第二代或手足來傳承企業，然而隨著國民教育的普及、總體經濟環境的改善以及資訊科技的進步，第二代的家族成員的教育水準較高，或是有赴國外進修留學的經驗，所接受的刺激與第一代創業者大相逕庭，在想法與做法上與第一代創業者有著很大的落差，因此傳統由第二代接手企業的模式慢慢地出現轉變。

企業的第二代面臨著「回家族企業上班」以及「到外面的公司上班」兩種抉擇，由於本章節要探討的問題爲內部創業的問題，因此我們略過到外面的公司上班不討論，因此，以下將探討當第二代成員回家族企業上班時，面臨到與上一代的意見衝突與想法理念不合時，會產生什麼樣的經營模式。

吳建明與連雅慧（2012）提到臺灣企業多數爲傳統製造業，「家族企業」爲主要特性，而企業兩代之間懸殊的成長背景與經驗、產業情境劇烈變遷、競爭者眾等特徵，讓企業的「接班」歷程可能衍生第一代創業者與第二代經營者在經營治理分持「發揚傳統」與「強調創新」兩種立場，因此產生了「探索創新」、「利用創新」與「雙元並存」三種現象，其說明如下。

1. **探索創新**：探索創新指的是著眼於未來或是潛在客戶，追求新的或是不同的知識，目的在創造新的經驗並著重於實驗性。

2. **利用創新**：利用創新指的是依循既有的科技、產品、服務和客戶區隔等，運用著公司內部既有的經驗來回應既有的顧客與市場。

3. **雙元並存**：雙元並存指的是探索創新與利用創新兩者並存的現象。

　　根據作者所蒐集臺灣中小企業的案例中，亦發現臺灣中小企業白手起家的第一代多為代工製造的傳統產業，運用其多年來累積的人脈以及與上下游之間良好的互動關係，形成臺灣中小企業獨特的B2B經營模式，但在第二代學成歸國之後，便開始思考著要幫助原本的企業自創品牌，或者提出網路行銷、行動商務等新科技創新構想，與上一代守成的觀念大相逕庭，因此產生了「內部創業」的動力與契機。

　　本書作者觀察臺灣的中小企業發現當第二代經營者回到家族企業工作之後，在經營理念上會與第一代的創業者意見相左，在意見相左的情況之下，為了減少兩代之間的摩擦，第一代創業者可能會透過投資第二代經營者成立新事業來減少兩代之間的衝突與摩擦；或者由第二代經營者自行內部創業成立新的事業，走與上一代不同的道路。第一代經營者投資成立新事業其實是採取觀望的態度，看第二代經營者所提出的想法與理念是否真正可行，若是第二代經營者新成立的事業部能夠有盈餘賺錢時，第一代創業者便會樂觀其成，因而形成「雙元並存」的現象（見圖20-1中之Route 1）；但若是第二代經營者新成立的事業不能夠獲得當時所期望的成果時，此時便會面臨著是否該結束新的事業，回歸到公司的傳統方式，從既有的產品、服務與客戶出發，因而形成「利用創新」的現象（見圖20-1中之Route 2）。第二代經營者自行內部創業主要便是期望能夠開拓與上一代不同的新路，發展不一樣的客源、產品與服務，因此形成「探索創新」的現象（見圖20-1中之Route 3）。綜合以上內容發展出中小企業內部創業示意圖如下圖20-1所示。

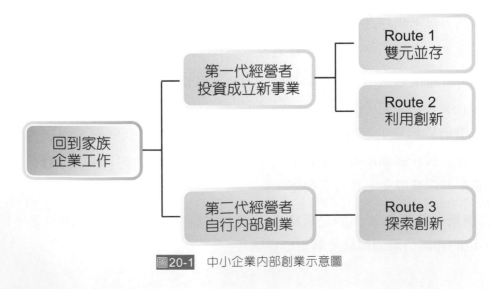

圖20-1　中小企業內部創業示意圖

圖20-1中我們可以知道，回到家族企業工作的第二代與第一代的經營理念面臨衝突時，首先會分成「第一代經營者投資，成立新事業」以及「第二代經營者自行內部創業」兩種做法，其內容與說明如下。

一、Route 1 雙元並存

為了減少兩代的觀念衝突，第一代經營者若決定出資投資，採取觀望的態度，看第二代經營者的新構想與概念是否也能夠轉取利潤，例如：臺灣氣球博物館（http://www.prolloon.com.tw/#!prettyPhoto, accessed on 2019/11/01）就是大倫氣球工業股份有限公司的第二代成功進行內部創業成立臺灣氣球博物館的案例，大倫氣球工業股份有限公司截至2013年已經有52年的歷史，為臺灣第一大橡膠氣球工廠，工廠於1993年轉型成為自動化生產的工廠，目前行銷全世界超過130個國家，在第二代家族成員回到公司之後，決心要發展大倫氣球的品牌，因此於2006年由第一代經營者出資籌備，在2008年成立新的事業部「氣球博物館」，期望透過氣球博物館讓更多臺灣的消費者認識臺灣的氣球產業文化與創意，並提升第一代經營之大倫氣球的知名度，而氣球博物館經更於2011年10月榮獲經濟部工業局第一屆優良觀光工廠的殊榮。

二、Route 2 利用創新

並非所有家族企業內部創業都如此順利，品牌的發展屬於細水長流緩慢經營的，並非一蹴可幾，因此短時間內可能會看不到經營的成效，此外，新一代的管理者對於該產業的經驗可能不如上一代的創業者，且大環境的變動、激烈的競爭環境，因此在進行決策時難免會有所偏誤而導致失敗與虧損，此時第一代與第二代的經營者面臨著是否結束新的事業部之考驗。新事業結束之後，對第二代經營者而言，又要再重新思考未來的發展模式，因此圖19-1的樹枝圖會繼續的發展下去。

三、Route 3 探索創新

若是兩代之間對於各自的專業各有堅持，因此第二代經營者便決心從第一代經營者創立的公司分離出去，自行內部創業發展品牌。例如穎創實業（http://www.mghdimi.com.tw/mall/prd_show.asp?item=24&Ipage, accessed on 2019/12/05）創辦人林穎穗於2005年回老家協助經營毛巾工廠（興隆紡織廠），有感於大量低價進口毛巾衝擊臺灣本土的毛巾產業，因此以蛋糕造型開創傳統毛巾的附加價值，開發3~8吋的

毛巾蛋糕、棒棒糖毛巾、冰淇淋毛巾等，但因兩、三代的經營理念相左，於2009年離開第一代所創立的毛巾工廠，自行內部創業成立「穎創實業有限公司」，並推廣自創品牌─M.G.H.D.禮敬幸物。

觀察臺灣中小企業，兩代之間的經營理念與服務概念相左的案例屢見不鮮，惟透過家族的凝聚力以及相互尊重才能夠解開這難解之結，晚輩要懂得欣賞上一輩做生意的模式，而上一輩也要了解時代的變遷以及觀念的改變，建議老一輩的創業者能夠加入一些協會（例如：獅子會等）或是進入學校（如EMBA、空中大學等）進修，多認識各式各樣的人並接觸新的觀念，而不只是侷限於該產業的範疇。此外，新一代的接班人，也必須花功夫了解上一代的經營模式以及營運方式，了解第一代之創業者為何能夠在競爭的環境出佔有一席之地。

20-3　臺灣中小企業內部創業的步驟─尚鈦光電

為了了解尚鈦光電內部創業的背景，必須追溯回六位志同道合的股東共同設立尚上國際股份有限公司，也是尚鈦光電內部創業的發展起源。尚上國際股份有限公司由最一開始的分析設備代理到近幾年來較高階的醫療儀器銷售業務等，目前跨足了理化分析、半導體/光電業、生物科技產業以及美體/保養品產業，尚上國際股份有限公司的組織系統如圖20-2所示。

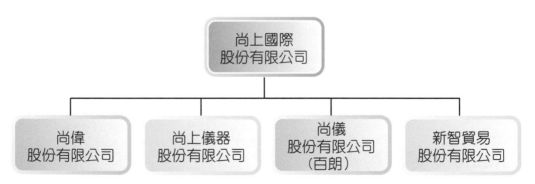

資料來源：尚上儀器股份有限公司http://www.bioway.com.tw/about.php（accessed on 2019/11/01）

圖20-2　尚上國際股份有限公司組織系統圖

尚鈦光電科技股份有限公司是尚上國際股份有限公司旗下尚偉股份有限公司內部創業的案例，本書作者親赴訪問尚鈦光電莊總經理，將訪談的內容作一個統整說明，並歸納出尚鈦光電的內部創業5個執行步驟。

一、公司內部醞釀內部創業環境

　　莊總經理首先提到其實內部創業的想法與理念早已在公司內醞釀多年，當年創立尚上國際股份有限公司的六位股東，為了避免利益歸屬、爭權與爭奪股利的問題，因此配給每一位股東幾乎同等的股份，同時並協議「不讓自己的第二代接管公司」，若是第二代有意進入該企業，也必須由基層做起，透過這樣的方式，避免企業交由同一個家族進行管理。因此讓企業內部表現優異的員工可以透過升遷規範與流程，晉升至公司的高階管理職位，甚至獲得內部創業的機會。公司也可以透過這樣的方式，使有能力、有夢想的員工願意追隨公司幾十年。

二、引發內部共識，傳遞內部創業精神

　　內部創業的第一步便是公司高層（如董事們）要能夠有內部創業的想法與共識，透過企業文化傳遞到公司內部每一個員工身上，形成所謂的「內部創業精神」，進而引發內部同事們的共識。母公司與員工溝通形成的共識總共分為以下4點，而這4點同時也是母公司為何想要成立尚鈦光電的原因。

1. **讓員工能夠參與公司未來的營運**：透過內部創業建立一個新公司，讓原本內部中高階層的管理層次向上拉升，讓員工們感覺到自己能夠參與公司的營運，並且能夠參與到公司的未來規劃。

2. **分散經營責任與股份重擔**：透過內部創業的機制能夠讓母公司高級管理階層（如董事們）能夠釋放部分的經營重擔與風險。此外，透過內部創業也可以讓下一個世代有機會能夠接手企業，並且將經營的權力能夠充分賦權給有能力的經理人。

3. **挹注更多資源投入，並降低風險**：由於半導體/光電產業震盪較大，內部創業除了能夠幫助母公司分散風險之外，而新興的事業部能夠專注於核心能力，成立新的公司，除了可以吸引股東進行投資之外，也比較容易向銀行或是金融機構等進行融資，因此能夠幫助新興企業挹注更多的資源投入。

4. **永續經營**：企業若是要永續經營，需要不斷有新的想法與刺激，不斷地追求成長與進步，因此透過內部創業能夠幫助母公司培育領導方面的人才，同時也可以強化員工的向心力與黏著度，透過新事業的經營，也可以拓展原本的經營範疇並增加更多創新想法的激發，因此能夠強化企業的創新與成長，成為永續經營的動力。

二、選擇合適人才

內部達成共識之後，「選人」便是一個關鍵性步驟，母公司必須選擇對公司未來營運發展具備重要性的人才，因此選擇合適的內部創業者共有以下幾個特點：

1. **值得信賴的人**：內部創業者除了要讓同事與員工有信任感之外，取得股東與董事的信任更是不可或缺的入場門票；而在母公司的年資無形中代表著公司管理階層、股東與董事對內部創業者的信任程度，但若是沒有較長的資歷，內部創業者也可以透過讓高階主管、股東或董事認識或是有印象來贏取信任。但最重要的還是真誠的心，誠信的人格特質。

2. **將內部創業視為個人的生涯規劃**：合適的內部創業者應該要將內部創業視為個人生涯規畫的一部分，唯有這樣才能夠堅定創業的意志與信心，因此在內部創業的過程中較不容易因為辛苦的過程而喪失鬥志。

3. **了解公司目前的營運規劃**：內部創業者必須熟知目前公司的營運目標與發展規劃，才能與母公司共同成長，共存共榮。

4. **對於未來的產業變化具高敏感度**：內部創業者必須對該產業的變動非常的敏感，如此一來才能夠抓到展露頭角的機會，此外，當產業面臨震盪時，也能夠全身而退。

5. **能夠協助公司創造出新的產品線或市場**：為了顯示雖然原為公司的部門，但如今已經具有獨立出來成為新的事業部之能力，內部創業者必須能夠協助公司創造出新的產品線或市場，才能夠代表在新事業已經有獨立自主的能力。

四、組織重整

組織重整為內部創業時所面臨的重要問題與挑戰，在組織重整的部分，首先面臨的便是「獲利分配」問題，由於原本在母公司的部門中，大家領的是一般職員的薪水，而成立新的事業之後，員工入股新事業，不免會期望利益分配比之前更好，但對於母公司的股東卻不一定有這樣的想法，因此利益分配便成為一個棘手的問題，此外，員工入股之後便更加關心新事業的發展與策略走向，形成相互牽制與稽核的現象。成立新的事業之後，每個人的付出與表現不盡相同，如果要留住表現優異的員工，勢必要制定出完善的績效指標與獎酬制度。而新創事業亦需要在原有的規章制度下做一些調整，因此內部創業者還要與原本的母公司、股東與董事進行協調與溝通。

五、發展新事業部

當組織重整完畢之後，原本在母公司旗下獨立運作部門便能夠從母公司獨立出來發展成為新的事業部，但是雖然透過內部創業，新事業部能夠承繼母公司的經驗、做法與顧客，但是新事業如何能夠在既定的工作模式下做出創新之舉，如何做出突破，也是內部創業者必須面對的一大考驗。

本節期望透過尚鈦光電內部創業執行步驟的分享提供給對於創業或是內部創業有興趣的人們能夠有一個參考的個案依據。

20-4　結論

在第20-1節的內容中我們有提到內部創業對母公司與內部創業者產生很大的優勢，此外，透過內部創業的模式，可以讓受雇於企業的員工，也能夠透過內部創業一圓「創業」的夢想。

但是我們透過第20-3節尚鈦光電的個案內容可以了解，其實內部創業也是有其限制以及需要克服的問題，第一個就是利益分配的問題，當員工入股之後，不免會期望自己的利益能夠馬上比原本更好，此時便有可能與母公司的想法產生衝突，此外，每個人的能力與付出不同，在以往可能領取相同的薪水，但成立新的事業部之後，如何依據不同的能力與貢獻度適當的給予獎酬與薪資，也成為一個棘手的問題。

此外，內部創業的新事業部雖然承襲了母公司的經驗與顧客，但是在一個既定的工作模式與規章之下應如何做出創新之舉？如果期望未來能夠有所發展與創新，在組織規章上勢必需要進行一些調整，但若是進行這樣的調整，又該如何與母公司、股東與董事等進行溝通協調，這些都考驗著內部創業者的領導與溝通能力。而大環境的變動如此劇烈，內部創業者又該如何抓住外部環境的變化與機會，並且培養新事業內部的能力，更是內部創業者一大關卡與挑戰。

一、問題與討論

1. 企業可以從成功的內部創業得到什麼效益？

2. 加盟與直營的區別為何？連鎖商店該如何進行內部創業？

3. 臺灣中小企業該如何進行內部創業？

4. 企業該如何設置退場機制？

二、個案討論

1. 看完第20-3節個案之後，請問你認為尚鈦光電內部創業成功的關鍵因素為何？

2. 透過內部創業的模式，新事業雖然能夠承襲母公司的經驗、作法與顧客，但也因為承襲公司既有的程序與工作模式，使得新事業較無法進行大刀闊斧的改革，請問您認為內部創業該如何面對這樣的兩難？

21

網路創業

學習目標

- 網路創業有哪些電子商務經營模式。

- 網路創業需考量的關鍵因素為何?

- 個資法下網路創業需注意的法律問題。

- 網路創業的成功個案研析。

緒論

中華民國「2011年電子商務年鑑」（2012）調查發現，在2011年B2C電子商務市場規模已達3,225億台幣，年成長率高達24.2%，網路已成為極重要的銷售通路，隨著網路購物的普及性越來越高，電子商務對於一般的公司、企業與創業者的重要性也與日俱增。

隨著網路時代來臨，企業與企業之間、企業與消費者之間，都因為網路科技使得彼此的關係產生前所未有的變化，網路革命使得電子商務蓬勃發展，吸引企業及個人投向網路市場的懷抱或是進行網路創業。圖21-1中新興電子商務模式的發展，也使得網路創業的型態產生了很大的變化，網路創業與實體創業的經營模式有很大的差異，低門檻的創業條件吸引許多年輕人與個體投入，其創業所需的資金、技術和執行能力都與傳統創業條件大大不同。

圖21-1 新興電子商務模式

網路創業的新手該如何起步？有哪一些經營模式？而網路創業又要考量哪些關鍵因素？以及網路創業的步驟為何？本章節於第21-1節首先介紹電子商務的基本概念，了解電子商務的定義、經營模式以及電子商務的資訊安全與挑戰；接著在第21-2節討論網路創業的重要關鍵，緊接著在第21-3節分享一個網路創業的個案，並在第21-4節作統整歸納。

21-1　電子商務基本概念

一、電子商務之定義

　　Kalakota and Whinston（1997）提出所謂的「電子商務」，係指利用網際網路進行購買、銷售或交換產品與服務，並從溝通、企業流程、服務與網路四種不同觀點對電子商務進行定義（如表21-1）。電子商務的需求來自於企業和政府利用計算能力與電腦科技來改善與客戶的互動、企業流程、企業內和企業間資訊交換。綜合以上內容，電子商務的功能在於降低成本、縮短產品的生命週期、加速得到顧客的反應，及增加服務的品質等；且從不同的觀點看電子商務會有不同的解釋。

表21-1　不同角度對電子商務的定義

觀點	電子商務的定義
溝通觀點 （Communications perspective）	藉由電子化來傳遞資訊、提供產品服務、及支付帳款。（The delivery of information, products or services or payment by electronic means.）
企業流程觀點 （Business process perspective）	是一種科技應用，使商業之間的交易及工作流程轉變為自動化流程。（The application of technology towards the automation of business transactions and workflows.）
服務觀點 （Service perspective）	電子商務能夠在降低成本的同時達到產品品質的改善與服務傳送速度的提升。（Enabling cost cutting at the same time as increasing the speed and quality of service delivery.）
網路觀點 （Online perspective）	電子商務提供人們在網際網路上進行產品或是資訊的買賣交易。（The buying and selling of products and information online.）

資料來源：整理自Ravi Kalakota, Andrew B. Whinston（1997），Electronic Commerce: A Manager's Guide, 1st, Addison-Wesley Professional

　　美國國家標準與技術委員會（National Institute of Standards and Technology, NIST, 1999）將電子商務定義為：

1. 運用電子通訊方式從事商品或服務的任何活動，例如交易、存貨、通路、廣告、支付等。

2. 以數位資料作為傳輸基礎的任何商業交易方式，此數位資料包括文字、聲音和虛擬影像等。

3. 電子式的商業交易行為的服務。

我國經濟部商業司《2011年電子商務年鑑》中，將電子商務定義為「電子商務就是把傳統的商業活動（Commerce）搬到新興的網際網路上來進行，泛指經由電子化形式所進行的商業交易活動」。簡而言之，電子商務即是網際網路（Internet）加上商務（Commerce）。

換句話說，電子商務就是透過資訊網路與電腦來完成商品的交易活動，其中，商品可以是資訊，或者是實際的物品。隨著智慧型手機與平板電腦等智慧型行動裝置的普及，電子商務亦不再局限於使用個人電腦，行動商務的應用成為未來電子商務的發展趨勢。根據研調機構ABI Research研究指出（電子商務時報 2012/03/05, accessed on 2019/11/01），至2015年，全球以行動裝置購物的總銷售額將超過1,630億美金，占全球電子商務總營業額的12%。因此在可預見的未來之內，網路購物依然在持續不斷地成長，且電子商務的增長占企業整體銷售收入的份量也會不斷的擴大。

二、電子商務經營模式

(一) 依商務往來模式分類的經營模式

Timmers（1998）將企業（businesses）、顧客（customers）、供應商（suppliers）三者之間如何進行商務往來的方式，彙整出11種經營模式，其說明如下：

1. 電子商店（E-shop）

是指一個公司自行架設的網站，專門銷售其產品與服務，例如：YOCO Collection（原為東京著衣）網路商店透過網際網路提供消費者一個數位化店面，使得消費者在家中即可享有逛街購物的樂趣。（https://www.yoco.com.tw/, accessed on 2019/11/01）

2. 電子採購（E-procurement）

是指透過網際網路技術提供電子化訂單處理流程以及增強買賣雙方對於訂單流程處理的管理功能。

3. 電子拍賣（E-auction）

電子拍賣是傳統拍賣形式在線上實現。例如：yahoo!拍賣提供一個拍賣平台，讓賣方可以藉由拍賣平台展示自己的商品，並且競拍者可以藉由網路直接進行競拍。（http://tw.bid.yahoo.com/, accessed on 2019/11/01）

4. 電子郵件（E-mail）

電子郵件是指透過網際網路進行書寫、發送和接收信件，目的是達成發信人和收信人之間的訊息互動；而企業可以透過電子郵件的方式將商品資訊提供給消費者。

5. 第三方市集（Third Party Marketplace）

指的是由第三方主導的電子交易市集，而所謂電子交易市集主要有「媒合買方與賣方」、「提供資訊、商品、服務與款項的流通」以及「提供制度與架構」三大功能。例如：阿里巴巴網站，協助中國中小企業設立網路資訊平台，讓國外採購商在安全又公開的環境下，進行商品與製造商資料的搜尋，大幅提高了企業的市場運作能力和速度。（http://page.china.alibaba.com, accessed on 2019/11/01）

6. 虛擬社群（Virtual Communities）

Rheingold（1993）認為，虛擬社群為電腦中介傳播所建構而成的虛擬空間（cyberspace），是一種社會集合體（social aggregation）；而Romm（1997）則指出虛擬社群為一群人由電子媒體相互溝通所形成的一種新的社會現象。例如：部落格、Facebook、Twitter等。

7. 價值鏈服務提供者（Value Chain Service Provider）

指的是提供價值鏈上的特定功能，使其形成獨特的競爭優勢，例如：電子支付、物流等。

8. 價值鏈整合者（Value Chain Integrator）

專注於整合價值鏈上多個步驟，協調價值鏈上成員之間的關係，把不同的價值整合在一起，藉以創造出更大的價值。

9. 協同平台（Collaboration Platforms）

提供企業們一套軟體或管理工具（例如：提供會員服務的管理平台）或銷售的專業工具等（例如：設計、文檔管理等），使每個企業都可以專注於特定的功能。例如：IBM整合通訊暨即時協作平台（Lotus Sametime）提供使用者整合式通訊與協同作業平台，提供即時傳訊（IM）、點對點視訊、網際網路電話、Web會議等服務。（http://www-01.ibm.com/software/tw/promotion/success/sametime.html, accessed on 2019/11/01）

10.資訊仲介（Information Brokerage）

將各種資訊提供給企業或是消費者，例如Google搜尋引擎等即為一種資訊仲介，提供企業或消費者上網搜尋所需的相關資訊與情報。（https://www.google.com.tw/, accessed on 2019/11/01）

11.信賴與其他服務（Trust and Other Services）

此商業模式為提供一個安全、信任的環境給企業或消費者等。例如：淘寶的支付寶提供一個安全的環境讓買方與賣方可以安心的交易，保障買賣雙方的交易安全。（http://www.taobao.com/strade/strade.php, accessed on 2019/11/01）

 個案導讀

以電子商務行銷補習班

近年來，許多企業透過電子商務縮短產品生命週期，加速得到顧客的反應，以及增加服務的品質等。A君請補習班教師E君利用其專長，運用電子通訊的方式與家長聯繫，以數位資訊資料將學生表演的影像上傳至補習班專屬網頁、社群網站，供學生、學生家長及其他消費者下載與觀賞。

（二）依交易對象分類的經營模式

除了上述這種電子商務分類模式之外，也可以藉由交易對象來劃分電子商務經營模式。Dave Cheffey（2011）以企業、政府與消費者三個不同的交易對象作為電子商務模式之分類依據，並將將電子商務交易模式彙整成表21-2中3乘以3的矩陣表格。

表21-2　企業、政府與消費者的電子商務交易模式

	消費者或公民	企業或組織	政府
消費者或公民	消費者對消費者（C2C）：指的是消費者與消費者之間的電子商務。例如：Pubu電子書城（http://www.pubu.com.tw/, accessed on 2019/11/01）。	即消費者對企業（C2B）：指消費者聚集起來對廠商進行集體議價，把價格主導權從廠商轉移到消費者本身，以利與廠商進行議價。例如：BBS站批踢踢（PTT）的合購版（BuyTogether）、愛合購（ihergo）、酷朋台灣（Groupon Taiwan）。	消費者對政府（C2G）：是個人對政府的電子商務行為，不以營利為目的，指的是人民對政府的回饋。例如：民意信箱。

	消費者或公民	企業或組織	政府
企業或組織	企業對消費者（B2C）：指的是企業對消費者的電子商務模式，企業透過網路將產品或服務的資訊上傳到資訊平台上以傳遞給消費者。 入口網站（例如：雅虎）、電子零售商（例如：亞馬遜網路書店）、內容提供者（例如：CNN線上新聞）、交易仲介商（例如：易遊網）、服務提供者（例如：人力銀行）、社群提供者（例如：愛情公寓）。	指的是企業與企業之間通過網際網路與資訊平台進行產品、服務及信息的交換。 例如：阿里巴巴。	企業對政府（B2G）：即企業與政府之間透過網路所進行的交易活動之運作模式。 例如：電子通關、電子報稅。
政府	政府對消費者（G2C）：即政府對公眾的電子政務。G2C是指政府通過電子網路系統為公民提供各種服務。 例如：全國就業e網（http://www2.csic.khc.edu.tw/07/0703/employment%20information/employment/workaboutstation.htm, accessed on 2019/11/01）、觀光行程規劃入口網（http://travel.taiwan.net.tw/, accessed on 2019/11/01）。	政府對企業（G2B）：指政府與企業之間的電子商務，即政府通過電子網路系統進行電子採購與招標，精簡管理業務流程，快捷迅速地為企業提供各種信息服務。 例如：企業e幫手（http://www.g2b.net.tw, accessed on 2019/11/01）、政府電子採購網（http://web.pcc.gov.tw, accessed on 2019/11/01）。	政府對政府（G2G）：指政府機構與政府機構之間的電子商務，即行政機關對行政機關的電子商務應用模式，是電子商務的基礎性應用。

資料來源：本書作者整理

1. 消費者對消費者（Customer to Customer, C2C）

消費者對消費者指的是消費者與消費者之間的電子商務。例如：某一消費者有一臺舊手機，想要透過網路拍賣，把手機賣給另外一位消費者，這種交易類型就稱為C2C電子商務，其特點類似於現實商務世界中的跳蚤市場。C2C電子商務除了買賣雙方外，其構成要素還包含了電子交易平台供應商，就類似於跳蚤市場中的場地提供者和管理員，C2C模式中，電子交易平臺供應商扮演著聚集買賣雙方的監督者和管理者的角色，負責對交易行為進行監控，除此之外，交易平台供應商還需買賣雙方提供技術支持服務。

2. 消費者對企業（Customer to Business, C2B）

消費者對企業是指消費者聚集起來，把價格主導權從廠商轉移到消費者本身，以利於消費者與廠商進行議價。例如：團購即是一個C2B的電子商務模式。

團購（Group-buying）是由一群消費者自發性組成一個團體，藉由第三方平台，集結更多的消費者形成相對較大的採購訂單，藉由足夠的數量來獲得較多的折扣優惠，或稀釋需額外支付的運費和轉帳費，提高消費者的議價能力。

原由人際關係構成的團購對象開始朝網路社群發展，產生了如知名BBS站批踢踢（PTT）的合購版（bbs://ptt.cc BuyTogether）、愛合購（ihergo，http://www.ihergo.com/, accessed on 2019/11/01）、酷朋台灣（Groupon Taiwan，http://www.groupon.com.tw/, accessed on 2019/11/01）等交流平台。除此之外，Facebook、Plurk等社交網站的竄紅則讓團購的訊息藉由即時且高擴散性的社交網站傳遞，更強化了團購的發展根基，例如：愛合購成立了一個Facebook粉絲專頁（Ihergo愛合購粉絲專頁，https://www.facebook.com/ihergo/, accessed on 2020/03/02），提供更即時的服務。

3. 消費者對政府（Customer to Government, C2G）

消費者對政府是個人對政府的電子商務行為，通常不以營利為目的，指的是人民對政府的回饋。例如：總統府網站中提供一個「民意信箱」的服務，讓人民可以透過民意信箱的管道，隨時就政府施政作為提供意見與回饋。（http://www.president.gov.tw/, accessed on 2019/11/01）

4. 企業對消費者（Business to Customert, B2C）

企業對消費者指的是企業對消費者的電子商務模式，企業透過網路將產品或服務的資訊上傳到資訊平台上以傳遞給消費者，是網路常見的銷售模式。而主要的商業模式有表21-3幾種方式：

表21-3　B2C商業經營模式

B2C商業經營模式	實例
入口網站（Portal）	例如：雅虎（http://tw.yahoo.com/, accessed on 2019/11/01）等。
電子零售商（e-Tailer）	例如：亞馬遜網路書店（http://www.amazon.com/, accessed on 2019/11/01）等。
內容提供者（Content Provider）	例如：CNN線上新聞（http://edition.cnn.com/, accessed on 2019/11/01）等。
交易仲介商（transaction broker）	例如：ezTravel易遊網（http://www.eztravel.com.tw/, accessed on 2019/11/01）。
服務提供者（Service Provider）	例如：104人力銀行（http://www.104.com.tw/, accessed on 2019/11/01）。
社群提供者（Community Provider）	例如：愛情公寓（http://www.i-part.com.tw/, accessed on 2019/11/01）。

5. **企業對企業（Business to Business, B2B）**

企業對企業指的是企業與企業之間通過網際網路與資訊平台進行產品、服務及信息的交換。B2B主要分成兩種模式，一種是水平方向，將各個行業中相近的交易過程集中到一個場所，為企業的採購方和供應方提供一個交易的平台與機會，例如：阿里巴巴（http://page.china.alibaba.com/, accessed on 2019/12/05）從B2B的貿易網開始，針對中國市場缺乏完善物流和配送制度的缺點，幫助中小企業在網路開店，並且提供一個電子第三方交易市集，讓國外採購商在阿里巴巴的平台上進行安全的交易。

另一種是垂直方向上下游之間的資源共享，根據「2011年電子商務年鑑」（2012）指出，藉由產業供應鏈上、中、下游交易廠商彼此合作，共同建構資訊共享、互利互惠的經營環境。透過網際網路與雲端技術等新興科技之運用，上、中、下游廠商皆能夠快速掌握商品品質、配送情形、金流等資訊，達到無縫接軌，使虛、實雙通路的整合加劇，使得網路平台、實體通路與供應商的供應鏈關係更緊密。

6. **企業對政府（Business to Government, B2G）**

B2G模式即企業與政府之間透過網路所進行的交易活動的運作模式，例如：電子通關，電子報稅（財政部電子申報繳稅系統 http://tax.nat.gov.tw/, accessed on 2019/11/01）等。B2G是新近出現的電子商務模式，即「商家到政府」，它的概念是商業和政府機關能使用政府機構之網站來進行資訊的交換。

7. **政府對消費者（Government to Customer, G2C）**

政府對消費者即政府對公眾的電子商務。G2C是指政府通過電子網路系統為公民提供各種服務。G2C模式的服務範圍非常廣泛，舉凡在網站上發佈政府的方針、政策及重要信息，介紹政府機構的設置、職能、溝通方式，提供互動式諮詢服務、教育培訓服務、行政事務審批、就業指導等都算是G2C的電子商務模式。例如：全國就業e網（http://www.ejob.gov.tw/, accessed on 2019/11/01），即為政府最大的求職求才服務網站，透過全國就業e網平台的整合，提供民間與公部門職缺的訊息，並結合全國大專院校校園聯名網的服務，擁有全臺灣大專優質人才資料庫，提供民眾找尋工作或與求才廠商尋找就業人才。

觀光行程規劃入口網（http://travel.taiwan.net.tw/, accessed on 2019/11/01）則整合觀光資訊資源與行程服務，專對喜愛旅遊的民眾設計多樣化動態資訊，不僅有更多的旅行社套裝行程及機關建議行程，還有個人化的旅遊DIY服務，民眾可以透過觀光行程規劃入口網為自己量身訂做最適行程。

8. **政府對企業（Government to Business, G2B）**

政府對企業是指政府與企業之間的電子商務，即政府透過網際網路與資訊科技，提供一個與企業相互串聯與溝通的平台，政府與企業可以透過此平台進行資訊的互換與交易，例如透過電子招標系統讓企業了解政府目前欲執行的標案有哪些，並權衡自己公司的資源與能力，來決定公司是否參與政府工程案招標。

G2B模式中，政府主要通過電子化網路系統為企業提供公共服務。電子治理成效指標與評估（G2C與G2B期末報告，2009）：G2B除善用現代資訊通訊技術以提昇其公開透明、服務傳遞、民主參與及跨域整合等治理績效之外，本身也透過採購促進產業與個別企業發展，前者如經濟部與內政部主導建置維運的「企業e幫手」（http://www.g2b.net.tw, accessed on 2019/11/01）透過整合政府各網站及服務，提供政府對企業之公文、訊息傳遞並提供線上服務、互動服務、網站更新及意見反應等服務。後者如公共工程委員會主導建置維運的「政府電子採購網」（http://web.pcc.gov.tw, accessed on 2019/11/01），其服務包含政府採購資訊公告、採購投標與廠商行號查詢等內容。

9. **政府對政府（Government to Government, G2G）**

政府對政府指政府機構與政府機構之間的電子商務，即上下級政府、不同地方政府和不同政府部門之間的電子商務活動。例如：下載政府機關經常使用的各種表格，報銷出差費用等，以節省時間和費用，以提高工作效率等。

行政院研究發展考核委員會（2009）在「電子治理成效與評估期末報告」中指出具體的實現方式可分為：政府內部網路辦公系統、電子法規、政策系統、電子公文系統、電子司法檔案系統、電子財政管理系統、電子培訓系統、垂直網路化管理系統、橫向網路協調管理系統、網路業績評價系統、城市網路管理系統等十個方面，亦即傳統的政府與政府間的大部分政務活動都可以通過網路技術的應用高速度、高效率、低成本地實現。

三、電子商務世界中資訊安全與挑戰

Xiao and Benbasat（2011）提到，隨著電子商務的發展，衍生出各種新形式的網路詐騙手法，業者可以透過網站或是新的網路科技來誤導或是欺騙消費者。可見網路帶來便利的同時，亦衍生出一連串的網路犯罪。隨著電腦運用的普及與網際網路的蓬勃發展，帶給這世界急速而巨大的衝擊，同時也改變了人類生活模式。網路提供了暢所欲言的空間同時也為企業主帶來了無限的商機，隨著資訊不斷的在網路上流竄，資

訊的取得越來越便利，伴隨而來的便是資訊安全以及個人隱私問題，資料的竊取、不當的言論與隱私的揭露，以及網路詐騙手法的翻新，電子商務安全問題越來越受重視。同時也考驗著法律、科技與社會倫理的權衡與發展。

內政部警政署（http://165.gov.tw/fraud.aspx?id=115, accessed on 2019/11/01）指出詐騙業者會透過一些網路網路購物或是電視購物來取得消費者個人資料（例如：信用卡帳號碼、密碼、帳戶資料等），因此消費者在進行網路購物時，必須要找尋可信任、可查證的店家。隱私權的保護也是目前電子商務須注重的議題，Hoffman et al.（1999）發現網路使用者會重視他們自己的隱私，尤其是一些需要留下個人資料的網站。為因應急速變遷的網路環境以及強化民眾對於隱私保護之需求，臺灣經濟部於2010年10月起，正式推動「臺灣個人資料保護與管理制度」，此一管理制度旨在提供一套系統化的標準，如果企業的個人資料保護與管理制度符合「臺灣個人資料保護與管理制度」之規定，即可向授證機構提出驗證申請，如驗證通過，即可獲得「資料隱私保護標章」（DP Mark），企業可以在遵守個人資料保護法制的前提之下，有效的利用個人資料。

2012年4月立法院三讀通過《個人資料保護法》，簡稱個資法，同年10月正式上路，個資法主要從蒐集、處理和利用等三個層面規範個資的使用範圍，不論是電腦中的數位資料，或者是寫在紙張上的個人資料，全都一體適用。換句話說，當企業在蒐集客戶的個人資料時，必須善盡告知的義務，例如：蒐集的目的、資料類別、企業名稱、資料利用期間、地區、當事人的權利、後續的個人資料處理與利用、以及當事人不提供個資時，是否會影響其權益等，這些都是企業應盡的告知責任。其中，個人資料後續的處理與利用，都要在已經告知客戶的使用範圍之內，不能夠挪做其他用途，所以企業團體亦負擔了個資外洩的舉證責任，因此企業必須能夠證明是否對顧客的個人資料善盡保管之責（http://www.techbang.com/tags/10502, accessed on 2019/11/01）。

個資法亦明令，個人仍然可以對已經提供出去的個人資料，行使相關權利，這包括了查詢、更正、要求停止蒐集、處理或利用，也可以要求企業進行完全刪除。另外，企業在運用個人資料時，必須要取得當事者書面的同意，書面指的是紙張，但是書面的同意書較難以達成，因此目前的企業均採取契約或類似契約的關係來代替，像是網頁上的同意勾選框。因此未來若是要進行網路創業的業者或個人，務必要詳熟個資法的內容與法規，以免觸法。

21-2 網路創業重要關鍵

　　一般人對於網路創業的印象為進入門檻較低，且許多新興企業透過網路在短時間內爆紅竄起，賺進不少新台幣，因此吸引了不少懷抱著致富夢想的年輕人與個體投入，其實網路創業也跟一般傳統的創業一樣，需要投入資金、技術、人才與執行力，絕非想像中的簡單與輕鬆，在茫茫的網海與數億筆的網頁中，網路創業的新手該如何起步？有哪些重要的關鍵因素？從電子商務的四流──人流、金流、物流與資訊流，說明網路創業的重要關鍵。

一、人流（People Flow）

　　網路創業的成敗常常取決於網路創業家的心態與執行力。網路創業家大略可以分成兩種類型（張秋蓉，2000），第一類是過去在資訊業或其他相關產業有不錯成就的人，轉而將他們的夢想結合相關的經驗移植到網路上，另一類則是與網路一起長大的「N世代」，他們的呼吸和網路的脈動有著同樣的節奏，嘗試將其認為理所當然的事，勾勒出美麗的遠景並轉換為網路的真實存在。

　　創業家的個性決定了創業是否成功，業務的性質雖會影響公司的營運，但創業家本身的毅力才是主導公司的營運好壞與是否能繼續生存的關鍵。（Saunders, 1999）創意的實現不容易，且行銷推廣與廣告的成效亦難以立即見效，網站的點擊數與粉絲專頁按讚的數量並不一定代表實際的銷售數字，客戶的忠誠度並不會立即成形，往往需要數週、數月甚至數年的累積，且對於執行的人員、花費的資源、實現的細節與過程都需要創業家有耐心與毅力。

　　此外，光有毅力還不夠，還需要有「執行力」，必須要能夠將創意轉變為具體可行的計畫，並分析目前計畫的可行性、市場的競爭力、投入的資源與獲利的模式，因此，在實際創業之前，創業家必須對於該產業的動態有一個程度的了解，本書作者觀察，成功的創業家常有一個共通的因素為：曾經在規模範疇較大的公司或跨國企業待過，或者曾經在很多不同類型的中小型公司工作中取得不同的專業實務經驗再進行創業。

　　規模範疇較大的公司或是跨國企業的營運項目較廣也較複雜，對一個懷有創業抱負的創業家而言，是非常合適的歷練場所；而在各種不同類型的中小企業的工作中學

習到各種不同的專業與實務經驗，亦能夠幫助創業家累積實務經驗與各種不同的專業刺激。因此這兩種方式均能夠幫助創業者對於某一產業有一個較完整的概念，且能夠較快速地累積經驗與人脈，而有了這樣的訓練之後，等待創業時機成熟時，創業者可以運用自己累積的經驗與人脈，將創意轉變爲實際可行的計畫，並分析計畫的可行性，以及估算所需的成本與資源，降低失敗的機率。

二、金流（Money Flow）

電子商務網路創業金流的重點在於付款系統的安全性、便利性以及資金的流通性。電子商務金流的機制主要分成兩類，一類是實體付款機制，另一個就是電子付款機制，詳細的內容如下所述：

(一) 實體付款機制

1. **現金**：電子商務下的現金交易又發展成兩種，一種是公司取貨，另一種爲貨到付款。
2. **信用卡**：先刷卡給付商品或服務款項的方式。
3. **轉帳**：ATM或網路銀行轉帳，使用跨行轉帳功能將款項轉帳至其他銀行帳戶去。
4. **匯款**：由購買者親自到銀行（郵局）匯款，完成匯款動作。
5. **支票**：填寫銀行發行支票金額，交給對方銀行兌現。

(二) 電子付款機制

1. **網路ATM轉帳**：網路ATM即透過個人電腦使用晶片金融卡上網至金融機構進行各項金融服務，例如：餘額查詢、自行或跨行轉戰、約定或非約定轉帳、繳稅（費）、購物轉帳等交易。
2. **電子支票**：紙張支票的網路版，可以在對話的過程中完成付款動作。
3. **電子支付（E-Payment）**：使用金融EDI付款或金融XML付款，其中，金融EDI可以直接連結銀行進行各項支付與資金調撥等財務作業；而金融XML將付款資訊以XML標準規格傳輸，提供更有效率的跨行資金轉移，更容易進行自動化付款的作業整合。
4. **線上小額付款**：使用既有的帳單，小額帳款的付款。
5. **行動付款**：使用行動裝置進行付款的機制。

網路創業如何提供消費者一個安全、便利的付款環境，考驗著網路創業者，除此之外，金流與資訊流結合，例如：匯款通知、對帳與銷帳的明細資料等，透過金流結合資訊流完成買賣雙方的帳務處理，也是網路創業者需克服的議題。

由於臺灣市場較小，電子商務的市場規模有所限制，因此電子商店在拓展海外市場與跨國經營的意願會逐漸升高，尤其面對場龐大的中國市場，再加上地利之便，臺灣的電子商店業者對於拓展中國市場的意願逐漸攀升。面對廣大的中國大陸市場，即使商機誘人，很多臺灣廠商因為不了解進入中國大陸市場必須面對的各種「跨境障礙」問題（包括商品進出口、通關、檢驗檢疫、大陸內地物流等），尤其是如何確保跨國交易能夠確保買賣雙方安全地完成付款帳務，更是一大考驗。對於網路創業者來說，創業初期的不確定性較高，且資源與資金能力較薄弱，通常無法自行投入資源發展金流，此時，可以透過與銀行等金融機構進行合作，例如：玉山銀行有針對實體與網路購物的廠商提供客製化的網路金流服務，可以協助廠商處理線上收款、付款等各項服務。

三、物流（Logistic Flow）

物流是由一系列創造價值的經濟活動所組成，包含運輸、保管、配送、倉儲、裝卸、物流訊息等多項基本活動，而根據臺灣經濟部商業司「物流經營管理實務」（2001）一書中將物流分成供應物流、生產物流以及銷售物流三個經營範疇：

1. **供應物流**：指的是將原料自產地送至工廠的過程。

2. **生產物流**：指的是在生產過程中的製品（包含原料、半產品與產品等）之流動管理。

3. **銷售物流**：最終產品從工廠生產後送至銷售市場的過程。

隨著商業模式的全球化發展，提供後勤服務的物流在商業中扮演著至關重要的角色，物流設計的工作流程遍及生產、行銷、財務及服務，例如：原料採購、存貨控制、製品倉儲配送與顧客訂單處理等作業，為了與消費者進行更深入的互動，與提升消費者的需求與方便性，物流必須同時整合金流與資訊流服務，以期能夠提供消費者更快速的回應、客製化與便捷的後勤運籌服務。透過上述的內容可以得知物流的複雜程度非常的高，網路創業者若是要自行發展物流，可能需要耗費相當大的人力、時間與金錢成本，因此網路創業者在創業初期可以選擇透過物流業者幫忙配送，並分成以下兩種模式：

1. 由創業者自行發展倉儲系統與管理，並透過物流公司配送：這樣的方式適合在創業初期，產品的訂單數量還沒有很多，且產品不需要特殊的儲藏配備（如恆溫/低溫控制系統）時，此時的倉儲維護與運作成本較低，因此創業者能夠自行發展倉儲系統。

2. 由物流公司協助創業者進行倉儲與物流管理與配送：當產品的訂單數量到達一定的程度時，或是商品需要特殊的儲藏裝備（如恆溫/低溫控制系統）時，此時可以透過與物流公司合作，創業者僅須負擔部分的倉儲管理費用，便可以節省自行管理的倉儲維護與運作成本，此外也可以降低庫存成本，達到「零庫存」的管理，藉由物流業者提供的資訊即時掌握確切的存貨數量，並透過物流業者共同把關產品的品質。

　　另外，在重大節慶（例如：農曆春節、清明節）與價格崩盤（例如：農產品價格崩盤）時，常常會使得物流系統癱瘓，導致商品無法在指定時間內送至顧客的手上。物流業者為了舒緩癱瘓問題，通常會先從訂單數量較大且具有標準化規格的產品先行出貨，零散的訂單常常需要等候大規模的訂單配送完畢之後再行配送，訂單規模較小且零散的業者們（如剛起步的網路創業者），勢必要提前考慮在特殊節慶與狀況所導致的物流問題，事前與顧客進行互動與溝通，調整出貨的時間，或是與顧客洽談延後出貨時間，避免因為物流癱瘓造成買賣糾紛。

四、資訊流（Information Flow）

　　在科技時代下能夠即時及精確的掌握資訊，才能取得市場競爭之優勢。商品銷售資訊對創業者而言，為一重要的商業情報，因此藉由資訊安全技術集合流通業者所提供的銷售相關資料，經過分析處理，產生精確與完整之情報，將有助於創業者更精確的掌握消費者，並且進行商品的行銷與宣傳，作出更精確的決策與分析。

　　透過雲端運算的發展，平台服務功能逐漸強大，多元發展的整合服務不斷推陳出新，即時通訊軟體服務日漸普及，過去拍賣網站的問與答已經不能再滿足快速交易的需求，為了使交易過程更加的順暢，許多電子商務業者皆發展即時通訊軟體，例如：露天拍賣的露露通（http://mybid.ruten.com.tw/tool/alert.htm, accessed on 2019/11/01）將買賣雙方所有溝通方式整合在一起，讓消費者能及時獲得商品資訊，讓買賣流程變得更加的快速簡易。

雲端運算技術的發展亦帶動行動商務的發展，隨著智慧型手機、平板電腦的興起，未來將促成更多消費者行為的轉變；當民眾對於智慧型手機與平板電腦的忠誠度越高時，所產生的市場商機就越高。行動商務之應用功能主要分成適地性服務技術（Location Based Service, LBS）、行動應用程式、以及行動支付（NCF）三個應用功能來說明行動商務之應用。

1. **適地性服務技術（Location Based Service, LBS）**：適地性服務技術主要可歸類兩種模式，分別是以電信營運商為中心，及內容供應商為中心。前者提供電訊與加值服務，直接向用戶收取月租費；後者透過電信業者傳遞內容，向用戶收費後，還須與電信商進行拆帳。

2. **行動應用程式**：App的應用大致分成三類：一是透過有趣的應用，以增強品牌的形象與知名度；二是將App與社群網站的分享機制結合，達到口碑行銷；第三則是直接讓消費者在手中即能隨時完成消費行為。

3. **行動支付（NFC）應用功能**：NFC手機採用近場感應技術（Near Field Communication, NFC），是從免接觸式射頻識別（RFID）與互連技術的基礎演變而來。與悠遊卡、ETC高速公路收費系統類似，透過晶片的RFID技術，資料傳輸過程不需要與裝置直接接觸。有別於過去現金、轉帳、信用卡的傳統付費模式，NFC技術與智慧型手機的結合簡化付款方式，為行動商務漸趨成熟的關鍵性服務。這意味著未來NFC手機的使用者在交易時，只要有適當裝置，就能立即讀取顧客晶片裡的相關銀行帳戶資訊，而達到扣款或繳費的目的。

　　行動商務使得資訊流的資訊更新速度更加的及時而快速，且目前也越來越多軟體開發商研發出提供給小規模企業使用的倉儲軟體、POS系統以及顧客關係管理系統等，而這些軟體也可以透過適地性服務或行動應用程式等與手機或是平板電腦進行連結，使得業者可以透過自己的手機或平板電腦進行倉儲、進出貨與顧客資料的管理。藉由這些資訊流的新工具，使得創業者能夠較彈性且快速的掌握到物流、金流與顧客的資料，並且進行管理。

21-3　網路創業的步驟－真情食品館

　　農產品具季節性，尤其是生鮮產品，容易受到季節變動或是大環境的改變而影響產量與產期，農產品在運輸、儲藏與銷售的過程中，容易腐爛、發霉、或出現病蟲害

等，造成農產品耗損、變色等問題使得物流成本攀升，此外，由於農產品是「吃」的產品，因此消費者在選購時會特別的謹慎小心。上述這些問題使得農產品在網路上行銷販售困難重重，造成農產品網路創業的進入門檻遠高於一般的民生工業用品。

營運至今，真情食品館的營銷狀況均非常的穩定，本書作者親赴採訪「真情食品館」（http://www.ubox.org.tw, accessed on 2019/11/01）的幕後推手—楊棟樑主任（現為農會總幹事），並將楊主任口述該農會在網路創業的經歷，依照其在農產品的真情食品館網路創業經驗，將其歸納為六個網路創業步驟，其內容詳述如下：

一、研究該行業結構，了解目前產業現況

1999年代，臺灣剛興起一股電子商務的旋風，各行各業均積極投入發展電子商務，各式各樣的電子商務網站油然而生。卻幾乎沒有業者投入農產品的網路行銷，農委會當時的科長察覺到農產品網路行銷的重要性與商機，建議當時的臺北縣農會（現為新北市農會）成立一個農產品電子商務網站。

二、評估現有資源

臺北縣農會首先評估目前擁有多少資源，發現臺北縣農會當時並沒有網路相關的資訊人員，也沒有自行架設網站與處理金流的能力；且由於當時的網路科技與電子商務技術正在萌芽，網路頻寬不像現在這麼充足，還處於與用電話線撥接上網的時代，因此要發展網路商電除了需要投入大筆的資金並添購設備之外，還需要再招募網路技術相關人才，因此若是臺北縣農會要自行發展網路購物網站需要投入非常多的時間與資金，因此臺北縣農會在評估之後，決定找業者合作，幫忙處理金流的作業，並與資訊公司合作，由資訊公司幫忙處理商品的上架、下架以及網路技術的部份，而臺北縣農會則負責自己拿手的物流配送作業成立了「真情百寶鄉」網路購物網站。

三、選擇電子商務網路創業模式

「真情百寶鄉」網路購物網站經營了一陣子之後，新北市農會感到與顧客之間有距離，因為新北市農會只負責物流配送的部分，因此新北市農會無法掌握即時的消費者資訊（例如消費者是否對於收到的產品感到滿意、消費者退貨的原因是因為農產品在搬運過程中損傷或是不滿意該產品等）。

因此新北市農會開始欲尋自行開設網站，並招募負責管理與經營網路購物網站的專職人員，但由於網站設計涉及專業技術，有較高的進入門檻，新北市農會於是與際標資訊公司合作，由際標資訊公司協助新北市農會開發購物平台，際標資訊公司負責平台的架構、網域空間的租賃以及網路技術的支援，而新北市農會則負責整個網站的設計、商品的上架與擺設、農產品促銷資訊、接收訂單等後台作業均由新北市農會掌握，同時並將網路商店的名稱更改爲「眞情食品館」正式在網路上創業。

四、選擇商品與目標

新北市農會匯集全國各地農民團體以「國產原料」所生產加工的優良農漁產品、地方特產、季節性的時令蔬菜以及應景的精緻禮盒，提供臺灣的消費者以合理的價格購買「臺灣本土生產」的優良農特產品。此外，眞情食品館亦提供消費者具有特色的農產品，例如：「活菌豬」指的就是將有益的微生物添加到豬隻的飼料之中（就好像我們人類喝優酪乳一樣），藉此改善豬隻的體質，讓豬隻更健康，也形成非常具有特色的產品。

五、組織投入資源與心力

除了投入資金之外，新北市農會在組織人力上增添多位專員以經營眞情食品館電子商務。專員們的工作內容，包含接單（包含網路訂單、電話訂購與傳眞訂購）、確認訂單（在每天出貨之前以電話與顧客再次確認訂單與基本資料）、揀貨與出貨（特殊需要冷藏的商品會分開包裝；若是顧客訂購的產品用途爲送禮時，還會附上禮盒袋和電子卡片的服務）、進貨與補貨（出貨後會進行補貨，並透過進銷管理系統向供應商訂購商品）以及處理顧客退貨與抱怨（顧客可以透過網站、電話與傳眞與客服人員聯繫，處理退貨、補償等相關事宜）。

六、定期更新內容，並持續與消費者進行互動

眞情食品館會定時利用網站、DM與E-DM進行農特產品的推廣活動，並依照節慶時節提供不同的促銷活動，如過年時節就會提供年貨訂購的服務（如圖21-2所示）。

資料來源：眞情食品館網路商城（http://www.ubox.org.tw/web/Home）

圖21-2　眞情食品館過年推出年貨禮盒商品

　　營運至2013年，眞情食品館的營銷狀況均非常的穩定，同時也是目前臺灣最具特色的農特產品銷售網站之一。然而，眞情食品館負責人發掘到行動商務的崛起與商機，因此開始思考如何將行動購物應用在眞情食品館上，藉此提供消費者更便利的服務。透過眞情食品館的個案分享，我們也可以知道，企業在面臨瞬息萬變的環境，必須不斷的學習與成長與進步，才能夠在競爭激烈的動態環境下細水長流。

21-4　網路行銷

　　Whinston & Kalakota（1996）認爲網路行銷擁有互動的性質，顧客能透過瀏覽、搜尋、詢問與比較等方式設計自己所需的產品。創業者能利用電腦網路進行商品議價、推廣、配銷及服務等活動，期能比競爭者更能滿足顧客需求（余朝權、林聰武、王政忠（1998）），達到企業行銷之目的。網路行銷是一強大的行銷工具，創業家能透過網路行銷活動與網際網路，將公司的各種產品在沒有時間的限制下發布或銷售給消費者（劉文良，2004）。

　　消費者透過電腦、手機網路，進入網路商店，瀏覽商品並購買商品。經濟部統計調查，2015年無店面零售業營業額爲新台幣2167億元，年增5.3%，連續第9年正成長（中央社，2016）。依據資策會產資處預估，2015年臺灣電子商務規模可望達1兆69億元，較往年成長14%；B2C的電子商務產值佔6,138億元，成長15.89%，各網路平

近年來在大陸崛起的淘寶網已是大陸最受歡迎的網購零售平台（Consumer to Consumer）。2003年阿里巴巴集團投資一億元人民幣成立淘寶網，次年再次挹注資金3.5億人民幣於淘寶網。淘寶網才成立一年已有220萬人註冊，為符合消費者的需求，2008年淘寶網已成立了企業對消費者（Business to Consumer）的子平台，並正式更名為淘寶商城。淘寶商城結合行銷、物流、供應鏈與技術，消費者能在商城購買所需之商品。

一、何謂網路行銷

網路行銷（Internet Marketing）是指企業藉由網際網路進行產品行銷，是一種業者透過資訊科技與顧客聯繫，為顧客創造、溝通與提供價值，維繫客戶間的關係。網路行銷是一種新型態的行銷活動，企業與消費者透過包含電腦、手機及各項數位設備等進行產品「雙向溝通」。企業將其產品、公司理念及服務項目等訊息放置於所建置的網站上，消費者透過企業所建置的網站獲得所需的資訊後，在網路上進行產品訂購或留置訊息。

劉文良（2005）在「電子商務與網路行銷」中將網路行銷定義為「一種互動式行銷，其透過網際網路之應用，提供顧客相關產品與服務的資訊，甚至是讓顧客參與整個企畫流程，以回流顧客並促進與顧客間的關係，所進行的行銷活動過程」。Hodges（1997）認定網路行銷為企業在官網上透過介紹產品、提供服務來吸引消費者主動蒐集資訊及購買產品的過程。消費者在購買商品的過程不再受限於時間、空間與國別疆界。消費者的購物時間不再需隨著實體店面的營業時間才能進行產品購買，網路購物的消費者隨時都能透過網路購買產品，因此購物時間與方式較過去更有彈性。網際網路的客製化服務不但造成產業革命，更促使產品交易的方式與過去傳統產品銷售的方式產生極大的改變。

二、傳統行銷與網路行銷的差異

傳統行銷以4P之產品（Product）、定價（Price）、配銷通路（Place）促銷（Promotion）和STP之市場區隔（Segmentation）、目標市場（Targeting）、市場定位（Positioning）及品牌（Branding）等之基本概念作為行銷的準軸。傳統的行銷模式是以實體店面銷售商品，雖然消費者可到實體店實際選購商品、檢視商品，對於商品的不滿意與不符合需求的問題較少。但因傳統行銷活動偏向單向式、多層式與間

接性，店面資訊傳遞較慢，亦因受限於實體店面的空間與地點，消費者的選擇性較少，服務品質有時無法達到消費者需求。

網路行銷是指透過電腦連線網際網路從事商品銷售的活動，是目前企業與消費者直接接觸的新通路。消費者不需要出門即可透過網路的電子型錄與網站提供的相關資訊、價格參考及下單。企業將實體店面的交易流程藉由網際網路的電子商務（Electronic Commerce）相關技術，使產品銷售能夠更方便、更省錢且更有效率。

因為網路上有許多虛擬店鋪，消費者無法從虛擬店鋪觸摸或觀察他們所要購買的產品，因此消費者對網路購物信任感的多寡決定消費者採取購買行動的重要動機。網路行銷之業者與企業必須營造迎合消費者的預期心理，或更高於消費者心中已設定的預期心理，網路行銷才能成功。

傳統行銷與網路行銷的差異整理如表21-4所示：

表21-4　傳統行銷與網路行銷的差異

傳統行銷	網路行銷
具有實體店面	無實體店面
產品銷售量與地理環境相互影響	產品銷售量不受地理環境影響
產品標準化	產品客製化
單向媒體行銷	雙向媒體行銷
社區化經營	多角化經營，不受地理環境影響
單一市場區隔	多元市場區隔
商品與服務不可分割性較高	商品與服務不可分割性較低

網路行銷的方式因各企業的專業人才及銷售的產品不同，企業能採用的網路行銷包含透過電子郵件行銷（e-mail Marketing）、搜尋引擎、網路行銷之顧客關係管理，其說明如下：

1. **電子郵件行銷（e-mail Marketing）**：包含廣告、贊助專案、促銷活動、訊息發布、顧客關係管理。電子郵件行銷能針對目標客戶，一次傳送產品、促銷及服務的相關資訊給予消費者。但在傳送電子郵件時須事先經過消費者的許可。但電子郵件行銷的缺點是有許多電子郵件在消費者尚未讀取前即直接送入消費者的垃圾郵件（Spam），因為人們討厭接收未經許可的電子郵件（Gofton，2000），顧客對於直接將電子郵件寄給他們的回應率都很低（Teresa and Antoine，2002）。

2. **搜尋引擎（Search Engines）**：消費者以全文檢索或是目錄分類的方式進行查詢所需的商品或服務。搜尋想要找的資料，只需要用關鍵字或是再多利用幾個搜尋引擎，即能找到許多資料。

3. **網路行銷之顧客關係管理**：顧客關係管理是企業經營努力的目標，瞭解顧客需求或是創造顧客需求是企業的經營核心並未因電子商務的時代來臨而改變。隨著資訊科技的進步，愈來愈多的企業應用資訊軟體來管理與經營顧客關係，並透過資訊軟體與顧客互動。為提升顧客關係，企業除了提升服務品質外，企業生產之產品與服務必須符合既有的顧客及未來潛在顧客群的需要。好的顧客關係管理不僅能提高顧客滿意度與黏著度，企業的營運效率更因良好的服務品質而增加顧客滿意度與顧客忠誠度。

三、網路消費者行為

　　消費者透過網路從事交易行為，購買所需之產品。網路購物不僅可讓民眾不受地域、時間的限制進行消費，更能在短期時間內從網路上獲得大量商品品項的訊息、價格與評價。由於通訊科技的普及，消費者不再只透過實體店面進行產品購買。相反的，消費者已改變過去消費行為、生活方式與互動模式。

　　當企業準備好顧客所需的產品時，如何才能使其產品在網路上吸引消費者的目光及增加曝光度？羅之盈（2009）提到成功網路開店經營的關鍵五力分別為商品力、故事力、界面力、行銷力及服務力等。商品力是企業建立品牌核心的起源。故事力是指網路業者透過說故事的方式進行行銷溝通，以故事打動消費者，建立品牌策略，消費者不再追求「低價」產品。透過好故事來塑造其獨特形象，增加消費者購買意願。實體店面需考慮店面的裝潢，網路店面亦須將其網頁設計出其獨特的風格，透過美編設計與網頁設計，吸引消費者留在網頁內的「介面力」。網路商店能透過製造新聞話題增加曝光機會，或與電子商務平台合作舉辦活動，藉由活動促銷產品。服務是促使消費者再度回購的主要根本因素，因此網路業者回應網友問題的態度與速度、出貨的速度、退換貨的流程、銷貨服務及售後服務接影響消費者再購的意願（羅之盈，2009）。

　　在資訊科技日新月異及快速網路資訊的時代，消費者在選購產品前會先上網找資料。網路業者須持續的觀察網路業者與非網路業者的所有行銷作為，與顧客進行互動。將顧客的資料加以整合、分析、歸納各消費者的行為及特性，為客戶量身訂製符合消費者需求的商品與服務。

21-5 結論

資訊科技的日新月異以及環境的改變，對企業來說是機會也是挑戰，網際網路為企業帶來了另一種商業的經營模式，但也使得企業彼此之間的競爭越演越烈。網路創業與實體創業的經營模式有很大的差異，有許多人認為網路較實體的創業門檻低，但其實網路創業考驗著創業者如何克服人流、金流、物流與資訊流等關鍵要素，在茫茫網海與數億筆網頁資訊中，找到自己的定位與專業，吸引到目標族群的注意。

隨著網路科技、雲端應用與行動商務的應用等，當網路購物、社群網站、行動商務等不再是新名詞，而是日常生活的一部分，人們只要滑動手指便能夠與世界連結與串聯，虛擬行銷不再只是潮流，而是不可抵擋的發展趨勢，除此之外，消費者先在網路上搜尋商品資訊，再到實體商店進行購買的O2O（Online to Offline，網路到實體）模式越來越受到歡迎，亦顯示企業未來勢必逐漸往虛實整合的方向發展。網路創業的成功除了要組織投入資源、心力與時間經營之外，還要定期的更新內容與消費者進行互動，此外，企業亦要不斷的吸收新知並強化自己的能力。

本章習題

一、問題與討論

1. 網路創業的模式有哪些？

2. 網路創業的關鍵因素為何？

3. 什麼是O2O？什麼是虛實整合？企業該如何因應這樣的發展趨勢？

二、個案討論

1. 請問真情食品館網路創業成功的原因為何？

2. 真情食品館的網路創業經歷是否可以套用至其他企業？

22

創業計畫書

學習目標

- 創業計畫書的需求。

- 創業計畫書撰寫的原則。

- 創業計劃書內容架構。

- 創業計劃書撰寫及評估。

- 個案討論。

 **緒論**

　　創業者在創業初期，需仔細思考事業的走向、訴求、優劣勢，並觀察整體大環境的情況與變動，此外，創意者還要思考如何籌措資金。籌措資金的方式有很多種，其中一個方法就是利用「創業計畫書」。在面對這麼多問題需要處理的情況時，「創業計畫書」是一個非常好的工具。「創業計畫書」中不僅歸納、整理了事業相關的分析與資訊，它還可以幫助創業者籌措資金，另外，「創業計畫書」也可以做為公司內部的行動準則（Robert J, 2002），最重要的是，創業者在撰寫創業計畫書的過程中，可以更了解公司的處境與狀況。因此，撰寫一份好的創業計畫書對創業者來說是非常重要的。

　　我們可以看出，創業計畫書有非常多的功用，像是幫助創業者更了解自己的事業、或是做為公司內部的行動準則等，但隨著撰寫目的的不同，內容著重的部分也會有所不同。我們在本章中會以「籌措資金」為撰寫目的，介紹創業計畫書。雖然籌措資金並不是創業計畫書最重要的功用（William, Andrew, 2010），但卻是許多創業投資人撰寫計畫書的原因。因為大多數創業者在創業初期，最常遇到的困境就是取得資金。而創業計畫書可以說是事業本身自我推銷的自傳書，可以讓投資人深入了解事業，考慮是否予以融資。

　　我們在本章中，會先介紹創業計畫書涵蓋的內容，並舉例說明。之後，我們會介紹以「籌措資金」為主要目的的創業計畫書應包含哪些內容。最後，我們會點出撰寫創業計畫書時要注意的細節，以期能幫助讀者撰寫一份符合撰寫目的的創業計畫書。

22-1 創業計畫書的需求—創業需不需要撰寫創業營運計畫書

　　現今社會普遍諸多想要創業的人只懷抱夢想及理想，但對日後營運及財務運作調度等前置作業準備完全沒有概念。然而，在這種情況下的創業環境是屬於高風險的，假如創業者能於創業前能先期完成創業營運計畫書的撰擬，不僅可幫準創業者整合手邊資源資訊，亦可幫準創業者擬定多數最常碰到窒礙因素，例如「創業資金如何籌措？」「協力供貨廠商位置如何尋得？」、「要如何在市場上行銷？」「如何管理人事、財務與法律？」「如何取得研發與生產技術？」等問題的因應對策及執行做法。

　　依據市場規範，如果要創業，首先可向政府申請創業貸款，若要向外界籌資就須要撰寫創業計畫書，因為幾乎所有的投資者與金融機構都必須要看到一份具有吸引力

及有獲利前景的創業計畫書後，才會展開相關的投資評估。其次，創業計畫書與未來營運實況會有極大的差異，然而創業活動屬於一種高風險的行為，若在創業前都沒事前計畫與運籌，經營過程中，風險因子自然會提高。反之，如果創業前有經過系統的規劃及構想，並設定市場目標與經營方案，必有助於創業者做出正確的經營決策，因此將有效降低創業風險以及提高創業成功的機率。

　　總之，如果創業者在這百業競爭激烈的時代中，透過創業經營計畫書，事先找到自己的缺點或經營上的盲點，必能降低創業風險。因此，創業營運計畫書撰寫過程必須清楚明瞭，此不僅可讓創業者在未開始創業前，能檢視及發現自己想法的缺失及缺陷所在，亦可讓創業者在開始執行創業的過程中，減少許多不必要的錯誤與增加投資者的信心。

22-2 創業計畫書撰寫的原則

　　一份好的創業計畫書必須完整呈現市場競爭優勢與對投資者提供投資企業的客觀數據。內容必須完整的包括所有重要的經營功能以及對環境變化的假設與預測，充分顯現創業者對於企業內、外部環境的熟識，以及實現創業計畫的信心。以下我們綜合多位創業投資案例及專家意見，將撰寫創業計畫書的原則，歸納為以下諸特性（劉常勇，2016）：

一、競爭優勢與投資利基

　　首先要完整陳列將創業計畫資料，具體呈現競爭優勢以及明確指出投資者的利基所在。經營者須具體呈現創造利潤的強烈企圖心。

二、展現經營能力

　　經營團隊的經營能力與豐富的經驗背景須充分的呈現於創業計畫書內，並顯示對於該產業、市場、產品、技術，以及未來營運策略已準備就緒。

三、掌握市場導向

　　利潤是來自於市場的需求，創業計畫應以市場導向來撰寫，並充分顯示經營者了解市場現況與充分掌握競爭環境與未來發展預測的能力與具體成就。

四、一致性

創業計畫書須根據市場分析與技術分析的預估與基本假設需前後相互呼應、合乎邏輯。

五、實務性

創業者應儘量陳列出客觀、可供參考的數據與文獻資料於計畫書，勿主觀的高估市場潛量或報酬或低估經營成本。

六、明確性

企業的市場機會與競爭威脅要明確剖析，並以具體數據加以佐證，清楚說明市場需求分析所依據的調查方法與事實證據。

七、完整性

經營機構的各功能要項須完整撰寫於計畫書內，提供投資者評估所需的各項資訊，並檢附其他具體可供參考的佐證資料。

22-3　創業計畫書內容架構

在掌握撰寫計畫書的重點與原則後，經營管理者撰寫一份高品質的創業計畫書所需的計劃架構內容概略如下（劉常勇，2016）：

一、摘要說明創業計畫重點

此部份主要說明資金需求的目的，並摘要說明整份計劃書的重點，吸引投資者進一步評估的興趣。所涵蓋的主要內容包括：

1. 公司名稱。
2. 介紹經營團隊。
3. 計畫書重點摘要。
4. 總計畫成本與預算資本額。
5. 申請融資的金額、型式、股權比例及價格。

6. 資金需求的時機與運用方式。

7. 未來融資需求及時機。

8. 投資者渴望獲得的投資報酬率。

二、公司簡介

1. 公司成立時間、形式與創立者等。

2. 公司股東結構，包括股東背景資料、股權結構等。

3. 公司發展簡史。

4. 公司業務範圍。

三、組織與管理

1. 經營管理團隊的學經歷背景資料、專長與經營理念。

2. 清楚說明經營管理者的成功經營經驗與優勢的組織管理能力。

3. 企業目前的組織結構，及未來可能演變的組織結構。

4. 人力資源發展計劃，包括各部門人才需求計畫、公司薪資結構、員工分紅與認股權力、招募、培訓人才的計畫等。

四、產業環境

1. 產業環境與發展歷史。

2. 公司與其他競爭者的優劣勢比較。

五、產品

1. 產品的發展階段（包括創意、原型、量產）、開發過程，及是否已取得專利。

2. 產品的功能、特性、附加價值，以及具有的競爭優勢。

六、市場分析

1. 明確界定產品的目標市場。

2. 清楚鎖定銷售對象與銷售區域。

3. 過去、現在、及未來的市場需求。

4. 過去、現在、及未來的市場成長潛力。

5. 過去、現在、以及未來的市場價格與發展趨勢。

6. 未來的公司銷售量、市場成長情形、市場佔有率須清楚說明。

7. 主要顧客的特徵，接受公司產品的事實證據。

8. 產品對顧客的具體利益與價值。

9. 市場主要的競爭者，包括競爭者的市場佔有率、銷售量、排名，彼此的優劣勢與績效、及因應策略（包括價格、品質、或創新等）。

10. 分析未來可能的發展與競爭者出現的機率。

11. 其他替代性產品及未來因新技術發明，而威脅到現有產品的可能性與後果，並提出因應對策。

七、行銷計劃

1. 說明現在與未來五年的行銷策略，包括銷售與促銷的方式、網路銷售的分佈、訂價策略、及訂價方法。

2. 說明銷售計劃與各項廣告成本。

八、技術與研究發展

1. 說明產品研發與生產所需的技術來源。

2. 說明技術與生產團隊的專長與特質。

3. 說明技術研究應具有的競爭優勢與利基及未來發展趨勢。

4. 說明企業短、中期計畫的技術發展策略。

5. 說明技術部門的資源管理方式及優勢策略。

6. 說明未來研究發展計劃與方向、資金需求、與預期成果。

九、生產製造計劃

1. 說明建廠計劃，包括廠房設立地點及所需時間與成本。

2. 說明產品製造流程與生產方法。

3. 說明物料需求結構，如原料、零組件來源與成本管理。

4. 說明品質管制方法。

5. 如需委託外製與外包，需具體說明管理情形。

6. 製造設備廠商與規格功能要求。

7. 生產計劃與人力需求。

十、財務計劃與投資報酬分析

1. 公司過去財務狀況，包括過去五年期間的資產負債表、損益表的比較，及過去融資來源與用途。

2. 提供財務分析統計圖表，說明所使用的會計方法。

3. 提供融資後5~7年財務預估。編列的原則是第一年的財務預估須按月編制，第二年則按季編制，最後三年則按年編制。每項財務預估的基本假設與會計方法須清楚說明。

4. 若是成熟期公司，計劃書應附上公司股票公開上市、上櫃的可行性分析。

5. 具體說明投資者回收資金的可能方式、時機及獲利情形。

十一、風險評估

此部分需詳估且列出潛在及可能面對的風險因素，及其嚴重性與發生的機率。計畫須依其預估之風險具體提出防範及解決方案，並以數據方式衡量風險對投資計劃的影響與因應策略。

十二、未來預測

此部分需預測與說明未來公司股票上市、股權轉讓、分紅等問題。

創業計劃書內容多數涉及公司的商業機密，經營者須要求收到計畫書的投資者或相關投資公司專案經理人簽署「保密條文不外流」協定。

個案導讀

創業計畫書的撰寫

經過20年的努力，A君的補習班具有相當大的規模。從一開始只有三位家教學生，至今已是超過500位學生的補習班。回想在補習班成立之初經費不足，為此而撰寫創業計畫書。在創業計畫書中他清楚說明開立補習班的動機與事業競爭力、市場分析、競爭者分析、創意、行銷計劃以及獲利程度。他透過此創業計畫書讓他的家人、他的朋友清楚了解開設補習班是必能成功且獲得利潤的一個行業。

22-4 創業計畫書撰寫及評估

創業計畫書主要詳細記載創業者在創業過程中所需要的內容，其包括創業的種類、資金規劃、階段目標、財務預估、行銷策略、風險評估、內部管理規劃等，其內容應包含如下（創業輔導顧問團隊，2016）：

1. **創業的種類**：創業最基本的內容應涵蓋創辦事業的名稱、組織型態、產品項目與產品名稱等。

2. **資金規劃**：創業計畫書應該清楚記載包括個人與投資者出資比例、銀行貸款等總額的分配比例，因為這影響事業股份與紅利分配的多寡。

3. **階段目標**：創業者應清楚明瞭事業發展的短期目標、中期目標與長期目標及事業發展的可能性。

4. **財務預估**：列述事業成立後前三年或前五年內的收入與支出，詳述每一年預估的營業收入與支出費用的明細表，讓創業者確實計算利潤，並明瞭何時能達到收支平衡。

5. **行銷策略**：了解服務市場或產品市場、銷售方式及競爭條件，找出目標市場與定位。

6. **風險評估**：創業者在創業過程中可能遭受的挫折，如景氣變動、強烈的競爭對手、客源流失等，市場上的任一風險都將導致創業者創業失敗，因此，風險評估在創業計畫書中是不可缺少的重要一項。

7. **其他事項**：創業計畫書還須包括創業者的創業的動機、經營目標、未來展望、企業組織、管理制度、股東名冊以及預定員工人數等。

臺中市青年創業經營事業基本資料

一、事業基本資料	
二、經營型態	
三、事業廠址	
四、主要行業	
五、主要產品（業務）	

六、現有員工人數（不含負責人）	大專以上	男	人	女	人	合計	人
	高中職以下	男	人	女	人		

七、財務分析：初期第1個月、前6個月及前1年累積營業損益（實際營業未滿1年者，請以預估值填寫，並加註表示為預估值）。

項目	第1個月	前6個月	前1年	第2年（概估）
營業收入(+)				
銷貨成本(-)				
營業毛利				
營業費用(-)				
營業利潤				

八、創業資金概況：

　　(一)創業資金來源：本計畫資金共計新台幣＿＿＿＿＿＿ 元整。

　　　　1.□自備金額＿＿＿＿＿＿ 元整。

　　　　2.□親友借貸金額＿＿＿＿＿＿ 元整。

　　　　3.□銀行貸款金額＿＿＿＿＿＿ 元整。

　　　　4.□其他＿＿＿＿＿,金額＿＿＿＿＿ 元整。

　　　　5.□尚需貸款資金總額＿＿＿＿＿＿ 元整。

　　(二)創業者個人在金融機構貸款概況：

　　　　1.□無貸款

　　　　2.□有貸款：□不動產（房屋）貸款，金額＿＿＿＿＿＿ 元整。

　　　　　　□動產（汽機車）貸款，金額＿＿＿＿＿＿ 元整。

　　　　　　□一般信用貸款，金額＿＿＿＿＿＿ 元整。

　　　　　　□現金卡貸款，金額＿＿＿＿＿＿ 元整。

　　　　　　□政府機關政策性專案融資貸款

　　　　　　　名稱＿＿＿＿＿＿ ，金額＿＿＿＿＿＿ 元整。

　　　　　　□其他＿＿＿＿＿＿ ，金額＿＿＿＿＿＿ 元整。

九、現有機具及生產設備

名稱	數量	名稱	數量
收銀機（例）	1台	包膜機具（例）	2組

（表格如不敷使用，請自行延伸）

十、貸款主要用途別

	項目	數量	單價	總價
生產機具及設備	包膜機具	2組	12,000元	24,000元整
小計				24,000元整

	項目	數量	單價	總價
週轉金	水電費	2個月	5,600元	11,200元整
	薪資	2個月*5人	30,000元*5人	150,000元整
	工廠租金	2個月	30,000元	60,000元整
小計				221,200元整

（表格如不敷使用，請自行延伸）

十一、創業經營計畫

(一) 經營現況 (本項說明服務化產品之名稱、主要用途、功能、特點及現有或潛在客源)

產品／服務	用途與功能	特點

(表格如不敷使用,請自行延伸)

(二) 市場分析: (本項說明服務或產品之市場潛在、如何擴充客源、精進銷售方式、充分競爭優勢、市場潛力及未來展望)

目標市場描述	
如何擴大客源	
銷售方式	
競爭優勢	
市場潛力	
未來展望	

(表格如不敷使用,請自行延伸)

(三) 償貸計畫 (提出預估損益表,說明貸款還款來源、債務旅行方式等,並檢附近期營業稅證明或營業稅查定課徵核定稅額繳款書等報稅資料)

十二、申請貸款額度	□無擔保貸款　萬元 □擔保貸款　　萬元	
十三、申請貸款年限	□無擔保貸款　年 □擔保貸款　　年	□本金寬限期　年
申請人簽章	(簽名及蓋章)	

(表格如不敷使用,請自行延伸,或以附件說明)

臺中市青年創業融資貸款事業或創業計畫書

申請人基本資料

申請人姓名		出生年月日		相片黏貼處
		聯絡電話		
國民身分證統一編號		E-mail		
		行動電話		
性別		手機號碼		
		傳真號碼		
婚姻狀況	□未婚　□已婚（配偶姓名：＿＿＿＿＿國民身分證統一編號：＿＿＿＿＿＿＿）□其他（說明＿＿＿＿＿＿＿）			
戶籍地址	□□□			
通訊地址	□□□			
教育程度	□國小□國中□高中職□專科□大學□碩士□博士			

工作經歷	服務單位名稱	職銜	到職日期	離職日期

創業輔導相關課程	創業輔導班別名稱	辦理單位	參加時數	起訖時間

備註	

表格：臺中市青年創業融資貸款申請書、表明細資料（範例）

22-5 個案討論

一、緣起

「我要像吳寶春師傅一樣」是許多在學科考試上無法獲得成就的學生常放在口中的一句話。2010年吳寶春師傅參加在巴黎舉行的首屆世界盃麵包大師賽，獲得歐式麵包組世界冠軍的故事不再是過去從課本中學習的「國外案例」。相反的，吳寶春師傅的故事不僅出現在小學教科書上，更是許多學生努力的目標。但是在習得做麵包的一技之長後，開麵包店則是麵包師傅的另一努力的目標。

但國內烘焙產業競爭激烈，麵包店的數量比超商還多。許多麵包店為了吸引客人上門，連鎖麵包店接連開分店並以「低價策略」吸引消費者與新聞媒體前去採訪報導。當連鎖麵包店能夠採取「低價策略」吸引消費者時，原物料成本近幾年一直增加，消費者購買力下降，時尚咖啡連鎖店、便利超商、量販店、連鎖早餐店導致許多傳統的麵包店呈現逐年遞減的情況。傳統麵包店所面臨的威脅已使它們成為「夕陽工業」，如何在競爭激烈的環境下突破經營困境，轉型求生，「創新」、「多元」與「養生」將是突破經營困境的不二法門。

為突破「烘焙產業激烈競爭的重圍」傳統麵包店需轉型經營，使其有其獨特性。目前國人生活水準不斷提升，市場上的麵包店林立，傳統麵包店並無法以「削價競爭」的方式與連鎖麵包店競爭，因此，為在競爭激烈的烘焙市場立足，欲轉型的傳統麵包店需改型且鎖定的不同的消費族群。

Jolly's Java and Bakery（JJB）是一個位於華盛頓西南部的初創咖啡和麵包零售店，希望以各式各樣的咖啡和糕點產品吸引眾多固定的忠實顧客群，在當地建立一穩固的市場定位與主導目標市場為經營目標，為消費者提供健康的糕點產品與咖啡，為員工建立一個穩定的收入基礎，並提升其業務的穩定性。因此，本章選擇Jolly's Java and Bakery（JJB）作為創業題材（http：//www.bplans.com/bakery_business_plan/executive_summary_fc.php），分享完整的創業計畫書的轉寫與評估內容。

一、企業願景與目標

Jolly's Java and Bakery（JJB）於華盛頓州註冊成立。JJB提供給消費者各式各樣的咖啡和糕點產品吸引且建立忠實顧客群。在同業由 Austin Patterson與David Fiedls共同經營與管理。 Austin Patterson在銷售、市場行銷和管理具有豐富的經驗，並且是Jansonne&Jansonne和Burper Food的市場營銷的副總裁。David Fiedls具有財務和行政管理方面的經驗，其經歷包含擔任Flaxfield Roasters及咖啡連鎖店，BuzzCups的財務長。競爭夥伴及環境下建立一個穩固的市場地位。JJB的企業目標是在價格競爭下為中、高收入的消費者提供其產品。該公司預計聘請兩名專職糕點麵包師和六名兼職咖啡師為客戶服務和日常運營，並滿足中等到高收入的當地市場居民和遊客的需要。

JJB成功關鍵目標將包含：

1. 提供高品質的產品及提供客製化服務。

2. 價格競爭。

JJB是一個剛剛起步的公司。資金將來自合作夥伴的資金和一個為期十年的SBA貸款。該公司成立初期所需的花費成本為$64,000，資產為$147,000，所需的資金為$110,000，總負債為$101,000，如圖22-1所示。

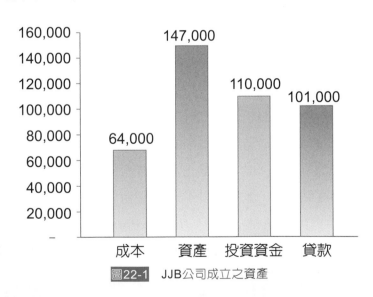

圖22-1 JJB公司成立之資產

三、組織架構

　　JJB預計該計劃的第一年銷售收入約$491,000，第二年約$567,000，第三年銷售營收約$655,000。JJB應在經營的第四個月呈現收支平衡，因穩定增加其銷量。第1年的的利潤預計約為$ 13,000，第2年的利潤為$36,000，和第3年的利潤為$46,000，公司則沒有預期任何的現金流問題。

　　該公司之組織架構如圖22-2所示，包含經理（兼任兼職咖啡師組長）、財務經理、兩名專職糕點麵包師傅和六名兼職咖啡師為客戶服務和日常運營。

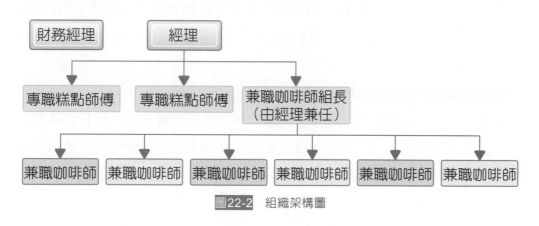

圖22-2　組織架構圖

　　該企業員工薪資概況為經理（兼職咖啡師組長）與財務經理第一年年薪分別為$50,000；第二年年薪分別為$52,500；第三年年薪分別為$55,125。該公司聘用兩位糕點麵包師傅，其年薪第一年分別為$20,400；第二年之年薪分別為$21,420；第三年兩位糕點師傅年薪分別為$22,491。該公司將聘用6位兼職咖啡師，其年薪每人分別為第一年$20,000；第二年為$21,000；第三年為$22,050。預估前三年薪資費用分別為$260,800、$273,840、及$287,532，如表22-1所示。

表22-1　員工薪資表

員工薪資表			
年份＼級別	第一年	第二年	第三年
主管	$100,000	$105,000	$110,250
專職糕點師傅	$40,800	$42,840	$44,982
兼職咖啡師	$120,000	$126,000	$132,300
總人數	10	10	10
預估每年薪資費用	$260,800	$273,840	$287,532

四、創業機會與構想

JJB為迎合每位顧客,堅持從小細節中觀察顧客對咖啡和咖啡產品的需求,並滿足所有顧客的需求。麵包店在營業時間內為顧客提供新鮮麵包與糕點產品,並保證所出爐的麵包與糕點都是現烤、新鮮的。除了提供現烤與新鮮的麵包與糕點外,JJB提供廣泛的咖啡和咖啡產品皆全部採用優質成長哥倫比亞進口咖啡豆。在服務方面,除了提供糕點與咖啡外,也注重與顧客的關係管理,採用漸進式行銷的方式,除了潛在顧客與新顧客外,針對不同層級之顧客群進行區隔,劃分為中、高收入的消費者兩類,以此為依據,針對不同層級之顧客設計不同之行銷重點,培養顧客對JJB的信賴感與忠誠度,以降低顧客流失率。JJB更期待以「口碑效應」吸引更多的中、高收入的消費者至JJB。

零售咖啡業在美國最近經歷了快速增長。因為華盛頓的一年中有八個月的氣候較為涼爽,華盛頓州的涼爽的海洋性氣候刺激全年的熱飲消費市場,對熱咖啡產品的需求非常多。其餘溫暖四個月中,冰咖啡產品則具有顯著需求。儘管鄰近地區的咖啡業者採用低價競爭的方式,JJB將自己定位為於能為顧客提供輕鬆的環境中,享受美味的咖啡與糕點之店家。

五、市場與競爭分析

(一) 當地區民

JJB鎖定中等和高收入的消費者,並針對不同的消費族群促銷不同的糕點與咖啡和咖啡產品。此消費族群將是JJB建立穩定收入的來源與基礎。

(二) 遊客

JJB希望在當地建立固定的消費族群外,亦希望透過旅遊遊客獲得35%的收入。JJB將提供高價值、競爭產品與服務予至當地的旅遊遊客。

六、目標市場定位策略

當地區民是JJB所鎖定的目標市場,個人與策略性之顧客服將為JJB在競爭激烈的市場中維持此一目標市場的佔有率。

當地的店家所提供的產品品質和客戶服務皆不如JJB為顧客所提供的水準,當地的消費者正在尋找一個輕鬆的氛圍與高品質產品,他們渴望的是擁有獨特與優雅的體驗。

領導競爭對手購買和烘烤高品質咖啡豆，與義大利風格的咖啡飲料，混合冷飲，各種糕點和糖果，咖啡相關配件和設備，以及優質茶行。JJB透過公司經營的零售商店銷售產品。除了透過公司經營的零售商店銷售外，更領導競爭對手透過分銷的其他渠道（專業操作）銷售咖啡和茶產品。

大型的連鎖店取決於每家商店和它的位置的大小而而改變其產品結構。較大的商店販售各種尺寸和類型包裝的咖啡豆，以及咖啡和咖啡機設備及配件，如咖啡研磨機、咖啡機、咖啡過濾器、貯存容器、旅遊酒杯和杯子等各式各樣的選擇。小型商店和咖啡亭銷售全系列的咖啡飲料，咖啡豆的選擇更是有限，配件亦只限於如旅遊玻璃杯和具有該品牌LOGO的馬克杯。2000年會計年度，零售業銷組合產品類型的飲料約73%，14%的食品，8%咖啡豆，和5%咖啡設備及配件。

具專業技術的競爭對手做出新鮮的咖啡和咖啡相關產品透過郵購和網路銷售。此外，幾個較大的競爭對手已經提供郵購目錄提供咖啡、某些食品，與咖啡設備及配件。網站提供網路商店，使客戶可以透過互聯網瀏覽和購買咖啡與禮品等。

七、競爭優勢

JJB的競爭優勢是提供消費者高品質的咖啡、Espresso、糕點產品及為顧客提供客製化服務。JJB預計此企業計劃的第一年銷售收入約$491,000，第二年為$567,000，和第三年的銷售收入約$655,000。如圖22-3所示。

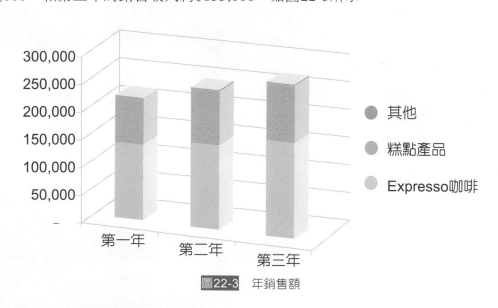

圖22-3　年銷售額

Austin Patterson在銷售、市場行銷和管理等方面具有豐富的經驗。他亦是Jansonne & Jansonne和Burper Foods的市場行銷副總裁。David Fledis具有財務和行政管理方面的經驗外，亦曾擔任Flaxfield Roasters 及咖啡連鎖店，BuzzCups的財務長。JJB預計募集$110,000自有資金，並有一個為期十年的SBA貸款，$100,000。

JJB第一年銷售盈虧平衡分析是單位的平均銷售總額和經營費用。這些表示每單位的收入與成本與固定費用。以保守的假設準確地評估準確的銷售。 JJB在第四個月應呈現盈虧平衡，因為銷售穩定成長。

八、財務計畫

JJB預測其盈利在未來三年持續成長，如表22-2與圖22-4所示。

表22-2　損益表

損益表			
	第一年	第二年	第三年
銷售	$491,000	$567,105	$655,006
銷售直接成本	$76,750	$88,646	$102,386
其他	$0	$0	$0
總銷售成本	$76,750	$88,646	$102,386
毛利率	$414,250	$478,459	$552,620
毛利率%	84.37%	84.37%	84.37%
花費			
薪資	$268,000	$273,840	$287,532
銷售、行銷及其他費用	$27,000	$35,200	$71,460
折舊	$60,000	$69,000	$79,350
水電費	$1,200	$1,260	$1,313
薪資稅	$39,120	$41,076	$43,130
其他	$0	$0	$0
總營運支出	$388,120	$420,376	$482,795
稅前淨利	$26,130	$58,083	$69,825
EBITDA	$86,130	$127,083	$149,175

損益表			
	第一年	第二年	第三年
利息費用	$10,000	$9,500	$8,250
稅金	$3,111	$12,146	$15,650
淨利	$13,019	$36,437	$45,925
淨利／銷售	2.65%	6.43%	7.01%

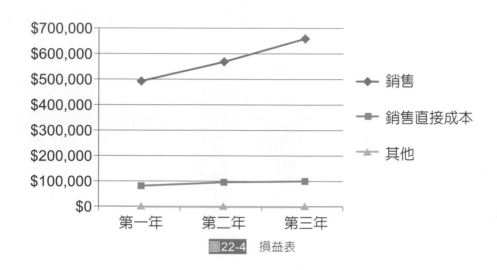

圖22-4 損益表

　　現金流預測表示，日常開支的規定能夠充分滿足JJB的需求，就如企業產生足以支撐營運的現金流。

　　表22-3可知JJB每年的銷售額增加，但現金花費以及帳單支出亦增加。雖然在第二年的淨現金收入有小幅下滑，但整體的現金餘額確有大幅成長。JJB在第一年的現金流入有$491,000，現金花費$260,800，第一年所需要繳的帳單費用為$143,607，淨現金收入為$86,593，扣除其他所需支付之銷售直接成本，現金餘額在第一年為$156,593。第二年的現金收入比第一年增加$76,105，現金收入為$567,105，第二年的現金花費為$237,840，所支付的帳單費用為$186,964，扣除其他的銷售直接成本支出後，現金餘額為$232,894。第三年JJB的銷售額持續成長，現金收入為$655,006，第三年支出的現金花費為$277,532以及帳單費用為$237,731，另扣除其他的銷售成本支出後，現金餘額為$327,637。透過表22-3可了解JJB經營者對其現金流預測是銷售額增加，即使所需支付的費用與帳單亦因經營的狀況增加，但整體預測的現金餘額皆大幅成長。

表22-3　JJB現金流預測表

	第一年	第二年	第三年
現金收入	$491,000	$567,105	$655,006
費用			
現金花費	$260,800	$273,840	$277,532
帳單	$143,607	$186,964	$237,731
淨現金收入	$86,593	$76,301	$94,744
現金餘額	$156,593	$232,894	$327,637

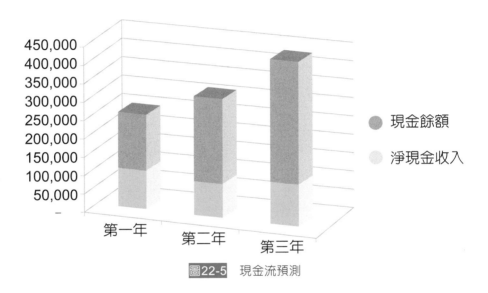

圖22-5　現金流預測

九、創意計畫之結論

　　從過去的農業社會進入到工業社會，再到科技社會，現代人的生活步調愈來與緊湊。在高壓的環境下，消費者追求健康與時尚風潮。為在競爭激烈的環境下，傳統麵包店需透過轉型才能在市場上立足。JJB鎖定中、高收入的消費族群提高品質的糕點與咖啡並為顧客提供客製化服務，藉此特色吸引當地消費者與外來的旅客。

　　JJB預計在經營的第四個月呈現收支平衡，主要是因銷售量穩定成長，知名度及其週邊產品銷售增加並獲得實際營收。即使JJB預計在經營的第四個月呈現收支平衡，但華盛頓州的涼爽氣候及對咖啡產品的需求，使得鄰近地區的咖啡業者採用低價競爭的方式銷售咖啡與糕點。JJB如欲採用低價競爭的方式與其他咖啡業者競爭，必不能在市場上立足。對此，JJB將自己定位於能為顧客提供輕鬆的環境中，享受美味的咖啡與糕點之店家。

本章習題

問題與討論

1. 請討論本章個案Jolly's Java and Bakery的商業模式,請試著提出該計畫書之優缺點,並提出具體建議及分析其可行性評估。

NOTES

23

智慧財產權與專利權

學習目標

- 了解什麼是智慧財產權。
- 了解智慧財產權之立法目的。
- 了解創業人應該如何做才能確保自己不侵害他人的著作。
- 認識著作權、商標法、營業秘密、專利權。
- 認識專利申請流程。
- 認識發明專利案審查及行政救濟流程。
- 認識新型專利案審查及行政救濟流程。
- 認識設計專利案審查及行政救濟流程。

緒 論

近年資訊服務產業蓬勃發展，在知識經濟與全球化的衝擊下，為保護創新研發的創意，許多國家積極研擬智慧財產之相關措施，透過落實保護智慧財產政策，避免不法分子利用他人的創新研發謀取不當的利益。透過智慧財產權政策的實施，確保各項著作不被侵害。

本章探討智慧財產保護創新研發的無形資產，並探討常面臨的智慧財產法律問題。第一部分為智慧財產權（商標法、著作權、營業秘密及專利權）之介紹及說明智慧財產權之立法目的。第二部分主要探討專利申請流程。本章的目的其在使新的創業主了解智慧財產權的基本概念，藉由對智慧財產權的認識保護其新創事業，避免在創業初期便遭受不必要的損失。

個案導讀1

侵害著作權法之實例

2001年4月國內發生大學生疑似侵害著作權法案件，英美書商聯合檢舉我國大學校園旁的影印業者侵害智慧財產權。因此案例，國內各界與各國政府重視智慧財產權之議題。各國為共同邊阻仿冒盜版行為，2005年11月舉辦的APEC於第17屆年度部長會議中通過「減少仿冒品及盜版品貿易」、「對抗非法盜版」及「防止網路販售仿冒品」等準則，要求各會員落實推動相關準則。為防止著作權侵害所附加的著作防盜措施，經濟部智慧財產局（以下稱為智慧局）於2004年增訂權利管理電子資訊及防盜拷措施，明文禁止未經合法授權，不得予以破解、破壞或以其他方式移除、複製與傳輸等侵權行為。

23-1 何謂智慧財產權

智慧財產權（Intellectual Property Rights, IPR）是一種無實體的財產權，新創設的無體財產是人類精神活動成果而產生財產上的價值，透過法律保護的對象主要包括「著作」、「商標」及「專利」；智慧財產權分別依照我國的商標法、著作權法、營業秘密及專利法等之相關規定來保護。

世界貿易組織（WTO）旨在促進貿易更自由、公平及可預測性。WTO貿易規則涵蓋貿易範圍包括貨品「關稅暨貿易總協定（GATT）」、服務「服務貿易總協定（General Agreement on Trade in Service）」及智慧財產「與貿易有關之智慧財產權協定（Agreement on Trade-Related Aspects of Intellectual Property Rights, TRIPs）」。

透過WTO，我國政府積極參與2001年11月展開「杜哈發展議程」談判，智慧財產權則在談判的議題內。2002年元月，我國以「臺灣、澎湖、金門、馬祖個別關稅領域」之名義正式加入WTO。加入WTO後，我國政府遵守TRIPs規定，歷次專利修法亦參照遵循TRIPs規定。TRIPs保留國民待遇、最惠國待遇等基本原則，並確立會員國對智慧財產權保護的最低標準、執行智慧財產權的適用原則、智慧財產權取得及維持的程序、智慧財產權爭端的處理程序。依據該協定被列入為智慧財產權包含：

1. 著作權及相關權利。

2. 商標。

3. 產地標示。

4. 工業設計。

5. 專利。

6. 積體電路之電路布局。

7. 未經公開資訊之保護。

8. 契約授權時有關反競爭行為之控制。

23-2 智慧財產權之立法目的

智慧財產權之立法目的是透過法律提供創作人或發明人專有排他之權利，使創作人或發明人能加以利用或授權他人利用其知識成果，並從中獲得經濟上或是名譽上之回報。智慧財產權之立法能鼓勵創作人或發明人願意發明及完成更多的發明，提供社會大眾利用，以提升社會經濟、文化與科技之發展。

智慧財產權若依其規範可區分為著作權、商標法、營業秘密及專利權，其說明如下。

一、著作權

　　經濟部制定著作權之目的第一條是爲保障著作人著作權益，調和社會公共利益，促進國家文化發展。著作是只屬於文學、科學、藝術或其他學術範圍之創作；著作人其爲創作著作之人；著作權是因著作完成所生之著作人格權及著作財產權。經濟部將著作之範圍詳列於第5條，例示如下：

一、語文著作。

二、音樂著作。

三、戲劇、舞蹈著作。

四、美術著作。

五、攝影著作。

六、圖形著作。

七、視聽著作。

八、錄音著作。

九、建築著作。

十、電腦程式著作。

　　但第9條規定下列各款不得爲著作權之標的：

一、憲法、法律、命令或公文。

二、中央或地方機關就前款著作作成之翻譯物或編輯物。

三、標語及通用之符號、名詞、公式、數表、表格、簿冊或時曆。

四、單純爲傳達事實之新聞報導所作成之語文著作。

五、依法令舉行之各類考試試題及其備用試題。

　　前項第一款所稱公文，包括公務員於職務上草擬之文告、講稿、新聞稿及其他文書。

二、商標法

　　商標法條文第1條規定制定商標法是「爲保障商標權及消費者利益，維護市場公平競爭，促進工商企業正常發展，特制定本法。」第2條規定「凡因表彰自己之商品或服務，欲取得商標權者，應依本法申請註冊。」

商標（Trade）得以文字、圖形、記號、顏色、聲音、立體形狀或其聯合式所組成。其使用之目的指為行銷之目的，將商標用於商品、服務或其他有關物件，或是利用平面圖像、數位影音、電子媒體或其他媒介物使消費者認識作為商標。

第11條規定商標註冊及其他商標各項申請應繳納規費，規費之數額則由主管機關以命令定之。商標之申請及其他程序，得以電子方式進行申請，實施日期、申請程序及其他遵行事項亦由主管機關訂定。

第18條規定二人以上於同日以相同或近似之商標，於同一或類似之商品或服務各別申請註冊，有致相關消費者混淆誤認之虞，而不能辨別時間先後者，由各申請人協議定之；不能達成協議時，以抽籤方式定之。但在商標法第30條規定下列情形不受他人商標法之效力所拘束：

一、凡以善意且合理使用之方法，表示自己之姓名、名稱或其商品或服務之名稱、形狀、品質、功用、產地或其他有關商品或服務本身之說明，非作為商標使用者。

二、商品或包裝之立體形狀，係為發揮其功能性所必要者。

三、在他人商標註冊申請日前，善意使用相同或近似之商標於同一或類似之商品或服務者。但以原使用之商品或服務為限；商標權人並得要求其附加適當之區別標示。

第40條規定，假冒他人註冊商標，構成犯罪，除賠償被侵權人的損失外，依法追究刑事責任。

但依據第39條情形之一者，商標權當然消滅：

一、未依第28條規定展延註冊者。

二、商標權人死亡而無繼承人者。

按我國現行商標法18條第1項規定：「商標，指任何具有識別性之標識，得以文字、圖形、記號、顏色、立體形狀、動態、全像圖、聲音等，或其聯合式所組成」，依序舉例如下：

1. **文字商標**：即使用具有識別性文字，得以指示商品或服務的主體來源，不侷限於哪國語言，不一定具有含意的文字，得以申請註冊文字商標；例如「三洋」、「SONY」。

   文字商標具有(1)表達意思明確；(2)視覺效果良好；(3)易認易記的優點。但文字商標卻受民族、地域的限制，例如漢字商標在國外不便於識別，而外文商標在我國亦有不便於識別的情況。尤其是使用少數民族文字時，一般需要加其他文字加以說明，以便於識別。

2. **圖形商標**：是指在商品或服務上的標誌採用幾何圖形或其它事物圖案構成。圖形商標的優點是不受語言文字的制約，不論在國內或國外，消費者只需要看圖即可辨識。例如「PUMA」已是一獲准的圖形商標。

圖23-1　圖形商標PUMA品牌標誌

3. **記號商標**：是無任何文字，僅由某種記號構成的商標。

4. **顏色商標**：是指單純以顏色作為商標申請註冊。顏色商標可以單一顏色或顏色組合，使消費者能直接聯想提供的商品與服務的主體。

5. **立體形狀商標**：立體形狀商標是消費者能透過商品本身形狀、商品包裝、立體人偶或建築外觀直接聯想提供商品與服務主體的來源。

6. **動態商標**：是指具有一周期性連續變化過程的商標，展現的過程是動態的畫面或形狀。例如美國哥倫比亞電影公司為其電影片頭動畫註冊商標（US TM1975999），為知名動態商標之一。

圖23-2　動態商標美國哥倫比亞電影公司標誌

7. **全像圖商標**：具有識別性的雷射標籤圖像，在一張底片上以不同角度觀察會呈現立體影像或是彩虹變化的影像，例如信用卡上的飛鳥或世界地圖雷射圖。

8. **聲音商標**：經濟部智慧財產局解釋「聲音商標主要指足以讓消費者區別商品或服務來源聲音，例如以具識別性的廣告歌曲、旋律、人說話的聲音、鐘聲、鈴聲或動物的叫聲等。」，例如提神廣告飲料「你累了嗎？」即是聲音商標。

9. **聯合式商標**：具有識別性的商標圖樣，以文字、圖形或記號聯合組成的方式作為只是商品或服務的主體來源。如iPhone再加上蘋果圖案即是聯合式商標。

iPhone

圖23-3 聯合式商標iPhone品牌標誌

三、營業秘密

營業秘密（Trade Secret）之設立為「保障營業秘密，維護產業倫理與競爭秩序，調和社會公共利益」。營業秘密係指「方法、技術、製程、配方、程式、設計或其他可用於生產、銷售或經營之資訊」。第10條指出侵害營業秘密包含下列：

一、以不正當方法取得營業秘密者。

二、知悉或因重大過失而不知其為前款之營業秘密，而取得、使用或洩漏者。

三、取得營業秘密後，知悉或因重大過失而不知其為第一款之營業秘密，而使用或洩漏者。

四、因法律行為取得營業秘密，而以不正當方法使用或洩漏者。

五、依法令有守營業秘密之義務，而使用或無故洩漏者。

為防止自己或第三人以不法利益損害營業秘密所有人之權利，第13-1條訂定當有下列情形之一，處五年以下有期徒刑或拘役，得併科新臺幣一百萬元以上一千萬元以下罰金：

A. 以竊取、侵占、詐術、脅迫、擅自重製或其他不正方法而取得營業秘密，或取得後進而使用、洩漏者。

B. 知悉或持有營業秘密，未經授權或逾越授權範圍而重製、使用或洩漏該營業秘密者。

C. 持有營業秘密，經營業秘密所有人告知應刪除、銷毀後，不為刪除、銷毀或隱匿該營業秘密者。

D. 明知他人知悉或持有之營業秘密有前三款所定情形，而取得、使用或洩漏者。

易科罰金時，如犯罪行為人所得之利益超過罰金最多額，得於所得利益之三倍範圍內酌量加重。

四、專利權

依我國現行專利法第1條規定，專利（Patent）之制定是「爲鼓勵、保護、利用發明與創作，以促進產業發展，特制定本法。」專利法的規範目的即在促進經濟進步，給予發明人一定期限的保護期。但專利必須經過可專利性要件的審查，才得以授予專利，專利法第2條明定專利可分爲下列三種：

一、發明專利。

二、新型專利。

三、新式樣專利。

第12條規定，專利申請權爲共有者，應由全體共有人提出申請；第13條指出專利申請權爲共有時，各共有人未得其他共有人之同意，不得以其應有部分讓與他人。第22條規定申請取得發明專利必須無下列情事之一：

一、申請前已見於刊物或已公開使用者。

二、申請前已爲公眾所知悉者。

23-3　專利權

我國專利權可分爲發明專利、新型專利及設計專利，其說明如下：

1. **發明專利**：發明專利（專利法第21條）是指「發明，只利用自然法則之技術思想之創作。」發明專利分爲「物之發明」及「方法發明」兩種，以「應用」、「使用」或「用途」作爲申請。

2. **新型專利**：新型專利（專利法第93條）：「新型，指利用自然法則之技術思想，對物品之形狀、構造或裝置之創作。」新型專利申請必須是(1)利用自然法則之技術思想；(2)占據一定空間的物品實體；(3)具體表現物品上形狀、構造或組合創作。

3. **設計專利**：設計專利原本在舊法「新式樣」之定義係指「對物品之形狀、花紋、色彩或其結合，透過視覺訴求之創作」（九十二年專利法第一百零九條第一項），而與經修法後目前施行之「設計」專利定義大致相同，根據現行專利法，「設計」之定義係指「指對物品之全部或部分之形狀、花紋、色彩或其結合，透過視覺訴求之創作」（現行專利法第一百二十一條第一項），新法允許

「部分」設計專利，此外更加入「成組」設計專利（現行專利法第一百二十九條），允許「二個以上之物品，屬於同一類別，且習慣上以成組物品販賣或使用者，得以一設計提出申請」。

專利申請流程

專利發明人提出發明專利之申請必須符合(1)產業利用性；(2)新穎性；與(3)進步性。我國發明專利之年限爲20年；新型專利之年限爲10年；設計專利之年限爲12年。

經濟部智慧財產局依個人資料保護法第8條規定，申請專利之申請人填寫申請書表前須詳細閱讀經濟部智慧財產局爲專利案件審查及送達之用，向申請人蒐集姓名、地址、國籍、身分證統一號碼、電話、簽名或印章等資料。

除身分證統一號碼、電話、簽名或印章、電子簽章、憑證卡序號、憑證序號等資料僅限經濟部智慧財產局內部永久使用外，姓名、地址、國籍之利用方式包括上網公開或公告、刊登專利公報、專利資料檢索、國際專利資料交換、提供閱卷、統計分析等，利用期間爲永久，利用之地區與對象不限。申請人可自由選擇是否提供相關個人資料，但若拒絕提供相關個人資料而導致申請文件不齊備者，經濟部智慧財產局將無法受理該件申請案（經濟部智慧財產局，2016）。

發明專利案之審請人提出申請後，將進行程序審查、公開前審查、初審（實體審查）。如初審審查後核准其發明專利案，申請人須在核准審定書到達後三個月內繳納證書費及年費。費用繳納後即公告及核發證書。申請人如未依規定內繳納，其申請不予公告。但是發明專利案申請程序審查之結果爲處分不受理，申請人可於駁回2個月內提出再審查（實體審查）。

如再被駁回，申請人可於30日內向經濟部提出訴願。如果公開前審查之結果爲處分不公開，申請人亦能於30日內向經濟部提出訴願。訴願如被經濟部駁回，申請人可於駁回後2個月內向智慧財產法院申請行政訴訟。第一審行政訴訟駁回其訴願後，申請人可於20日內向最高行政法院申請行政訴訟上訴審。

經濟部智慧財產局規定發明專利案申請案經審查後，經審查認無不合規定程式且無應不予公開之情事者，自申請日起18個月後公開。發明專利申請案自申請日起3年內，任何人均得申請實體審查，始進入實體審查。

發明專利案審查及行政救濟流程圖(如圖23-4)

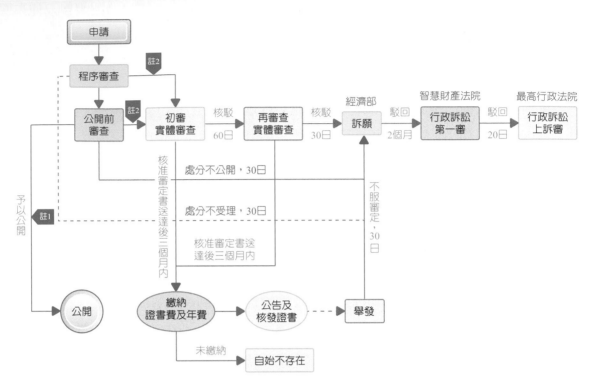

1.發明專利申請案，經審查認無不合規定程式且無應不予公開之情事者，自申請日（有主張優先權者，自最早優先權之次日）起十八個月後公開之。

2.發明專利申請案，自申請日起三年內，任何人均得申請實體審查，始進入審查。

資料來源：經濟部智慧財產局

圖23-4　發明專利案審查及行政救濟流程圖

　　申請人申請新型專利後將進行程序審查及形式審查，如核准後，在核准處分送達後三個月內繳納證書費及年費。如未在期限內繳納，則不予公告。新型專利申請人繳納證書費及年費後，將公告及核發證書。

　　但新型專利申請經程序審查及形式審查後，申請書處分不受理，申請人可於核駁30日內向經濟部申請訴願，駁回申請訴願2個月內可向智慧財產法院提出行政訴訟。

行政訴訟第一審駁回20日內可向最高行政法院申請行政訴訟上訴審。新型專利案審查及行政救濟流程如圖23-5：

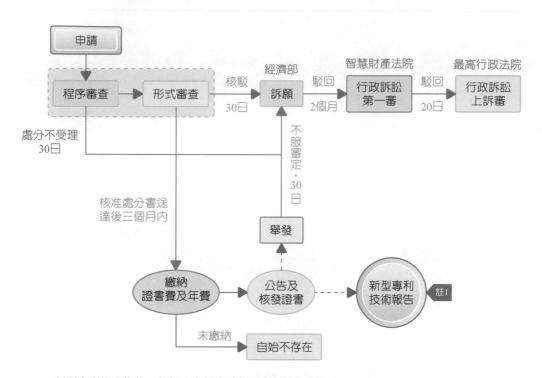

1.新型專利經公告後，任何人均得申請新型專利技術報告。

資料來源：經濟部智慧財產局

圖23-5　新型專利案審查及行政救濟流程圖

　　設計專利案之申請人向智慧財產局送出申請書後，將進行程序審查、初審（實體審查）。審查通過後申請人必須在核准審定書送達後三個月內繳納證書費及年費。費用繳納後，其申請之設計專利案將公告及核發證書。

　　但設計專利案之申請在初審時即被駁回，申請人可於駁回2個月內提出再審查（實體審查）。如果再審查之結果仍被駁回，申請人可於核駁後30日內向經濟部申請訴願。訴願被經濟部駁回後，申請人可於駁回後2個月內向智慧財產法院申請行政訴訟。第一審行政訴訟駁回其訴願後，申請人可於20日內最高行政法院申請行政訴訟上訴審。

設計專利案審查及行政救濟流程如圖23-6：

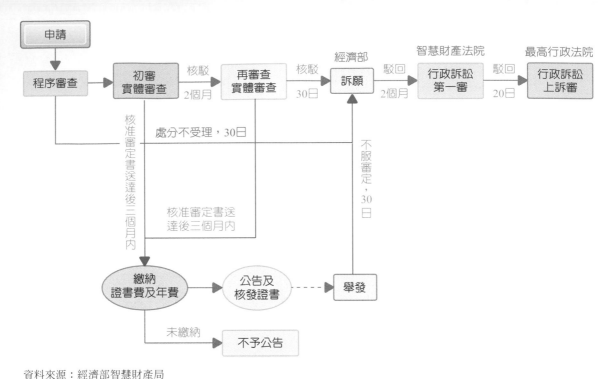

資料來源：經濟部智慧財產局

圖23-6 設計專利案審查及行政救濟流程圖

　　近年來，網路行銷是許多創業人喜歡行銷自己商品或服務的方式。創業者為使自己的商品與服務能增加曝光率，便開始架設網站，吸引許多網路使用者的潛在顧客群。但是在追求高曝光率與更大商機的同時，與相同商品或服務的競爭者亦造成識別混淆的商標侵權爭議。有些創業者貪圖方便，未經著作權人的同意便擅自使用具有著作權的照片，此舉動即侵犯著作權人之著作權。

　　對此，創業人不能因貪圖一時方便，在未經著作人的同意下逕行下載與複製圖片於自己的官網上作為行銷自家產品或服務的型錄照片。如已有侵犯著作權之情事發生，依我國現行著作權法的91條第1項與第92條規定，擅自以重製或公開傳輸之方法侵害他人之著作財產權者，處三年以下有期徒刑、拘役或科或併科新台幣75萬元以下罰金。而民事責任則規範於我國現行著作權法第88條之第1項前段規定，因故意或過失不法侵害他人之著作財產或製版權者，負損害賠償責任。

23-4 結論

　　我國著作權法第10條明文規定：「著作人於著作完成時享有著作權。」無論創作類型、發表處皆受到著作權法的保障。如欲使用他人的作品，皆須經過著作人的同意或是屬於著作權法規定的合理使用，才能合法利用。自2016年，經濟部智慧財產局正式啟動「105年度保護智慧財產權服務團隊宣導活動」，為進一步落實校園智慧財產保護，堆動教育智慧財產權之基本知識。為落實智慧財產權之觀念與保護工作，強化校園師生尊重智慧財產的價值及觀念是重要的。

　　因此，學校須提供智慧財產諮詢窗口提供師生諮詢以及宣導相關智慧財產權相關知能。如需提供學生下載之相關檔案，建議教師以自編教材或講義授課。「尊重智慧財產權」的觀念應從學生在就讀國小時即進行宣導，適時提醒學生使用正版教科書，將智慧財產權之觀念深耕校園。鼓勵各校利用智慧財產局網頁提供之資料進行宣導，使青少年及早建立正確的智慧財產權觀念。不僅如此，大專院校校內提供影印服務區需明顯張貼「尊重智慧財產權」等文字，引導大專院校學生使用正版教科書。尊重智慧財產是尊重與保護他人的創作，你我對智慧財產權的保護皆有責任。

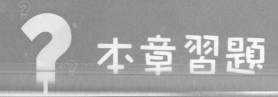

本章習題

問題與討論

1. 智慧財產權立法之目的爲何？

2. 何謂商標法？

3. 除了本章敘述外，請討論政府部門與教育單位該如何做以落實智慧財產權之觀念與保護工作？創業人與個人該如何做以避免違反智慧財產權與商標權？

24

公司治理、企業社會責任
與企業危機處理

學習目標

- 了解什麼是公司治理
- 了解什麼是企業社會責任。
- 了解企業社會責任的主要議題包含哪些?
- 認識企業社會責任關係圖。
- 了解什麼是企業危機處理。
- 認識企業必須面臨哪些危機類型?
- 認識危機的動態分析包含哪些?
- 了解危機管理之特性。

緒論

所謂「天有不測風雲，人有旦夕禍福」，即便是一個人、一個企業、一個城市、甚至一個國家都有可能面對危機的挑戰，因此，面對危機、累積管理危機的知識應是小從個人，大到國家的管理者都應重視。近年來，許多國內外知名企業陸續發生重大的舞弊事件層出不窮，從科技業爆發營業秘密紛爭官司、輪胎業收受回扣、恩隆（Enron）、世界通訊（WorldCom）、泰科（Tyco）及默克藥廠（Merck）相繼發生財務弊案，一連串的公司醜聞爆發，震驚全世界。不僅對企業造成財務或訂單損失，更打擊企業形象。過去，公司自理（Corporate Governance）與企業社會責任（Corporate Social Responsibility）通常著重與公司績效間具有關聯性，但好的公司治理機制或企業社會責任才是提升公司經營績效的主要關鍵因素。

近年來，臺灣知名品牌企業頻傳食安危機，企業在追求最大利潤為目標時，企業亦需對社會責任採取主動立場，如消費者保護措施、執行良好的污染防治、提供健康的工作及健保需求、協助社區計畫、向政府及慈善公益團體提出具體之改善建議（Frederick,1983）。在企業面對劇烈的市場環境，許多公司都面臨不確定的危機時，企業經營者的事先預測危機、控制危機、擬定適切的對策應是管理者所需重視。

24-1 公司治理

公司治理（Corporate Governance）又名企業管治，是全球資本市場注重的議題。因為資本市場不只是追求利潤，如要使其企業永續成長，投資人必須有持續投入的意願。達到持續投資之意願的最基本方法即是發揮公司治理效能，保障投資人的權利，使投資人願承受其風險。公司治理主要議題在提供高階管理者自主權和誘因時，如何確保高階管理者對股東負責創造財富的責任（Epps and Cereola 2008）。Shleifer and Vishny（1997）認為公司治理機制是「如何確保資金提供者能夠獲得應有的報酬」。

公司治理之目的其在建立共利價值，其要素包含誠實、信任、正直、開放、責任感、可靠性、相互尊重及對組織的承諾。企業經營團隊在處理任何問題時應避免在處理解決問題時又有另一個新的問題產生。經營團隊在為公司降低生產成本或是增加效率的機會時，必須在兼顧股東及各利害關係人權益的情況下，創造公司的長期利益。

公司治理的觀點是指透過一套機制，在兼顧其他利害關係人權益的前提下，加強公司經營績效，達到保障股東權益的目的。公司治理必須符合四項原則（葉匡時，2001）：

1. **公平性（Fairness）**：對公司各投資人以及利益相關者予以公平合理的對待。
2. **透明性（Transpa）**：公司財務以及其他相關資訊，必須適時適當地揭露。
3. **權責相符性（Accoutability）**：公司董事以及高階主管的角色與責任應該明確劃分。
4. **責任性（Responsibility）**：公司應遵守法律以及社會期待的價值規範。

台灣積體電路製造股份有限公司（以下簡稱台積電公司）於2013年榮獲FinanceAsia評定「最佳公司治理第三名」、「最佳公司管理第二名」及「最信守配發高股利承諾企業第二名」（台積電，2016，http://www.tsmc.com/chinese/investorRelations/corporate_governance.htm），其公司治理制度可成為臺灣及全球企業的典範。台積電公司在董事會成立「稽核委員會」與「薪酬委員會」。獨立董監事係由海內外知名專業經理人及學者擔任，藉以強化公司治理。2011年7月，董事長張忠謀獲得國際電子工程師學會（IEEE）頒布榮譽獎章（Medal of Honor）（陳碧珠，2011，http://kenzo1979.blogspot.tw/2011/05/people_30.html），是因為台積電公司致力於公司治理、顧客服務與品質管理等。

24-2 企業社會責任

企業社會責任（Corporate Social Responsibility, CSR）的概念最早是由Sheldon（1924）提出，他認為企業除了為人類生產有價值的產品之外，還必需要肩負符合社會目標的道德責任。即是指企業在商業運作對其利害關係人應負的責任，在追求企業營運績效的同時，企業成長及社會進步必須取得平衡。歐盟對企業責任之定義為「企業對其利害關係人造成影響時所應當負起責任的觀念，乃是持續承諾以公平及負責的行為使它的員工、家庭、社區或地方社會達到經濟發展、生活素質、社會凝聚、維護環境品質方面的提升，同時亦在生產、雇用、投資上，致力於改進雇用與工作品質，勞資關係如尊重基本權利、機會平等、無歧視，以及維持高品質的財貨與服務、人體健康、良好環境。」（Acer，2016，http://twsupport.acer.com.tw/sustainability.asp）。

世界企業永續發展協會（WBSCO）對企業社會責任的定義（陳春山，2016）是「企業社會責任是企業承諾道德規範，為經濟發展做出貢獻，並且改善員工及家庭、當地整體社區、社會的生活品質。」依此，企業社會責任的主要議題包含：

1. 人權。

2. 員工權益。

3. 環保。

4. 社區參與。

5. 供應商關係。

6. 監督（透明化與揭露）。

7. 利害關係人權力。

　　企業設立的目的不再只是盈利，在創造利潤的同時，企業應遵循法律、遵守倫理責任與投入資源照顧供應商、顧客、員工、社區及社會運動人士等慈善責任，其關係圖如下（陳春山，2016）。

圖24-1 企業社會責任關係圖

　　國際間最普遍被接受的企業社會責任定義有兩種：

1. 1999年，世界企業永續發展委員會（World Business Council for Sustainable Development, WBCSD）提出，認為企業社會責任是企業除了協助經濟發展之外，還需承擔改善員工、家庭、社區及社會生活品質（WBCSD, 1999）。

2. 2001年，歐盟（European Union）將企業社會責任定義為企業在自願的前提下，將社會與環境的關懷整合於企業營運及與利害關係人互動。2011年10月25日，歐盟重新將企業社會責任的定義修改為企業對社會造成之影響的責任。

聯合國鑒於企業社會責任有助於解決全球問題，因此聯合國帶領ESG（Environmental, Social & Corporate Governance）自律機制解決日趨嚴重的全球環保與貧富差距問題。聯合國亦將ESG之議題導入投資人必要的投資策略，目前全球已有39家超過2兆美元投資者（Assets Owner）、36家超過3兆美元資產的投資經理人（Investment Manager）及13家專業服務夥伴（Professional Service Partners）簽署此份原則（陳春山，2016）。這六項原則包括34項行動方案（陳春山，2016）：

1. 將ESG納入投資機構投資分析及決策過程。

2. 將ESG納入所有權的政策與實務，並對外揭露。

3. 除本身外，所有人應要求所有委託的投資機構對外揭露ESG報告書。

4. 擴大投資界接受ESG規範。

5. 建立網路平台等合作機制。

6. 機構投資人個別揭露ESG與投資實務整合情形。

企業投入資源於公益及慈善事業，但此只是公司治理的一部分，歐美企業盡社會責任的重要項目包含「治理及倫理」、「產品環保影響」、「供應鏈」、「隱私權保障」、「員工關係」、「消費者保障」、「社會投資」與「全球議題參與」等項目。

 個案導讀

企業重視之企業責任

企業重視之企業責任之具體作為包含：

張忠謀董事長親自定義「企業社會責任矩陣表」，清楚闡明台積電公司企業社會責任的涵蓋範圍包含「讓社會更好的初衷，台積電公司期許自己在「道德、商業水準、經濟、法治、關懷地球與下一代、平衡生活／快樂、公益」等七大領域建立典範。企業責任之具體作法包括注重「誠信正直」、「守法」、「反對貪腐、不賄賂、不搞政商關係」、「環保、氣候變遷、節能」、「重視公司治理」、提供「優質股東回饋」、「推動員工生活平衡」、「積極鼓勵創新」、「提供優良工作環境」，並透過「台積電志工社」與「台積電文教基金會」參與公益活動（台灣積體電路製造股份有限公司，2016，http://www.tsmc.com/chinese/csr/csr_matrix.htm）。

24-3 企業危機處理

全球天災人禍頻傳，不論國家、企業或個人隨時都可能陷入危機時刻。企業如何評估危機、接受危機、管理危機到最後解決危機，帶領公司度過危機？

股神巴菲特在處理所羅門兄弟資產管理公司（Salomon Brothers）的危機建議是「做的正確、做的迅速、快速抽身、解決問題。」（陳靖諠，2011）。但在問題發生後才開始挽救、想辦法處理，已經太慢了。有效率的企業管理者必須主動出擊，「預見未來危機」。

預見未來危機之方法即在問題發生前，先採取預防措施，贏得客戶的信任，相關人員在開會前已做好準備，對主管明確的闡述企業將遭遇的問題，針對危機因應的策略共同討論避開危機的方式、轉移危機的方式、減緩危機的方式還是接受危機的方式需明確的擬定。如何處理危機亦須擬定一致化的準則，處理危機的工作職掌及何時處理完成需明確的討論及採取正確的行動。

界定危機後，企業應進一步將危機分為不同等級，依據不同等級調配後續人力與資源。討論未來即將面對的問題，共同擬出解決辦法。在面對危機時，每一要素皆可能改變，企業需隨時重新調整新的策略與行動，隨時因應突發狀況，使企業在回收損失的部分、修補在危機中的混亂，進一步從危機中獲利。

隨著科技的發展與經營環境快速變遷，企業面臨的危機機會亦大幅提升，企業必須面臨的危機類型也不同。危機的形成要素包含人為因素、經濟因素、自然環境災害及技術發展等問題。Mitroff（1987）將危機依其技術／經濟與內在／外在產生之因素進行分類，水平軸代表危機的起點，危機是由企業組織外部環境所觸發或是外部環境所引發。縱軸的上方是技術／經濟層面因素導致危機的產生，縱軸下方是由人為因素而牽動危機，如圖24-2。

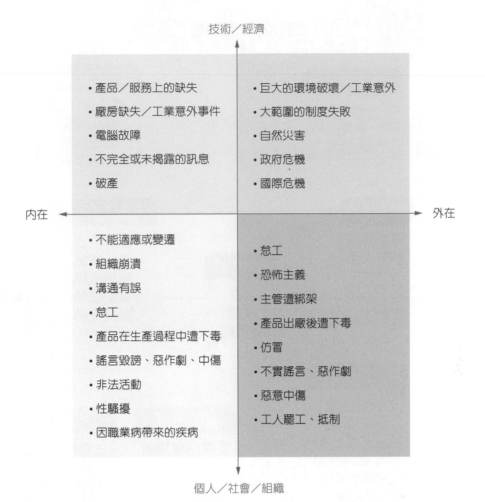

技術／經濟

• 產品／服務上的缺失　　　　• 巨大的環境破壞／工業意外

• 廠房缺失／工業意外事件　　• 大範圍的制度失敗

• 電腦故障　　　　　　　　　• 自然災害

• 不完全或未揭露的訊息　　　• 政府危機

• 破產　　　　　　　　　　　• 國際危機

內在　　　　　　　　　　　　　　　　　　　　　　外在

• 不能適應或變遷

• 組織崩潰　　　　　　　　• 怠工

• 溝通有誤　　　　　　　　• 恐怖主義

• 怠工　　　　　　　　　　• 主管遭綁架

• 產品在生產過程中遭下毒　• 產品出廠後遭下毒

• 謠言毀謗、惡作劇、中傷　• 仿冒

• 非法活動　　　　　　　　• 不實謠言、惡作劇

• 性騷擾　　　　　　　　　• 惡意中傷

• 因職業病帶來的疾病　　　• 工人罷工、抵制

個人／社會／組織

資料來源：Mitroff, I. I. & Mcwhinney, W.（1990）. Crisis creation by design. Advances in Organization Development, 1:107.

圖24-2　危機分類

　　但危機並非只是單一因素的發展而形成，相反的，危機的產生是動態式的互相影響。因此，Mitroff在1988年提出危機的動態分析，水平軸的部分代表的危機的嚴重性，左邊是超出一般正常範圍且帶來的影響較為嚴重。垂直軸代表技術或經濟面而引起的危機以及因人為和社會因素引起的危機。危機類型在右邊則偏向是常生活中常出現的危機，如謠言中傷、仿冒偽造等危機。而危機在圖的左邊則是偏離常軌的危機，如企業遭受內在和／或外在破壞、意外災害等危機，如圖24-3。

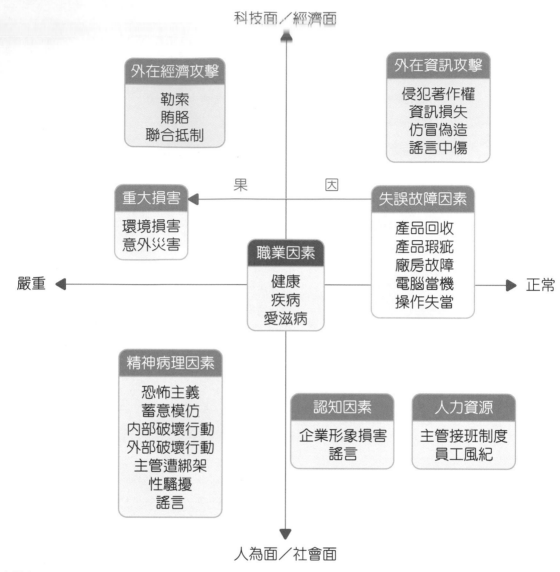

科技面／經濟面

外在經濟攻擊
勒索
賄賂
聯合抵制

外在資訊攻擊
侵犯著作權
資訊損失
仿冒偽造
謠言中傷

果　　因

重大損害
環境損害
意外災害

失誤故障因素
產品回收
產品瑕疵
廠房故障
電腦當機
操作失當

職業因素
健康
疾病
愛滋病

嚴重 ←　　　　　　　　　　　　　→ 正常

精神病理因素
恐怖主義
蓄意模仿
內部破壞行動
外部破壞行動
主管遭綁架
性騷擾
謠言

認知因素
企業形象損害
謠言

人力資源
主管接班制度
員工風紀

人為面／社會面

資料來源：Mitroff, I. I. and Mcwhinney, W. (1988)

圖24-3 危機的動態分析

危機管理具有下面幾項特性：

一、階段性

企業隨時皆有可能面臨危機，如果沒有完整的危機管理計畫，一旦危機發生，對企業與組織將造成重大的傷害。企業危機發生前，幾乎都有徵兆出現，所以企業可能在危機爆發前便被解決。Augustine（1996）將危機管理分為六個階段，每個階段管理是配合危機的發展情勢而衍生：

1. **第一階段：避免危機**

   企業管理階層對於危機的處理態度的第一步是「避免危機」。如果管理者認定危機無法躲過或是對公司經營狀況太過有自信，則容易忽略做預防措施，而導致危機的產生。因此，企業在第一階段必須做的即是找出企業在未來可能發生那些危機，在平日的營運中立即做出修正與管理與員工及媒體具有良好的互動關係，以避免危機的出現。

2. **第二階段：預作準備**

   第二階段所採取的預防措施即是在危機產生前先進一步籌畫危機應變措施，成立危機處理小組、編寫危機手冊、定期與不定期舉行危機預防演練，因此當危機發生時，企業與員工都能立即應變。

3. **第三階段：確認危機**

   當危機發生時或產生危機徵兆時，企業主管常因受限時間的急迫性無法對危機的情勢了解與掌握，而導致無法立即處理危機。對此，危機一旦發生時，企業所需採取的第一個行動即是確認危機的起因及危機將對企業帶來的危害及影響層面。確認危機後，企業須採取的第二步即是主動對外界說明。因為外界對企業的負面評價與印象將導致更嚴重的危機。

4. **第四階段：控制危機**

   企業在危機確認後的處理態度即是「正視危機」。企業需針對危機進行了解該如何處理才能將危機的影響範圍降到最低，何種決策才能減輕或是化解危機，對大眾說明企業對危機的處理方式，使企業除了度過危機外，還能將危機轉化為對企業有利的利基。

5. **第五階段：化解危機**

   企業在確認危機後須立即擬訂危機應變措施，付諸實行。因為當危機發生後，無法立即處理危機，對企業聲譽與形象將產生負面影響。

6. **第六階段：從危機獲益**

   如果企業能順利度過危機管理的前五個階段，能夠掌控危機，使危機的範圍不再擴大，企業能從此危機獲得寶貴的教訓不但能壯大企業，也能使大眾了解企業不但具有危機處理能力，更有處理危機的誠意。大眾正面的評價將能提高企業的聲譽與形象，企業亦能從危機獲益。

二、不確定性

管理階層的個人特質與工作經驗與對外界環境變化的應變能力亦能提高企業在面臨危機時的處理狀況。當危機是否出現與危機出現的時機是企業無法掌控時，企業管理階層需在平日時即進行組織訓練，將危機處理計畫與時時演練，以降低危機發生時對危機的不確定性帶來影響。

三、時間的急迫性

危機是無法預測的，企業管理階層在危機產生時須立刻迅速處理與回應。在有限的時間下，取得相關訊息，做出最正確的決策，防止危機擴大。

四、雙面效果性

危機的產生不見得對企業都是負面的影響。當危機產生後，企業管理階層面對危機的態度與處理危機的方式常常會為企業帶來另一個新的契機與轉機。當企業因為有了危機的考驗，管理者能針對危機有效的解決，不但能提升企業員工的士氣外，更能使企業有新的風貌及新的價值觀。

24-4 結論

過去，企業的責任在於幫助股東們獲得最大利潤，並將所賺取的營利，透過納稅機制履行其所應盡的社會責任。公司治理與企業社會責任是最具有時代意義的公司管理模式。每個企業在賺取利潤時，除了遵循企業內的規範為，還需另訂與推動各項目標，如公司治理、環境保護、勞工及道德與社會公益。企業社會責任不再僅是致力於營收的成長，須在獲利的同時還須對股東、客戶、供應商、員工、社區、國家、環境與資源提供更具體貢獻。

危機的出現常對企業與組織的基本目標與價值造成威脅，企業一旦面臨危機，除了有恐慌的情緒外，不見得會有充分的時間給予企業收集相關資訊，因此企業管理者與決策者必須在有限的時間內立即做出因應的決策。危機的產生有能來自於企業組織內部，亦有可能因外部環境的影響導致危機的產生。因此，企業如在危機徵兆產生時即時處理，使企業能避免危機。但如果企業無法即時判讀危機的警訊，錯過即時處理的機會，企業需要接受危機、管理危機，將危機轉為利基。

問題與討論

1. 當企業面臨危機時,要如何因應?

2. 危機管理具有哪幾項特性?

3. 如果你是位創業者,當你在面臨企業危機時應如何因應?

NOTES

索引

英文部分

▲ A
Attractive Quality　魅力品質　3-21
Augmented Product　延伸產品　3-3

▲ B
Big Five Personality Traits, Big Five
五大人格特質　16-7
Buying at List Price　定價購買　5-7

▲ C
Collaboration Platforms　協同平台　21-5
Competitive Advantage　競爭優勢　10-9
Competitive Bidding　競價　5-7
Competitor　競爭者　10-7
Contradictions　矛盾　3-22
Core Benefit Product　核心產品　3-3
Culture of Excellence　卓越文化　4-8

▲ D
Diffusion Process　新產品擴散程序　3-10
Direct Material　直接物料　5-3
Dock-to-Stock　免檢入庫　5-9

▲ E
E-auction　電子拍賣　21-5
Economies of Scale　規模經濟　10-4
E-mail　電子郵件　21-5
E-Marketplaces　電子市集　5-13
Entry Barrier　進入市場障礙　10-2
Environmental, Social & Corporate
Governance, ESG　24-5
E-procurement　電子採購　21-4
E-shop　電子商店　21-4

▲ G
Gap　服務缺口　3-17

▲ I
Indifferent Quality　無差異品質　3-21
Information Brokerage　資訊仲介　21-6
Information Flow　資訊流　21-15
Innovation　創新　3-2

▲ J
Job Analysis　工作分析　14-2

▲ L
Location Based Service, LBS
適地性服務技術　21-16
Logistic Flow　物流　21-14

▲ M
Money Flow　金流　21-13
Must-be Quality　必需品質　3-21

▲ N
Nascent Corporate Entrepreneurs, NCE
企業內創業家　16-4
Nascent Independent Entrepreneurs, NIE
個人新生創業家　16-4
Negotiation　議價　5-7

▲ O
One-dimensional Quality　一元品質
3-21

▲ P
People Flow　人流　21-12
Primary Activity　主要活動　8-5
Product Life Cycle, PLC
產品生命週期理論　3-11
Purchasing　採購　5-2
Reverse Quality　反轉品質　3-21

▲ S
Service Quality Model
服務品質模型　3-15
Site Selection　選址　9-2

Social Network　社會網絡　17-3

Standard Operation Procedure, SOP
標準作業流程　4-2

Support Activity　支援活動　8-5

▲ T

The Panel Study of Entrepreneurial
Dynamics, PSED　16-3

Third Party Marketplace
第三方市集　21-5

Total Quality Management, TQM
全面品質管理　4-2

▲ V

Value Chain　價值鏈　8-4

Value Chain Integrator
價值鏈整合者　21-5

Value Chain Service Provider
價值鏈服務提供者　21-5

Virtual Communities　虛擬社群　21-5

中文部分

人口統計變數　7-5

人才管理的流程　13-7

人際網絡　17-6

口碑效應　22-16

工作人員的分析　14-3

工作分析的流程　14-4

工作日記法　14-5

工作規範　14-5

工作說明書　14-5

工作輪調法　15-6

工作環境的分析　14-3

工作職務的分析　14-3

互動式網路廣告　11-5

互動長度　11-2

互動品質　11-2

互動強度　11-2

五力分析　3-2

內部創業　20-2

心理變數　7-6

加權法　5-10

市場區隔　7-2

市場區隔的過程　7-10

目標市場　7-11

矛盾矩陣　3-22

交易管理　5-7

休閒農業體驗活動　4-4

因素評分法　9-10

在職訓練　15-6

地理變數　7-4

成本法　5-10

行為科學時期　14-15

行為變數　7-7

利用創新　20-9

投資利基　22-3

角色扮演法　15-9

供應商選擇　5-6

定位　8-3

定址　9-3

定價模式　18-10

服務的四種特性　3-15

社會網絡的種類　17-4

社群網站　11-7

股權結構　22-5

政府創業諮詢服務單位　15-13

科學管理時期　14-14

重心法　9-10

面談法　14-6

個案研究法　15-8

員工訓練　15-3

員工訓練的方法　15-5

師徒制　15-6

追蹤訂單　5-8

商業本票　19-6

問卷法　14-6

國民待遇　23-3

專家諮詢　15-12

採購人員　5-12

採購目的　5-4

採購流程　5-4

探索創新　20-9

接班　20-9

現代管理時期　14-15

現金流　22-15

產品差異化優勢　10-4

規費　23-5

連鎖店的商店位址　9-12

創業五階段　16-5

創業成本　18-2

創業計畫書　22-2

創業家的特質　16-7

創業貸款　22-2

創業團隊　12-2

創業團隊人數　12-6

創業團隊的分類　16-2

創業團隊的特性　12-4

創業團隊能力的關鍵因素　12-7

創業精神　20-3

創業輔導顧問　22-8

創業營運計畫書　22-2

提升互動品質　11-4

提升互動強度　11-3

最惠國待遇　23-3

絕對成本優勢　10-4

虛擬通路　11-5

視聽教學法　15-7

評估供應商績效　5-10

資本的優勢　10-4

電子商務　21-3

夥伴關係　6-8

夥伴關係之行為要素　6-10

夥伴關係的特質　6-11

夥伴關係的定義　6-8

夥伴關係之型態　6-8

漸進式行銷　22-16

維持良好的互動長度　11-4

與供應商互動的五種模式　6-15

與顧客互動　11-2

認股　22-5

價值　8-2

價值定位　8-3

影響夥伴關係的因素　6-10

影響夥伴關係管理的因素　6-7

德爾菲法　9-9

數位學習　15-9

銷售盈虧平衡分析　22-18

融資　22-5

融資管道　19-2

衡量採購的方式　5-11

選位　9-3

選址理論　9-2

選擇供應商的步驟　6-6

選擇供應商的長期標準　6-4

選擇供應商的短期標準　6-3

選擇供應商的標準和步驟　6-2

餐飲業　1-4

講授法　15-7

職外訓練　15-6

職位分析問卷法　14-8

雙元並存　20-10

關鍵事件法　14-8

類別法　5-10

顧客需求　7-11

顧客關係管理　11-7

觀察法　14-7

參考文獻

Chapter 01

1. 李宗儒，2011，建立系統化創業模式：灰關聯分析法與詮釋結構模式之應用，行政院國家科學委員會專題研究計畫。

2. 黃丹青，2012，利用詮釋結構模型（ISM）建立系統化創業流程-以微型企業為例，國立中興大學行銷學系研究所。

3. Tzong-Ru（Jiun-Shen）Lee, Dan-Ching Huang, Fang-Mei Tai, 2012, Establish the Systemic Step-by-step Processes to Startups the Microbusiness entrepreneurs in Prestart-up Stage, Poster session presented at Technology Innovation, and Industrial Management, Poland.

Chapter 02

1. 宋明弘，2009年。TRIZ 萃智：系統性創新理論與應用，鼎茂圖書。

2. 許閔智，2009年。整合品牌工具暨應用 TRIZ 理論於品牌策略發展，中興大學行銷學系碩士學位論文。

3. Yamashina, Hajime, Takaaki Ito, and Hiroshi Kawada. "Innovative product development process by integrating QFD and TRIZ." International Journal of Production Research 40.5 （2002）: 1031-1050.

4. Yang, Cheng Jung, and Jahau Lewis Chen. "Accelerating preliminary eco-innovation design for products that integrates case-based reasoning and TRIZ method." Journal of Cleaner Production 19.9-10 （2011）: 998-1006.

5. Lee, Tzong-Ru, et al. "Developing a comprehensive brand evaluation system with the support of TRIZ to formulate brand strategies." International Journal of Business Excellence 11.1 （2017）: 38-57.

Chapter 03

1. 白滌清、陳巧青（2004）運用TRIZ創新原則探討旅行業服務屬性與矛盾現象之研究，第二屆創新與創造力論文集，1110-1121。

2. 王飛龍、化學、陳坤成，&管理科學（2008）新產品創新與研發，五南。

3. 林千惠，李宗儒，李佳珊（2010）應用TRIZ發展以消費者角度為基礎之觀光醫療產業策略－以日本消費者為例，交大管理學報，30（2），147-187。

4. 林千惠（2008）應用灰關聯分析法、迴歸分析語TRIZ擬定台灣觀光醫療之策略發展－以日本消費者為例，國立中興大學碩士論文。

5. 李宗儒，吳曉晨（2007）結合TRIZ與Kano方法來探討居家生活產業之行銷策略發展，萃思系統性創新方法研討會。

6. 李宗儒，許閔智（2008）運用電子商務整合品牌工具以提升企業品牌，2008海峽兩岸行銷與經貿整合學術研討會，新疆。

7. 李宗儒（2015）．台灣創業歷程階段研究以及創業資訊系統之建構.國科會結案報告 .MOST103-2410-H-005-063-SSS.

8. 李沿儒、張振滄（2012）探索專利聯盟廠商技術發展策略：DVD 3C個案研究，科技管理 學刊，17（1），111-139。

9. 沈進成，趙家民，戴爾（2007）高級中式餐廳吸引力、服務品質、滿意度、忠誠度關係之 研究，運動休閒餐之研究，2（3），1-32。

10. 黃哲彬、洪湘婷（2005）創新管理與學校創新經營，教育經營與管理研究集刊教育經營與 管理研究集刊教育經營與管理研究集刊，1-211。

11. 張簡相慶（2009）品管手法在提升餐飲業服務品質上之應用研究-以A公司為例，台南：國 立成功大學碩士論文。

12. 張旭華與呂鎮洧（2009）運用TRIZ-based方法於創新服務品質之設計—以保險業為例，品 質學報，16（3），179-193。

13. 孫陸宏，夏翊倫（2009）優良服務認證餐廳服務品質探討．觀光旅遊研究學刊，4 （2），27-41。

14. 黃志平（2008）TRIZ方法為基礎之產品服務系統創新設計方法，國立成功大學碩士論文。

15. 經濟部技術處（2009），創益-26個點石成金的企業創新範例，台北：經濟部技術處。

16. 楊政融（2011）整合案例為基礎的系統方法與TRIZ方法之綠色創新設計研究，國立成功大 學博士論文。

17. 劉明德（2010）商圈服務品質構面對應服務品質策略之研究，品質月刊，17（3），247- 267。

18. 諸承明、蔡美玲（2012）薪酬設定與員工服務品質關係之研究—以餐飲業第一線服務人員 為例，中原企管評論，10（2），75-98。

19. 鄭維兆、鄭尚悅、蔡志弘、蔡世傑（2006）旅館業服務品質評估模式之建立研究，品質月 刊，42（11），77-84。

20. Asubonteng, P., McCleary, K.J., & Swan, J.E.（1996）. SERVQUAL Revisited: A Critical Review of Service Quality. Journal of Services Marketing, 10（6），62–81.

21. Audhesh, K.P., Spears, N., Hasty, R. and Gopala, G.（2005）. Search Quality in the Financial Services Industry: a Contingency Perspective. Journal of Services, 18（5），324-38.

22. Abdalla, B. Bitzer and D. Morton,.（2005）. Innovation Management Methods and Tols for Sustainable Product Service Systems :With a Case Study. Retrieved 3 2013, from The TRIZ Journal: http://www.triz-journal.com/

23. Badri, M. A.-M.（2005）. Information Technology Center Service Quality: Assessment and Application of SERVQUAL. The International Journal of Quality and Reliability Management, 22（8），819–848.

24. Bitner, Mary Jo, Bernard H. Booms, and Mary Stanfield Tetreault.（1990）. The Service Encounter: Diagnosing Favorable and Unfavorable Incidents. Journal of Marketing, 54, 71- 84.

25. Certo, S. C.（2003）.Modern Management. Upper Saddle River, NJ：Prentice Hall. 26.Chesbrough, H.（2007）. Business Model Innovation: It's Not Just About Technology Anymore. Strategy andLeadership, 35（6），12-17.

27. Chang, H.S. (2008). Increasing Hotel Customer Value through Service Quality Cues in Taiwan, Service Industries Journal, 28(1), 73-84.

28. Chao-Ton Su, Chin-Sen Lin & Tai-Lin Chiang. (2008). Systematic Improvement in Service Quality through TRIZ Methodology: An Exploratory Study. Total Quality Management and Business Excellence, 19(3), 223-243.

29. Clarke, D. W. (1997). TRIZ: Through the Eyes of An American TRIZ Specialist. Ideation Intl Inc.

30. Domb, E. (1998). QFD and TIPS/TRIZ. TRIZ Journal, http://www. Triz Journal.com.

31. Davis, B.R., Mentzer, J.T. (2006). Logistics Service-driven Loyalty: an Exploratory Study. Journal of Business Logistics, 27(2), 53-74.

32. Fitzsimmons, James A. (2011). Service Management: Operations, Strategy, Information Technology.Boston, Mass:McGraw-Hill/Irwin 7th ed.

33. Gronroos, C. (1990). Relationship Approach to Marketing in Service Contexts: The Marketing and Organizational Behavior Interface. Journal of Business Research, 20(1),3-11.

34. González, M. E., Mueller, R. D. and Mack, R. W. (2008). An Alternative Approach in Service Quality: an E-banking Case Study. The Quality Management Journal, 15(1), 41-59.

35. Gravin, D. A. (1983). Quality on the Line. Harvard Business Review, 61 (5), 64-75.

36. Grönroos, C. (1984). A Service Quality Model and its Marketing Implication.
European Journal of Marketing, 18 (4), 36-44.

37. Gennady, R. (2005). 40 Inventive Principles in Marketing, Sales and Advertising.
Retrieved 12 2012, from TRIZ journal: http://www.triz-journal.com/

38. He Cong, Loh Han Tong. (2008). Grouping of TRIZ Inventive Principles to Facilitate Automatic Patent Classification. Expert Systems with Applications, 34(1), 788-795.

39. Hansemark, O.C. and M. Albinsson (2004), Customer Satisfaction and Retention:The Experiences of Individual Employees, Managing Service Quality, 14(1), 40-57.

40. Henry W. Chesbrough (2003). Open Innovation: The New Imperative for Creating and Profiting from Technology, Harvard Business School Press, Boston, MA.

41. Herrmann. A., F. Huber and C. Braunstein (2000), Market-Driven Product and Service Design: Bridging the Gap between Customer Needs, Quality Management and Customer Satisfaction, International Journal of Production Economics, 666(1), 77-96.

42. Hurst JL, Niehm LS, Littrell MA. (2009). Retail Service Dynamics in a Rural Tourism Community: Implications for Customer Relationship Management. Managing Service Quality, 19 (5), 511–540.

43. Jos van Iwaarden, Ton van der Wiele, Leslie Ball, Robert Millen. (2003). Applying SERVQUAL to Web sites: an Exploratory Study. International Journal of Quality and Reliability Management, 20 (8),919 - 935.

44. Kah-Hin Chai, Jun Zhang and Kay-Chuan Tan1. (2005). A TRIZ-Based Method for New Service Design. Journal of service research, 8 (August), 48-66.

45. Kappoth, P. (2007). Design Features for Next Generation Technology Products. Retrieved 4 2013, from TRIZ Journal: http://www.triz-journal.com

46. Kotler, P., Armstrong, G.（2004）. Marketing. Praha.

47. Kotler, P.（1999）. Kotler on Marketing: How to Create, win, and Dominate Markets. SimonandSchuster. com.

48. Klepper, S.（1996）. Entry, Exit, Growth, and Innovation over the Product Life Cycle. The American Economic Review, 562-583.

49. Kee-Kuo Chen, Ching-Ter Chang, Cheng-Sheng Lai.（2009）. Service Quality Gaps of Business Customers in the Shipping Industry. Transportation Research Part E, 45, 222-237.

50. Kondo, Y.（2001）, Customer Satisfaction: How Can I Measure It, Total Quality Management, 12（7-8）, 867-872.

51. Kano, N., N. Seraku, F. Takahashi and S. Tsuji（1984）, Attractive Quality and Mustbe, Journal of Japanese Society for Quality Control, 14(2), 38-48

52. Lee Jun Zhang, Chai Kah-Hin, Tan Kay-Chuan.（2006）. 40 Inventive Principles with Applications in Service Operations Management. Retrieved 5 2013, from TRIZ journal: http://www.triz-journal.com/

53. Mahajan, V., Muller, E., & Bass, F. M.（1990）. New Product Diffusion Models in Marketing: A Review and Directions for Research. The Journal of Marketing, 1-26.

54. Mehta SC, Lalwani AK, Han SL.（2000）. Service Quality in Retailing: Relative Efficiency of Alternative. International Journal of Retail Distribution Management, 28(2), 62-72.

55. Mohsin, A.（2005）. Service Quality Perceptions: an Assessment of Restaurant and Cafe Visitors in Hamilton, New Zealand. The Business Review, 3(2), 51–57.

56. Mukesh Kumar, F. T.（2010）. Comparative Evaluation of Critical Factors in Delivering Service Quality of Banks: An Application of Dominance Analysis in Modified SERVQUAL Model. International Journal of Quality and Reliability Management, 27(3), 351 - 377.

57. Nadiri, H. H.（2005）. Diagnosing the Zone of Tolerance for Hotel Services. Managing Service Quality, 15(3), 259–277.

58. Parasuraman, A., Zeithaml, V. A., Berry, L. L.（1985）. A Conceptual Model of Service Quality and its Implications for Future Research. The Journal of Marketing, 41-50.

59. Parasuraman, A., Zeithaml, V. A., Berry, L. L.（1988）. SERVQUAL: A Multiple-Item Scale for Measuring Consumer Perceptions of Service Quality. Journal of Retailing, 64(1), 12-40.

60. Parasuraman, A., Zeithaml, V. A., Berry, L. L.（1991）. Refinement and reassessment of the SERVQUAL scale. Journal of retailing, 67（4）, pp. 420-450.

61. Parasuraman, A., Zeithaml, V. A., Berry, L. L.（1985）. A Conceptual Model of Service Quality and Its Implications for Future Research. Journal of Marketing Research, 48（6）, 41-50

62. Peiro, J. V.（2005）. Employees' Overestimation of Functional and Relational Service Quality: aGap Analysis. The Service Industries Journal, 25, 773-788.

63. Porter, M. E.（1991）. Towards a Dynamic Theory of Strategy. Strategic Management Journal, 12（S2）, 95-117.

64. Ruchti, B., & Livotov, P.（2001）. TRIZ-based Innovation Principles and a Process for Problem Solving in Business and Management. The TRIZ Journal, 677-687.

65. Rajamma, R. K., Paswan, A. K., Ganesh, G.（2007）. Services Purchased at Brick and Mortar Versus Online Stores, and Shopping Motivation. Journal of Services Marketing, 21(3), 200-212.

66. Rohini, R., Mahadevappa, B.（2006）. Service Quality in Bangalore Hospitals – an Empirical Study. Journal of Services Research, 6(1),59-68.

67. Rantanen K. and Domb E.（2002）. Simplified TRIZ. ST. Lucie Press.

68. Ruchti, B., and Livotov, P.（2001）. TRIZ-Based Innovation Principles and a Process for Problem Solving in Business and Management. Retrieved 12 2012, from The TRIZ Journal: http://www.triz-journal.com/.

69. Savransky D.Semyon.（2002）. Engineering of Creativity: Introduction to TRIZ Methodology of Inventive Problem Solving. Florida:Boca Raton: CRC Press.

70. Seth, N., Deshmukh, S.G., Vrat, P.（2006）. A Conceptual Model for Quality of Service in the Supply Chain. International Journal of Physical Distribution and Logistics Management: 3PL, 4PL and Reverse Logistics, 36（7）, 547-575.

71. Su, C. T., Lin, C. S., Chiang, T. L.（2008）. Systematic Improvement in Service Quality through TRIZ Methodology: An Exploratory Study. Total Quality Management, 19(3), 223-243.

72. Wright, J. L., Lovelock, D. M., Bilsky, M. H., Toner, S., Zatcky, J., Yamada, Y.（2006）. Clinical Outcomes after Reirradiation of Paraspinal tumors. American journal of clinical oncology, 29（5）, 495-502.

73. Wong A, Sohal A.（2003）. Service Quality and Customer Loyalty Perspectives on Two Levels of Retail Relationships. Journal of Services Marketing, 17（5）, 495-513.

74. Zeithaml, V. A.（1988）. Consumer Perceptions of Price, Quality, and Value: A Means-End Model and Synthesis of Evidence. Journal of Marketing, 52(3), 2-21.

Chapter 04

1. 林長宏（1995）。行政機關採行全面品質管理之研究。取自http://ndltd.ncl.edu.tw/cgi-bin/gs32/gsweb.cgi?o=dnclcdr&s=id=%22083NCCU0055002%22.&searchmode=basic。

2. 林柏壽、蔡漢傑、陳振宇、羅文俊（2008）。重大土石災區即時現勘標準作業程序之研訂，水保技術，3，174 -187。

3. 李平貴（2010），商店標準操作流程，憲業企管。

4. 李宗儒、黃靜瑜（2011）。建構休閒農場體驗活動標準作業流程之研究，農林學報，60，31-50。

5. 李宗儒（2015），台灣創業歷程階段研究以及創業資訊系統之建構，國科會結案報告，MOST103-2410-H-005-063-SSS。

6. 林正修、陳啓仁（2012）。門市服務乙級考照王（第3版）。考試用書出版股份有限公司。

7. 休閒農業輔導辦法（2011年3月24日）。

8. 徐國鈞（2002），都市交通號誌控制系統工程之標準作業程序研究，運輸計劃季刊，31（2），361 -390。

9. 黃如足、梅士杰（2003）。標準作業程序（SOP）於數位典藏建置之初探－以國立歷史博物館典藏計畫為例。「第二屆數位典藏技術研討會。」發表之論文，中央研究院資訊科學研究所。

10. Cohen, Steven and Ronald Brand.（1993）. Total Qual i ty Management in Government. San Francisco, CA: Jossey-Bass Publishers.

11. Cooper, R. G., & Kleinschmidt, E. J. （2010）. Success Factors for New Product Development. Wiley International Encyclopedia of Marketing.

12. Denhardt, R. B.（1991）.public administration. Belmont Calif：Wadsworth.

13. Fiore, Niehm , Jeong, & Hausafus,（2007）. Experience economy strategies: Adding value to small rural businesses. Journal of Extension, 45（2），1-13

14. Goetsch and Davis（1994）. Introduction to Total Quality: Quality, Productivity, Competitiveness , New York: Macmillam.

15. J ames C.（2004）. Preview: Global Status of Commercial ized Biotech/GM Crops:2004. ISAAA Briefs No.32. ISAAA: Ithaca, NY.。

16. Tenner, A. R., & DeToro, I. J.（1992）.Total quality management. Reading, MA:

Chapter 05

1. 吳俊誼（2001），採購部門參與、供應商選擇標準、供應商發展活動與新產品開發績效關係之研究，國立中央大學碩士論文。

2. 周惠文、國立中央大學管理學院ERP中心（2011），ERP企業資源規劃導論-企業之採購管理，第四版，台北：旗標出版股份有限公司出版。

3. 侯姵如（2007），台北市政府採購人員主管領導型態與工作滿足感之研究，國立政治大學碩士論文。

4. 許振邦、社團法人中華採購管理協會（2011），採購與供應管理，台北：智勝文化事業有限公司。

5. 鳩津司（2001），採購管理（3版）（簡錦川譯），台北市：書泉出版社。

6. Das, A. &Narasimhan, R. ,（2000）, Purchasing Competence and Its Relationship with Manufacturing Performance, The Journal of Supply Chain Management, Spring, 17-27.

7. Dickson, G.W.（1966）, An Analysis of Vendor Selection System and Decisions, Journal of Purchasing 2（1），5-17.

8. Fawcett & Ellram & Ogden（2007）, Supply Chain Management: From Vision to Implementation, New Jersey: Pearson Education Inc.

9. Heinritz, S.F. and Farrell P.V.,（1981）, Purchasing Principle and Applications, New Jersey: Printice-Hall.

10. Leenders, Michiel R. & Fearon, Harold E.（1993）, Purchasing and Material Management, 10th, Homewood, IL：Irwin.

11. Sunil Chopra & Peter Meindl（2010），Supply Chain Management: Strategy, Planning, and Operation, 4th, New Jersey: Pearson Education Inc.

12. Thompson, Leigh L.（2005）, The Mind and Heart of the Negotiator, Upper Saddle River, NJ: Prentice Hall.

13. Vonderembse, M.A. and Tracey .M.,（1999）,The Impact of Supplier Selection Criteria and Supplier Involvement on Manufacturing Performance , The Journal of Supply Chain Management, Summer , 33-39.

14. Weber, C.A., Current, J.R. and Benton, W.C.（1991）, Vendor Selection Criteria and Methods, European Journal of Operational Research, 50（1）, 2-18.

15. Wisner, J.D. and Tan, K.C.（2000）,Supply Chain Management and Its Impact on Purchasing, The Journal of Supply Chain Management, Fall,33-42

Chapter 06

1. 吳思華（1990），策略九說，臉譜文化出版。

2. 黃銘章（2001），影響代工供應商與顧客間夥伴關係因素的研究-以台灣電子資訊產業為例，國立政治大學/企業管理學系碩士論文。

3. 盧淑惠（2003），台灣連鎖藥局成長策略與關鍵成功因素之關係性研究，私立中原大學企業管理研究所碩士論文。

4. 楊明璧、莊建峰（2004）夥伴關係緊密程度與夥伴關係績效之相關性分析—以臺灣電子產業為例，企業管理學報，65，121-158。

5. 莊世明（2005），JIT生產系統導入之交期模式研究，中原大學工業工程學系碩士論文。

6. 蔡淑梨、廖國鋒、謝上琦（2008），供應商與買方合作關係持續性影響因素之探討－以台灣紡織成衣業為例，紡織綜合研究期刊，18（4），39-51。

7. 沈榮祿（2012），服務業的採購與供應管理實務運作。採購與供應雙月刊，94，13-26。

8. 財團法人資訊工業策進會（2012），產業升級策略—邁向卓越典範個案101，台北市：財團法人資訊工業策進會出版。

9. 李宗儒（2015），台灣創業歷程階段研究以及創業資訊系統之建構，國科會結案報告，MOST103-2410-H-005-063-SSS。

10. Anderson, E., & Naurs, J. A.（1999）. A Model of the distributor's Perspective of Distributor Manufacturer Working Relationships,Journal of marketing, 37（2）,227-245

11. B ensaou,M.（1999）.Portfolios of Buyer-Supplier Relat ionships,Strategic Management Review,Summer,8-13

12. Chan, F. T. S., and Kumar, N.（2007）. Global supplier development considering risk factors using fuzzy extended AHP-based approach,Omega: The international Journal of Management Science,35（4）, 417-431.

13. Christopher, M. and Juttner, U.（2000）.Developing Strategic Partnerships in the Supply Chain: A Practitioner Perspective, European Journal of Purchasing & Supply Management, 6（2）, 117-127.

14. Gardner, John T., Martha C. Cooper & Tom Noordewier（1994）.Understanding Shipper-Carrier and Shipper-Warehouser Relationships: Partnerships Revisited, Journal of Business Logistics, 15（2）, 121-143.

15. Lee, H. L., Padmanabhan, V., &Whang, S.（1997）. The bullwhip effect in supply chains1. Sloan management review,38（3）, 93-102.

16. Janda,S. ,J.B. Murray and S. Burton（2002）.Manufacturer–supplier relationships: An empirical test of a model of buyer outcomes, industrial marketing management,31,411-420

17. Johnston,R. andP.Lawrence（1988）. Beyond Vertical Integration - the Rise of the Value-Adding Partnership.Harvard Business Review.66（4）.94-101.

18. Maloni, M. and W.C. Benton（2000）.Power Influence in the Supply Chain,Journal of Business Logistics, 21（1）,49-76

19. McIvor, R.,McHugh, M.（2000）.Partnership sourcing: an organization change management perspective. Journal of Supply Chain Management, 36（3）, 12-20.

20. Noel,C.（2001）.Key ACCOUNT Management and Planning, Simon&Schuster

Chapter 07

1. 黃丹青，2012，利用詮釋結構模型（ISM）建立系統化創業流程-以微型企業爲例，國立中興大學行銷學系所碩士論文。

2. 陳勁甫，呂明純，2002，網路線上訂房市場區隔之研究，旅遊管理研究，Vol.2，No.2，P.101-114（http://203.72.2.115/dbook/100470046.pdf）。

3. 賴其勛，楊靜芳，許世彥，2000，台灣自行車消費者購買決策過程之分析，中華管理評論，Vol.3，No.3，P.53-67（http://cmr.ba.ouhk.edu.hk/cmr/oldweb/n12/981078.htm）。

4. 黃秀儒，2007，快速流行服飾零售業者的競爭優勢—以西班牙品牌ZARA爲例，中山大學企業管理學系碩士論文。

5. 李宗儒，2015，台灣創業歷程階段研究以及創業資訊系統之建構，國科會結案報告，MOST103-2410-H-005-063-SSS。

6. Bieger T, Laesser C, 2002, Market segmentation by motivation: The case of Switzerland, Journal of travel research, Vol41, No.2, P68-76

7. Bygrave, William D. Zacharakis, Andrew,2010, The portable MBA in entrepreneurship, John Wiley & Sons Inc

8. Lodish, Leonard M., Morgan, Howard Lee, Amy Kallianpur, 2001, Entrepreneurial marketing, Pearson Education Group

9. Kotler, P., 1997, Marketing Management: analysis, planning, implementation and control. 9th ed., New Jersey: Prentice Hall.

10. Kotler, Philip, Armstrong, Gary,2013, Principles of marketing, Pearson College Div

11. Wendell R. Smith, 1956, Product differentiation and market segmentation as alternative product strategies, Journal of Marketing, Vol.21, 3-8.

12. 維基百科，http://wiki.mbalib.com/zh-tw/%E9%A1%BE%E5%AE%A2%E4%BB%B7%E5%80%BC%E7%90%86%E8%AE%BA, accessed on 2013/4/15。

13. MBA智庫，http://wiki.mbalib.com/zh-tw/%E5%B8%82%E5%9C%BA%E7%BB%86%E5%88%86# E6 9C 89 E6 95.88.E5.B8.82.E5.9C.BA.E7.BB.86.E5.88.86.E7.9A.84.E6.9D.A1.E4.BB.B6, accessed on 2013/7/20。

14. 夏玲，2012，Yahoo新聞，http://tw.news.yahoo.com/%E8%88%88%E5%A4%A7%E7%94%9F%E5%88%86%E6%9E%90%E9%A4%90%E9%A3%B2%E5%89%B5%E6%A5%ADdna-%E5%B8%82%E5%A0%B4%E5%8D%80%E9%9A%94%E7%82%BA%E9%A6%96%E8%A6%81-091240456.html, accessed on 2013/7/17。

15. 阿甘創業加盟網，http://ican168blog.pixnet.net/blog/post/5348619-%E5%89%B5%E6%A5%AD%E9%96%8B%E5%BA%97%E8%A6%81%E5%81%9A%E5%A5%BD%E5%B8%82%E5%A0%B4%E5%8D%80%E9%9A%94%E6%89%BE%E5%87%BA%E8%87%AA%E5%B7%B1%E6%89%80%E9%95%B7%E7%9A%84%E5%B8%82%E5%A0%B4, accessed on 2013/7/22。

16. 台灣瑞峰果物有限公司，http://www.rayfoung.com.tw/sub_item.asp?i_id=9, accessed on 2013/7/25。

17. 陳冠鑫，2013，新浪新聞，http://news.sina.com.tw/article/20130614/9905716.html, accessed on 2013/7/19。

18. 青創總會，http://www.careernet.org.tw/modules.php?name=csr&op=csr_detail&nid=129, accessed on 2013/7/25。

19. Mini Bar輕餐廳，https://www.facebook.com/minibar.tpe, accessed on 2013/7/25。

20. 創業現場，http://www.startuplive.cc/2012/02/26/market_segmentation/。

21. 廖剛，2013，癮車報，http://incar.tw/insightxplorer-research-car-brands, accessed on 2013/7/17。

22. 青創總會，http://www.careernet.org.tw/modules.php?name=csr&op=csr_detail&nid=138, accessed on 2013/7/17。

23. 中藤實業有限公司，http://www.ctmm.com.tw/about.php, accessed on 2013/7/20。

Chapter 08

1. 朱博湧（2006）。藍海策略台灣版—15個開創新市場的成功故事。台北市：天下遠見。

2. 彭礴和付兵紅（2005）。淺談企業定位。經濟時刊，446，14-16。

3. 李飛（2009）。品牌定位點的選擇模型研究。商業經濟與管理，217（11），72-80。

4. 李宗儒（2015）。台灣創業歷程階段研究以及創業資訊系統之建構。國科會結案報告，MOST103-2410-H-005-063-SSS。

5. Kot ler（2007） 謝文雀譯。行銷管理（Marketing Management , An Asian Perspective）。台北：華泰文化。

6. Porter（2009）。李明軒、高登第譯。競爭論（On competition）。台北：天下文化。

7. Fearne, A., Martinez, M. G., & Dent, B.（2012）. Dimensions of sustainable value chains: implications for value chain analysis.Supply Chain Management: An International Journal,17（6），575-581.

8. JÃÃttner, U., Christopher, M., and Baker, S.（2007）.Demand Chain Management-Integrating Marketing and Supply Chain Management,Industrial Marketing Management,36（3）,377-392.

9. Lin, C. L.（2012）. Determine the Market Position for VTS Service Systems Based on Service Value Position Model Using Novel MCDM Techniques. In SERVICE COMPUTATION 2012, The Fourth International Conferences on Advanced Service Computing,70-77.

10. Porter（1985）.M. E. Competitive Advantage, Free Press, New York.

11. Powell, T. W.（2005）.The Knowledge Value Chain（KVC）: How to Fix It When It Breaks, Published（M.E. Williams ed.）in Proceedings of the 22nd National Online Meeting.

12. Taylor, D. H（2005）.Value Chain Analysis: An Approach to Supply Chain Improvement in Agri-Food Chains,International Journal of Physical Distribution & Logistics Management, 35（9-10）, 744-862.

13. Wagner, M. , and S. Stefan.（2004）. The Effect of Corporate Environmental Strategychoice and Environmental Performance on Competitiveness and EconomicPerformance: An Empirical Study of EU Manufacturing. European ManagementJournal ,22（5）, 557-572

Chapter 09

1. 李奎（2008），液化天然氣加工廠選位經濟性分析，天然氣技術2卷2期，第82-84頁。

2. 李宗儒（濬紳）、周宣光與林正章（2013），當代物流管理：理論與實務，滄海書局五版。

3. 許鉅秉、林素如與辛世傑（2012），臺灣智慧型運輸系統產業群聚關鍵因素之探討，運輸期刊24卷1期，第25-52頁。

4. 梅明德、許御衡、邱玉文與蔡靜慧（2009），運用地理資訊系統輔助連鎖式商店開設位址評選，地理資訊系統3卷2期，第21-31頁。

5. 黃國良與孫佳（2009），論本量利分析中的現金流量模型，中國管理信息化12卷4期，第16-18頁。

6. 傅和彥（2008），生產與作業管理：建立產品與服務標竿，前程文化事業。

7. 楊衛平（2007），一類多產品設施選址問題研究，成組技術與生產現代化24卷3期，第38-41頁。

8. 趙清成、李宛樺（2012），國際快遞業選擇區域轉運機場之營運成本分析—以亞太地區為例，中國土木水利工程學刊24卷2期，第211-221頁。

9. 謝靜與楊茂盛（2007），基於改進的重心法在配送中心選址的應用，商場現代化5卷520期，第35-35頁。

10. 蕭子誼、吳壽山與林文雄（1998），不確定情況下單一產品之成本數量利潤分析—模糊決策模式之運用，中華管理評論1卷2期，第1-17頁。

11. Alvin C. Burns, Ronald F. Bush（2010），Marketing Research, 6th edit, Pearson Custom Publishing.

12. Marshall, Alfred（1920），Principles of Economics, 8th edition, Londom Macmillan.

13. Mosco, Vincent（1983）, Critical Research and the Role of Labor, Journal of Communication, Vol. 33（3）, 237-48.

14. Noorderhaven, N.（1995）, Strategic decision making. Addsion-Wesley, UK.

15. Porter, M.E.（1990）, The Competitive Advantage of Nations, Free Press, New York.

16. Grey Hill Advisor：Corporate Site Selection，2013/06/20，http://greyhill.com/siteselection-process，accessed on 2013/06/20。

17. 王品將上市戴勝益要衝百億業績，2010年12月，http://mag.nownews.com/article.php?mag=1-26-2450，accessed on 2013/07/07。

18. 世界經濟論壇「2007-2008年全球競爭力報告」，2008/11/03，http://www.igotmail.com.tw/home/18534，accessed on 2013/06/20。

19. 全球競爭力報告產業聚落發展指標台灣排第一，2012/02/24，http://news.rti.org.tw/index_newsContent.aspx?nid=342802，accessed on 2013/06/20。

20. 「衣」整街的流行魅力台中天津商圈，TTNews大台中旅遊網：http://travel.tw.tranews.com/view/taichung/peipinglu/，accessed on 2013/06/20。

21. 星巴克選址秘訣，2013/05/20，http://tw.weibo.com/pic/english/3580055899023530，2013/06/20。

22. 重大市政建設—臺中市精密機械科技創新園區，2012/08/22，http://www.taichung.gov.tw/ct.asp?xItem=59458&ctNode=755&mp=100010，accessed on 2013/06/21。

23. 麥當勞中國華東區總裁透露布點五大秘訣，2001/04/05，http://sex.ncu.edu.tw/members/，accessed on 2013/06/23。

Chapter 10

1. 余梅芳、王淼（2005），中國移動電話製造業的市場進入壁壘分析，當代經濟管理，第27卷第6期，頁103-106。

2. 余朝權（1994），產業競爭分析專論，五南出版社，頁63-105。

3. 陳炳宏、徐敬柔（2006），電視購物頻道市場之進入障礙與競爭策略分析，廣播與電視，第27期，頁25-56。

4. 謝美如（2000），市場之進入障礙分析-以有線電視跨業經營電信業為例，國立中央大學產業經濟研究所碩士論文。

5. Bain, J. S.（1956）, Barriers to New Competition：Their Character and Consequences in Manufacturing Industries, Cambridge ：Harvard University Press.

6. Baron, David P.（1977）, Limit Pricing, Potential Entry, and Barriers to Entry, The American Economic Review, 63(4), 666-667.

7. Boar, Bernard H.（1995）, Information Tech：How to Achieve a Competitive Advantage, John Wiley & Sons.

8. Caves, R. and Porter, M.（1977）, From Entry Barriers to Mobility Barriers：Conjectural Decisions and Contrived Deterrence, Quarterly Journal of Economics, 241-232.

9. Demsetz , H.（1982）, Barriers to Entry, The American Economic Review, 72(1), 45-57.

10. Fisher, Franklin M.（1979）, Diagnosing Monopoly, Quarterly Review of Economics and Business, 19(2), 7-33. Harrigan, K. R.（1985）. Strategic flexibility：A Management Guide for Changing T imes. Lexington, Ma：Lexington Books. Karakaya, F. and Michael J.S.（1989）, Barriers to Entry and Market EntryDecision in Consumer and Industrial Good market, Journal of Marketing, 53, 80-91.

11. Mcafee, R. Preston, Hugo M. Mialon, and Michael (A) Williams（2004）, What Is A Barrier to Entry？, The American Economic Review, 94(2), 461-465.

12. Merriam, W.（2001）. WWWebster Dictionary [Online]. Retrieved February 22, 2001, from http://www.m-w.com/dictionary.htm

13. Morton, Fiona M. Scott（2000）, Barriers to Entry, Brand Advertising, and Generic Entry in the US Pharmaceutical Industry, International Journal of Industrial Organization, 18（7）, 1085-1104.

14. Peteraf, M. (A)（1993）, The Cornerstones of Competitive Advantages：a Resource-Based View, Strategic Management Journal, 14(3), 179-191.

15. Porter, ME（1985）, Competitive Advantage, Free Press.

16. Porter, ME（1980）, Competitive Strategy, New York：The Free Press.

17. Stigler, George J（1968）, The Organization of Industry, Chicago ：The University of Chicago Press.

18. Yu, Z.（2005）, Environmental Protection：A Theory of Direct and Indirect Competition for Political Influence, Review of Economic Studies, 72(1), 269-286

19. 商業週刊，一年半開七十家店 讓全聯社老闆也跳腳！，2008/04/07，http://www.businessweekly.com.tw/webarticle.php？id=30515&p=1，accessed on 2013/03/09

Chapter 11

1. 李曄淳（2013），探討顧客互動對關係品質之影響—以Lounge Bar為例，運動休閒餐旅研究第8卷第1期，第28-42頁。

2. 李曄淳和呂佳茹（2012），服務互動程度與關係品質相關性之比較，育達科大學報第32期，第105-121頁。

3. 李曄淳、張景弘與羅志勇（2012），高爾夫球場顧客互動與顧客認知之相關性探討，運動研究21卷1期，第27-38頁。

4. 經濟部商業司（2000），1999年度台灣顧客關係管理運用現狀調查報告，經濟部商業司出版。

5. 李宗儒（2015），台灣創業歷程階段研究以及創業資訊系統之建構，國科會結案報告，MOST103-2410-H-005-063-SSS。

6. Dona Greiner and Theodore B. Kinni著，劉慧玉譯（2000），1001種留住顧客的方法，臉譜文化出版社。

7. Brandy, Michael K. and Joseph Jr. Cronin（2001）. Some New Thoughts on Conceptualizing Perceived ServiceQuality: a Hierarchical Approach. Journal of Marketing, 65, 34-49.

8. Crosby, L. A., Evans, K. R., & Cowles, D.（1990）, Quality is free：The Art of Making Quality Certain. New York: McGraw – Hill.

9. Gruner, K. E. und Homburg C.（2000），Does Customer Interaction Enhance New Product Success? Journal of Business Research, 49（July），1-14.

10. John Ott（2000），Successfully development and Implementing Continuous relationship management, e-Business executive report, 26-30.

11. Kalakota, Ravi, and Marcia Robinson（1999），"Customer Relationship Management:Integrating Processes to Build Relationships", NY: Addison-Wesley.

12. Kevin Low Lock Teng, SooGeokOng, Poon WaiChing（2007），The Use of Customer Relationship Management（CRM）by Manufacturing Firms in Different Industries: A Malaysian Survey, 24（2），386-397.

13. Li, Ye-Chuen& Yung-Ching Ho（2008），Discuss The Impact of Customer Interaction on Customer Relationship inMedical Service. The Business Review, Cambridge, 11（1），152-158.

14. Morgan, Robert M. and Shelby D. Hunt（1994），The Commitment-Trust Theory of Relationship Marketing, Journal of Marketing, 58（3），20-38.

15. Peppers, D., Rogers, M.（1993），The One to One Future: Building Relationships One Customer at a Time, Currency Doubleday, New York, NY.

16. Inside 2011/05/16，提供實體之外的「品牌體驗」與顧客互動—星巴克Starbucks的網路社群經營，http://www.inside.com.tw/2011/05/16/starbucks_and_user_community_1，accessed on 2013/03/18.

17. 經理人Manager Today 2008，「流程標準化，服務差異化」http://www.managertoday.com.tw/?p=1405，accessed on 2013/03/18。

18. 柴娃娃市場行銷雜記2011/12/28，品牌的心靈雞湯，http://marketingpick.blogspot.tw/2011/12/blog-post.html，accessed on 2013/03/18。

19. 掌握PEPSI執行顧客關係管理 1999，http://web.ntpu.edu.tw/~joechao/url%20demo%20all%20class/url%20demo/crma01s/pepsi.htm， accessed on 2013/06/15。

20. 由行銷策略觀點看顧客關係管理 2006，http://www.taifer.com.tw/search/047001/63.htm，accessed on 2013/03/19。

Chapter 12

1. 郭洮村（1998），工研院研發人員離職創業相關因素之研究，國立中央大學企業管理研究所碩士論文。

2. 陳恒嶔（2011），探討創業過程對創業團隊之影響-以台灣文化創意產業為例，國立中山大學企業管理學系碩士論文。

3. 張維仲（2001），新創科技公司進駐創新育成中心所遇問題案例談，國內公民營機構中小企業創新育成中心座談會，台北市：經濟部。

4. Forbes, D. P., Borchert, P. S., Zellmer-Bruhn, M., & Sapienza, H. J.（2006）Entrepreneurial team formation: An exploration of new member addition, Entrepreneurship Theory and Practice, 30(2), 225–248.

5. Blatt, Ruth（2009）Tough Love: How Communal Schemas and Contracting Practices Build Relational Capital in Entrepreneurial Teams, Academy of Management Review, 34(3)，533

6. Boni, Arthur A.（2009）, Science Lessons, What biotech taught me about management, A Book Review of Gordon Binder and Philip Bashe. J. Commercial Biotechnology, 15（1）, 86-91.

7. Bruno, A.V. & Tyebjee, T.T.（1985）The Entrepreneur Search for Capital, Journal of Business Venturing, 1(1), 61-74.

8. Chandler, Gaylen N. & Hanks, Steven H.（1998）An Investigation of New Venture Teams in Emerging Business, Frontiers of Entrepreneurship Research.

9. Cooper, A.C., and Bruno, A.（1977）Success among high technology firms, Business Horizons, 20(2), 16-22.

10. Jessup.（1992）, Group Support Systems: New Perspectives, Macmillan Pub Co.

11. Kamm, Judith B., Jeffery C. Shuman, John A. Seeger, & Aaron J. Nurick（1990）Entrepreneurial Teams in New Venture Creation: A Research Agenda, Entrepreneurship Theory and Practice, summer.

12. Kamm, Judith B. & Nurick, Aaron J.（1993）The Stage of Team Venture Formation:A Decision Making Model, Entrepreneurship Theory and Practices, winter.

13. Mitsuko Hirata（2000）Start-up Teams and Organizational Growth in Japanese Venture Firms, Tokai university.

14. Shonk, J.H.（1982）Working In Teams：A Practical Manual For Improving Work Groups, New York：AMACOM.

15. T immo n s , J.A.（1975）The Entrepreneurial Team: An Amer ican Dream or Nightmare？, Journal of Small Business Management; 13(4), 33-38.

16. Timmons, J.A.（1990）New Business Opportunities: Getting to Her Right Place at the Right Time Action, MA: Brick House Publishing Co.

17. Watson, W.E., Ponthieu, L.D. and Critelli, J.W.（1995）, Team Interpersonal Process Effectiveness in Venture Partnerships and its Connection to Perceived Success, Journal of Business Venturing, 10, 393–411.

18. Larson, Carl E. and Frank M. J. LaFasto（1989）, Teamwork: What Must Go Right, What Can Go Wrong, Sage, Newberry Park, CA.

19. Ming-Huei Chen（2007）Entrepreneurial Leadership and New Ventures: Creativity in Entrepreneurial Teams, Entrepreneurial Leadership and New Ventures, 16, 239.

20. Reich, R.B.（1987）Entrepreneurship Reconsidered :The Team as Hero, Harvard Business Review, May–June, 1-8.

21. 東森新聞，築夢當農夫、銀行員、鋼琴師創薰衣草，2013/1/15，http://tw.news.yahoo.com/%E7%AF%89%E5%A4%A2%E7%95%B6%E8%BE%B2%E5%A4%AB-%E9%8A%80%E8%A1%8C%E5%93%A1-%E9%8B%BC%E7%90%B4%E5%B8%AB%E5%89%B5%E8%96%B0%E8%A1%A3%E8%8D%89-072840152.html，accessed on 2013/03/16。

22. 遠見雜誌，薰衣草森林負責人王村煌放下高階管理職搭建心靈夢幻地，2009/1，http://www.gvm.com.tw/Boardcontent_14738.html，accessed on 2013/03/16。

23. Cheers雜誌，王村煌把幸福落入現實的造夢者，2011/4，http://www.cheers.com.tw/article/article.action？id=5027855，accessed on 2013/03/16。

1. 戴斯‧狄洛夫2000，全球品牌塑造大師理查布蘭森－維京集團董事長經營成功十大祕訣，智庫出版社。

2. 李宗儒（2015），台灣創業歷程階段研究以及創業資訊系統之建構，國科會結案報告，MOST103-2410-H-005-063-SSS。

3. Carlos W. Moore, J. William Petty, Leslie E. Palich, Justin G.Longenecker, 2009, Managing small business: an entrepreneurial emphasis, 華泰文化。

4. Joseph H. Boyett, Jimmie T. Boyett, 2003, The guru guide to entrepreneurship- A concise guide to the best ideas from the world's top entrepreneurs, John Wiley & Sons Inc

5. MattiMuhos, PekkaKess, KongkitiPhusavat, SitthinathSanpanich, 2010a, Business growth models: review of past 60 years, Management and Enterprise Development, Vol.8, No.3, 296-315.

6. MattiMuhos, PekkaKess, AnyanithaDistanont, KongkitiPhusavat, SitthinathSanpanich, 2010b, Early stages of technology-intensive companies in Thailand and Finland, International Journal of Economics and business research accepted, 01/2013

7. Marc J. Dollinger, 2006, Entrepreneurship: Strategies and resources, Pearson education limited

8. Robert J. Calvin, 2002, Entrepreneurial Management, The McGraw-Hill

9. Sue Birley, Daniel F. Muzyka, 2007, Mastering entrepreneurship, Pearson education limited

10. William Bygrave, Andrew Zacharkis, 2010, Entrepreneurship, John Wiley&Sons

11. 遠見雜誌，http://www.gvm.com. tw/Boardcontent_12698_1.html , accessed on 2013/08/01。

12. 震通股份有限公司，http://www.genton.com.tw/product_list.asp?pclass=9, accessed on 2013/08/10。

13. The Naked Cafe尼克咖啡，http://tw.myblog.yahoo.com/naked-cafe/, accessed on 2013/8/1。

14. 彩色寧波風味小館，http://taichungtopten.artlib.net.tw/index_two.php?action=VoteLogin&&Stoneid=54, accessed on 2013/05/25。

15. 瑞豐果物，http://www.rayfoung.com.tw/sub_item.asp?i_id=9。

Chapter 14

1. 丁志達（2012），人力資源管理診斷，台北：揚智文化。

2. 周瑛琪、顏炘怡（2012），人力資源管理-跨時代領航觀點，台北：全華圖書。

3. 房美玉、賴以倫（2003），工作分析系統之電子化—以某高科技公司之甄選過程為例，人力資源管理學報，3(2)，75-92。

4. 柯際雲（1995），企業員工個人特性、極其知覺之工作特性與領導型態對組織承諾的影響，中興大學企業管理研究所未出版碩士論文。

5. 徐寧（2010），用好工作分析有效提高人力資源管理工作水準，中小企業管理與科技，2010（9A），53-53。

6. 袁媛（2009），工作分析發展動態研究，商場現代化，563，305。

7. 陳炳男（2004），工作分析在學校經營之應用，學校行政，30，16-30。

8. 陳炳男（2004），工作設計在學校經營之應用，學校行政，31，119-133。

9. 葛玉輝、陳悅明、趙尚華（2011），工作分析與工作實務設計，北京：清華大學出版社。

10. 蔡明達、鄭依佳（2009），工作分析在運動休閒產業經營之運用，嘉大體育健康休閒期刊，8(3)，274-281。

11. Raymond A. Note, John R. Hollenbeck, Barry Gerhart, Patrick M. Wright著，周瑛琦譯（2007），人力資源管理，MC: Graw-Hill。

12. Stephen, P. R., & David, A. D.著，林建煌譯（2002），現代管理學，台北市：華泰。

13. Chelladurai, P.（1999）. Human resource management in sport and recreation, Champaign, IL: Human Kinetic.

14. Gary Dessler（2011），Human Resource Management, 12th, NY: Pearson Education Gatewood, R. D., & Field, H. S. 1998. Human resource selection（4th ed.）. New York: the Dryden Press, Harcourt Brace College Publishers.

15. Goss, D. 1997. Human resource management: The basics. International Thomson Business Press.

16. Lloyd, L. B., & Leslie, W. R. 1999. Human resource management（6th ed.）. Boston:McGraw Hill Higher education.

17. Seashor, S. E. & Taber, T. D.（1975），Job Satisfaction and Their Correlates, American Behavior and Scientists, 18, 346-358

18. Sherman, A. W., Bohlander, G. W., & Chruden, H. J.（1988），Managing Human Resource, 8th, OH:South-Weatern Publishing Co.

19. Taylor, F. W.（1911），Principles of Scientific Management, NY: Norton

20. United States Department of Labor，http://www.bls.gov/soc/home.htm，accessed on 2013/11/12。

Chapter 15

1. 工業技術研究院，https://www.itri.org.tw/chi/college/p1.asp?RootNodeId=070&NavRootNodeId=072&nodeid=07223, access on 2013/10/18。

2. 台大創業週（2011），http://www.entrepreneurship.net.tw/activity-announce/1647,access on 2013/10/09。

3. 母晨霞、單福彬（2006），人力資源管理中培訓方法評述，華北航天工業學院學報，16卷，2期，頁33-35。

4. 行政院勞工委員會職業訓練局（2007）。企業訓練專業人員工作知能手冊。行政院勞工委員會職業訓練局，台北。

5. 行政院勞工委員會職業訓練局-青年職業訓練中心，http://www.yvtc.gov.tw/class.php,access on 2013/11/10。

6. 宋狄揚（2003），公務人員訓練方法之探討，T&D 飛訊，11期，p1-9。

7. 洪榮昭（2002）。人力資源發展-企業教育訓練完全手冊。台北：五南。

8. 邱黎燦（2013），淺談企業員工教育訓練的重要性，http://www.bossup.com.tw/special-column/20121201, access on 2013/10/18。

9. 吳美美（2004），數位學習現況與未來發展。圖書館學與資訊科學，30（2），92-106。

10. 徐瑞（1985），提升員工訓練的模式，天下雜誌，53期。

11. 美國教育訓練發展協會（ASTD），http://www.astd.org/Education, access on 2013/10/18。

12. 香港理工大學，http://www.polyu.edu.hk/cpa/polyu/index.php?lang=tc, access on 2013/10/09。

13. 育碁數位科技（2006），http://www.aenrich.com.tw/download/case_OK.asp, access on 2013/10/18。

14. 經濟部中小企業處（2009），http://www.moeasmea.gov.tw/mp.asp?mp=1, access on 2013/10/15。

15. Campbell, J. P., Dunnette, M. D., Lawler, E. E. III., and Weick, R. Jr., Managerial Behavior（1970），Performance, and Effectiveness, New York: McGraw-Hill.

16. Christian pfeifer, Simon Janssen, philip yang, uschi Backes-gellner（2013），Effects of training on Employee suggestions and promotions: Evidence from personnel records, Schmalenbach Business Review, Vol.65, Issue 3, p.270-287.

17. Jeffrey D. Wilke（2006），The importance of employee training, Jacksonville Business Journal, access on 2013/10/18, http://www.bizjournals.com/jacksonville/stories/2006/07/24/smallb2.html

18. Lado, A. A. and Wilson, M. C.（1994），"Human Resource Systems and Sustained Competitive Advantage: A Competency-Based Perspective," Academy of Management Review, Vol. 19, No. 4, p.699-727.

19. Lord, R. J.（2004）. An Insider's Perspective: Training and Power In An Industrial Setting. 2004 Conference Indianapolis, Indiana : IUPUI.

20. Noe, R. A.（2004）. Employee Training and Development. NY: McGraw-Hill. Norman, B. & Paul, S.（1994）. Recent Trends in Job Training, Contemporary EconomicPolicy, Vol.12, p.79-88.

21. Noe, R. A.（2002），Employee Training and Development, New York: Irwin/McGraw-Hill.

22. Olivella, Jordi, Corominas, Albert, Pastor, Rafael（2012），Task assignment considering cross-training goals and due dates, International Journal of Production Research.Vol. 51, Issue 3, p952-962.

23. O'Keefe, S.（2003）. Australian Vocational Education and Training Research Association. AVETRA（64），306-310.

24. Schmidt,S.W.（2004）. The Relationship Between Satisfaction With On-The-Job Training And Overall Job Satisfaction. 2004 Conference Indianapolis, Indiana : IUPUI.

25. Salas, E. and Cannon-Bowers, J. A（2001），"The Science of Training: A Decade of Progress", Annual Review of Psychology, Vol. 52, No. 1, p.471-499.

26. Sijun Wang, Sharon E. Beatty, & Jeanny Liu（2012），Employees' Decision making in the Face of Customers' Fuzzy Return Requests, Journal of Marketing, Vol.76, Issue 6, p69-86.

27. Tannenbaum, S. I. and Yukl, G.（1992）, "Training and Development in Work Organization," Annual Review of Psychology, Vol. 43, No. 1, 1992, p. 399-411.

28. Wexley, K. N. and Latham, G. P.（2002）, Developing and Training Human Resource in Organizations, 3rd ed.,Upper Saddle River, NJ: Prentice Hall.

29. Wright, P. M., McMahan, G. C., and McWilliams, A.（1994）, "Human Resources and Sustained Competitive Advantage: A Resource-Based Perspective", International Journal of Human Resource Management, Vol.5, No.2, p.301-314.

Chapter 16

1. 李誠（2000）彙編，人力資源管理的12堂課，台北：遠見。

2. 侯旭倉（2003），台灣遊戲產業的發展與創業團隊特性關係之研究，國立政治大學科技管理研究所碩士論文。

3. 郭叔惠（2000），群體關係與集體自願離職行為之相關性研究，國立中山大學人力資源管理研究所碩士論文。

4. 陳恒嶔（2011），探討創業過程對創業團隊之影響-以台灣文化創意產業為例，國立中山大學企業管理學系碩士論文。

5. 蔡明田，謝煒頻，李國瑋，許東讚（2008），創業精神與創業績效之關聯性探討：創業動機、能力與人格特質的整合性觀點，創業管理研究，第三卷第三期，頁29-65。

6. 陳耀宗（1984），青年創業決策研究，國立台灣大學商學研究所碩士論文。

7. 曾耀輝（1986），我國高科技企業創業領導者特徵、創業決策之研究-以新竹科學園區資訊電子工業為實證，國立台灣大學商學研究所碩士論文。

8. 陳芳龍（1988），「向創業挑戰的人－創業楷模成功因素分析」，現代管理月刊。

9. 汪青河（1991），創業家創業行為與環境、個人特徵關係之研究，國立台灣大學商學研究所碩士論文。

10. 葉明昌（1991），創業家個人網路之研究，國立中央大學企業管理研究所碩士論文。

11. 林士賢（1996），高科技創業家個人特徵與其領導方式及決策風格之研究－以新竹科學園區為例，私立中原大學企業管理研究所碩士論文。

12. 李儒宜（1997），創業家之個人特徵、創業動機與人格特質對於創業行為影響之探討，國立東華大學企業管理研究所碩士論文。

13. 鄭蕙萍（1999），創業家的個人背景、心理特質、創業驅動力對創業行為的影響，大同工學院事業經營研究所碩士論文。

14. 歐建益（2001），創業家特質、動機與創業問題之研究，國立台灣大學會計研究所碩士論文。

15. Costa, P T. & McCrae R R.（1986）, The Introduction of the Five-Factor Model and Its Application, Journal of Personality, 60, 175-215.

16. Roberts, Edward B.（1991）, Entrepreneurship in High Technology, New York: Oxford University Press.

17. Collins, J. & Moore, D.（1970）, The Organization Makers, Appelton-Century-Crofts, New York.

18. Reynolds, P. D., Carter, N. M., Gartner, W. B. and Greene, P. G.（2004）, The Prevalence of Nascent Entrepreneurs In the United States: Evidence From the Panel Study of Entrepreneurial Dynamics, Small Business Economics, 23（4）, 263-284.

19. Schumpeter, J. A.（1950）, Capitalism, Socialism, and Democracy, 3rd edition, Harper and Row, New York.

20. Vesper, K.（1979）, Strategic Mapping : A Tool for Corporate Planner, Long Range Planning, 12（4）, 75-92.

21. Bollinger, H., Hope, K., and Utterback, J. M.（1983）, A review of literature and hypotheses on new technology-based firms, Research Policy, 12（1）, 1-14.

22. Brockhaus, R. H.（1982）, The psychology of the entrepreneur, In Kent, C. A., Sexton, D. L., and Vesper, K. H., Encyclopedia of entrepreneurship, Englewood Cliff, NJ: Prentice-Hall, 39-71.

23. Gartner, W. B.（1988）, "Who is an entrepreneur?" is the wrong question, American Journal of Small Business, 12（4）, 11-32.

24. Halloran, J. W.（1992）, The entrepreneur's guide to starting a successful business, Chicago: Donnelley and Sons.

25. Hisrich, R. D., and Brush, C. G.（1986）, The Woman Entrepreneur: Starting, Financing, and Managing A Successful New Business, MA: Lexington.

26. Hisrich, R. D., and Peters, M. P.（1989）, Entrepreneurship - Starting, Developing, and Managing A New Enterprise, Boston: Irwin.

27. Neider, L.（1987）, A preliminary investigation of female entrepreneurs in Florida, Journal of Small Business Management, 25（3）, 23-29.

28. Roberts, E. B.（1991）, Entrepreneurship in High Technology, NY: New York University Press.

29. Scott, C. E.（1986）, Why More Women are Becoming Entrepreneurs?, Journal of Small Business Management, 24（4）, 37-44

30. Tyebjee, T. T., and Bruno, A. V.（1984）, A Model of Venture Capitalist Investment Activity, Management Science, 30（9）, 1051-1066.

31. 新紀元周刊，蘋果：一個狂人創造的奇蹟，2010/05/06，http://epochweekly.com/b5/173/7924.htm，accessed on 2013/04/25。

Chapter 17

1. 陳柏凡（2008），創業過程、人際關係與社會支持：台灣中小企業個案之質性研究，世新大學社會心理學系碩士學位論文。

2. 曾聖雅（2004），新創企業的網絡特質與演變，政治大學企業管理研究所博士論文。

3. Barney, J.（1991）Firm Resources and Sustained Competitive Advantage, Journal of Management, 17（1）, 99–120

4. Birley, S.（1985）The Role of Networking in The Entrepreneurial Process, Journal of Business Venturing, 1（1）, 107–117

5. Bolino, M.C., Turnley, W.H. and Bloodgood, J.M.（2002） Citizenship Behavior and The Creation of Social Capital in Organizations, Academy of Management Review, 27（4）, 505–522.

6. Burt, R.S.（1992） Structural Holes: The Social Structure of Competition. Cambridge, MA: Harvard University Press

7. Coleman, J.S.（1988） Social Capital in The Creation of Human Capital, American Journal of Sociology, 94, 95–120

8. Collins, C.J. and Clark, K.D.（2003） Strategic Human Resource Practices, Top Management Team Social Networks, and Firm Performance: The Role of Human Resource Practices in Creating Organizational Competitive Advantage, Academy of Management Journal, 46(6), 740–751.

9. Dewick, P. and Miozzo, M.（2004） Networks and Innovat ion: Sustainable Technologies in Scottish Social Housing, R&D Management, 34（3）, 323–333

10. Dubini, P. and Aldrich, H.（1991） Personal and Extended Networks Are Central to The Entrepreneurial Process, Journal of Business Venturing, 6, 305–313.

11. Granovetter, M.S.（1973） The Strength of Weak Ties, American Journal of Sociology, 78（6）, 1360–1380.

12. Johannisson, B.（1987） Anarchists and Organizers: Entrepreneurs in A Network Perspective, International of Management and Organization, 17（1）, 49–63.

13. Lin, B.-W., Li, P.-C. and Chen, J.-S.（2006） Social Capital, Capabilities, and Entrepreneurial Strategies: A Study of Taiwanese High-Tech New Venture, Technological Forecasting and Social Change, 73（2）, 168–181.

14. Macdonald, S. and Piekkari, R.（2005） Out of Control: Personal Networks in European Collaboration, R&D Management, 35（4）, 441–453.

15. Ming-Huei, Chen & Ming-Chao Wang（2008） Social Networks and A New Venture's Innovative Capability, The Role of Trust within Entrepreneurial Teams. R&D Management; 38(3), 253-264

16. Paola, D. & Howard, A.（1992）. Personal and Extended Networks Are Central to The Entrepreneurial Process, Journal of Business Venturing, 6（5）, 305-313.

17. 今周刊，給施振榮第一次的七位貴人，2005/01/09，http://www.businesstoday.com.tw/v1/content.aspx?a=W20050109002, accessed on 2013/04/30。

Chapter 18

1. 李宗儒（2015），台灣創業歷程階段研究以及創業資訊系統之建構，國科會結案報告，MOST103-2410-H-005-063-SSS。

2. Amar, Howard H. Roberts, Michael J. Bhide, Sahlman, William A. Stevenson（1999），Client Distribution Services

3. Andrew Zacharkis, William Bygrave（2010），Entrepreneurship, John Wiley& Sons, Inc.

4. Daniel F. Muzyka, Sue Birley（2007），Mastering entrepreneurship, Pearson education limited

5. Jimmie T. Boyett, Joseph H. Boyett, （2003）, The guru guide to entrepreneurship- a concise guide to the best ideas from the world's top entrepreneurs, John Wiley & Sons Inc

6. Marc J. Dollinger（2006）, Entrepreneurship: strategies and resources, Pearson education limited

7. Mark Levine, Stephen M. Pollan（1990）, Field guide to starting a business, Simon & Schuster

8. Robert J. Calvin（2005）, Entrepreneurial management, The McGraw-Hill Company, Inc.

Chapter 19

1. 2012年中小企業白皮書（2012），經濟部中小企業處出版。

2. 中小企業融資指南（2001），經濟部中小企業處出版。

3. 劉榮輝（2009），中小企業融資與行銷實務，財團法人台灣金融研訓院出版。

4. 經濟部中小企業處（2014）。加強投資中小企業實施方案簡介，未出版。

5. 李宗儒（2015），台灣創業歷程階段研究以及創業資訊系統之建構，國科會結案報告，MOST103-2410-H-005-063-SSS。

6. 全國法規資料庫，2010/07/13，http://law.moj.gov.tw/LawClass/LawContent.aspx?PCODE=J0030090，access on 2013/08/07。

7. 劉常勇，創業投資評估決策程序，1997，cm.nsysu.edu.tw/~cyliu/paper/paper17.doc，access on 2013/08/17。

8. 台灣創業投資公司一覽表，2012/11，http://www.tvca.org.tw/pdf/10member.pdf，access on 2013/08/11。

9. 全國法規資料庫，2010/04/01，http://law.moj.gov.tw/LawClass/LawContent.aspx?PCODE=J0140005，access on 2013/08/07。

10.經濟部中小企業處，2009/09/15，http://www.moeasmea.gov.tw/ct.asp?xItem=1281&ctNode=609&mp=1，access on 2013/08/01。

11.利率類期貨交易業務員手冊—利率期貨篇，2004，http://www.csa.org.tw/D00/D03.asp，access on 2013/08/05。

12.全國法規資料庫，2011/11/09，http://law.moj.gov.tw/LawClass/LawAll.aspx?PCode=G0380001，access on 2013/08/26。

13.中華民國銀行公會授信準則全文，2013/02/19，http://www.ba.org.tw/law02-edit.aspx?lsn=520，access on 2013/08/27。

14.OK忠訓國際，2007/08/17，http://www.okbank.com.tw/02_authority/authority_loan.asp?showone=339，access on 2013/08/24。

15.中小企業財務融通輔導體系網頁，2011/04/05，http://smefinance.moeasmea.gov.tw/faq.php?page=5&gid=2，access on 2013/08/20。

16.中小企業網路大學校，微型企業如何尋求資金協助，2012/10/30，http://www.smelearning.org.tw/learn/course/course_list1.php?sid=10005&fid=1461&cp=%B0%5D%B0%C8%BF%C4%B3q%BE%C7%B0%7C%A8t%A6C%BD%D2%B5%7B%2F%A4T%A1B%A4%A4%A4p%A5%F8%B7%7E%BF%C4%B8%EA，access on 2013/08/02。

17. 信用保證基金，2006，http://www.smeg.org.tw/general/service/eligible_client.htm，access on 2013/08/10。

18. 經濟部中小企業處，馬上解決問題中心，2012/10/17，http://www.moeasmea.gov.tw/ct.asp ?xItem=641&CtNode=196&mp=1，access on 2013/08/20。

19. 經濟部中小企業處，創業育成信託投資專戶，2010/03/30，http://www.moeasmea.gov.tw/ct .asp?xItem=1284&ctNode=609&mp=1，access on 2013/08/25。

20. 中小企業發展基金辦理中小企業創業育成信託投資專戶運用要點，2013/04/08，http:// www.moeasmea.gov.tw/ct.asp?xItem=725&ctNode=671&mp=1，access on 2013/08/23。

21. 新創事業發展暨青年創業之協助措施，2014/02/01，http://www.moeasmea.gov.tw/ct.asp?xI tem=10287&ctNode=544&mp=1，access on 2014/02/01。

22. 經濟部中小企業處辦理加強投資中小企業實施方案作業要點，2014/01/29，http://www. moeasmea.gov.tw/ct.asp?xItem=1178&ctNode=215，access on 2014/01/29。

Chapter 20

1. 王念綺（2005），內部創業—老闆就是你，30雜誌第10期，162-165頁。

2. 伍忠賢（1998），創業成眞，台灣：遠流出版社出版。

3. 吳建民、連雅慧（2012），家族企業接班衍生組織變革、衝突與轉化之歷程研究，管理學報，29卷第3期，279-305頁。

4. 經濟部中小企業處（2011），2011中小企業白皮書，出版機關：經濟部中小企業處。

5. 羅良忠、史占中（2004），企業內部創業型分立與科技園區互動研究，武漢大學學報，57卷第5期，670-675頁。

6. Burgelman R.A.（1984），Designs of Corporate Entrepreneurship in Established Firm, California Management Review, No.3.

7. Bart Clarysse, MikeWright, ElsVan de Velde（2011），Entrepreneurial Origin, Technological Knowledge, and the Growth of Spin-Off Companies; Journal of Management Studies, 48（6），p1420-1442.

8. Dollinger, Marc J.（2003），Entrepreneurship: strategies and resources, Pearson Education.

9. Phan, P . , Wright, M., Ucbasaran, D. and Tan, W.-L.（2009），Corporate entrepreneurship: current researchand future directions,Journal of Business Venturing, 24, 197–205.

10. Pinchot, G., 1986. Intrapreneuring: Why You Don't Have to Leave the Corporation to Become an Entrepreneur, Harpercollins.

11. Shabana, A. Memon（2010），Focusing on Intrapreneurship: An Employee-Centered Approach, Advances in Management, 3, p32-37.

12. Career就業情報網（2008），王品內部連鎖創業打造「餐飲新貴」http://media.career.com. tw/industry/industry_main.asp?no=349p054&no2=57，accessed on 2012/02/18。

13. 中華工商電子時報（2012/08/24），內部創業：讓職業經理人過「老闆癮」http://big5. xinhuanet.com/gate/big5/www.cs.com.cn/xwzx/cj/201208/t20120824_3476062. html，accessed on2013/02/16。

14. 精實日報（2013/02/06），聚陽Q1接單滿1月營收增進9成，http://www.moneydj.com/KMDJ/News/NewsViewer.aspx?a=8f260a95-5184-4622-921cbceaaeae81bf，accessed on2013/02/11。

15. 數位時代（2012/12/06），徐瑞廷：制定退場機制創新才能往前走，http://www.bnext.com.tw/article/view/cid/124/id/25669，accessed on2013/02/16。

16. 台灣經濟部中小企業處（2009/09/02），http://www.moeasmea.gov.tw/ct.asp?xItem=672&ctNode=214，accessed on2013/02/06。

Chapter 21

1. 2011年電子商務年鑑（2012），經濟部商業司出版。

2. 張秋蓉（2000），網路許我一個未來：WWW世界的掏金夢，商訊出版。

3. 電子治理成效指標與評估：G2C與G2B期末報告（2009），行政院研究發展考核委員會出版。

4. 葉榮椿、陳宜檉、郭勝煌、鍾盼兮（2012），台灣地區電子商務研究主題趨勢分析之研究，美和學報第三十一卷第二期，第41-62頁。

5. 余朝權、林聰武、王政忠，1998，網路行銷之類別與時機，大葉學報，第7卷第1期，頁1-11。

6. 羅之盈（2009）。關鍵五力，攻上賣家霸主。數位時代，184期92-93。

7. 劉文良（2005）。電子商務與網路行銷，第5版。碁峰圖書。

8. 劉文良（2004）。網路行銷理論與實務。台北市：金禾資訊。

9. Amir Hartman, John Kador（2000），Net Ready, 2nd , McGraw-Hill Companies.

10. Bo Xiao and Izak Benbasat（2011），Porduct-related Deception in E-commerce: A Theoretical Perspective, MIS Quarterly, 5（1），169-196

11. Dave Cheffey（2011），E-Business & E-Commerce Management, Pearson Education. 12. Debra VanderMeer, Kaushik Dutta, and Anindya Datta（2012），A Cost-Based Database Reqest Distribution Technique For Online E-commerce Applications, MIS Quarterly, 36（2），479-507.

13. Hoffman, D.L., Novak, T.P., and Peralta, M.A.（1999），"Building consumer trust online," communications of the ACM, 42（4），80-85.

14. Paul Timmers（1998），Business Models for Electronic Markets, International Journal of Electronic Markets, 8（2），3-8

15. Ravi Kalakota,Andrew B. Whinston（1997），Electronic Commerce: A Manager's Guide, 1st, Addison-Wesley Professional.

16. Rheingold, H.（1993），The Virtual Community, MA: Addison-Wesley.

17. Romm, C., Plisjin, N., and R. Clarke（1997），Virtual communities and society: Toward and Integrative three phase model, International Journal of Information Management.

18. Rebecca Saunders（1999），Business the Amazon.com Way: Secrets of the World's Most Astonishing Web Business, 1st, Capstone.

19. Gofton, K.（2000）"Have you got permission"，Marketing, Vol.22, p. 28.

20. Hodges, M.（1997）. Preventing culture clash on the World Wide Web. MIT's Technology Review, 100(8), 18-19.

21. Whinston, A. B& .Kalakota, R.（1996）. Frontiers of electronic commerce, New York: Addison-Wesley Publishing.

22. 內政部警政署，網路詐騙手法之探討，2009/06/15，http://165.gov.tw/fraud.aspx?id=115，accessed on 2013/02/18。

23. 電子商務時報，金流物流其整合 網路交易更便捷，2012/03/05，http://www.ectimes.org.tw/Shownews.aspx?id=120509232210，accessed on 2013/01/31。

24. 無償網路世界？千變萬化的網購C2C市場，2010/02/26，http://www.ectimes.org.tw/SHOWNEWS.ASPX?ID=100228073954，accessed on 2013/01/31。

25. 財團法人台灣網路資訊中心，台灣寬頻使用調查報告，2012/05/04，http://www.twnic.net.tw/download/200307/1101a.pdf，accessed on 2013/01/31。

26. 新版個資法上路，4個重點、8大案例，認識網路個人資料保護問題，2012/10/01，http://www.techbang.com/tags/10502,T客邦，accessed on 2013/02/02。

27. Inside，Pubu書城：個人出版的藍海策略，2010/07/30，http://www.inside.com.tw/2010/07/30/pubu，accessed on 2013/02/02。

28. Ezprice公關室（2016）。台灣前十大購物平台商品數排行榜-2016年1月。https://news.ezprice.com.tw/9206/,accessed on 2016/08/15。

29. 中央社（2016）。藥妝通路轉戰線上明年網購估占1成。https://tw.stock.yahoo.com/news_content/url/d/a/20160408/%E8%97%A5%E5%A6%9D%E9%80%9A%E8%B7%AF%E8%BD%89%E6%88%B0%E7%B7%9A%E4%B8%8A-%E6%98%8E%E5%B9%B4%E7%B6%B2%E8%B3%BC%E4%BC%B0%E5%8D%A0-1%E6%88%90-053908399.html, accessed on 2016/08/15。

Chapter 22

1. Jolly's Java and Bakery，Bakery Business Plan，2016。

http：//www.bplans.com/bakery_business_plan/company_summary_fc.php

2. 劉常勇（2016）。創業計劃書編撰說明。

http：//spaces.isu.edu.tw/upload/19704/3/files/dept_3_lv_3_917.pdf

3. 創業輔導顧問團隊（2016）。如何擬定創業計畫書。http：//www.opens.com.tw/eb/a1.htm。

4. 創業輔導專業顧問團隊，http：//www.abss.com.tw/。

Chapter 23

1. 外交部（2016）。世界貿易組織（WTO）。參與國際組織。http://www.mofa.gov.tw/igo/cp.aspx？n=26A0B1DA6A0EBAA2, accessed on 2016/08/013。

2. 外交部，2016。http://www.mofa.gov.tw/igo/cp.aspx?n=26A0B1DA6A0EBAA2。

3. 全國法規資料庫。專利法。

http://ipc.judicial.gov.tw/ipr_internet/index.php？option=com_content&task=view&id=73, accessed on 2016/08/01

4. 全國法規資料庫。著作權法。

　　http://law.moj.gov.tw/LawClass/LawAll.aspx？PCode=J0070017, accessed on 2016/08/01

5. 全國法規資料庫。營業秘密法。

　　http://law.moj.gov.tw/LawClass/LawAll.aspx？PCode=J0080028

6. 全國法規資料庫，2016，商標法18條

　　http://law.moj.gov.tw/LawClass/LawAll.aspx?PCode=J0070001

7. 全國法規資料庫，2016，商標法第30條

　　http://law.moj.gov.tw/LawClass/LawAll.aspx?PCode=J0070001

8. 全國法規資料庫，2016，營業秘密

　　http://law.moj.gov.tw/LawClass/LawAll.aspx?PCode=J0080028

9. 經濟部智慧財產局，2016，專利申請

　　http://www.tipo.gov.tw/public/Attachment/6761521098.pdf

10. 智慧財產法院，2016，專利法http://ipc.judicial.gov.tw/ipr_internet/index.php?option=com_content&task=view&id=73

11. 經濟部智慧財產局，2016，專利權http://www.tipo.gov.tw/lp.asp?CtNode=6677&CtUnit=3204&BaseDSD=7&mp=1

12. 李文賢。國際專利規範─與貿易有關之智慧財產權協定（TRIPs）。

　　http://www.wipo.com.tw/wio/？p=1575, accessed on 2016/08/01

13. 連誠國際專利商標聯合事務所（2016）。申請專利應繳多少政府規費？

　　http://www.li-cai.com.tw/tw/patentqa/14-patent-qa4.html

14. 智慧財產法院，商標法。

　　http://ipc.judicial.gov.tw/ipr_internet/index.php？option=com_content&task=view&id=71&Itemid=374/, accessed on 2016/08/01

15. 經濟部智慧財產局（2016）。發明專利案審查及行政救濟流程圖。

　　http://www.tipo.gov.tw/lp.asp？ctNode=6659&CtUnit=3198&BaseDSD=7&mp=11020101%20(1).pdf, accessed on 2016/08/01

16. 經濟部智慧財產局（2016）。新型專利案審查及行政救濟流程圖。http://www.tipo.gov.tw/lp.asp？ctNode=6659&CtUnit=3198&BaseDSD=7&mp=1, accessed on 2016/08/02

17. 經濟部智慧財產局（2016）。設計專利案審查及行政救濟流程圖。http://www.tipo.gov.tw/lp.asp？ctNode=6659&CtUnit=3198&BaseDSD=7&mp=1, accessed on 2016/08/02

18. 經濟部智慧財產局（2016）。專利規費清單。

　　http://www.tipo.gov.tw/lp.asp？ctNode=6659&CtUnit=3198&BaseDSD=7&mp=1, accessed on 2016/08/02

19. 經濟部智慧財產局（2016）。保護智慧財產權服務團隊系列宣導活動。http://tipo.nasme.org.tw/, accessed on 2016/08/02。

20. 經濟部智慧財產局，2016，http://www.tipo.gov.tw/ct.asp?xItem=332344&ctNode=7011&mp=1

21.經濟部智慧財產局，2016，

　http://www.tipo.gov.tw/ct.asp?xItem=332344&ctNode=7011&mp=1

22.經濟部智慧財產局，2016，商標法條文第1條

　http://www.tipo.gov.tw/ct.asp?xItem=285900&ctNode=7047&mp=1

23.經濟部智慧財產局，2016，著作權法的91條第1項與第92條規定

　http://www.tipo.gov.tw/public/Attachment/412410133280.pdf

24.經濟部智慧財產局，2016,著作權法第10條

　https://www.tipo.gov.tw/ct.asp?xItem=219598&ctNode=7561&mp=1

25.經濟部智慧財產局，2016，105年度保護智慧財產權服務團隊宣導活動

　http://tipo.nasme.org.tw/

Chapter 24

1. Epps, R. W. and S. J. Cereola（2008），"Do Institutional Shareholder Services（ISS）Corporate Governance Ratings Reflect a Company's Operating Performance？" Critical Perspectives on Accounting, 19（8）, 1135-1148.

2. Frederick, W. C.（1983）. Point of view corporate social responsibility in the Reagan era and beyond. California Management Journal, 33, 233-258.

3. Mitroff, I. I. & Mcwhinney, W.（1990）. Crisis creation by design. Advances in Organization Development, 1:107.

4. Mitroff, I. I. & Mcwhinney, W.（1988）. Crisis management: Cutting through the confusion. Sloan management Review, 7（1）: 16.

5. Shleifer, A. and Vishny, R. W.（1997）. A Survey of Corporate Governance. The Journal of Finance, 52（2）, 737-783.

6. 葉匡時（2001）。「公司治理－導讀」，天下遠見出版股份有限公司。

7. Acer（2016）。永續宏碁。http://twsupport.acer.com.tw/sustainability.asp, accessed on 2016/08/01。

8. 中華電信（2016）。中華電信股份有限公司治理守則。http://www.cht.com.tw/aboutus/cog.html, accessed on 2016/08/01。

9. 陳錚詒（2011）。危機處理的4大步驟。天下雜誌。http://www.cw.com.tw/article/article.action？id=5012316。

10.台積電公司（2016）。企業社會責任矩陣表。http://www.tsmc.com/chinese/csr/csr_matrix.htm, accessed on 2016/08/01。

11.陳春山（2016）。公司治理與企業社會責任（CSR）的實踐。http://www.twse.com.tw/ch/products/publication/download/0001000339.pdf,accessed on 2016/08/01。

12.陳碧珠（2011）。張忠謀拿下半導體諾貝爾獎@People。經濟日報。http://kenzo1979.blogspot.tw/2011/05/people_30.html, accessed on 2016/08/01。

13.維基百科（2016）。公司治理。https://zh.wikipedia.org/zh-tw/%E5%85%AC%E5%8F%B8%E6%B2%BB%E7%90%86, accessed on 2016/08/01。

NOTES

國家圖書館出版品預行編目資料

創業管理理論與實務－非知不可的幸福創業方程式 /
李宗儒.編著. －－ 四版. －－
新北市：全華.
　2020.05
　　面 ； 公分
　參考書目：面
　ISBN 978-986-503-353-8 (平裝)
　1.創業　2.管理理論　3.企業管理
494.1　　　　　　　　　　　109002618

創業管理理論與實務－非知不可的幸福創業方程式（第四版）

作者 / 李宗儒

發行人 / 陳本源

執行編輯 / 陳翊淳

封面設計 / 曾霈宗

出版者 / 全華圖書股份有限公司

郵政帳號 / 0100836-1 號

印刷者 / 宏懋打字印刷股份有限公司

圖書編號 / 0816403

四版一刷 / 2020 年 5 月

定價 / 新台幣 600 元

ISBN / 978-986-503-353-8 (平裝)

全華圖書 / www.chwa.com.tw

全華網路書店 Open Tech / www.opentech.com.tw

若您對書籍內容、排版印刷有任何問題，歡迎來信指導 book@chwa.com.tw

臺北總公司(北區營業處)
地址：23671 新北市土城區忠義路 21 號
電話：(02) 2262-5666
傳真：(02) 6637-3695、6637-3696

南區營業處
地址：80769 高雄市三民區應安街 12 號
電話：(07) 381-1377
傳真：(07) 862-5562

中區營業處
地址：40256 臺中市南區樹義一巷 26 號
電話：(04) 2261-8485
傳真：(04) 3600-9806

得　分

全華圖書
創業管理理論與實務
學後評量
CH02 創新發展策略工具：TRIZ

班級：＿＿＿＿＿＿＿＿＿

學號：＿＿＿＿＿＿＿＿＿

姓名：＿＿＿＿＿＿＿＿＿

一、選擇題

( ) 1. TRIZ是一種■■■■，使用TRIZ可透過系統性的思考方式來解決問題，最終產生出創新策略。請問■■■■應填入？　(A)數學公式　(B)創新方法　(C)統計軟體　(D)程式語言

( ) 2. TRIZ理論包含許多內容，具體來說，TRIZ即是一種幫助思考的策略工具，使用TRIZ的結果就是產生創新策略。其中，Genrich Altshuller歸納出了幾項創新原則？　(A) 25　(B) 39　(C) 40　(D) 45

( ) 3. 請問下列何者不屬於TRIZ創新原則？　(A)局部品質Local quality　(B)平衡力Anti-weight　(C)設備的複雜性Device complexity　(D)週期性動作Periodic action

( ) 4. TRIZ為高度結構的創新性思考方法，架構完整，依循其創意發展邏輯與步驟，可以為問題找出解決方案（張旭華、呂鎬洧，2009；Domb, 1998），其步驟包含：(1)分析背景與環境、(2)發想創新解決問題策略、(3)列出問題、(4)選擇合適的創新原則。正確的步驟順序排列應為？　(A) 1342　(B) 4321　(C) 4213　(D) 1234

( ) 5. 關於TRIZ，下列敘述何者正確？　(A)僅能應用於工程領域　(B)可以幫助管理者找到改善問題的可行策略　(C)TRIZ為法文的縮寫，「創新問題之解決方法論」　(D)以上皆非

( ) 6. 在Gennady Retseptor（2005）發表的文章中，整理出TRIZ 40項原則在行銷領域之意涵，其中第13項創新原則「逆轉」的行銷領域之意涵不包含下列何者？　(A)尋找流失的顧客　(B)讓顧客決定價格　(C)管理投訴處理系統，主動鼓勵客戶投訴　(D)大量客製化

( ) 7. 在Gennady Retseptor（2005）發表的文章中，整理出TRIZ 40項原則在行銷領域之意涵，其中第33項創新原則「同質性」的行銷領域之意涵不包含下列何者？　(A)第三方的認證機構　(B)焦點團體　(C)顧客群集　(D)同一品牌的產品系列

( ) 8. 在Gennady Retseptor（2005）發表的文章中，整理出TRIZ 40項原則在行銷領域之意涵，其中第20項創新原則「連續有用動作」的行銷領域之意涵，不包含下列何者？　(A)長期的行銷或商業聯盟　(B)顧客維繫和培養忠誠度　(C)維持企業形象，並強化顧客對於企業的印象和優勢　(D)快速完成虧損流程

( ) 9. 在Gennady Retseptor（2005）發表的文章中，整理出TRIZ 40項原則在行銷領域之意涵，其中第25項創新原則「自助」的行銷領域之意涵不包含下列何者？　(A)自我標竿（Self-benchmarking）　(B)免付費服務電話　(C)自我競爭（Self-competing）　(D)顧客口碑行銷

( ) 10.關於「創新」的敘述，下列何者正確？　(A)僅有新創企業需要擬定創新策略　(B)擬定創新策略最好的方法是拓展現有的策略　(C)運用TRIZ可以發展出數量眾多的創新策略　(D)TRIZ中的一項創新原則只能發展一個創新策略

二、問答題

1. 管理者在擬定創新策略時，使用TRIZ 40項創新原則有什麼優勢？

2. A公司的主力產品為一款中高階筆記型電腦，目標客群為30～40歲，具有一定經濟水準的設計師。但近年來該產品的銷售量下滑，而競爭對手B公司推出相同定位，但與許多軟體相容性更高的產品，導致A公司的市佔率岌岌可危。請嘗試用TRIZ 40項創新原則與其行銷領域之意涵為A公司發展創新策略。

得　分

全華圖書
創業管理理論與實務
學後評量
CH03 產品與服務創新

班級：＿＿＿＿＿＿＿＿
學號：＿＿＿＿＿＿＿＿
姓名：＿＿＿＿＿＿＿＿

C

學後評量

一、選擇題

(　　) 1. 產品依其形式與意涵可以區分成五個層次，分別包含： (A)核心產品、基本產品、期望產品、延伸產品、潛在產品 (B)核心產品、心理產品、基本產品、延伸產品、潛在產品 (C)安全產品、基本產品、期望產品、延伸產品、潛在產品 (D)核心產品、基本產品、期望產品、擴展產品、潛在產品

(　　) 2. 產品可依照「購買用途」可分類為何？ (A)消費品、便利品 (B)工業品、特殊品 (C)消費品、工業品 (D)工業品、選購品

(　　) 3. 新產品開發流程的七個步驟，下列何者是正確的？ (A)事業分析、創意誕生、創意篩選、概念開發與測試、發展產品、市場測試、商業化 (B)商業化、概念開發與測試、創意誕生、創意篩選、事業分析、發展產品、市場測試 (C)市場測試、創意誕生、創意篩選、概念開發與測試、事業分析、發展產品、商業化 (D)創意誕生、創意篩選、概念開發與測試、事業分析、發展產品、市場測試、商業化

(　　) 4. 何謂封閉式創新？ (A)以企業自身作為單一的創新發展來源 (B)企業會受到組織內部人員之流動、公司外部夥伴的刺激、上下游廠商數量等因素影響，轉而發展開放式創新（Open Innovation） (C)為一抽象概念，指公司利用外部不同的想法來進行創新 (D)結合內部和外部想法來穩固現有市場並開發新的市場

(　　) 5. 服務具有甚麼特色？ (A)具有無形性、易逝性、異質性以及不可分割性之特性 (B)可以被儲存，以供日後使用 (C)服務水準，不易受到服務人員的不同而有不同的表現 (D)服務品質之高低，是企業單方面決定的

(　　) 6. 應用KANO理論，管理者可以獲得的效益為何？ (A)可以知道能讓消費者滿意的品質因素為何，進而發展之 (B)僅只能應用在有形的產品上，得出應當發展的產品屬性 (C)僅只能應用在無形的服務上，得出應當發展的服務品質屬性 (D)以上皆非

( )7. 關於「產品的層面」，下列敘述何者為是？　(A)企業應當指專注於發展核心產品與基本產品　(B)只有發展期望產品，才能滿足消費者的期望　(C)潛在產品指的是消費者購買該產品時，會期待額外獲得的利益　(D)期望產品、延伸產品、潛在產品的發展，都能夠創造出額外的附加價值

( )8. 關於「產品的分類」，下列敘述何者為是？　(A)依照購買用途，可以將產品分類成消費品與工業品　(B)特殊品乃指消費者在購買之前，會經過大量資料的蒐集後才會購買的產品　(C)便利品指的是該產品對消費者具有特殊意義，因此具有較高忠誠度的產品　(D)以上皆是

( )9. 關於「服務品質模型」，下列敘述何者為非？　(A)此模型是由企業與消費者所構成　(B)指出企業提供服務到消費者接受服務之過程中，形成服務缺失的五個缺口為何　(C)該服務品質模型較為特殊，其應用層面較不廣泛　(D)缺口五是缺口一至缺口四的函數，也就是說缺口五同時受到缺口一至缺口四的影響

( )10. 關於「TRIZ理論」，下列敘述何者為非？　(A)不只在工程領域，在商管領域中也是適用的　(B)可以幫助管理者找到改善問題的可行策略為何　(C)TRIZ為俄文的縮寫，其意思是指「創新問題之解決方法論」，乃Altshuller所提出　(D)以上皆是

二、問答題

1. 試問「封閉式創新」和「開放式創新」之異同處為何？企業應盡可能採取何種創新？為什麼？

2. 「產品生命週期」分成導入期、成長期、成熟期、衰退期四個階段，試問您，在這四個階段中，企業應當分別採取甚麼樣的策略呢？舉例來說，在導入期的階段，企業在價格策略上應當採取高價策略、行銷活動上可以採取活動，吸引部落客等前往參加，進而分享給更多消費者知道。

得　分

全華圖書

創業管理理論與實務
學後評量
CH04 建立產品服務品質機制

班級：＿＿＿＿＿＿＿

學號：＿＿＿＿＿＿＿

姓名：＿＿＿＿＿＿＿

一、選擇題

(　　) 1. Cohen and Brand（1993）將全面品質管理分成為何？ (A)經營、品質、管理 (B)承諾、自主管理、科學方法 (C)全面、品質、管理 (D)全員參與、品管、改善品質

(　　) 2. TQM支援要素有六，下列何者是正確的？ (A)(1)組織任務；(2)教育與訓練；(3)衡量；(4)溝通；(5)支援結構和(6)報酬與認同 (B)(1)領導；(2)教育與訓練；(3)滿足顧客；(4)溝通；(5)支援結構和(6)報酬與認同 (C)(1)領導；(2)教育與訓練；(3)衡量；(4)溝通；(5)支援結構和(6)報酬與認同 (D)(1)領導；(2)教育與訓練；(3)衡量；(4)溝通；(5)過程改善和(6)報酬與認同

(　　) 3. TQM執行原則有三，分別是(1)以顧客為尊；(2)過程改善；(3)全員投入；下列說明何者為非？ (A)以顧客為尊（Customer focus）即滿足內部與外部每位顧客的需求與期望 (B)過程改善（Process improvement）主要是指工作的每一步驟都是相關聯的 (C)全員投入（Total involvement）始於高階人員及組織中所有員工的投入，所有的員工被賦予新的、彈性的工作結構，以解決問題，改進過程，滿足顧客 (D)全員投入（Total involvement）始於高階人員及組織中所有員工的投入，所有的員工並不需滿足每位顧客的需求與期望

(　　) 4. 下列選項中，何者「非」建立標準作業流程的利益？ (A)將需要經常性或重複性操作的工作程序一致化，減少時間的浪費，降低成本 (B)程序經過一致化，可使剛進入產業的從業人員有一清楚明白的工作說明書，使剛進入產業的從業人員快速上手，能即時解決一般性的問題，提高新人對於標準作業流程的正確觀念 (C)不論是有形產品或無形服務，皆能確保所提供之服務品質的一致性 (D)提高營運成本

(　　) 5. 下列何者不屬於休閒農場體驗活動的標準作業流程？ (A)事前準備 (B)迎賓與開場 (C)事後檢討 (D)活動示範

(　　) 6. 下列何者不屬於零售商店人員管理之標準作業流程？ (A)迎賓前準備 (B)專屬性投資 (C)商品成交及結帳 (D)送賓

( ) 7. 下列何者非全面品質管理的定義？ (A)組織中的每個人追求成本極小，利潤極大化 (B)即組織中的每個人應該對品質有相當的認識，並強調組織所有部門追求品質的必要性 (C)是一種經營管理方法，以顧客為導向，堅持品質，善用科學方法，長期品質承諾，永續改善品質之過程 (D)是一種簡單但富革命性的工作執行方法

( ) 8. 下列選項中，何者為本書所論及之TQM的執行模式中的「目標」？ (A)以顧客為尊 (B)全員投入 (C)持續性改良 (D)領導

( ) 9. 下列選項中何者非台灣高鐵「列車折返清潔計畫」的標準作業程序中的五步驟口訣？ (A)我說給你聽 (B)我做給你看 (C)請你做給我看 (D)我告訴你如何執行

( ) 10.下列敘述中何者為標準作業流程之定義？ (A)人與人之間或是組織與組織間的一種關係，主要是說明此種關係是一種較為緊密的，為了完成某特定目的而相互支援的一種合作意願 (B)對於經常性或重複性的工作，例如各種檢驗、操作、作業等，為使程序一致化，將其執行方式以詳細描寫之一種書面文件 (C)供應鏈中兩個獨立的企業個體為了達到某一特定目標和利潤所相互維繫的一種關係 (D)企業提供全方位的管理視角；賦予企業更完善的客戶交流能力，最大化客戶的收益率

二、問答題

1. 標準作業流程的定義為何？在本章中有哪些應用的產業實例？

2. 什麼是全面品質管理？

C

學後評量

一、選擇題

( ) 1. Leenders and Fearon（1993）指出採購功能的目標為何？ (A)提供企業運作所需的原物料、供應與服務；提升組織的競爭定位 (B)以最低的行政成本達成採購的目標；維持最小存貨；維持品質標準；將購入的物品標準化 (C)與其他部門有和諧、具生產力的合作關係；找尋或發展出適合的供應商；盡可能以最低的價格購買所需的商品和服務 (D)以上皆是

( ) 2. Fawcett, Ellram and Ogden（2007）將採購流程分成四個主要階段，其中交易管理之項目何者為是？ (A)價格決定、採購訂單、追蹤與跟催、收穫與驗收、供應商付款 (B)價格決定、採購訂單、關係管理、績效監控與改善、供應商付款 (C)需求溝通、採購訂單、供應商選擇、收穫與驗收、供應商付款 (D)價格決定、關係管理、追蹤與跟催、收穫與驗收、績效監控與改善

( ) 3. Dickson（1966）所提出的23項供應商選擇標準做為藍本進行分類整理，其中最重要的評選標準前五名為何？ (A)技術能力、地理位置、過去績效、態度、價格 (B)價格、交期、品質、生產設備與產能、地理位置 (C)組織管理、財務狀況、態度、包裝能力、訓練目標 (D)價格、生產設備與產能、維修服務、技術能力、在產業界的商譽與地位

( ) 4. 物料依據物料的價值和成本、關鍵性分類可以分成四類，不包括下列何者？ (A)特別項目 (B)關鍵性項目 (C)策略性項目 (D)大宗採購項目

( ) 5. 下列何者是正確的採購流程？ (A)交易管理→需求溝通→關係管理→供應商選擇 (B)供應商選擇→需求溝通→關係管理→交易管理 (C)需求溝通→供應商選擇→交易管理→關係管理 (D)需求溝通→交易管理→供應商選擇→關係管理

( ) 6. 在需求溝通的過程中，何者是屬於此階段的工作重點？ (A)決定採購策略 (B)預測需求數量 (C)預測市場趨勢 (D)以上皆是

( ) 7. 採購人員除了需具備專業能力外，更需遵循較高的道德標準，採購人員應遵守之法令規範義務包括下列何者？ (A)利益迴避義務 (B)業務保密義務 (C)拒絕請託關說 (D)以上皆是

( )8. 下列何者是正確的交易管理步驟？ (A)價格決定→採購訂單→追蹤與跟催→供應商付款→收貨與驗收 (B)價格決定→收貨與驗收→採購訂單→追蹤與跟催→供應商付款 (C)價格決定→採購訂單→收貨與驗收→追蹤與跟催→供應商付款 (D)價格決定→追蹤與跟催→採購訂單→收貨與驗收→供應商付款

( )9. 下列何者不是評估供應商績效的方式？ (A)平均法 (B)類別法 (C)成本法 (D)加權法

( )10.下列何者是採購人員須具備的能力？ (A)知識管理 (B)流程管理 (C)技術管理 (D)以上皆是

二、問答題

1. 試寫出採購物料的分類並介紹其項目。

2. 試寫出完整的採購流程。

得　分

全華圖書
創業管理理論與實務
學後評量
CH06 與供應商互動

班級：＿＿＿＿＿＿＿＿
學號：＿＿＿＿＿＿＿＿
姓名：＿＿＿＿＿＿＿＿

一、選擇題

（　　）1. Mcivor and McHugh（2000）以組織的觀點，定義夥伴關係為協同關係（collaborative relationship），並說明組織可利用四個構面進行改變，以發展夥伴關係，下列何者為是？　(A)聯合買賣雙方降低成本；賣方參與新產品發展；有效取得關鍵資源；核心企業策略　(B)聯合買賣雙方降低成本；賣方參與新產品發展；遞送及物流管理；核心企業策略　(C)聯合買賣雙方降低成本；分散風險；遞送及物流管理；有效取得關鍵資源　(D)聯合買賣雙方降低成本；分散風險；遞送及物流管理；提高競爭地位

（　　）2. Gardner et al.（1994）從五個角度的組織行為面來區別此兩種不同的合作關係，下列何者是正確的？　(A)規劃、分享、持久、作業上的資訊交換、相互間的作業控制　(B)規劃、分享、持久、權力、相互間的作業控制　(C)規劃、分享、信任、承諾、相互間的作業控制　(D)規劃、分享、持久、聯合銷售請求、協調成本節省計畫

（　　）3. JIT生產模式之敘述，下列何者為正確的？　(A)是一種零庫存與精簡化生產的概念運　(B)避免不必要的存貨產生　(C)以顧客導向、平準化生產為前提，讓供應商得以配合每個生產日的原料所需　(D)以上皆是

（　　）4. 選擇國外的供應商，必須考量的國際因素為何？　(A)各國稅務與產品的補貼　(B)貨幣匯率　(C)自由貿易區　(D)以上皆是

（　　）5. 下列何者並非選擇供應商的步驟之一？　(A)建立評價小組　(B)確認全部供應商名單　(C)整合所有供應商　(D)列出評估指標並確定權重

（　　）6. 買方的專屬性投資高，且供應商的專屬性投資高的為何種夥伴關係型態？　(A)策略性夥伴關係　(B)受控制的買方　(C)受控制的供應商　(D)市場交易關係

（　　）7. 買方的專屬性投資高，且供應商的專屬性投資低的為何種夥伴關係型態？　(A)策略性夥伴關係　(B)受控制的買方　(C)受控制的供應商　(D)市場交易關係

（　）8. 影響夥伴關係的因素為何？　(A)共同執行專案計畫　(B)關係持續　(C)資訊分享　(D)以上皆足

（　）9. 選擇供應商的短期標準中，針對供應商的服務進行評估時有哪些指標？　(A)教育服務　(B)安裝服務　(C)維修服務　(D)以上皆是

（　）10. 下列敘述中何者非夥伴關係之定義？　(A)人與人之間或是組織與組織間的一種關係，主要是說明此種關係是一種較為緊密的，為了完成某特定目的而相互支援的一種合作意願　(B)企業提供全方位的管理視角；賦予企業更完善的客戶交流能力，最大化客戶的收益率　(C)供應鏈中兩個獨立的企業個體為了達到某一特定目標和利潤所相互維繫的一種關係　(D)即協同關係，說明組織可以就聯合買賣雙方降低成本、賣方參與新產品發展、遞送及物流管理、核心企業策略四個構面進行改變，以發展夥伴關係

二、問答題

1. 創業者在選擇供應商時有哪幾個步驟？

2. 夥伴關係的型態可分為哪幾種？

得　分

全華圖書
創業管理理論與實務
學後評量
CH07 市場區隔

班級：＿＿＿＿＿＿＿＿
學號：＿＿＿＿＿＿＿＿
姓名：＿＿＿＿＿＿＿＿

C

學後評量

一、選擇題

（　　）1. 常見之市場區隔分類依據有哪些？　(A)地理因素　(B)年齡因素　(C)文化因素　(D)以上皆是

（　　）2. 依據「現代營銷學之父」Philip Kotler的看法（1997），每一個被區隔出來的細分市場，都必須符合下咧那些要素，才能算是一個「有效」的市場分類。(A)基準性、地理性、足量性、可行動性　(B)可衡量性、可接近性、足量性、可行動性　(C)可衡量性、可區隔性、足量性、可行動性　(D)可衡量性、可接近性、年齡性、非行動性

（　　）3. 市場區隔對創業者來說是相當重要的，下列敘述何者正確？　(A)沒有特色的產品與廠商，消費者可以很輕易的找到其他競爭者來取代。因此，建立自己與其他競爭者的差異化就成了非常重要的挑戰　(B)創業者一旦做出市場區隔，就能決定事業的目標客群。因此，區隔市場其實也可以說是創業者要在不同特性的消費者群間做取捨　(C)創業者在決定了目標客群之後，也必須深入了解這群顧客的需求與特性，再利用對這些需求與特性，設計、改良自己的產品或服務，才能建立起差異化　(D)「市場區隔」對於手邊資源有限的創業者來說是很重要的挑戰。因為「市場區隔」讓創業者無法專注於目標，避免創業者將資源隨意使用

（　　）4. 透過市場調查，分析消費者需求、購買行為等方面的差異，把一個特定的市場區分成許多不同消費者族群的「細分市場」之過程，我們稱為？　(A)降價促銷　(B)行銷規劃　(C)市場區隔　(D)差異化

（　　）5. 「品牌忠誠度」是屬於何種分類依據？　(A)地理變數　(B)人口統計變數　(C)心理變數　(D)行為變數

（　　）6. 以下何者不是有效的分類變數必須滿足的特性？　(A)可衡量性　(B)獨特性　(C)足量性　(D)可接近性

（　　）7. 決定目標市場時，創業者應該注意下列何者事項？　(A)隨時檢視市場與事業的狀況，並修正　(B)仔細評估各個細分市場的潛力　(C)將「顧客的終生價值」列入考量　(D)以上皆是

（請沿虛線撕下）

(　　) 8. 「業者具有足夠的人力、財力及資源，可以規劃實際且有效的行銷策略或方案，來吸引消費者注意，■■■■■■■■■進行消費行為」，請問此特性是有效分類變數的哪個特性？　(A)可衡量性　(B)足量性　(C)可接近性　(D)可行動性

(　　) 9. 許多業者會以「消費者所得」來做為市場區隔的分類依據，請問「消費者所得」是屬於哪一種分類變數？　(A)地理變數　(B)人口統計變數　(C)心理變數(D)行為變數

(　　) 10.根據Philip Kotler提出的有效分類變數的特性，下列何者不適合做為分類變數？　(A)消費者的性別　(B)消費者外表美麗與否　(C)消費者年收入　(D)消費者居住地

二、問答題

1. 請說明一個有效的市場分類需符合哪些要素？

得　分　**全華圖書**

創業管理理論與實務
學後評量
CH08 價值定位

班級：＿＿＿＿＿＿＿＿

學號：＿＿＿＿＿＿＿＿

姓名：＿＿＿＿＿＿＿＿

一、選擇題

( )1. 下列選項中何者為價值、定位與價值定位關係圖之正確流程？ (A)定位→核心價值→擴張產品線→價值鏈→定位 (B)核心價值→定位→擴張產品線→價值鏈→核心價值 (C)擴張產品線→定位→核心價值→價值鏈→擴張產品線 (D)價值鏈→定位→擴張產品線→核心價值→價值鏈

( )2. 下列選項中何者為非？ (A)進貨後勤（Inbound Logistics）：指的是原料的接收與管理，並將其有效率的分配至企業各製造營運單位所需 (B)作業活動（Operation）：指的是將投入轉成最終產品與服務的過程 (C)行銷與銷售（Marketing and Sales）：了解顧客的需求並且促使顧客想要購買最終產品之活動 (D)出貨後勤（Outbound Logistics）：在顧客購買產品和使用服務後，附於產品購買於使用服務之後，提供給顧客的服務與活動

( )3. 支援活動指的是一企業支援主要營運活動的運作環節，包含哪四大活動？ (A)企業基礎設施、人力資源管理、技術發展與採購 (B)進貨後勤、出貨後勤、行銷與銷售與作業活動 (C)企業基礎設施、人力資源管理、技術發展與行銷與銷售 (D)進貨後勤、人力資源管理、行銷與銷售與作業活動

( )4. 顧客知覺價值（Customer perceived value, CPV）的定義？ (A)潛在顧客評估各種可行方案的所有成本與利益間的差異 (B)顧客從產品上所知覺到整體經濟、功能與心理利益的貨幣價值 (C)顧客在評估、取得與使用產品或服務所產生的所有成本 (D)顧客對一個產品可感知的效果（或結果）與期望值相比較後，顧客形成的愉悅或失望的感覺狀態

( )5. 何謂顧客總成本？ (A)顧客從產品上所知覺到整體經濟、功能與心理利益的貨幣價值 (B)潛在顧客評估各種可行方案的所有成本與利益間的差異 (C)顧客對某一企業的產品或服務產生感情，形成偏愛並長期重覆購買該企業產品或服務的程度 (D)顧客在評估、取得與使用產品或服務所產生的所有成本

( ) 6. 何謂顧客總價值？ (A)潛在顧客評估各種可行方案的所有成本與利益間的差異 (B)顧客從產品上所知覺到整體經濟、功能與心理利益的貨幣價值 (C)顧客對一個產品可感知的效果（或結果）與期望值相比較後，顧客形成的愉悅或失望的感覺狀態 (D)顧客對某一企業的產品或服務產生感情，形成偏愛並長期重覆購買該企業產品或服務的程度

( ) 7. 何謂定位？ (A)定位是運用電子通訊方式從事商品或服務的任何活動，例如交易、存貨、通路、廣告、支付等 (B)定位是企業提供給顧客的利益，也是令企業與眾不同，形成核心競爭力的重要方式之一 (C)定位是企業主要的生產與銷售程序 (D)定位是企業支援主要營運活動的運作環節

( ) 8. 定位的目的為何？ (A)創造全新的商品 (B)改變消費者腦中以往認定的商品資訊，來接受新觀念與新思維，增強訊息的接收能力 (C)降低成本 (D)針對消費者或用戶對某種產品某種屬性的重視程度，塑造產品或企業的鮮明個性或特色，樹立產品在市場上一定的形象

( ) 9. 何謂進貨後勤？ (A)提供整體價值鏈所必要的支援，包含組織結構、控制系統、企業結構等各種活動 (B)包含執行主要活動之人員的甄選、運用、教育訓練、考核/升遷、留才等相關活動 (C)指的是原料的接收與管理，並將其有效率的分配至企業各製造營運單位所需 (D)在顧客購買產品和使用服務後，附於產品購買於使用服務之後，提供給顧客的服務與活動

( ) 10.下列選項中，何者是義美食品五項品質管理原則？ (A)檢查產地來源 (B)看價格 (C)看供應商的客戶名單 (D)以上皆是

二、問答題

1. 價值、定位和價值定位之關係為何？

2. 價值鏈主要將企業所從事的經營活動分成哪幾種？那些活動中包含了哪些內容？

得　分　**全華圖書**
創業管理理論與實務
學後評量
CH09 選址

班級：＿＿＿＿＿＿＿＿
學號：＿＿＿＿＿＿＿＿
姓名：＿＿＿＿＿＿＿＿

一、選擇題

（　　）1. 下列選項中之5個企業選址的基本原則何者為是？　(A)敏感性原則、地方性原則、經濟型原則、競爭性原則、群聚性原則　(B)敏感性原則、適應性原則、經濟型原則、競爭性原則、群聚性原則　(C)敏感性原則、適應性原則、成本最小化原則、競爭性原則、群聚性原則　(D)敏感性原則、適應性原則、經濟型原則、競爭性原則、群聚性原則

（　　）2. 下列對企業選址的說明，請問何者為非？　(A)選址是指一家企業決定要在哪個地理區域營運的地點選擇程序　(B)選址對企業的影響非常深遠　(C)選址可分成選位和定址　(D)人文、風俗與當地習俗不會影響企業選址

（　　）3. 高科技廠商追求速度與精確度，因此均專注於自己的核心能力，透過外包與相互合作形成聚落，以完成顧客的訂單，例如：新竹科學園區等。請問上述的內容主要在說明選址的何種重要性？　(A)影響未來營運成本　(B)影響企業產品與服務之定價　(C)影響與供應商的互動關係　(D)影響企業在市場上的競爭情況

（　　）4. 請問下列對於選址原則之敘述，何者為非？　(A)一個機構或是企業在選擇設施之地點時，通常會考慮到成本因素　(B)不同企業選址時所考慮的原則皆相同(C)供應商及資源的鄰近度會影響企業選址　(D)企業選址也有可能會考慮到自然環境的因素

（　　）5. 企業在選址有敏感性、適應性、競爭性、經濟性與群聚性5個原則，請問下列敘述，何者符合敏感性原則？　(A)企業在評估選址因素時，應該考量該因素對於企業的營運目標與能力的影響程度　(B)企業在選址時必須考量一個國家或地區的政策發展、經濟發展、物價水平、消費水平與人文風俗習慣等(C)企業在評估選址因素時，應該要考量到企業在市場上的競爭地位　(D)企業在評估選址因素時，應該要考量該因素對於成本影響程度

( ) 6. 企業在選址有敏感性、適應性、競爭性、經濟性與群聚性5個原則，請問下列敘述，何者符合適應性原則？　(A)企業在評估選址因素時，應該考量該因素對於企業的營運目標與能力的影響程度　(B)企業在選址時必須考量一個國家或地區的政策發展、經濟發展、物價水平、消費水平與人文風俗習慣等　(C)企業在評估選址因素時，應該要考量到企業在市場上的競爭地位　(D)企業在評估選址因素時，應該要考量該因素對於成本影響程度

( ) 7. 以下對德爾菲法（Delphi Method）的敘述，何者為非？　(A)德爾菲法又稱專家預測法　(B)德爾菲法屬於群體決策　(C)德爾菲法藉由匿名的方式針對某項特定議題不斷地進行溝通與整合　(D)德爾菲法指的是在蒐集完專家學者的意見之後，再由經營者根據自己的經驗自行將所有想法與意見進行歸納與彙整

( ) 8. 下列敘述中，何者屬於定量法？甲、德爾菲法；乙、重心法；丙、CVP法；丁、因素評分法　(A)甲乙　(B)甲乙丙　(C)乙丙丁　(D)乙丙

( ) 9. 下列四種敘述中，何者屬於「因素評分法」？　(A)參與者藉由匿名的方式針對某項特定議題不斷地進行溝通與整合，所有參與的人員必須反覆將意見與結果回饋給其他參與成員，直到參與者意見趨於一致為止　(B)從所有待評價的工作中確定幾個主要因素，每個因素按標準評出一個相應的分數，再根據各因素的分數排定出因素間相對應的等級　(C)考慮運輸距離對配送中心選址影響的解析方法　(D)重於分析企業的銷售數量、價格、成本與利潤之間的數量關鍵，幫助企業管理人員制定出選址的決策

( ) 10. 下列四種敘述中，何者屬於「CVP法」？　(A)參與者藉由匿名的方式針對某項特定議題不斷地進行溝通與整合，所有參與的人員必須反覆將意見與結果回饋給其他參與成員，直到參與者意見趨於一致為止　(B)從所有待評價的工作中確定幾個主要因素，每個因素按標準評出一個相應的分數，再根據各因素的分數排定出因素間相對應的等級　(C)考慮運輸距離對配送中心選址影響的解析方法　(D)重於分析企業的銷售數量、價格、成本與利潤之間的數量關鍵，幫助企業管理人員制定出選址的決策

二、問答題

1. 請說明選址的意涵與重要性。

2. 假設你今天要進行創業（創業內容可自由發揮），請利用本章節內容所提到的選址方法來選定適合的開店地點。

得　分

全華圖書
創業管理理論與實務
學後評量
CH10 進入市場障礙與競爭者關係

班級：＿＿＿＿＿＿＿＿

學號：＿＿＿＿＿＿＿＿

姓名：＿＿＿＿＿＿＿＿

一、選擇題

(　　) 1. 造成進入障礙的成因有許多種，最常被提起的屬Bain（1956）所提出的四項形成市場進入障礙的原因，其分別為何？　(A)資本需求、規模經濟、顧客轉換成本、資本的優勢　(B)取得配銷通路優勢、規模經濟、政府政策、資本的優勢　(C)絕對成本優勢、規模經濟、產品差異化優勢、資本的優勢　(D)競爭優勢、規模經濟、服務差異化優勢、廣告的優勢

(　　) 2. Poter（1985）說明競爭優勢主要為何？　(A)成本優勢　(B)差異化優勢　(C)利基優勢　(D)以上皆是

(　　) 3. 下列敘述何者為替代競爭？　(A)也可稱為品牌競爭，指滿足相同需求、規格和型號等同類產品的不同品牌之間在質量、特色、服務、外觀等方面所展開的競爭　(B)也可稱為間接競爭，在此類別的競爭產品為相互可替代的產品　(C)此類別的產品為消費者會想要用他們可支配的金錢買的任何商品　(D)以上皆非

(　　) 4. 「先佔廠商首先進入市場，提供顧客服務並提供差異化產品，建立品牌識別，獲得顧客忠誠度。」此依敘述為下列哪項進入市場障礙？　(A)產品差異化(B)成本優勢　(C)沉入成本　(D)銷售費用

(　　) 5. 「轉換成本限制顧客轉換供應者，然而，技術變革可能提昇或降低此成本。」此依敘述為下列哪項進入市場障礙？　(A)廣告　(B)研究發展　(C)價格(D)顧客轉換成本

(　　) 6. 下列何者是會形成市場進入障礙的原因：　(A)法律制度層面的結果　(B)既有廠商具有生產優勢的結果　(C)既有廠商策略性阻礙進入的結果　(D)以上皆是

(　　) 7. 「既存廠商期許以研發（R&D）的有效投資促進技術之規模經濟，以阻止潛在競爭者的進入，並迫使現有產業沿著一條讓潛在競爭者進入無效的軌跡來變革。」此依敘述為下列哪項進入市場障礙？　(A)原物料擁有　(B)銷售費用　(C)沉入成本　(D)研究發展

（　　）8. 下列何者為潛在競爭者： (A)上游供應商　(B)下游廠商　(C)使用類似技術而產品不同的廠商　(D)以上皆非

（　　）9. 下列何者說明企業能夠建立之持久的競爭優勢的特徵： (A)能因應環境的變動和對付競爭對手所既出策略、行動　(B)一種與競爭者有顯著差異的競爭優勢　(C)涵蓋產業的關鍵成功因素　(D)以上皆是

（　　）10.下列何者結果是因為進入市場障礙所造成的影響： (A)潛在競爭者延後進入市場的時間　(B)潛在競爭者放棄進入市場　(C)既有廠商保持競爭優勢　(D)以上皆是

二、問答題

1. 請列舉五種進入障礙的種類，並請說明。

2. 請說明競爭的種類。

得　分
　
全華圖書

創業管理理論與實務
學後評量
CH11 與顧客互動

班級：＿＿＿＿＿＿＿＿

學號：＿＿＿＿＿＿＿＿

姓名：＿＿＿＿＿＿＿＿

一、選擇題

（　）1. 實體店面如何與顧客進行互動？　(A)提升互動強度　(B)提升互動品質
(C)維持良好的互動長度　(D)以上皆是

（　）2. 虛擬通路如何與顧客進行溝通？　(A)架設官方網站與App的應用　(B)社群網
站（例如：Facebook）與部落格　(C)互動式網路廣告　(D)以上皆是

（　）3. 請問顧客互動包含哪些概念？　(A)互動長度　(B)互動強度　(C)互動品質
(D)以上皆是

（　）4. 以下對互動長度的敘述，何者為是？　(A)互動長度越長，顧客的滿意程度越
高　(B)互動長度越短，顧客的滿意程度越高　(C)顧客所知覺的互動長度因
產業的不同而有所不同　(D)以上皆非

（　）5. 企業找出顧客，了解目標顧客是誰？潛在顧客是誰？以及誰是最具成長
潛力的顧客是屬於IDIC模式中的哪一種？　(A)辨認（Identify）　(B)區隔
（Different）　(C)互動（Interact）　(D)客製化（Customized）

（　）6. 企業透過IDIC模式中的哪一種方式與顧客互動，進而了解顧客需求，掌
握顧客的反應？　(A)辨認（Identify）　(B)區隔（Different）　(C)互動
（Interact）　(D)客製化（Customized）

（　）7. 針對不同的顧客需求與顧客價值提供客製化的產品或服務是屬於是屬於IDIC
模式中的哪一種？　(A)辨認（Identify）　(B)區隔（Different）　(C)互動
（Interact）　(D)客製化（Customized）

（　）8. 以下對顧客關係管理的敘述，何者為是？　(A)顧客關係管理是一種持續性的
關係行銷　(B)顧客關係管理根據產業的不同，其發展的重點也各不相同
(C)顧客關係管理是一套整合銷售、行銷與售後服務等工作的一套系統
(D)以上皆是

(　　)9. 萬以寧先生（1999）所提出的企業顧客關係管理策略發展循環的步驟有哪些？甲、企業的定位與價值；乙、了解顧客經驗；丙、建構流程與通路；丁、區隔；戊、運用資訊的能力

(A)甲丙丁戊　(B)甲乙丁戊　(C)甲乙丙丁戊　(D)甲丙戊

(　　)10. 摩斯漢堡提供消費者「有線電話訂餐」與「App手機訂餐」的方式屬於企業顧客關係管理策略發展循環的步驟中的哪個步驟？　(A)了解顧客經驗　(B)建構流程與通路　(C)區隔　(D)企業的定位與價值

二、問答題

1. 何謂顧客關係管理？創業者如何進行顧客關係管理？

2. 如何對消費者進行分類與區隔？

得　分　**全華圖書**
創業管理理論與實務
學後評量
CH12 創業團隊人數擬定與選擇

班級：＿＿＿＿＿＿＿＿

學號：＿＿＿＿＿＿＿＿

姓名：＿＿＿＿＿＿＿＿

C

學後評量

一、選擇題

(　　) 1. 下列何者是Boni（2009）認為創業團隊的關鍵成功因素？　(A)創業團隊具相關行業經驗、管理團隊完整、持續的競爭優勢、能成為利基市場領導者　(B)鼓勵及獎勵機制、用自治或創新方式管理、能承擔風險且從錯誤中學習　(C)領袖的民主、具有共同的目標與價值　(D)有清楚、共享的目標、一致的承諾、外部支持與認可

(　　) 2. 下列選項中何者不是在決定創業團隊的人數時，需先考慮影響創業團隊的變數？　(A)人數　(B)人際相處　(C)成員來源　(D)成員經驗

(　　) 3. 下列何者不是創業團隊的定義：　(A)創業團隊是指兩個或兩個以上的人參與創業的過程，且投入相等比例的資金　(B)一群人經過構想和實踐構想步驟後，下定決心共同創立公司，這樣就是創業團隊　(C)兩個或兩個以上的個人，且提供資金參與公司的創業與管理　(D)創業團隊是指經營公司的經營團隊

(　　) 4. 下列團體特性的變數，何者為非：　(A)創業團隊的隊名　(B)創業團隊的人數　(C)創業團隊的來源　(D)創業團隊的經驗

(　　) 5. 下列何者不是成功的創業團隊運作應該具備的特徵：　(A)堅守基本經營原則，對企業的長期承諾　(B)成員全心於創造新事業的價值，願意犧牲短期利益換取長期的成功果實　(C)合理的股權分配與公平彈性的利益分配機制，以便合理分享經營成果　(D)成員表面為了團體的利益，逞個人英雄

(　　) 6. 下列何者是因為團隊成員太少所產生的結果：　(A)有各種不同的想法交流　(B)責任劃分不清　(C)多元人才交流　(D)團隊擁有多部門

(　　) 7. 下列何者是讓創業團隊有效率的必要條件：　(A)有清楚、共享的目標　(B)外部支持與認可　(C)有原則的領導　(D)以上皆是

(　　) 8. 下列何者因素不會造成創業團隊在創業初期深陷在危機中：　(A)錯誤評估創業團隊與創業家本身　(B)無領袖的民主　(C)目標與價值的爭議　(D)以上皆非

（請沿虛線撕下）

（　　）9. 對於「權力導向」的敘述，何者錯誤？　(A)不在乎對權力與控制的掌握
　　　　(B)對地位、聲譽、個人象徵（如高級轎車、奢侈娛樂、豪華辦公室）量支出
　　　　(C)相對於員工而言，更在乎自己的利益　(D)有害於企業成長

（　　）10.下列對於「成就導向」的定義，何者為正確？　(A)高度追求物質、名聲
　　　　(B)強調人與人之間的關係，在乎關係的建立與維持　(C)為自己及所管理的組
　　　　織設立目標、提高工作效率和績效的動機與願望　(D)以上皆非

二、問答題

1. 請列舉五個創業團隊的定義。

2. 請列舉四種創業團隊能力的關鍵因素。

得　分

全華圖書
創業管理理論與實務
學後評量
CH13 人才需求

班級：＿＿＿＿＿＿＿＿

學號：＿＿＿＿＿＿＿＿

姓名：＿＿＿＿＿＿＿＿

一、選擇題

(　　) 1. 下列敘述何者為非？　(A)許多創業經驗不足的創業者，通常也都缺乏招募人才的經驗與能力　(B)除了招募人才外，創業者要怎麼將人才留在身邊，是創業者要好好思考的事情　(C)創業者要招募人才之前，必須先從了解自己的事業。找出自己不足的、需要的部分，再去找合適的人選，如此能讓招募的過程更有效率　(D)創業者在招募員工時，最好是從自己的親朋好友中去尋找人選

(　　) 2. 下列何者是創業者可以用來留住好人才的方法？　(A)將薪資與獎勵制度做搭配 (B)升遷機會　(C)額外的員工福利，如：員工旅遊、各類津貼等　(D)以上皆是

(　　) 3. 創業者在哪種階段可能需要雇用具有專業技能的人才來協助創業者管理事業？　(A)構想與成型　(B)商業化　(C)擴張　(D)穩定

(　　) 4. 創業者在針對比較不具專業性的職位招募員工時，應該怎麼做比較恰當？　(A)不具專業性的職位隨時可以找到人取代，應此可以隨意錄用　(B)應判斷該職位適合擁有哪些人格特質的人，再針對這樣的條件進行招募　(C)不具專業性的職位就與以捨棄　(D)以上皆是

(　　) 5. 「有一種類型的人才，可以幫助創業者改善工作效能，但這些人才不一定能提升事業營收，有時候甚至創業者付給這些人才的薪水，還比這些人才能提升的事業營收高」，Bygrave與Zacharakis（2010）將這類人才稱為下列何者？　(A)無價值員工　(B)高級人才　(C)支援型員工　(D)兼職員工

(　　) 6. 雇用不同的人才，可以給與創業者什麼樣的幫助？　(A)可以從不同角度進行意見交流，激發新的火花　(B)成為創業者的責任與支助，不讓創業者輕言放棄　(C)提供不同專業能力的協助，讓創業著的創業過程更加順利　(D)以上皆是

(　　) 7. 創業者要招募人才之前，應該要先做什麼事？　(A)了解自己的事業並整理出事業的架構　(B)從親朋好友中找與自己感情好的人擔任職位　(C)不需花時間做事前準備，直接招募即可　(D)以上皆是

( ) 8. 員工訓練為何重要？　(A)可以幫助員工盡快熟悉工作環境與工作內容　(B)可以減少員工在工作上予削對事業造成的損失　(C)可以藉由員工訓練替員工做升遷的準備　(D)以上皆是

( ) 9. 根據Muhos與Kess（2010a,2010b）的研究成果，下列何者為正確的創業階段順序？　(A)穩定→商業化→構想與成型→擴張　(B)構想與成型→擴張→商業化→穩定　(C)構想與成型→商業化→擴張→穩定　(D)商業化→構想與成型→擴張→穩定

( ) 10.創業者在創業過程中會需要各種不同的人才，在雇用的時間點上，創業者應該怎麼做會比較好？　(A)在創業初期一次將所需的職位全部雇用完成，減少時間的浪費　(B)在不同的階段加入不同且適當的員工，可以幫助創業者節省事業的成本　(C)走一步算一步，不用特別留意　(D)以上皆是

二、問答題

1. 請說明人才管理的流程，並說明創業者要如何留住人才？

得 分

全華圖書

創業管理理論與實務
學後評量
CH14 工作擬定與職權分配

班級：＿＿＿＿＿＿
學號：＿＿＿＿＿＿
姓名：＿＿＿＿＿＿

C
學後評量

一、選擇題

(　　) 1. Raymond, John, Barry, Patrick（2007）指出人力資源的實務操作包含許多項目，其中重要的一項為何？　(A)招募　(B)績效管理　(C)勞工關係　(D)工作分析

(　　) 2. 下列選項中何者又稱為「工作分析」？　(A)職位分析　(B)崗位分析　(C)職務分析　(D)以上皆是

(　　) 3. 陳炳男（2004）將工作分析之流程分為兩個階段：「準備階段」與「實施階段」；其中「準備階段」包括哪些？　(A)決定工作分析用途、蒐集工作背景資料、分析具代表性工作　(B)蒐集工作分析資訊、描述實際工作內容、建立完整工作結構　(C)決定工作分析用途、蒐集工作背景資料、蒐集工作分析資訊　(D)蒐集工作分析資訊、描述實際工作內容、分析具代表性工作

(　　) 4. 下列何者不屬於職位分析問卷結構表之分類？　(A)訊息來源　(B)工作績效　(C)工作產出　(D)人際關係

(　　) 5. 下列何者是工作分析的正確步驟？

(A) 決定工作分析用途→蒐集工作背景資料→分析具代表性工作→蒐集工作分析資訊→描述實際工作內容→建立完整工作結構

(B) 決定工作分析用途→蒐集工作背景資料→蒐集工作分析資訊→分析具代表性工作→描述實際工作內容→建立完整工作結構

(C) 決定工作分析用途→分析具代表性工作→蒐集工作背景資料→蒐集工作分析資訊→描述實際工作內容→建立完整工作結構

(D) 決定工作分析用途→蒐集工作背景資料→分析具代表性工作→描述實際工作內容→蒐集工作分析資訊→建立完整工作結構

(　　) 6. 下列何者是工作分析的方法？　(A)觀察法　(B)工作日記法　(C)職位分析問卷法　(D)以上皆是

(　　) 7. 下列針對工作分析方法之敘述，何者錯誤？　(A)面談法可分為「結構式」與「非結構式」　(B)問卷法是讓員工自行填寫問卷以描述工作的相關內容與責任　(C)觀察法可依「觀察目的」和「確定和統一的程度」分類　(D)工作日記法能對日記的填寫過程作有效的監控

(　　) 8. 工作分析之流程分為兩個階段「準備階段」與「實施階段」，下列何者不屬於準備階段的內容？　(A)決定工作分析用途　(B)蒐集工作背景資料　(C)描述實際工作內容　(D)分析具代表性工作

(　　) 9. 工作分析之流程分為兩個階段「準備階段」與「實施階段」，其中準備階段包括下列哪些？　(A)蒐集工作背景資料　(B)分析具代表性工作　(C)決定工作分析用途　(D)以上皆是

(　　) 10.工作分析之流程分為兩個階段「準備階段」與「實施階段」，下列何者不屬於實施階段的內容？　(A)蒐集工作分析資訊　(B)建立完整工作結構　(C)描述實際工作內容　(D)分析具代表性工作

二、問答題

1. 請問工作分析的方法有哪些？並詳細說明每一方法的特點。

得　分

全華圖書
創業管理理論與實務
學後評量
CH15 教育訓練與專家諮詢

班級：＿＿＿＿＿＿＿
學號：＿＿＿＿＿＿＿
姓名：＿＿＿＿＿＿＿

C

學後評量

一、選擇題

（　　）1. 何謂「員工訓練的方法」之「職前訓練」？　(A)員工在原本的工作環境之中，再另行接受其他的員工訓練　(B)員工進入新職位之前，因工作需求而施以的員工訓練　(C)員工在離開原本工作環境之外，進行訓練　(D)以上皆是

（　　）2. 下列選項何者為「視聽教學法」？　(A)重於以使用投影片、幻燈片、錄影帶等載具撥放影片給受訓人員觀看的一種訓練方式　(B)其優點能夠視學習者的狀況，自動調整影片的撥放速度　(C)不會因為講者個人偏好而影響教育訓練內容的傳達　(D)以上皆是

（　　）3. 請問下列哪一個敘述為員工訓練之意涵？　(A)服務品質提升與表現　(B)使員工更加了解公司內部的營運　(C)滿足員工個人的成長需求之外　(D)以上皆是

（　　）4. 請問下列哪一個敘述是員工訓練的方法之一？　(A)講述法　(B)工作輪調法　(C)數位學習　(D)以上皆是

（　　）5. 請問下列哪一個敘述為師徒制的優點？　(A)員工若有任何問題，可以直接向管理者請教　(B)吸引到認同企業文化與信念的員工　(C)促進員工對於企業的認同感　(D)以上皆是

（　　）6. 請問下列哪一個敘述為「講述法」之優點？　(A)同時將員工訓練的內容一次傳遞給多位員工　(B)不需要太多的設備，單純的用口頭也可傳遞資訊　(C)對於企業來說花費少，耗時短　(D)以上皆是

（　　）7. 請問下列哪一個敘述為工作輪調法的優點？　(A)同時將員工訓練的內容一次傳遞給多位員工　(B)訓練員工熟悉各個部門的工作內容　(C)單向傳輸資訊，其過程沒有太多的互動　(D)訓練方式簡單不耗時、不耗費成本

（　　）8. 請問下列哪一個敘述為在員工進入新職位之前，因工作需求而施以的員工訓練？　(A)職前訓練　(B)在職訓練　(C)職外訓練　(D)共同訓練

( ) 9. 請問下列哪一個敘述為專家諮詢的管道？ (A)同業前輩 (B)創業諮詢顧問 (C)政府創業諮詢單位 (D)以上皆是

( ) 10. 請問下列哪一個敘述非創業者挑選員工訓練時需考量的要點？ (A)訓練地點 (B)訓練的目標 (C)員工個人特質 (D)參與訓練的人數

二、問答題

1. 請問如果您是企業的主管，您會採取什麼樣的方法留住人才？

得 分

全華圖書
創業管理理論與實務
學後評量
CH16 創業團隊成員與所創業相關之
過去經驗

班級：＿＿＿＿＿＿＿＿
學號：＿＿＿＿＿＿＿＿
姓名：＿＿＿＿＿＿＿＿

C
學後評量

一、選擇題

( ) 1. 「待人友善，容易相處，寬容」是屬於五大特質中的哪一個特質？ (A)開放性(B)外向性 (C)親和性 (D)情緒穩定性

( ) 2. 創業可分為哪些階段？ (A)「種子階段」、「創建階段」、「成長階段」、「擴充階段」與「成熟階段」等五個階段 (B)「創建階段」、「成長階段」、「擴充階段」與「成熟階段」等四個階段 (C)「種子階段」、「創建階段」、「成長階段」、「擴充階段」與「管理人才階段」等五個階段 (D)「種子階段」、「創建階段」、「成長階段」、「擴充階段」與「管理人才階段」等四個階段

( ) 3. 以下哪一個非PSED（The Panel Study of Entrepreneurial Dynamics）三階段之一？ (A)母體期 (B)青春期 (C)孕育期 (D)嬰兒期

( ) 4. 下列何者敘述正確？ (A)在創業過程會受到社會、政治與經濟等外部環境因素影響 (B)企業內部創業家是參與企業內部活動的員工 (C)在創業初期會因為資金不足的緣故，團隊成員多為創業家本身或具有專業技術的專家 (D)以上皆是

( ) 5. 下列何者對於「創業家特質」的敘述正確？ (A)創業家的特質深深影響團隊的發展與未來 (B)家庭背景對創業家有很大的影響 (C)創業家是一個將資源、勞力、原料及其他資產組合起來創造更大價值的人 (D)以上皆是

( ) 6. 下列這段敘述為哪種階段：「創業團隊加入管理人才，形成創意家、專家與管理人才的團隊」？ (A)種子階段 (B)創建階段 (C)成長階段 (D)擴充階段

( ) 7. 下列這段敘述為哪種階段:「具有公司規模，且擁有產、銷、人、發、財部門」？ (A)種子階段 (B)創建階段 (C)成長階段 (D)擴充階段

( ) 8. 下列這段敘述為哪種階段：「創業團隊人數少，可能只有創業家一人或和少數專家」？ (A)種子階段 (B)創建階段 (C)成長階段 (D)擴充階段

( ) 9. 下列何者對創業家的創業精神有直接的影響？ (A)工作經驗 (B)教育 (C)人格 (D)以上皆是

( )10.Vasper（1979）：「創業家是一個將資源、勞力、原料及其他資產組合起來創造更大價值的人，也是引入改革、創新與新秩序的人」這樣對創業家的描述，是從哪個角度切入？ (A)商業 (B)經濟 (C)心理 (D)以上皆非

二、問答題

1. 創業的階段可以分為哪五個階段？

2. 哪些人口變數會影響創業家的特性？

得　分

全華圖書
創業管理理論與實務
學後評量
CH17 創業團隊之人際網絡

班級：＿＿＿＿＿＿＿＿
學號：＿＿＿＿＿＿＿＿
姓名：＿＿＿＿＿＿＿＿

一、選擇題

(　　) 1. 下列有關於網路定義，何者不正確？　(A)網絡是為了獲取知識、資訊和資源的個人網絡或個人連結　(B)網絡可以廣泛地定義為一組成員（個人或組織）以及成員之間的連結　(C)網絡被視為是新創企業接觸與獲得外部資源的管道，透過人際間及組織間的關係，新創企業可接觸與獲取其他行動者擁有的多種資源　(D)人際網絡為有形資產，這項有形資產能以個人的公司、親人與職位的關係來進行創業活動

(　　) 2. 新設立中小企業在創業初期普遍會面臨何種問題？　(A)缺乏高素質的人力，導致管理與分工困難　(B)資金的籌措的問題　(C)經營規模小，難拿得出擔保品來說服投資者投資的意願　(D)以上皆是

(　　) 3. 下列何者為「人際網絡」的範疇？　(A)同鄉　(B)學校　(C)教會　(D)以上皆是

(　　) 4. 下列何者為「個人網絡」的成員？　(A)家庭成員　(B)創業夥伴　(C)合作廠商　(D)以上皆是

(　　) 5. 對新創企業來說，從下列哪個選項可以獲得「外部資源」？　(A)SBIR小型企業創新研發推動計畫　(B)經濟部創業圓夢網　(C)中國青年創業協會　(D)以上皆是

(　　) 6. 關於「社會網絡」的敘述，何者正確？　(A)社會網絡是在競爭環境下獲取資源的方法　(B)社會網絡是執行組織任務的手段　(C)社會網絡提供企業外部環境狀況的資訊與知識　(D)以上皆是

(　　) 7. 關於創業「草創階段」的敘述，何者正確？　(A)在草創階段，新創企業可以透過人際網絡籌組事業網絡　(B)在草創階段，新創企業事業網絡的成員可能來自於以往同事、客戶、朋友等　(C)在草創階段，新創企業可以利用社會網絡獲得資訊與資源　(D)以上皆是

(　　) 8. 在「宏碁」個案中是因為利用以下哪一種人際網絡而成功？　(A)同儕關係　(B)昔日夥伴　(C)親人　(D)以上皆是

（請沿虛線撕下）

＜背面尚有試題＞

( ) 9. 在個人網絡型態中，依下列哪項差異分為「強聯繫網絡」和「弱聯繫網絡」？　(A)喜好程度　(B)距離程度　(C)聯繫程度　(D)方便程度

( ) 10.經濟部所提供給中小企業提升創新研發能力的「SBIR小型企業創新研發推動計畫」，對中小企業而言，是屬於下列哪項？　(A)內部資源　(B)環境資源　(C)外部資源　(D)以上皆是

二、問答題

1. 請舉出社會網絡的種類，並說明之。

2. 企業成長階段的人際網絡特性為何？請舉例說明。

得　分

全華圖書
創業管理理論與實務
學後評量
CH18 收入與成本

班級：＿＿＿＿＿＿＿

學號：＿＿＿＿＿＿＿

姓名：＿＿＿＿＿＿＿

一、選擇題

(　　) 1. 下列何者為創業者在定價時，不須考量的事項？　(A)產品的特性與品牌形象 (B)競爭商品價格與市場特性　(C)目標消費族群　(D)存貨與水、電費

(　　) 2. 研發成本通常都是巨額的數字的是何種產業？　(A)科技業　(B)服務業 (C)餐飲業　(D)傳統產業

(　　) 3. 下列敘述何者不正確？　(A)收入與利潤是一樣的　(B)收入增加不一定代表利潤一定增加　(C)價格是企業在市場上競爭時，影響其生存很重要的因素 (D)創業者應該確實認知不同的定價策略可以帶來哪些效益，再進行定價的決策

(　　) 4. 創業的過程中會面臨到哪些成本？　(A)研發成本　(B)人事成本　(C)研發成本　(D)以上皆是

(　　) 5. 創業者在定價時，需要考量下列哪些因素？　(A)成本結構　(B)事業形象 (C)競爭者的定價　(D)以上皆是

(　　) 6. 每一種行銷方式都有其成本存在，在面臨許多不同行銷方式的選擇時，創業者應該如何做出決定？　(A)只要是喜歡的行銷手法就放手去做　(B)仔細評估哪種行銷方式能創造最大的效益　(C)為了節省成本，什麼行銷方式都不採行(D)以上皆是

(　　) 7. 以下哪個不是定價的目標？　(A)增加市場占有率　(B)提高競爭力　(C)致力於社會責任　(D)收入極大化

(　　) 8. 一開始創業時，創業者應該如何估算自己的薪資？　(A)依照自己的理想估算薪資　(B)估算自己最低的生活開銷，加總後做為薪資的依據　(C)任一挑一家企業的員工薪資做為估算的依據　(D)事業賺多少，自己的薪資就是多少

(　　) 9. 「提供線上訂購等功能，主動與顧客進行互動，使顧客進行消費」的網站，稱為下列何者？　(A)主動型企業網站　(B)消極型企業網站　(C)被動型企業網站　(D)資訊提供網站

(　　)10.高價位的產品或服務採用降價促銷的方式，可能會出現下列哪種情況？
(A)影響事業形象　(B)吸引消費者增加消費　(C)銷售量提高　(D)以上皆是

二、問答題

1. 請說明定價策略對收入的影響。

<table>
<tr><td>得　分</td><td rowspan="2">

全華圖書

創業管理理論與實務
學後評量
CH19 融資
</td><td>班級：_____</td></tr>
<tr><td></td><td>學號：_____
姓名：_____</td></tr>
</table>

一、選擇題

(　　) 1. 創業最早之資金來源來自於何處？　(A)父母、配偶　(B)同事　(C)自己的積蓄　(D)以上皆是

(　　) 2. 下列敘述何者為「商業本票」？　(A)由企業發行，能在貨幣市場流通、取得融資的重要信用工具，可透過票券金融公司籌集短期週轉資金　(B)以受託人的角色，依特定目的收受、運用信託資金和經營信託財產，或是做資本市場相關的投資　(C)分別為短期授信、中長期授信及外匯授信　(D)一般營運週轉金貸款、墊付國內應收款項、貼現、票據承兌業務、國內信用狀融資

(　　) 3. 創業者雖然有好的技術、好的產品構想，但因為缺乏資金及投資管理的經驗，仍有很多創業失敗的例子。創投公司幫助有潛力的創業者進行創業，請問創投公司主要提供創業者哪些資源？　(A)提供創業者資金　(B)提供創業者法律諮詢　(C)提供創業者公司內部管理規劃　(D)以上皆是

(　　) 4. 剛創業者通常不會有任何績效紀錄，因此創投公司有一套評估程序及準則來篩選好的投資案。請問以下關於創投公司對投資案之篩選準則何者正確？　(A)一般而言，創投公司注重於一開始先選擇正確的投資案，而不是草率的篩選後再來慢慢輔導回正　(B)有些創投公司會仔細判斷該產品的市場潛力及擬被投資者的技術研發能力　(C)依據欲被投資者提出的經營計畫書進行評估，重點在於該計畫書的品質與可行性、經營團隊的背景及能力、市場規模與顧客需求潛力等　(D)以上皆是

(　　) 5. 開發公司參與投資的優點為？　(A)提升企業形象　(B)招募到較好的人才　(C)提高銀行、信保機構及客戶對企業的認同　(D)以上皆是

(　　) 6. 創業初期較常用到的貸款種類有？　(A)一般營運週轉金貸款　(B)貼現　(C)票據承兌業務　(D)以上皆是

( ) 7. 以下關於信保基金的敘述何者正確？ (A)借款人可以向與信保基金簽妥委託契約的金融機構申請 (B)獲得信保基金承保之融資件相當於向銀行提供保證，提高金融機構借款給企業或個人的意願，因此較容易取得融資 (C)並非每家銀行都有辦理信用保證的業務因此在申請之前應該事先詢問 (D)以上皆是

( ) 8. 經濟部中小企業處在民國85年成立「馬上辦服務中心」，此中心是透過政府中小企業主管機關之服務機制迅速處理中小企業所面臨的突發狀況。請問馬上辦服務中心提供那些輔導資訊？ (A)財務融通 (B)經營管理 (C)創業育成(D)以上皆是

( ) 9. 承上題，請問「馬上辦服務中心」透過哪種服務機制迅速處理中小企業所面臨的突發狀況？ (A)對企業進行電話諮詢或實地訪視 (B)依照諮詢結果確認需協助事項後，透過輔導體系之輔導單位提供解決問題之建議 (C)持續追蹤問題解決進度，直到問題解決 (D)以上皆是

( ) 10.能通過初步評估的案件代表創投公司對這項投資案有較大的興趣，會花較長的時間進行深入評估，確認該項計畫的可行性、可能面臨的經營困境與阻礙。請問創投公司會從那些方面蒐集資料，判斷是否能藉由創投公司的輔導渡過難關？ (A)消費者方面 (B)其他資金供應者 (C)原料供應商 (D)以上皆是

二、問答題

1. 請問籌資管道包含哪些？當您需要資金創業時，您會選擇何種管道籌募資金？

得 分	

全華圖書
創業管理理論與實務
學後評量
CH20 內部創業

班級：＿＿＿＿＿＿＿＿

學號：＿＿＿＿＿＿＿＿

姓名：＿＿＿＿＿＿＿＿

C

學後評量

一、選擇題

(　　) 1. 下列何者為內部創業四個特徵？　(A)創業精神、運用內部資源、由專業經理人經營管理、新事業興起　(B)創業精神、運用內部資源、由員工經營管理、新事業興起　(C)創業精神、運用外部資源、由員工經營管理、新事業興起　(D)創業精神、運用外部資源、由專業經理人管理、新事業興起

(　　) 2. 下列何者為內部創業者所帶來之「行銷優點」？　(A)創業者必須要投注大量的心力在說服顧客與尋找新客戶　(B)運用母公司的科技基礎來實現本身的創意　(C)提供其過去的經驗、實驗工廠或設備給予內部創業者進行測試　(D)母公司能夠給予內部創業者一個強力的財務後盾，協助內部創業者度過創業初期不穩定的財務震盪

(　　) 3. 下列何者為內部創業計畫流程的「專案執行」？　(A)企業內部必須要設立完整的內部創業機制　(B)內部創業者與母公司在評估完產業環境之後，必須要針對新興事業制定一個合適的營運策略與規劃，並且建立內部新興事業與外部資源的連結　(C)企業除了在營業初期須制定完善的目標、願景與制度之外，還需要訂定一退場機制，並加強風險管控的能力　(D)為員工自主的內部創業流程

(　　) 4. 請問以下所描述的內容不是內部創業的特徵？　(A)母公司內部須具備創業精神　(B)內部創業需運用母公司的內部資源　(C)由母公司負責經營管理內部創業所形成的新創公司　(D)內部創業需要有新事業的興起

(　　) 5. 下列何者為內部創業的優點？　(A)降低宣傳廣告成本　(B)可運用母公司的資源與科技基礎　(C)實驗工廠與生產資源　(D)以上皆是

(　　) 6. 聚陽實業股份有限公司由員工經營團隊投資一半，自己再出資另一半成立新的服飾品牌「fisso」，請問這是屬於以下哪種策略做法？　(A)策略聯盟　(B)內部創業　(C)合資　(D)併購

( ) 7. 以下的敘述中，有哪些是Dollinger（2003）所提出的內部創業流程？甲、機會表現；乙、建立業務關聯；丙、爭取資源；丁、專案執行；戊、事業完成
(A)甲乙丙戊　(B)甲丙丁戊　(C)乙丙丁戊　(D)甲乙丙丁戊

( ) 8. 依循既有的科技、產品、服務與客戶等，奠基著公司內部既有的經驗的經營模式是屬於臺灣中小企業哪一種內部創業模式？　(A)雙元並存　(B)利用創新　(C)探索創新　(D)以上皆非

( ) 9. 請問下列敘述能夠引發內部共識，傳遞內部創業精神？　(A)讓員工參與公司未來營運　(B)挹注更多資源投入　(C)永續經營　(D)以上皆是

( ) 10.請問下列敘述中哪些是內部創業會面臨到的問題與挑戰？　(A)獲利分配問題　(B)制度建立問題　(C)與母公司的溝通協調問題　(D)以上皆是

二、問答題

1. 企業組織在內部創業時會面臨哪些困難與障礙？

2. 經營者該如何培養員工創業精神？如何訓練出具有領導力的內部創業者？

全華圖書

創業管理理論與實務
學後評量
CH21 網路創業

班級：＿＿＿＿＿＿＿

學號：＿＿＿＿＿＿＿

姓名：＿＿＿＿＿＿＿

一、選擇題

(　　) 1. 下列哪一個敘述為「電子採購」？　(A)公司自行架設的網站，專門銷售其產品與服務　(B)提供價值鏈上的特定功能，使其形成獨特的競爭優勢　(C)指透過網際網路技術提供電子化訂單處理流程以及增強買賣雙方對於訂單流程處理的管理功能　(D)以上皆是

(　　) 2. 企業對消費者指的是企業對消費者的電子商務模式，企業透過網路將產品或服務的資訊上傳到資訊平台上以傳遞給消費者，是網路常見的銷售模式。請問此種商務方式使屬於哪一種電子商務模式？　(A)C2C（消費者對消費者）(B)B2B（企業對企業）　(C)B2C（企業對消費者）　(D)C2B（消費者對企業）

(　　) 3. 網路創業的重要關鍵因素為何？　(A)人流、金流、物流與科技流　(B)人流、金流、物流與產業流　(C)人流、金流、物流與網際網路流　(D)人流、金流、物流與資訊流

(　　) 4. 請問下列哪一個敘述是從溝通的觀點來對電子商務作定義？　(A)是一種科技的運用，使商業之間的交易及工作流程轉變為自動化流程　(B)在降低成本的同時達到產品品質的改善與服務傳送速度的提升　(C)電子商務提供人們在網路上進行產品或是資訊的買賣交易　(D)藉由電子化來傳遞資訊、提供產品服務以及支付帳款

(　　) 5. Timmers提出11種電子商務的經營模式，請問提供電子化訂單處理流程與增強買賣雙方對訂單流程處裡的管理功能是屬於這11種經營模式中的哪一種？(A)電子拍賣　(B)第三方市集　(C)電子採購　(D)電子商店

(　　) 6. Timmers提出11種電子商務的經營模式，請問提供價值鏈上的特定功能，使其形成獨特的競爭優勢是屬於這11種經營模式中的哪一種？　(A)價值鏈整合者　(B)價值鏈服務提供者　(C)第三方市集　(D)資訊仲介

（　　）7. 一群人透過電子媒體相互溝通所形成的一種新社會現象指的是？　(A)虛擬社群　(B)協同平台　(C)第三方平台　(D)以上皆非

（　　）8. Pupa電子書城提供一般的民眾與作家等將自己的創作內容製作成電子書，並在網路平台上架銷售，若是有消費者在平台上購買該電子書，則創作的民眾或是作家即可賺取電子書的銷售費用，請問此種商務方式使屬於哪一種類型的交易模式？　(A)B2C（企業對消費者）　(B)C2C（消費者對消費者）　(C)B2B（企業對企業）　(D)C2B（消費者對企業）

（　　）9. 全國就業E網整合全國求職資訊，提供民間與公部門職缺的訊息，提供民眾找尋工作。請問此種商務方式是屬於哪一種電子商務模式？　(A)G2G（政府對政府）　(B)G2B（政府對企業）　(C)C2G（消費者對政府）　(D)G2C（政府對消費者）

（　　）10. 請問下列何種方式是屬於實體付款機制？　(A)網路ATM轉帳　(B)電子支付　(C)信用卡　(D)行動付款

二、問答題

1. 什麼是電子商務？電子商務的模式有哪些？

2. 何謂個資法？個資法對於網路創業的影響為何？

得　分

全華圖書
創業管理理論與實務
學後評量
CH22 創業計畫書

班級：＿＿＿＿＿＿＿＿

學號：＿＿＿＿＿＿＿＿

姓名：＿＿＿＿＿＿＿＿

一、選擇題

(　　) 1. Joseph and Brian（2010）認為，好的封面應該包含哪些？　(A)簡潔　(B)正式　(C)列出創業者姓名、事業名稱、聯絡人與聯絡方式　(D)以上皆是

(　　) 2. 帶領事業前進的核心，且管理團隊每天都要做出重要的決定為何？　(A)管理團隊　(B)採購團隊　(C)研發團隊　(D)行銷團隊

(　　) 3. 撰寫事業計畫書應注意之事項包含哪些？　(A)要先知道撰寫事業計畫書的目的，以及目標讀者是誰　(B)事業計畫書從許多不同的角度切入，去觀察、分析事業、市場、競爭手語消費者　(C)封面設計；摘要；產品介紹；市場分析；競爭者分析；行銷計畫；管理團隊；財務計畫；發展計畫；風險分析；附錄　(D)以上皆是

(　　) 4. 撰寫事業計畫書的原則包含哪些特性？　(A)競爭優勢與投資利基　(B)展現經營能力　(C)掌握市場導向　(D)以上皆是

(　　) 5. 完整的創業計劃書，需具體呈現什麼？　(A)經營團隊掩蓋利基所在　(B)經營團隊的對創造利潤的企圖心　(C)經營團隊無須提供參考數據與文獻資料　(D)以上皆是

(　　) 6. 創業計劃書的內容架構內容須包括下列哪些？　(A)公司名稱　(B)未來融資需求及時機　(C)投資者可望獲得的投資報酬率　(D)以上皆是

(　　) 7. 創業計劃書中所陳述的產業環境何者為非？　(A)產業環境　(B)產業發展歷史　(C)公司經營團隊的學經歷背景資料、專長與經營理念　(D)公司與其他競爭者的優劣勢比較

(　　) 8. 創業計劃書針對風險評估部分應包含哪些？　(A)公司潛在極可能面對的風險因素，及其嚴重性與發生的機率　(B)計畫須依其預估之風險具體提出防範及解決方案，並以數據方式衡量風險對投資計畫的影響與因應策略　(C)以上皆是　(D)以上皆非

＜背面尚有試題＞

( ) 9. 創業計劃書的創業種類應包括哪些？　(A)創辦事業的名稱、組織型態、產品項目與產品名稱　(B)股票上市、股權轉讓、分紅　(C)財務與市場計劃書　(D)製造設備廠商與規格功能要求

( ) 10.創業計劃書內容多數涉及公司的商業機密，經營者須求收到計畫書的投資者或相關投資公司專案經理人簽署　(A)「保密條文不外流」協定　(B)「創業輔導顧問團隊」協定　(C)「股權轉讓」協定　(D)「內部管理規劃」協定

二、問答題

1. 創業計劃書的撰寫原則涵蓋哪些？

2. 請討論投資創業計畫書之內容架構應涵蓋哪些？

全華圖書
創業管理理論與實務
學後評量
CH23 智慧財產權與專利權

得　分

班級：＿＿＿＿＿＿＿＿

學號：＿＿＿＿＿＿＿＿

姓名：＿＿＿＿＿＿＿＿

一、選擇題

(　　) 1. 關於「智慧財產權」，下列敘述為是？　(A)智慧財產權是一種無體的財產權　(B)智慧財產權是透過法律保護的對象主要包括「著作」、「商標」及「專利」　(C)智慧財產權分別依照我國的商標法、著作權法、營業秘密及專利法等之相關規定來保護　(D)以上皆是

(　　) 2. 智慧財產權不包含：　(A)著作權及相關權利　(B)網路創業　(C)專利　(D)工業設計

(　　) 3. 智慧財產權若依其規範可區分為　(A)著作權　(B)商標法及專利權　(C)營業秘密　(D)以上皆是

(　　) 4. 有關「商標（Trade）」，下列敘述何者為是？　(A)不得以文字、圖形、記號、顏色、聲音、立體形狀或其聯合式所組成　(B)不能以行銷為使用之目的　(C)商標用於商品、服務或其他有關物件，或是利用平面圖像、數位影音、電子媒體或其他媒介物使消費者認識作為商標　(D)商標只能用於商品、服務

(　　) 5. 下列何者不受他人商標法之效力所拘束？　(A)凡以善意且合理使用之方法，表示自己之姓名、名稱或其商品或服務之名稱、形狀、品質、功用、產地或其他有關商品或服務本身之說明，非作為商標使用者　(B)商品或包裝之立體形狀，係為發揮其功能性所必要者　(C)在他人商標註冊申請日前，善意使用相同或近似之商標於同一或類似之商品或服務者。但以原使用之商品或服務為限；商標權人並得要求其附加適當之區別標示　(D)以上皆是

(　　) 6. 關於「文字商標」，下列敘述何者為非？　(A)即使用具有識別性文字，得以指示商品或服務的主體來源，不侷限於哪國語言，不一定具有含意的文字，得以申請註冊文字商標　(B)「文字商標」受民族、地域的限制　(C)「文字商標」必須只能用漢字　(D)「文字商標」如使用少數民族文字時，一般需要加其他文字加以說明，以便於識別

( ) 7. 「文字商標」須包含哪些？ (A)表達意思明確 (B)視覺效果良好 (C)易認易記的優點 (D)以上皆足

( ) 8. 智慧財產權之敘述何者正確？ (A)智慧財產局自2016年正式啟動「105年度保護智慧財產權服務團隊宣導活動」 (B)智慧財產權之設立為「保障營業秘密，維護產業倫理與競爭秩序，調和社會公共利益」。營業秘密係指「方法、技術、製程、配方、程式、設計或其他可用於生產、銷售或經營之資訊」 (C)知悉或因重大過失而不知其為前款之營業秘密，而取得、使用或洩漏者 (D)依法令有守智慧財產之義務，而使用或無故洩漏者

( ) 9. 我國專利權不包含： (A)智慧財產權 (B)發明專利 (C)新型專利 (D)設計專利

( ) 10.專利發明人提出發明必須符合哪些？ (A)產業利用性 (B)新穎性 (C)進步性 (D)以上皆是

二、問答題

1. 何謂智慧財產權？

2. 創業人應該如何做才能確保自己不侵害他人的著作？

<table>
<tr><td>得　分</td><td rowspan="2">**全華圖書**
創業管理理論與實務
學後評量
CH24 公司治理、企業社會責任與企
業危機處理</td><td>班級：＿＿＿＿＿＿</td></tr>
<tr><td>學號：＿＿＿＿＿＿</td></tr>
<tr><td></td><td>姓名：＿＿＿＿＿＿</td></tr>
</table>

一、選擇題

(　　) 1. 公司治理之目的其在建立共利價值，其包含要素包含？　(A)誠實、信任、正直、開放、責任感、可靠性、相互尊重及對組織的承諾　(B)背信、封閉、互相攻擊等行為　(C)降低生產成本或是減少效率的機會　(D)以上皆是

(　　) 2. 葉匡時（2001）提出之公司治理必須符合哪四項原則？　(A)不公平性、透明性、欺騙性、責任性　(B)公平性、透明性、權責相符性、責任性　(C)公平性、不透明性、權責相符性、責任性　(D)公平性、透明性、權責相符性、非責任性

(　　) 3. 企業社會責任（Corporate Social Responsibility, CSR）的敘述何者正確？　(A)Sheldon（1924）認為企業除了為人類生產有價值的產品之外，還必需要肩負符合社會目標的道德責任　(B)追求企業營運績效的同時，企業成長及社會進步必須取得平衡　(C)以上皆是　(D)以上皆非

(　　) 4. 企業社會責任的主要議題需包含哪些？　(A)員工權益、公應商關係及利害關係人權力　(B)社區參與及環保　(C)人權、監督（透明化與揭露）　(D)以上皆是

(　　) 5. 有效率的企業管理者必須做哪些？　(A)主動出擊，預見未來危機，贏得客戶的信任　(B)對主管明確的闡述企業將遭遇的問題　(C)針對危機因應的策略共同討論避開危機的方式、轉移危機的方式、減緩危機的方式還是接受危機的方式需明確的擬定　(D)以上皆是

(　　) 6. Mitroff（1987）將危機依其技術／經濟與內在／外在產生之因素進行分類，下列敘述何者正確？　(A)水平軸代表危機的起點　(B)危機是由企業組織內部環境所觸發或是外部環境所引發　(C)危機縱軸的下方是技術/經濟層面因素導致危機的產生　(D)縱軸上方是由人為因素而牽動危機

(　　) 7. 企業面臨的危機包含哪些？　(A)仿冒、經濟因素、自然災害、技術發展　(B)人為因素、組織健全、自然災害、技術發展　(C)人為因素、經濟因素、廠房修建、技術發展　(D)人為因素、經濟因素、自然災害、技術發展

( ) 8. 危機管理可分為六個階段,其順序何者為是? (A)避免危機、預做準備、確認危機、控制危機、化解危機、從危機獲利 (D)避免危機、確認危機、控制危機、預做準備、化解危機、從危機獲利 (C)避免危機、確認危機、預做準備、控制危機、化解危機、從危機獲利 (D)避免危機、預做準備、確認危機、控制危機、化解危機、從危機獲利

( ) 9. 企業社會責任關係圖,由下到上的順序何者正確? (A)法律責任、經濟責任、倫理責任、慈善責任 (B)經濟責任、法律責任、慈善責任、倫理責任 (C)經濟責任、法律責任、倫理責任、慈善責任 (D)倫理責任、慈善責任、法律責任、經濟責任

( ) 10.下列內在與個人/社會/組織產生的危機,何者為非? (A)組織崩潰、溝通有誤、怠工 (B)非法活動、性騷擾、產品在生產過程中遭下毒、不能適應或變遷 (C)怠工、仿冒、工人罷工、抵制 (D)謠言毀謗、惡作劇、中傷、溝通有誤

二、問答題

1. 何謂公司治理?建立公司治理之目的為何?

2. 企業的社會責任包含哪些?

歡迎加入 全華會員

● 會員獨享
  會員享購書折扣、紅利積點、生日禮金、不定期優惠活動…等。

● 如何加入會員
  填妥讀者回函卡直接傳真 (02) 2262-0900 或寄回,將由專人協助登入會員資料,待收到
  E-MAIL 通知後即可成為會員。

如何購買 全華書籍

1. 網路購書
   全華網路書店「http://www.opentech.com.tw」,加入會員購書更便利,並享有紅利積點
   回饋等各式優惠。

2. 全華門市、全省書局
   歡迎至全華門市(新北市土城區忠義路 21 號)或全省各大書局、連鎖書店選購。

3. 來電訂購
   (1) 訂購專線:(02) 2262-5666 轉 321-324
   (2) 傳真專線:(02) 6637-3696
   (3) 郵局劃撥(帳號:0100836-1 戶名:全華圖書股份有限公司)
   ※ 購書未滿一千元者,酌收運費 70 元。

OpenTech.com.tw 全華網路書店

全華網路書店 www.opentech.com.tw
E-mail: service@chwa.com.tw

※ 本會員制如有變更則以最新修訂制度為準,造成不便請見諒。

讀者回函卡

填寫日期： ／ ／

姓名： 生日：西元 年 月 日 性別：□男 □女

電話：( ) 傳真：( ) 手機：

e-mail： (必填)

通訊處：□□□□□

學歷：□博士 □碩士 □大學 □專科 □高中・職

職業：□工程師 □教師 □學生 □軍・公 □其他

學校／公司： 科系／部門：

註：數字零，請用 Φ 表示，數字 1 與英文 L 請另註明並書寫端正，謝謝。

・需求書類：

□A. 電子 □B. 電機 □C. 計算機工程 □D. 資訊 □E. 機械 □F. 汽車 □I. 工管 □J. 土木
□K. 化工 □L. 設計 □M. 商管 □N. 日文 □O. 美容 □P. 休閒 □Q. 餐飲 □B. 其他

・本次購買圖書為： 書號：

・您對本書的評價：

封面設計：□非常滿意 □滿意 □尚可 □需改善，請說明
內容表達：□非常滿意 □滿意 □尚可 □需改善，請說明
版面編排：□非常滿意 □滿意 □尚可 □需改善，請說明
印刷品質：□非常滿意 □滿意 □尚可 □需改善，請說明
書籍定價：□非常滿意 □滿意 □尚可 □需改善，請說明
整體評價：請說明

・您在何處購買本書？

□書局 □網路書店 □書展 □團購 □其他

・您購買本書的原因？（可複選）

□個人需要 □公司採購 □親友推薦 □老師指定之課本 □其他

・您希望全華以何種方式提供出版訊息及特惠活動？

□電子報 □DM □廣告 (媒體名稱)

・您是否上過全華網路書店？ (www.opentech.com.tw)

□是 □否 您的建議

・您希望全華出版那方面書籍？

・您希望全華加強那些服務？

～感謝您提供寶貴意見，全華將秉持服務的熱忱，出版更多好書，以饗讀者。

全華網路書店 http://www.opentech.com.tw 客服信箱 service@chwa.com.tw

2011.03 修訂

親愛的讀者：

感謝您對全華圖書的支持與愛護，雖然我們很慎重的處理每一本書，但恐仍有疏漏之
處，若您發現本書有任何錯誤，請填寫於勘誤表內寄回，我們將於再版時修正，您的批評
與指教是我們進步的原動力，謝謝！

全華圖書 敬上

勘　誤　表

書　號		書　名		作　者
頁　數	行　數	錯誤或不當之詞句		建議修改之詞句

我有話要說： (其它之批評與建議，如封面、編排、內容、印刷品質等・・・)